2020线性代数小白进阶高分指南

主编　张松美

中国财经出版传媒集团
中国财政经济出版社

图书在版编目(CIP)数据

2020线性代数小白进阶高分指南/张松美主编. 一北京:中国财政经济出版社，2019.1

ISBN 978-7-5095-8738-6

Ⅰ. ①2… Ⅱ. ①张… Ⅲ. ①线性代数-研究生-入学考试-自学参考资料 Ⅳ. ①O151.2

中国版本图书馆 CIP 数据核字(2018)第 290320 号

责任编辑:张　军　　　　**责任校对:**杨瑞琦

封面设计:陈宇琰

群名称: 考研数学小白进阶高分

群　号: 785733425

中国财政经济出版社出版

URL:http://www.cfeph.cn

E-mail:cfeph@cfeph.cn

社址:北京市海滨区阜成路甲 28 号　邮政编码:100142

营销中心电话:010-88191537　北京财经书店电话:64033436　84041336

北京富生印刷厂印刷　各地新华书店经销

787×1092 毫米　16 开　14.75 印张　353 000 字

2019 年 3 月第 1 版　2019 年 3 月北京第 1 次印刷

定价:33.00 元

ISBN 978-7-5095-8738-6

(图书出现印装问题,本社负责调换)

本社质量投诉电话:010-88190744

本书编委会

主　编： 张松美

编　委： 何棒棒　李文鹏　毛丽君　朱庆宇

送给自己以及

比自己还重要的你

TO：________________

我们一起学习吧

________年________月________日

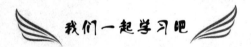

前　言

为帮助各位考生在短期内能看懂并掌握历年真题，快速提高数学的应试成绩，作者在对真题进行深入研究的基础上，将其归纳、分类、整理，结合作者多年来在考研辅导班上的一线经验以及考生备考的特点及其成绩反馈，按照最新《考试大纲》的要求，对考试要求进行了详细解读，编写了这套考研数学小白进阶高分指南系列丛书。

在备考过程中，不少同学想走捷径，期望速成。导致的问题是：一方面自己想要考高分心情急迫，一方面要完成的学习任务太多，自己的能力和时间 hold 不住，无法化解期望和现实的巨大落差，引起自我满意度不断下降，造成浮躁的情绪，形成巨大的心理压力。并且，越是浮躁越是对自己学习不满，越是不满越浮躁，就越想找个捷径，期望功效如太上老君的仙丹，立马变神仙，急切地想结束这件事情。

那该怎么办呢？一是正视自己的现状，调低自己的期望；二是拿时间换成绩，一分耕耘一分收获。从这个角度出发，为化解考生的备考难题，我们编写了此书。

本书特色如下：

1. 零基础超解读，全书上手更易

在难度和要求上，考研数学课程不同于中学数学，前者入门难、技巧少，后者则入门容易、技巧较多。举个形象的例子来说明：学习高等数学就好比开飞机，本身能学会驾驶就已经很不容易了，所以只要能顺顺利利地从 A 飞到 B，再从 B 返回 A 就可以了，可不敢要求你表演空中杂技。而中学数学就像学骑自行车，几乎人人都能很快学会，但是要求做腾、挪、转、移各种杂技表演，各人水平自然参差不齐。因此，本书对于每道题的讲解均从读者已有的知识点出发，通过延伸、变换等引出最基本的概念、最基本的解法，让读者明白考点的来龙去脉，引导初学者快速入门，打牢基础，深刻理解考点的概念内涵和外延，把握重点难点，大幅提升解题实战能力。

2. 疑难处秒回复，扫除备考障碍

本书为读者提供了对应的二维码扫码课程（收费），我们的老师不仅讲解题目如何做，而且还会告诉你为什么老师能想得到，而你却想不到。题目考查的是哪个考点，怎么考查，还有哪些考查的方向，如何应对，视频讲解中都会提醒到位。同时，增加了倍速功能，真正做到

"哪里不会点哪里",提升效率,节省时间。我们为这套书籍配备了多位专门负责答疑的老师,读者可在视频下方直接提问。12 年以上教龄的老师主要回答综合类的问题,他们经验丰富,能一针见血地指出初学者的症结所在,提供个性化的解决方案。

3. 重视归纳总结,温故举一反三

考试大纲规定的知识点 200 多个,一共 23 道题,3 个小时的做题时间,分析历年真题,可以看出每一道考题均涉及三个及三个以上知识点,综合性较强,且很大程度上是考查考生的条件反射能力,因此本书将知识点进行归纳总结,将零散的知识点归结成块,遇到类似题目能瞬间想到应对方案一、二、三,这样条理清晰,便于掌握,快速拿分。在备考时建议大家:第一遍是甄别,先看题目,做不出来看老师讲解,要是看了视频还是不会,就在视频底下提问,看明白了,合上书本视频,自己独立做一遍,做好错题本,第二天复习新东西之前,重做一遍,看能否做出来,若是做出来的话,就隔三天再做,若是三天后仍能做出就隔一星期再做一遍,若是还能做出来,那就隔两个星期再做一遍,以此类推,把题目弄熟。怎么样才算做熟题目了呢,就是做每道题时都要有个 deadline,小题不能超过 4 分钟,大题不能超过 10 分钟。并将题目按以下类别分类出来:(1)规定时间内顺利做出来的;(2)做出来但超时(标准小题不超过4 分钟,大题不超过 10 分钟);(3)计算出错;(4)题目技巧没想到;(5)公式、结论记错的;(6)没有思路的;(7)做半截卡壳的。这样把会的全部剔除,不再看,减轻工作量,不会的做错的,重点刻意练习,练熟了再说;第二遍是刻意练习出问题的题目:练习顺序(2)⇨(7)⇨(5)⇨(4)⇨(6)⇨(3),重点是(2)以及(7)。

4. 重视计算能力,小白高分必达

数学是客观性很强的一门学科,无论是选择题、填空题还是解答题,答案具有唯一性,说一不二,所以提高计算能力是取得高分的关键环节。计算能力的提高离不开大量习题的练习,只有通过做一道道的题目才能发现自己在计算方面存在的问题,比如最常见的上下数字抄错、遗漏负号、计算错误、看错数字、记错公式结论等,因此本书配置了适量的题目,一方面能有效提高考生的计算能力,另一方面也有利于考生学会在题目中运用知识点做题。

本书的写作,参阅了有关书籍,引用了一些例子,恕不一一指明出处,在此向有关作者表示感谢!感谢参编的每位老师,特别感谢朱庆宇老师的无私奉献和大力支持!感谢图书出版的每位工作人员,尤其是张军社长,在本书的出版中给予极大的支持和指导,对每一个细节严格把控,深表感谢。本书是考生考研路上的一块垫脚石,望考生利用好本书。

读者对象:

所有需要巩固基础的考研复习的考生,尤其是在职考研及跨专业考研的考生;

所有基础薄弱、想迅速提升数学解题能力的初学者及爱好者;

所有考研辅导机构用于提高授课能力的教师。

致读者：

本书由北京慧升教育科技有限公司的张松美老师编写。慧升教育是一家专业从事软件开发、教育培训以及软件教育资源整合的高科技公司。本书的主要参编人员有朱庆宇、毛丽君、何棒棒、李文鹏。

感谢您购买本书，希望本书能成为您学习路上的好帮手。“零门槛”学习考研数学，一切皆有可能。祝您学习愉快！

由于编写时间仓促、编者水平有限，本书难免存在错误或不妥之处。如果您在使用本书的过程中发现书中的错误之处，可以反馈到“慧升考研微信公众号”，反馈错误超过 10 个的，我们将免费送您其余两本教材中的任意一本。有关本书错误之处的更改，请留意微信公众平台。

关于本书配套资源，请使用慧升考研 APP 扫描下方二维码观看详细的操作说明。关注张松美老师的新浪微博领取个性化一对一复习计划的订制服务。

张松美老师微博　　慧升考研微信公众号　　使用说明观看二维码

目　录

第 1 章　行列式

【导言】

行列式是研究线性代数的重要工具之一，很适合作为线性代数的入门章节. 我们后面研究矩阵、线性方程组、特征值、特征向量抑或二次型都会用到行列式. 通过行列式的计算，我们可以迅速判断出矩阵是否为可逆矩阵，线性方程组是否有唯一解，以及判断 n 阶矩阵的特征值，特征向量的一些性质. 所以，学好行列式是学好线性代数的基础.

【考试要求】

考试要求	科目	考试内容
了解	数学一	逆序数、行列式的概念，行列式的性质
	数学二	
	数学三	
理解	数学一	行列式的性质
	数学二	
	数学三	
会用、掌握	数学一	利用行列式的性质和行列式按行（列）展开定理计算行列式，余子式、代数余子式及 n 阶行列式的计算
	数学二	
	数学三	

【知识网络图】

- 行列式
  - 行列式的概念
    - 逆序数
    - n 阶行列式
    - 两种定义方式
  - 行列式的性质
  - 行列式的计算
    - 数字型行列式的计算
    - n 阶抽象型行列式的计算

【内容精讲】

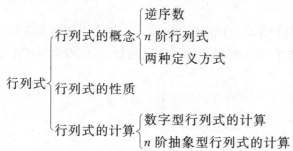

关于 n 阶行列式的定义，目前通行教材有两种不同的引入方式：一种是从全排列和逆序数出发，定义行列式运算中的每一项及其符号，然后求出 $n!$ 项代数和的方式，比较有代表性的教材见同济大学第六版《线性代数》；另一种方法是递归定义，即先定义一阶行列式、二阶

行列式、三阶行列式，然后利用递归方法定义一般的 n 阶行列式，这种定义方式常见于欧美引进的教材，如 Lay D. C.《线性代数及其应用》. 这两种定义方式各有优缺点：第一种方法细致、精确，容易得到一些准确的理论结果和一些精巧的行列式的结果，但不太容易掌握，且耗时较多；第二种方法只要知道递推公式的概念就可以一步一步地完成，相对简单，费时少，但在一些精巧刻画上不如第一种定义. 因为同济大学《线性代数》在国内使用最为广泛，我们选择第一种定义方式.

行列式具体的几何背景：不共线或不共面的几何向量，可以被刻画为所生成的平行四边形的面积或平行六面体的体积不为 0.

几何向量不共线或不共面，推广为 n 维空间中的向量线性无关. 能不能将平行四边形面积和平行六面体体积推广为"n 维平行体体积"，用来刻画和判定 n 维向量线性无关.

n 阶行列式就是"n 维平行体体积". 我们先根据平行四边形面积与平行六面体体积的代数运算性质得出它们的算法，再将代数算法推广到 n 维空间，定义 n 阶行列式.

求方阵的行列式也是矩阵的一种运算，它将一个方阵与一个数相对应，这个数值将告诉我们矩阵是否可逆. 这个数可以给出该方阵的其他信息，因此行列式是与矩阵密切相关的内容，它已经成为研究矩阵性质的一种工具.

在历史上，行列式是日本数学家 S. Takakazu(1642—1708) 在 1683 年提出并使用，而矩阵由 J. J. Sylvester 在 1850 年首次使用，而在逻辑上应是矩阵先于行列式.

虽然行列式是在求解特殊的线性方程组时提出来的，规律性很强，容易记住. 最初引入行列式就是为了此目的，后来独立发展成为一门行列式理论，在其他很多地方会用到. 如多重积分的变量替换、二次曲线或二次曲面的主轴问题以及在计算方阵的特征值时也起着重要的作用，它已经发展成为一门理论.

需要大家注意的是，矩阵是一个数表，用"(　)"表示，而行列式是由方阵得到的一个数，用"|　|"表示，这种表示方法在 1841 年由 Arthur Cayley 引入.

1.1　逆序数

1.1.1　定义

定义 1.1.1.1　设 n 个互不相等的正整数任意一种排列为 $i_1 i_2 \cdots i_n$，规定由小到大为标准次序，当某两个元素的先后次序与标准次序不同时，就说有一个逆序数，该排列全部逆序数的总和用 $\tau(i_1 i_2 \cdots i_n)$ 表示，例如：

$$\tau(31254) = 2+0+0+1+0=3$$
$$\tau(263451) = 1+4+1+1+1=8$$
$$\tau(12345) = 0+0+0+0+0=0$$

【例 1.1】 求逆序数：(1) $\tau[135\cdots(2n-1)246\cdots 2n]$

(2) 已知 $\tau(x_1 x_2 \cdots x_{n-1} x_n)=k$，求 $\tau(x_n x_{n-1} \cdots x_2 x_1)$

【解】(1) $\tau[135\cdots(2n-1)246\cdots 2n]=(n-1)+(n-2)+\cdots+1+0=\dfrac{n(n-1)}{2}$

比如 2,前面比它大的数为 3,5,…,$2n-1$,共有 $n-1$ 个,其余类推.

(2) 在排列 $x_1x_2\cdots x_{n-1}x_n$ 任取两个数 x_k 和 x_l $(k<l)$,则数对 (x_k,x_l) 要么为逆序数,要么为顺序数,而该排列共有 C_n^2 个数对,已知 $x_1x_2\cdots x_{n-1}x_n$ 的顺序数为 C_n^2-k,它正好就是 $x_nx_{n-1}\cdots x_2x_1$ 的逆序数,故

$$\tau(x_nx_{n-1}\cdots x_2x_1)=C_n^2-k=\frac{n(n-1)}{2}-k.$$

1.2　*n* 阶行列式

行列式的表示 —— 英文名称为 determinant,故常常把 D_n 写成 $\det(a_{ij})$.

行 ——row,一般用 $r_1\leftrightarrow r_2$ 表示第一行与第二行对换,余类推.

列 ——column,用 $c_2\leftrightarrow c_7$ 表示第二列与第七列对换,余类推.

1.2.1　*n* 阶行列式的定义

$$D_n=\sum_{j_1,\cdots,j_n}^{n}(-1)^{\tau(j_1j_2\cdots j_n)}a_{1j_1}a_{2j_2}\cdots a_{nj_n}=\sum_{i_1,\cdots,i_n}^{n}(-1)^{\tau(i_1i_2\cdots i_n)}a_{i_11}a_{i_22}\cdots a_{i_nn}$$

其中 a_{1j_1}(其中 $j_1=1,2,\cdots,n$)代表第 1 行的全部元素,a_{i_11}(其中 $i_1=1,2,\cdots,n$)代表第 1 列的全部元素,余类推,不要错误理解为一个元素.在这个定义中,行列式共有 n^2 个元素,展开后构成 n 次齐次多项式,且该齐次多项式共有 $n!$项,其中每一项都是不同行不同列的 n 个元素的乘积,且每一项必须含有且只能含有行列式中的不同行不同列的元素,带正号的项和带负号的项各占一半.$j_1,\cdots,j_n$ 或 $i_1,\cdots,i_n$ 分别表示由 1,2,…,n 这 n 个数构成的一个 n 元排列.或者说,这 n 个元素要来自于行列式的每一行和每一列.把这 n 个元素按第 1 行、第 2 行、…、第 n 行的次序放置,那么这 n 个元素的列标排列的逆序数 $\tau(p_1p_2\cdots p_n)$ 就决定了该项的正负.例如,一个 5 阶行列式表示的算式共有 5!项,若已知 $a_{15}a_{53}a_{21}a_{4j}a_{34}$ 是其中的一项,那么分析其列标,可以发现缺少第 2 列,因此必有 $j=2$.现在把这 5 个元素按第 1 行、第 2 行、…、第 5 行的次序重新放置为 $a_{15}a_{21}a_{34}a_{42}a_{53}$,此时列标排列的逆序数为 $\tau(51423)=6$,则该项所带符号为正号.

注 n 阶行列式的定义是一个难点,考生应该掌握:

(1) n 阶行列式是 $n!$项的代数和.

(2) 每一项又是 n 个元素的乘积,这 n 个元素要满足“不同行不同列”.

(3) 每一项的正、负由这 n 个元素所在行列式中的位置决定.

【例 1.2】 展开三阶行列式 $D_3=\begin{vmatrix}a_{11}&a_{12}&a_{13}\\a_{21}&a_{22}&a_{23}\\a_{31}&a_{32}&a_{33}\end{vmatrix}=\sum_{j_1j_2j_3}^{3}(-1)^{\tau(j_1j_2j_3)}a_{1j_1}a_{2j_2}a_{3j_3}$.

【解】 固定行号 1,2,3;列号可任意排列 $j_1j_2j_3$,$j_1j_2j_3$ 所有可能排列共有 6 种,相应的逆序数如下(一般地,n 阶行列式由 n^2 个元素组成,展开后共有 $n!$项):

$j_1\rightarrow j_2\rightarrow j_3\rightarrow(-1)^{\tau(j_1j_2j_3)}$

$$1 \to 2 \to 3 \to (-1)^{\tau(j_1j_2j_3)} = (-1)^{\tau(123)} = (-1)^0 = 1$$
$$1 \to 3 \to 2 \to (-1)^{\tau(j_1j_2j_3)} = (-1)^{\tau(132)} = (-1)^1 = -1$$
$$2 \to 1 \to 3 \to (-1)^{\tau(j_1j_2j_3)} = (-1)^{\tau(213)} = (-1)^1 = -1$$
$$2 \to 3 \to 1 \to (-1)^{\tau(j_1j_2j_3)} = (-1)^{\tau(231)} = (-1)^2 = 1$$
$$3 \to 1 \to 2 \to (-1)^{\tau(j_1j_2j_3)} = (-1)^{\tau(312)} = (-1)^2 = 1$$
$$3 \to 2 \to 1 \to (-1)^{\tau(j_1j_2j_3)} = (-1)^{\tau(321)} = (-1)^3 = -1$$

故
$$\begin{aligned} D_3 &= \sum_{j_1j_2j_3}^{3} (-1)^{\tau(j_1j_2j_3)} a_{1j_1}a_{2j_2}a_{3j_3} \\ &= (-1)^0 a_{11}a_{22}a_{33} + (-1)^1 a_{11}a_{23}a_{32} + (-1)^1 a_{12}a_{21}a_{33} + (-1)^2 a_{12}a_{23}a_{31} \\ &\quad + (-1)^2 a_{13}a_{21}a_{32} + (-1)^3 a_{13}a_{22}a_{31} \\ &= a_{11}a_{22}a_{33} - a_{11}a_{23}a_{32} - a_{12}a_{21}a_{33} + a_{12}a_{23}a_{31} + a_{13}a_{21}a_{32} - a_{13}a_{22}a_{31} \\ &= a_{11}a_{22}a_{33} + a_{12}a_{23}a_{31} + a_{13}a_{21}a_{32} - a_{11}a_{23}a_{32} - a_{12}a_{21}a_{33} - a_{13}a_{22}a_{31} \end{aligned}$$

注 n 阶行列式展开项的特点：

n 阶行列式展开后，共有 $n!$ 项，每一项中唯一包含且必须包含每一行和每一列中的一个元素，不能重复也不能缺少，理解这一特点可以很快写出低阶行列式的展开式.

【例 1.3】(1) 已知四阶行列式中 $a_{3j}a_{12}a_{41}a_{2k}$ 的符号为负，求 j,k；

(2) 在五阶行列式中，确定项 $a_{12}a_{31}a_{54}a_{43}a_{25}$ 的符号；

(3) 如果 n 阶行列式中等于零的元素大于 n^2-n 个，求 D_n.

【解】(1) 由于列号 2,1 固定，故 j,k 只能取 3 或者 4，而 $a_{3j}a_{12}a_{41}a_{2k} = a_{12}a_{2k}a_{3j}a_{41}$

$$j=3,k=4 \Rightarrow \tau(2431) = 3+1 = 4 \Rightarrow (-1)^{\tau(2431)} = 1$$
$$j=4,k=3 \Rightarrow \tau(2341) = 3 = 3 \Rightarrow (-1)^{\tau(2341)} = -1$$

$\therefore j=4,k=3$

(2) $a_{12}a_{31}a_{54}a_{43}a_{25} = a_{12}a_{25}a_{31}a_{43}a_{54}$

$\tau(25134) = 1+3+0+0 = 4 \Rightarrow (-1)^{\tau(25134)} = 1$，取正号.

(3) n 阶行列式展开共有 $n!$ 项，等于零的元素大于 n^2-n 个，则不为零的元素小于 n 个，而行列式展开的每一项都是 n 个不同元素的乘积，故 $D_n = 0$.

【例 1.4】设 n 阶行列式 $D = \Delta(a_{ij}) = m$，而行列式 $D_1 = \Delta(a_{ij}b^{i-j})$，$b \neq 0$，求 D_1.

【解】
$$\begin{aligned} D_1 &= \sum (-1)^{\tau} a_{1j_1}b^{1-j_1}a_{2j_2}b^{2-j_2}\cdots a_{nj_n}b^{n-j_n} \\ &= \sum (-1)^{\tau} a_{1j_1}a_{2j_2}\cdots a_{nj_n}b^{(1+2+\cdots+n)-(j_1+j_2+\cdots+j_n)} \\ &= \sum (-1)^{\tau} a_{1j_1}a_{2j_2}\cdots a_{nj_n}b^0 = m \end{aligned}$$

【例 1.5】在 $f(x) = \begin{vmatrix} x & x & 1 & 0 \\ 1 & x & 2 & 3 \\ 2 & 3 & x & 2 \\ 1 & 1 & 2 & x \end{vmatrix}$，求 x^3 项的系数.

【解】排列法:先固定行号顺序排列:$12\cdots n$,再根据定义排列可能的列标.

由定义知,行列式展开的每一项来源于原行列式每行每列只能取一个而且必须取一个元素的法则.如取 $a_{11}=x$,则其余项为相应取 $a_{2j_2}a_{3j_3}a_{4j_4}$ 形式,下面就是看 $j_2j_3j_4$ 可能的排列中那些符号要求.$j_2=2,j_3=3,j_4=4\Rightarrow$ 则为 x^4 项不合题意所求.其他取法均为 x^2 不合题意所求:

故取 $a_{11}=x$ 不成立.

同样的分析知,只有取 $a_{12}=x,a_{21}a_{33}a_{44}$ 才合题意,于是所求为:$(-1)^{\tau(2134)}=a_{12}a_{21}a_{33}a_{44}=-x^3$.

【例 1.6】求 $D_4=\begin{vmatrix}1&1&2&3\\1&2-x^2&2&3\\2&3&1&5\\2&3&1&9-x^2\end{vmatrix}$ 的值.

【解】$x=\pm1$ 时前两行相等 $D_4=0$,故 D_4 展开式必含该两因式,$x=\pm2$ 时后两行相等,$x=\pm2,D_4=0$,故 D_4 展开式必含该两因式,由于是四阶行列式,最高次幂不大于 x^4,故

$$D_4=k(x+1)(x-1)(x+2)(x-2)$$

而 x^4 前的系数可由定义求出:含 x^4 幂的项的形式为:

$$a_{1j_1}a_{22}a_{3j_3}a_{44}(\text{其中 } a_{22}=2-x^2,a_{44}=9-x^2)$$

由于已经固定顺序行标 $1\to2\to3\to4$,列标有两个也被固定,即 $j_1\to2,j_3\to4$,根据行列式各项取自不同行不同列的规则:$j_1=1$ 或 3;$j_2=3$ 或 1,当 $j_1=1$ 时,必有 $j_3=3$,即存在含 x^4 幂

$$(-1)^{\tau(1234)}a_{11}a_{22}a_{33}a_{44}=(-1)^0a_{11}a_{22}a_{33}a_{44}$$
$$=1\cdot(2-x^2)\cdot1\cdot(9-x^2)=(2-x^2)(9-x^2)$$

当 $j_3=1$ 时,必有 $j_1=3$,即存在含 x^4 幂

$$(-1)^{\tau(3214)}a_{13}a_{22}a_{31}a_{44}=(-1)^3a_{13}a_{22}a_{31}a_{44}$$
$$=-2\cdot(2-x^2)\cdot2\cdot(9-x^2)=-4(2-x^2)(9-x^2)$$

故 x^4 前的系数 $k=1-4=-3$.

注 该题有一个绝妙的方法:即划去$(2-x^2)$和$(9-x^2)$所在的行和列,剩下的数(不能含未知数 x,否则,只能用排列法.)组成行列式 $\begin{vmatrix}1&2\\2&1\end{vmatrix}=-3$,就是 x^4 前的系数.

又如:已知 $f(x)=\begin{vmatrix}x&-1&0&x\\2&2&3&x\\-7&10&4&3\\1&-7&1&x\end{vmatrix}$,求 $f''(x)$.易知 $f(x)$ 最高次幂为 x^2,故只要求出 x^2

的系数即可，含 x^2 的项合并为 $a_{11}\begin{vmatrix}2&3\\10&4\end{vmatrix}a_{44}+a_{11}a_{24}\begin{vmatrix}10&4\\-7&1\end{vmatrix}=x^2\left[\begin{vmatrix}2&3\\10&4\end{vmatrix}+\begin{vmatrix}10&4\\-7&1\end{vmatrix}\right]=$ $16x^2\Rightarrow f''(x)=32$.

1.2.2 n 阶行列式的性质

性质 1：转置（行与列顺次互换）其值不变.

性质 2：互换任意两行（列）其值变号.

性质 3：任意某行（列）可提出公因子到行列式符号外.

性质 4：任意行列式可按某行（列）分解为两个行列式之和.

性质 5：把行列式某行（列）的 λ 倍加到另一行（列），其值不变.

性质 6：方阵行列式：$|\boldsymbol{AB}|=|\boldsymbol{A}||\boldsymbol{B}|$；$|\boldsymbol{A}^{\mathrm{T}}|=|\boldsymbol{A}|$；$|\boldsymbol{A}^{-1}|=|\boldsymbol{A}|^{-1}$；$|\boldsymbol{A}^*|=|\boldsymbol{A}|^{n-1}$；

$A\sim B\Rightarrow|f(\boldsymbol{A})|=|f(\boldsymbol{B})|$（方阵即行数和列数相等的矩阵）.

注 对性质 4 的重要拓展：

设 n 阶同型矩阵 $\boldsymbol{A}=(a_{ij})$，$\boldsymbol{B}=(b_{ij})\Rightarrow\boldsymbol{A}+\boldsymbol{B}=(a_{ij}+b_{ij})$. 而行列式只是就某一列分解，所以，$|\boldsymbol{A}+\boldsymbol{B}|$ 应当是 2^n 个行列式之和，即 $|\boldsymbol{A}+\boldsymbol{B}|\neq|\boldsymbol{A}|+|\boldsymbol{B}|$.

三阶行列式的分解：

$$|\lambda\boldsymbol{E}-\boldsymbol{A}|=\begin{vmatrix}\lambda-a_{11}&0-a_{12}&0-a_{13}\\0-a_{21}&\lambda-a_{22}&0-a_{23}\\0-a_{31}&0-a_{32}&\lambda-a_{33}\end{vmatrix}$$

$$=\begin{vmatrix}\lambda&0&0\\0&\lambda&0\\0&0&\lambda\end{vmatrix}_{(111)}+\begin{vmatrix}\lambda&0&-a_{13}\\0&\lambda&-a_{23}\\0&0&-a_{33}\end{vmatrix}_{(112)}+\begin{vmatrix}\lambda&-a_{12}&0\\0&-a_{22}&0\\0&-a_{32}&\lambda\end{vmatrix}_{(121)}$$

$$+\begin{vmatrix}-a_{11}&0&0\\-a_{21}&\lambda&0\\-a_{31}&0&\lambda\end{vmatrix}_{(211)}+\begin{vmatrix}-a_{11}&0&-a_{13}\\-a_{21}&\lambda&-a_{23}\\-a_{31}&0&-a_{33}\end{vmatrix}_{(212)}$$

$$+\begin{vmatrix}-a_{11}&-a_{12}&0\\-a_{21}&-a_{22}&0\\-a_{31}&-a_{32}&\lambda\end{vmatrix}_{(221)}+\begin{vmatrix}\lambda&0&0\\-a_{21}&-a_{22}&-a_{23}\\-a_{31}&-a_{32}&-a_{33}\end{vmatrix}_{(221)}$$

$$+\begin{vmatrix}-a_{11}&-a_{12}&-a_{13}\\-a_{21}&-a_{22}&-a_{23}\\-a_{31}&-a_{32}&-a_{33}\end{vmatrix}_{(222)}$$

$$|\lambda\boldsymbol{E}-\boldsymbol{A}|=\lambda^3-(a_{11}+a_{22}+a_{33})\lambda^2+\left(\begin{vmatrix}a_{11}&a_{12}\\a_{21}&a_{22}\end{vmatrix}+\begin{vmatrix}a_{22}&a_{23}\\a_{32}&a_{33}\end{vmatrix}+\begin{vmatrix}a_{11}&a_{13}\\a_{31}&a_{33}\end{vmatrix}\right)\lambda$$

$$-\begin{vmatrix} a_{11} & a_{12} & a_{13} \\ a_{21} & a_{22} & a_{23} \\ a_{31} & a_{32} & a_{33} \end{vmatrix}$$

根据韦达定理，马上可以得到两个重要公式：$\begin{cases} \lambda_1+\lambda_2+\lambda_3=a_{11}+a_{22}+a_{33}=Tr(\boldsymbol{A}) \\ \lambda_1\lambda_2\lambda_3=\begin{vmatrix} a_{11} & a_{12} & a_{13} \\ a_{21} & a_{22} & a_{23} \\ a_{31} & a_{32} & a_{33} \end{vmatrix}=|\boldsymbol{A}| \end{cases}$

其中，(111) 表示取被展开的行列式中各列的第一子列，其余类推.

特别地，如行列式中，任意两行或两列对应成比例，上述公式可以简化为：

$$|\lambda\boldsymbol{E}-\boldsymbol{A}|=\lambda^3-(a_{11}+a_{22}+a_{33})\lambda^2=\lambda^3-\left(\sum_{i=1}^{3}a_{ii}\right)\lambda^2$$
$$=\lambda^3-Tr(\boldsymbol{A})\lambda^2\Rightarrow\lambda_1=Tr(\boldsymbol{A}),\lambda_2=\lambda_3=0.$$

注 韦达定理：$a_nx^n+a_{n-1}x^{n-1}+a_{n-2}x^{n-2}+\cdots+a_0=0\Rightarrow\sum_{i=1}^{n}x_i=-\dfrac{a_{n-1}}{a_n}$；$\sum_{i\neq j=1}^{n}x_ix_j=\dfrac{a_{n-2}}{a_n}$；

$\prod_{i=1}^{n}x_i=(-1)^n\dfrac{a_0}{a_n}$.

1.3 余子式的概念

元素的余子式：把行列式中某元素 a_{ij} 所在的行与列全部划掉，剩余的元素组成的新行列式，称为该元素的余子式，用 M_{ij} 表示. 如果再考虑余子式的符号，则称之为该元素的代数余子式，用 A_{ij} 表示.

$$A_{ij}=(-1)^{i+j}M_{ij}\Leftrightarrow M_{ij}=(-1)^{i+j}A_{ij}$$

***k* 阶子式的余子式**：把行列式中任意指定 k 行与 k 列的交叉元素组成的子行列式（称 k 阶子式）所在的行与列全部划掉，剩余的元素组成的新行列式，叫 k 阶子式的余子式，用 N_i 表示. 如果再考虑余子式的符号，则称 k 阶子式的代数余子式，用 A_i 表示.

$$A_i=(-1)^{i_1+i_2+\cdots+i_k+j_1+j_2+\cdots+j_k}N_i$$

其中 $i_1,i_2,\cdots,i_k$ 为交叉元素所在行的具体行号；$j_1,j_2,\cdots,j_k$ 为交叉元素所在列的具体列号.

如 $\begin{vmatrix} 1 & 2 & 3 & 4 \\ 5 & 6 & 7 & 8 \\ 9 & 10 & 11 & 12 \\ 13 & 14 & 15 & 16 \end{vmatrix}$ 中，二阶子式 $\begin{vmatrix} 1 & 4 \\ 13 & 16 \end{vmatrix}$ 的余子式为 $\begin{vmatrix} 6 & 7 \\ 10 & 11 \end{vmatrix}$，代数余子式的符号由二阶子式 $\begin{vmatrix} 1 & 4 \\ 13 & 16 \end{vmatrix}$ 决定，而 1,4 所在的具体行号为 1；13,16 所在的具体行号为 4；1,13 所

在的具体列号为 1;4,16 所在的具体列号为 4,故相应的代数余子式为$(-1)^{1+4+1+4}\begin{vmatrix}6 & 7\\10 & 11\end{vmatrix}$.

定理 1.3.1 行列式按元素的代数余子式展开定理:

按第 i 列展开 $\sum\limits_{i=1}^{n}a_{ij}A_{kj}=D\delta_{ik}$,其中 $\delta_{ik}=\begin{cases}1, & i=k\\0, & i\neq k\end{cases}$

按第 j 行展开 $\sum\limits_{i=1}^{n}a_{ij}A_{ik}=D\delta_{jk}$,其中 $\delta_{jk}=\begin{cases}1, & j=k\\0, & j\neq k\end{cases}$

元素的代数余子式与该元素无关,只与其所在的位置有关,行列式按某一行元素的代数余子式展开形式中,代数余子式前面乘以不同的系数就可以得到不同的行列式.

$$\xrightarrow{\text{第 } i \text{ 行}}\begin{vmatrix}a_{11} & a_{12} & \cdots & a_{1n}\\a_{21} & a_{22} & \cdots & a_{2n}\\\vdots & \vdots & \vdots & \vdots\\ [a_{i1}] & [a_{i2}] & \cdots & [a_{in}]\\\vdots & \vdots & \vdots & \vdots\\a_{n1} & a_{n2} & \cdots & a_{nn}\end{vmatrix}=[a_{i1}]A_{i1}+[a_{i2}]A_{i2}+\cdots+[a_{in}]A_{1n}$$

如果把上述等式两边的中括号里的元素换成不同的值,就变成不同的行列式了.

在解析几何中,给定两个向量 $\boldsymbol{a}=a_xi+a_yj+a_zk=(a_x,a_y,a_z)$和 $\boldsymbol{b}=b_xi+b_yj+b_zk=(b_x,b_y,b_z)$,为了得到垂直于 $\boldsymbol{a}$ 和 $\boldsymbol{b}$ 的一个向量,将 $\boldsymbol{a}$ 和 $\boldsymbol{b}$ 作“向量积”.

$$\boldsymbol{a}\times\boldsymbol{b}=(a_yb_z-a_zb_y)i+(a_zb_x-a_xb_z)j+(a_xb_y-a_yb_x)k$$

只有借助于三阶行列式

$$\boldsymbol{a}\times\boldsymbol{b}=\begin{vmatrix}i & j & k\\a_x & a_y & a_z\\b_x & b_y & b_z\end{vmatrix}$$

才容易记住,将其按第 1 行展开就是上式. 类似的例子在高等数学中出现过,这也可以看作是学习行列式的理由.

将行列式按行列展开,实际上是降阶方法,将 n 阶行列式的计算转换成若干个 $n-1$ 阶行列式的计算,当然又可以将 $n-1$ 阶行列式的计算转换为若干个 $n-2$ 阶行列式的计算.

【例 1.7】已知 $D=\begin{vmatrix}1 & 2 & 3\\1 & 1 & -1\\-1 & 1 & 0\end{vmatrix}$,求:(1) 代数余子式 $A_{13}+2A_{23}+A_{33}$;(2) 余子式 $M_{13}+2M_{23}+M_{33}$.

【解】(1) 代数余子式 $A_{13}+2A_{23}+A_{33}=1\times A_{13}+2\times A_{23}+1\times A_{33}$

用各代数余子式的系数 1,2,1 替代 D 的第三列,则

$$A_{13}+2A_{23}+A_{33}=\begin{vmatrix}1 & 2 & 1\\1 & 1 & 2\\-1 & 1 & 1\end{vmatrix}=-5$$

(2)$A_{ij}=(-1)^{i+j}M_{ij}\Rightarrow M_{ij}=A_{ij}\dfrac{1}{(-1)^{i+j}}=A_{ij}(-1)^{i+j}$

余子式 $M_{13}+2M_{23}+M_{33}=(-1)^{1+3}A_{13}+2(-1)^{2+3}A_{23}+(-1)^{3+3}A_{33}=A_{13}-2A_{23}+A_{33}$

用各代数余子式的系数 1，-2,1 替代 D 的第三列，则

$$M_{13}+2M_{23}+M_{33}=A_{13}-2A_{23}+A_{33}=\begin{vmatrix}1&2&1\\1&1&-2\\-1&1&1\end{vmatrix}=7.$$

【例 1.8】设 4 阶行列式的第 2 列元素依次为 $2,m,k,3$，第二列元素的余子式依次为 $1,-1,1,-1$，第四列元素的代数余子式依次为 3,1,4,2. 且行列式的值为 1，求 m,k.

【解】$\begin{cases}(-1)^{1+2}a_{12}A_{12}+(-1)^{2+2}a_{22}A_{22}+(-1)^{3+2}a_{32}A_{32}+(-1)^{4+2}a_{42}A_{42}=1\\a_{12}A_{14}+a_{22}A_{24}+a_{32}A_{34}+a_{42}A_{44}=0\end{cases}$

$$\Rightarrow\begin{cases}(-1)\cdot2\cdot1+m\cdot(-1)+(-1)\cdot k\cdot1+3\cdot(-1)=1\\2\cdot3+m\cdot1+k\cdot4+3\cdot2=0\end{cases}$$

$$\Rightarrow\begin{cases}-m-k-5=1\\m+4k+12=0\end{cases}\Rightarrow\begin{cases}m=-4\\k=-2\end{cases}$$

【例 1.9】设 $a_{ij}=A_{ij}(i,j=1,2,3)$ 且 $a_{11}\neq0$，求 $|2\boldsymbol{A}^{\mathrm{T}}|$.

【解】$|2\boldsymbol{A}^{\mathrm{T}}|=8|\boldsymbol{A}^{\mathrm{T}}|=8|\boldsymbol{A}|$；

$$a_{ij}=\boldsymbol{A}_{ij}\Rightarrow\boldsymbol{A}=\begin{vmatrix}a_{11}&a_{12}&a_{13}\\a_{21}&a_{22}&a_{23}\\a_{31}&a_{32}&a_{33}\end{vmatrix}=\begin{vmatrix}\boldsymbol{A}_{11}&\boldsymbol{A}_{12}&\boldsymbol{A}_{13}\\\boldsymbol{A}_{21}&\boldsymbol{A}_{22}&\boldsymbol{A}_{23}\\\boldsymbol{A}_{31}&\boldsymbol{A}_{32}&\boldsymbol{A}_{33}\end{vmatrix}=(\boldsymbol{A}^*)^{\mathrm{T}}$$

$$\Rightarrow\boldsymbol{A}^*=\boldsymbol{A}^{\mathrm{T}}\Rightarrow\boldsymbol{A}\boldsymbol{A}^*=\boldsymbol{A}\boldsymbol{A}^{\mathrm{T}}=|\boldsymbol{A}|E\Rightarrow|\boldsymbol{A}\boldsymbol{A}^{\mathrm{T}}|=|\boldsymbol{A}|^3$$

$$\Rightarrow|\boldsymbol{A}|^2(|\boldsymbol{A}|-1)=0$$

$$a_{11}\neq0,A_{ij}=a_{ij}\Rightarrow|\boldsymbol{A}|=a_{11}A_{11}+a_{12}A_{12}+a_{13}A_{13}=a_{11}^2+a_{12}^2+a_{13}^2>0$$

$$\Rightarrow|\boldsymbol{A}|=1\Rightarrow|2\boldsymbol{A}^{\mathrm{T}}|=8|\boldsymbol{A}^{\mathrm{T}}|=8|\boldsymbol{A}|=8.$$

【例 1.10】设 $|\boldsymbol{A}_{n\times n}|=6$，每行元素之和为 3，求 $\sum\limits_{j=1}^{n}A_{1j}$.

【解】$6=|\boldsymbol{A}|=\begin{vmatrix}a_{11}&a_{12}&\cdots&a_{1n}\\a_{21}&a_{22}&\cdots&a_{2n}\\\vdots&\vdots&\vdots&\vdots\\a_{n1}&a_{n2}&\cdots&a_{nn}\end{vmatrix}=3\begin{vmatrix}1&1&\cdots&1\\a_{21}&a_{22}&\cdots&a_{2n}\\\vdots&\vdots&\vdots&\vdots\\a_{n1}&a_{n2}&\cdots&a_{nn}\end{vmatrix}$

$$=3\sum_{j=1}^{n}A_{1j}\Rightarrow\sum_{j=1}^{n}A_{1j}=2.$$

定理 1.3.2　行列式按 k 阶子式的代数余子式展开(拉普拉斯定理)：$D=\sum\limits_{i=1}^{C_n^k}M_iA_i$

下面是通常使用的两个特殊的拉普拉斯展开式：

(a) $\begin{vmatrix} \boldsymbol{A} & \boldsymbol{O} \\ \boldsymbol{O} & \boldsymbol{B} \end{vmatrix} = \begin{vmatrix} \boldsymbol{A} & \boldsymbol{C} \\ \boldsymbol{O} & \boldsymbol{B} \end{vmatrix} = \begin{vmatrix} \boldsymbol{A} & \boldsymbol{O} \\ \boldsymbol{C} & \boldsymbol{B} \end{vmatrix} = |\boldsymbol{A}||\boldsymbol{B}|$

$$\begin{vmatrix} a_{11} & a_{12} & \cdots & a_{1m} & 0 & 0 & \cdots & 0 \\ \vdots & \vdots & & \vdots & \vdots & \vdots & & \vdots \\ a_{m1} & a_{m2} & \cdots & a_{mm} & 0 & 0 & \cdots & 0 \\ c_{11} & c_{12} & \cdots & c_{1m} & b_{11} & b_{12} & \cdots & b_{1n} \\ \vdots & \vdots & & \vdots & \vdots & \vdots & & \vdots \\ c_{n1} & c_{n2} & \cdots & c_{nm} & b_{n1} & b_{n2} & \cdots & b_{nn} \end{vmatrix}$$

$$= (-1)^{\tau_1} \begin{vmatrix} a_{11} & \cdots & a_{1m} \\ \vdots & \vdots & \vdots \\ a_{m1} & \cdots & a_{mm} \end{vmatrix} \begin{vmatrix} b_{11} & \cdots & b_{1n} \\ \vdots & \vdots & \vdots \\ b_{n1} & \cdots & b_{nn} \end{vmatrix}$$

$$= \begin{vmatrix} a_{11} & \cdots & a_{1m} \\ \vdots & \vdots & \vdots \\ a_{m1} & \cdots & a_{mm} \end{vmatrix} \begin{vmatrix} b_{11} & \cdots & b_{1n} \\ \vdots & \vdots & \vdots \\ b_{n1} & \cdots & b_{nn} \end{vmatrix}$$

$$\tau_1 = m(1+2+\cdots+m) + m(1+2+\cdots+m)$$

$$= m^2(m+1) \Rightarrow (-1)^{\tau_1} = (-1)^{m^2(m+1)} = 1$$

(b) $\begin{vmatrix} O & \boldsymbol{A}_{m\times m} \\ \boldsymbol{B}_{n\times n} & C \end{vmatrix} = \begin{vmatrix} C & \boldsymbol{A}_{m\times m} \\ \boldsymbol{B}_{n\times n} & O \end{vmatrix} = (-1)^{mn} |\boldsymbol{A}||\boldsymbol{B}|$

$$\begin{vmatrix} c_{11} & c_{12} & \cdots & c_{1n} & a_{11} & a_{12} & \cdots & a_{1m} \\ \vdots & \vdots & & \vdots & \vdots & \vdots & & \vdots \\ c_{m1} & c_{m2} & \cdots & c_{mn} & a_{m1} & a_{m2} & \cdots & a_{mm} \\ b_{11} & b_{12} & \cdots & b_{1n} & 0 & 0 & \cdots & 0 \\ \vdots & \vdots & & \vdots & \vdots & \vdots & & \vdots \\ b_{n1} & b_{n2} & \cdots & b_{nn} & 0 & 0 & \cdots & 0 \end{vmatrix}$$

$$= (-1)^{\tau_2} \begin{vmatrix} a_{11} & \cdots & a_{1m} \\ \vdots & \vdots & \vdots \\ a_{m1} & \cdots & a_{mm} \end{vmatrix} \begin{vmatrix} b_{11} & \cdots & b_{1n} \\ \vdots & \vdots & \vdots \\ b_{n1} & \cdots & b_{nn} \end{vmatrix}$$

$$= (-1)^{mn} \begin{vmatrix} a_{11} & \cdots & a_{1m} \\ \vdots & \vdots & \vdots \\ a_{m1} & \cdots & a_{mm} \end{vmatrix} \begin{vmatrix} b_{11} & \cdots & b_{1n} \\ \vdots & \vdots & \vdots \\ b_{n1} & \cdots & b_{nn} \end{vmatrix}$$

其中： $\tau_2 = [1+2+\cdots+m] + [(n+1)+(n+2)+\cdots+(n+m)]$

$$= \frac{m(m+1)}{2} + \frac{m(2n+m+1)}{2} = mn + m(m+1) \Rightarrow$$

$$(-1)^{\tau_2} = (-1)^{mn}(-1)^{m(m+1)} = (-1)^{mn}$$

也可以这样理解：$\begin{vmatrix} a_{11} & \cdots & a_{1m} \\ \vdots & \ddots & \vdots \\ a_{m1} & \cdots & a_{mm} \end{vmatrix}$ 所在原行列式的每一列与 $\begin{vmatrix} b_{11} & \cdots & b_{1n} \\ \vdots & \ddots & \vdots \\ b_{n1} & \cdots & b_{nn} \end{vmatrix}$ 在原行列式的每一列逐一交换后，则变成情形(a)，而逐一交换的次数就是 mn.

注 常见错误：考生常常把公式中的$(-1)^{mn}$ 错误地写成$(-1)^{m+n}$.

1.4　n 阶行列式的计算

n 阶行列式计算一直是一个难点，但是考研范围内的 n 阶行列式都是有规律的，需要借助各种性质去简化计算量.

对于高阶行列式，根据定义去计算是不现实的，因为当 n 较大时，如 $n=18$，要计算的项有 $18!\approx 6.4\times 10^{15}$，即使计算机每秒进行1000万次乘法运算，也大约需要20年左右的时间，那是很不现实的. 利用行列式的性质进行计算是最常用的方法，要求大家能熟练运用这些性质.

类型一：行和相等型行列式

当行列式中每一行的元素之和相等（称为行和相等型）时，计算时把各列全部加到第一列，从第一列中提出公因式，然后各行都减去第一行就可以降阶，对列和相等型也有类似的结论，这是一类常见的题型.

【例 1.11】 计算 $D_n=\begin{vmatrix} a & b & \cdots & b \\ b & a & \cdots & b \\ \vdots & \vdots & & \vdots \\ b & b & \cdots & a \end{vmatrix}$.

【解】

$$D_n=\begin{vmatrix} a & b & \cdots & b \\ b & a & \cdots & b \\ \vdots & \vdots & & \vdots \\ b & b & \cdots & a \end{vmatrix}=\begin{vmatrix} a+(n-1)b & b & \cdots & b \\ a+(n-1)b & a & \cdots & b \\ \vdots & \vdots & & \vdots \\ a+(n-1)b & b & \cdots & a \end{vmatrix}$$

$$=[a+(n-1)b]\begin{vmatrix} 1 & b & \cdots & b \\ 1 & a & \cdots & b \\ \vdots & \vdots & & \vdots \\ 1 & b & \cdots & a \end{vmatrix}$$

$$=[a+(n-1)b]\begin{vmatrix} 1 & b & \cdots & b \\ 0 & a-b & \cdots & 0 \\ \vdots & \vdots & & \vdots \\ 0 & 0 & \cdots & a-b \end{vmatrix}$$

$$=[a+(n-1)b](a-b)^{n-1}$$

【例 1.12】已知行列式 $D_{n+1}=\begin{vmatrix} 2 & 1-\frac{1}{n} & 1-\frac{1}{n} & \cdots & 1-\frac{1}{n} \\ 1-\frac{1}{n} & 2 & 1-\frac{1}{n} & \cdots & 1-\frac{1}{n} \\ & \cdots & \cdots & \cdots & \\ 1-\frac{1}{n} & 1-\frac{1}{n} & 1-\frac{1}{n} & \cdots & 2 \end{vmatrix}$，求 $\lim\limits_{n\to\infty}\frac{D_{n+1}}{n}$.

【解】

$$D_{n+1}=\begin{vmatrix} 2 & 1-\frac{1}{n} & 1-\frac{1}{n} & \cdots & 1-\frac{1}{n} \\ 1-\frac{1}{n} & 2 & 1-\frac{1}{n} & \cdots & 1-\frac{1}{n} \\ & \cdots & \cdots & \cdots & \\ 1-\frac{1}{n} & 1-\frac{1}{n} & 1-\frac{1}{n} & \cdots & 2 \end{vmatrix}$$

$$=\begin{vmatrix} n+1 & 1-\frac{1}{n} & 1-\frac{1}{n} & \cdots & 1-\frac{1}{n} \\ n+1 & 2 & 1-\frac{1}{n} & \cdots & 1-\frac{1}{n} \\ & \cdots & \cdots & \cdots & \\ n+1 & 1-\frac{1}{n} & 1-\frac{1}{n} & \cdots & 2 \end{vmatrix}$$

$$=(n+1)\begin{vmatrix} 1 & 1-\frac{1}{n} & 1-\frac{1}{n} & \cdots & 1-\frac{1}{n} \\ 1 & 2 & 1-\frac{1}{n} & \cdots & 1-\frac{1}{n} \\ & \cdots & \cdots & \cdots & \\ 1 & 1-\frac{1}{n} & 1-\frac{1}{n} & \cdots & 2 \end{vmatrix}$$

$$=(n+1)\begin{vmatrix} 1 & 1-\frac{1}{n} & 1-\frac{1}{n} & \cdots & 1-\frac{1}{n} \\ 0 & 1+\frac{1}{n} & 0 & \cdots & 0 \\ & \cdots & \cdots & \cdots & \\ 0 & 0 & 0 & \cdots & 1+\frac{1}{n} \end{vmatrix}$$

$$=(n+1)\left(1+\frac{1}{n}\right)^{n}\Rightarrow\lim_{n\to\infty}\frac{D_{n+1}}{n}=\lim_{n\to\infty}\frac{(n+1)\left(1+\frac{1}{n}\right)^{n}}{n}=\mathrm{e}$$

【例 1.13】计算下列行列式：

(1)n 阶行列式 $\begin{vmatrix} 0 & 1 & 1 & \cdots & 1 & 1 \\ 1 & 0 & 1 & \cdots & 1 & 1 \\ 1 & 1 & 0 & \cdots & 1 & 1 \\ \vdots & \vdots & \vdots & \cdots & \vdots & \vdots \\ 1 & 1 & 1 & \cdots & 0 & 1 \\ 1 & 1 & 1 & \cdots & 1 & 0 \end{vmatrix}$；

(2) $\begin{vmatrix} a_1+x & a_2 & a_3 & a_4 \\ -x & x & 0 & 0 \\ -x & 0 & x & 0 \\ -x & 0 & 0 & x \end{vmatrix}$；

(3)n 阶行列式 $\begin{vmatrix} x_1-m & x_2 & \cdots & x_n \\ x_1 & x_2-m & \cdots & x_n \\ \cdots & \cdots & \cdots & \cdots \\ x_1 & x_2 & \cdots & x_n-m \end{vmatrix}$；

(4)n 阶行列式 $\begin{vmatrix} 1 & 2 & \cdots & n \\ 2 & 3 & \cdots & 1 \\ \cdots & \cdots & \cdots & \cdots \\ n & 1 & \cdots & n-1 \end{vmatrix}$；

(5)n 阶行列式 $\begin{vmatrix} x+1 & x & x & \cdots & x \\ x & x+\frac{1}{2} & x & \cdots & x \\ \cdots & \cdots & \cdots & \cdots & \cdots \\ x & x & x & \cdots & x+\frac{1}{n} \end{vmatrix}$；

(6) $\begin{vmatrix} a_1 & a_2 & a_3 & a_4+x \\ a_1 & a_2 & a_3+x & a_4 \\ a_1 & a_2+x & a_3 & a_4 \\ a_1+x & a_2 & a_3 & a_4 \end{vmatrix}$.

【答案】(1)$(-1)^{n-1}(n-1)$

(2)$x^3\left(x+\sum\limits_{i=1}^{4}a_i\right)$

(3)$\left(\sum\limits_{i=1}^{n}x_i-m\right)(-m)^{n-1}$

(4)$(-1)^{\frac{n(n-1)}{2}}\dfrac{n(n+1)n^{n-1}}{2}$

(5)$\dfrac{1}{n!}\left[1+\dfrac{n(n+1)}{2}x\right]$

(6)$\left(\sum\limits_{i=1}^{4}a_i+x\right)x^3$

类型二:爪型行列式

爪型行列式的通用公式
$$\begin{vmatrix} a_0 & b_1 & b_2 & \cdots & b_n \\ c_1 & a_1 & 0 & \cdots & 0 \\ c_2 & 0 & a_2 & \cdots & 0 \\ \cdots & \cdots & \cdots & \cdots & \cdots \\ c_n & 0 & 0 & \cdots & a_n \end{vmatrix} = \left(\prod_{j=1}^{n} a_j\right)\left(a_0 - \sum_{i=1}^{n} \frac{c_i b_i}{a_i}\right),\text{其中 } a_i \neq 0.$$

除第一行、第一列和主对角上的元素外,其他全部为零的行列式,其形状像个爪型.爪型行列式 D_n 的计算方法一般是分三种情况分别讨论,假设主对角上的元素分别为 $a_1a_2\cdots a_n$:

• 如 $a_1a_2\cdots a_n$ 中有两个或两个以上的元素为零,则必有两行成比例,故 $D_n=0$;

• 如 $a_1a_2\cdots a_n$ 中只有一个元素为零,例如 $a_k=0$,则先按第 k 行展开,再按 $k-1$ 列展开,便得到一个主对角行列式了;

• 如 $a_1a_2\cdots a_n$ 中没有零元素,则从 a_{22} 开始逐一提出主对角元素,然后上三角化,便得到一个上三角行列式了.

【例 1.14】计算 $D_{n+1}=\begin{vmatrix} a_0 & 1 & 2 & \cdots & n \\ 1 & a_1 & & & \\ 2 & & a_2 & & \\ \vdots & & & \vdots & \\ n & & & & a_n \end{vmatrix}$.

【解】情况一:$a_0,a_1,a_2,\cdots,a_n$ 至少有两个元素为零,则 $D_{n+1}=0$;

情况二:$a_0,a_1,a_2,\cdots,a_n$ 有一个元素为零,如 $a_k=0(a_k=a_{(k+1)(k+1)})$,则先按 $k+1$ 行元素展开,再按 k 列展开(为了细节更清楚,请读者以 D_6 为例具体推算以下过程).

$$D_{n+1}=\begin{vmatrix} a_0 & 1 & 2 & \cdots & n \\ 1 & a_1 & & & \\ 2 & & a_2 & & \\ \vdots & & & \vdots & \\ n & & & & a_n \end{vmatrix}$$

$$=\begin{vmatrix} a_0 & 1 & \cdots & k & \cdots & n \\ 1 & a_1 & \cdots & 0 & \cdots & 0 \\ \vdots & \vdots & \vdots & \vdots & \vdots & \vdots \\ k & 0 & \cdots & 0 & \cdots & 0 \\ \vdots & \vdots & & \vdots & \vdots & \vdots \\ n & 0 & \cdots & 0 & \cdots & a_n \end{vmatrix} \xrightarrow{k+1\text{ 行展开(含 0 元素)}}$$

$$= (-1)^{k+1+1}k\begin{vmatrix} 1 & 2 & \cdots & k-1 & k & k+1 & \cdots & n \\ a_1 & 0 & & & & & & \\ \vdots & \vdots & \vdots & & & & & \\ \vdots & & \vdots & \vdots & & & & \\ 0 & & & a_{k-1} & 0 & & & \\ 0 & & & & 0 & a_{k+1} & & \\ \vdots & & & & & \vdots & \vdots & \\ 0 & & & & & & 0 & a_n \end{vmatrix} \xrightarrow{k\text{列展开}}$$

($a_{k+1}\cdots a_n$整体向上提进一行)

$$= (-1)^{k+2}(-1)^{1+k}k^2\begin{vmatrix} a_1 & 0 & 0 & 0 & \cdots & 0 \\ 0 & \vdots & & & & 0 \\ 0 & & a_{k-1} & & & 0 \\ 0 & & & a_{k+1} & & \vdots \\ \vdots & & & & \vdots & 0 \\ 0 & 0 & 0 & \cdots & 0 & a_n \end{vmatrix}$$

($a_1\cdots a_{k-1}$整体向右推进一列)

$$=-k^2a_1\cdots a_{k-1}a_{k+1}\cdots a_n$$

情况三：$a_0,a_1,a_2,\cdots,a_n$ 均不为零.

具体过程如下：

$$D_{n+1}=\begin{vmatrix} a_0 & 1 & 2 & \cdots & n \\ 1 & a_1 & & & \\ 2 & & a_2 & & \\ \vdots & & & \vdots & \\ n & & & & a_n \end{vmatrix} = a_1a_2\cdots a_n\begin{vmatrix} a_0 & 1 & 2 & \cdots & n \\ \frac{1}{a_1} & 1 & & & \\ \frac{2}{a_2} & & 1 & & \\ \vdots & & & \vdots & \\ \frac{n}{a_n} & & & & 1 \end{vmatrix}$$

$$= a_1a_2\cdots a_n\begin{vmatrix} a_0-\frac{1}{a_1}-\frac{2^2}{a_2}-\cdots-\frac{n^2}{a_n} & 0 & 0 & \cdots & 0 \\ \frac{1}{a_1} & 1 & 0 & & \\ \frac{2}{a_2} & & 1 & \vdots & \\ \vdots & & & \vdots & 0 \\ \frac{n}{a_n} & & & & 1 \end{vmatrix}$$

$$= a_1a_2\cdots a_n\left(a_0-\sum_{i=1}^{n}\frac{i^2}{a_i}\right)$$

类型三：三对角型行列式

三对角行列式的通用公式 $D_n = a_{11}D_{n-1}-a_{12}a_{21}D_{n-2}$.

当行列式中除了主对角元(主对角元素必须相等)和两邻近主对角元(邻近主对角元素可以不相等)外,其余全部为零,称为三对角行列式.计算时,先按第一列展开,再使用递推法求出 D_n,递推法常常要用到常系数二阶差分方程,现介绍如下:

常系数二阶差分方程的一般式为:$D_n = pD_{n-1} + qD_{n-2}$($p$,$q$ 为常数)

$$\lambda^2 - p\lambda - q = 0 \Rightarrow \lambda_1,\lambda_2 \Rightarrow D_n = \begin{cases} c_1\lambda_1^n + c_2\lambda_2^n & (\lambda_1 \neq \lambda_2) \\ (c_1 + c_2 n)\lambda^n & (\lambda_1 = \lambda_2 = \lambda) \end{cases}$$

其中,系数 c_1,c_2 由 D_1,D_2 联立求得.

【例 1.15】 $D_n = \begin{vmatrix} a+b & ab & 0 & \cdots & 0 & 0 \\ 1 & a+b & ab & \cdots & 0 & \\ 0 & 1 & a+b & ab & 0 & \\ 0 & & \ddots & \ddots & \ddots & \\ 0 & & & 1 & a+b & ab \\ 0 & & & & 1 & a+b \end{vmatrix} (a \neq b)$

【解】 先按第一列展开得

$$D_n = (a+b)D_{n-1} - \begin{vmatrix} ab & 0 & 0 & \cdots & 0 & 0 \\ 1 & a+b & ab & \cdots & 0 & \\ 0 & 1 & a+b & ab & 0 & \\ 0 & & \vdots & \vdots & \vdots & \\ 0 & & & 1 & a+b & ab \\ 0 & & & & 1 & a+b \end{vmatrix}$$

$$= (a+b)D_{n-1} - abD_{n-2}$$

也可直接根据公式得到

$$D_n = a_{11}D_{n-1} - a_{12}a_{21}D_{n-2} \xrightarrow{a_{11} = a+b,a_{12} = ab,a_{21} = 1}$$

$$D_n = (a+b)D_{n-1} - abD_{n-2}$$

故 $\lambda^2 - (a+b)\lambda + ab = 0 \Rightarrow \lambda_1 = a,\lambda_2 = b$

$$\Rightarrow D_n = c_1 a^n + c_2 b^n \Rightarrow \begin{cases} D_1 = c_1 a + c_2 b = a + b \\ D_2 = c_1 a^2 + c_2 b^2 = a^2 + b^2 + ab \end{cases}$$

$$\Rightarrow c_1 = \frac{\begin{vmatrix} a+b & b \\ a^2+b^2+ab & b^2 \end{vmatrix}}{\begin{vmatrix} a & b \\ a^2 & b^2 \end{vmatrix}} = -\frac{a}{b-a}, \Rightarrow c_2 = \frac{\begin{vmatrix} a & a+b \\ a^2 & a^2+b^2+ab \end{vmatrix}}{\begin{vmatrix} a & b \\ a^2 & b^2 \end{vmatrix}} = \frac{b}{b-a}$$

$$\Rightarrow D_n = c_1 a^n + c_2 b^n = \frac{b^{n+1} - a^{n+1}}{b-a} = b^n + b^{n-1}a + b^{n-2}a^2 + \cdots + ba^{n-1} + a^n$$

【思考题】 下面两个行列式你会证明吗?

$$(1)D_n=\begin{vmatrix}\alpha+\beta & \alpha & 0 & \cdots & 0 & 0\\ \beta & \alpha+\beta & \alpha & \cdots & 0 & \\ 0 & \beta & \alpha+\beta & \alpha & 0 & \\ 0 & & \ddots & \ddots & \ddots & \\ 0 & & & \beta & \alpha+\beta & \alpha\\ 0 & & & & \beta & \alpha+\beta\end{vmatrix}=\begin{cases}(n+1)\alpha^n, & \alpha=\beta\\ \dfrac{\alpha^{n+1}-\beta^{n+1}}{\alpha-\beta}, & \alpha\neq\beta\end{cases}$$

$$(2)D_n=\begin{vmatrix}2\cos\alpha & 1 & & & \\ 1 & 2\cos\alpha & 1 & & \\ & \ddots & \ddots & \ddots & \\ & & 1 & 2\cos\alpha & 1\\ & & & 1 & 2\cos\alpha\end{vmatrix}$$

$$=4\cos\alpha-4\cos^2\alpha+1+n(4\cos^2\alpha-2\cos\alpha-1).$$

【例 1.16】设 n 元线性方程组 $\boldsymbol{Ax}=\boldsymbol{b}$，其中

$$\boldsymbol{A}=\begin{bmatrix}2a & 1 & & & & \\ a^2 & 2a & 1 & & & \\ & a^2 & 2a & 1 & & \\ & & \ddots & \ddots & \ddots & \\ & & & a^2 & 2a & 1\\ & & & & a^2 & 2a\end{bmatrix},\boldsymbol{x}=\begin{bmatrix}x_1\\ x_2\\ \vdots\\ x_n\end{bmatrix},\boldsymbol{b}=\begin{bmatrix}1\\ 0\\ \vdots\\ 0\end{bmatrix}$$

证明 $|\boldsymbol{A}|=(n+1)a^n$

【解】$|\boldsymbol{A}|$ 为三对角型，设 $|\boldsymbol{A}|=D_n$，

$$\Rightarrow\lambda^2-2a\lambda+a^2=0\Rightarrow\lambda_1=\lambda_2=a\Rightarrow D_n=(c_1+c_2n)a^n$$

$$\Rightarrow\begin{cases}D_1=(c_1+c_2)a=2a\\ D_2=(c_1+2c_2)a^2=\begin{vmatrix}2a & 1\\ a^2 & 2a\end{vmatrix}=3a^2\end{cases}\Rightarrow\begin{cases}c_1+c_2=2\\ c_2+2c_2=3\end{cases}\Rightarrow\begin{cases}c_1=1\\ c_2=1\end{cases}$$

$$\Rightarrow D_n=(c_1+c_2n)a^n=(n+1)a^n$$

注 本题还存在其他常规解法，可以留着课后练习．我不主张大家训练一题多解，在有限的时间内用你最熟悉的解法做出正确答案，希望大家能多题一解．

类型四：范德蒙行列式

范德蒙德（A. T. Vandermonde，1735—1796，法国数学家，将行列式与线性方程组分开讨论，被认为是行列式理论的创始人）行列式是很重要的一类行列式，在一些应用问题中会出现．

$n(n\geqslant 2)$阶范德蒙行列式

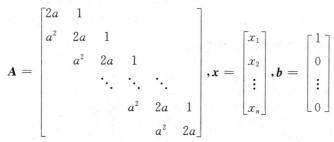

$$D_n=\begin{vmatrix}1&1&\cdots&1\\x_1&x_2&\cdots&x_n\\x_1^2&x_2^2&\cdots&x_n^2\\\vdots&\vdots&&\vdots\\x_1^{n-1}&x_2^{n-1}&\cdots&x_n^{n-1}\end{vmatrix}=\prod_{1\leqslant j<i\leqslant n}(x_i-x_j).$$

【证】对 n 进行归纳.当 $n=2$ 时,

$$D_2=\begin{vmatrix}1&1\\x_1&x_2\end{vmatrix}=x_2-x_1=\prod_{1\leqslant j<i\leqslant 2}(x_i-x_j)$$

结论成立.假设 $n-1$ 时结论成立,从第 n 行开始,前行乘 $-x_n$ 加到后行,有

$$D_n\xlongequal[\substack{\cdots\\-x_nr_1+r_2}]{\substack{-x_nr_{n-1}+r_n\\-x_nr_{n-2}+r_{n-1}}}\begin{vmatrix}1&1&1&\cdots&1\\x_1-x_n&x_2-x_n&x_3-x_n&\cdots&0\\x_1(x_1-x_n)&x_2(x_2-x_n)&x_3(x_3-x_n)&\cdots&0\\\vdots&\vdots&\vdots&&\vdots\\x_1^{n-2}(x_1-x_n)&x_2^{n-2}(x_2-x_n)&x_3^{n-2}(x_3-x_n)&\cdots&0\end{vmatrix}.$$

再按第 n 列展开,并提出各列的公因式,有

$$D_n=(-1)^{n+1}(x_1-x_n)(x_2-x_n)\cdots(x_{n-1}-x_n)\begin{vmatrix}1&1&\cdots&1\\x_1&x_2&\cdots&x_{n-1}\\\vdots&\vdots&&\vdots\\x_1^{n-2}&x_2^{n-2}&\cdots&x_{n-1}^{n-2}\end{vmatrix}.$$

根据归纳假设,有

$$\begin{aligned}D_n&=(-1)^{n+1}(x_1-x_n)(x_2-x_n)\cdots(x_{n-1}-x_n)\prod_{1\leqslant j<i\leqslant n-1}(x_i-x_j)\\&=\prod_{1\leqslant j<i\leqslant n}(x_i-x_j).\end{aligned}$$

很多考生对范德蒙行列式的结果理解有误,下面用一个四阶范德蒙行列式来作说明.

$$\begin{aligned}|\boldsymbol{A}|&=\begin{vmatrix}1&1&1&1\\x_1&x_2&x_3&x_4\\x_1^2&x_2^2&x_3^2&x_4^2\\x_1^3&x_2^3&x_3^3&x_4^3\end{vmatrix}\\&=(x_4-x_3)(x_4-x_2)(x_4-x_1)(x_3-x_2)(x_3-x_1)(x_2-x_1)\end{aligned}$$

4 阶范德蒙行列式的结果为 C_4^2 个差的乘积.

范德蒙行列式可以单独考,也可以通过升阶之后转化为范德蒙行列式来简化计算.升阶技巧主要有两种,一种是加边,加边的原则是不改变原有行列式的值,并使加边后的行列式能通过简单的加减行列变成爪型;第二种是加补,即加上需要补的一行和需要补的一列,使原有行列式符合范德蒙行列式,再通过代数余子式反求原行列式.

【例 1.17】$D_n=\begin{vmatrix}1+a_1 & 1 & \cdots & 1\\ 1 & 1+a_2 & \cdots & 1\\ \vdots & \vdots & \vdots & \vdots\\ 1 & 1 & \cdots & 1+a_n\end{vmatrix}\ (a_i\neq 0)$

【解】方法一：加边升阶法

$$D_n=\begin{vmatrix}1+a_1 & 1 & \cdots & 1\\ 1 & 1+a_2 & \cdots & 1\\ \vdots & \vdots & \ddots & \vdots\\ 1 & 1 & \cdots & 1+a_n\end{vmatrix}$$

$$=\begin{vmatrix}1 & 1 & 1 & \cdots & 1\\ 0 & 1+a_1 & 1 & \cdots & 1\\ 0 & 1 & 1+a_2 & \cdots & 1\\ \vdots & \vdots & \vdots & \ddots & \vdots\\ 0 & 1 & 1 & \cdots & 1+a_n\end{vmatrix}\xrightarrow{r_i-r_1(\text{其中 } i=2,\cdots,n+1)}$$

$$=\begin{vmatrix}1 & 1 & 1 & \cdots & 1\\ -1 & a_1 & 0 & \cdots & 0\\ -1 & 0 & a_2 & \cdots & 0\\ \vdots & \vdots & \vdots & \vdots & \vdots\\ -1 & 0 & 0 & \cdots & a_n\end{vmatrix}\xrightarrow{\text{爪型}}=a_1a_2\cdots a_n\left(1+\frac{1}{a_1}+\frac{1}{a_2}+\cdots+\frac{1}{a_n}\right)$$

方法二：拆项法

$$D_n=\begin{vmatrix}1+a_1 & 1 & \cdots & 1\\ 1 & 1+a_2 & \cdots & 1\\ \vdots & \vdots & \ddots & \vdots\\ 1 & 1 & \cdots & 1+a_n\end{vmatrix}=\begin{vmatrix}1+a_1 & 1 & \cdots & 1+0\\ 1 & 1+a_2 & \cdots & 1+0\\ \vdots & \vdots & \ddots & \vdots\\ 1 & 1 & \cdots & 1+a_n\end{vmatrix}$$

$$=\begin{vmatrix}1+a_1 & 1 & \cdots & 1\\ 1 & 1+a_2 & \cdots & 1\\ \vdots & \vdots & \ddots & \vdots\\ 1 & 1 & \cdots & 1\end{vmatrix}+\begin{vmatrix}1+a_1 & 1 & \cdots & 0\\ 1 & 1+a_2 & \cdots & 0\\ \vdots & \vdots & \ddots & \vdots\\ 1 & 1 & \cdots & a_n\end{vmatrix}$$

$$=\begin{vmatrix}a_1 & 0 & \cdots & 0\\ 1 & a_2 & \cdots & 0\\ \vdots & \vdots & \ddots & \vdots\\ 1 & 1 & \cdots & 1\end{vmatrix}_{(r_i-r_n),i=1,2,\cdots,n-1}+a_n\begin{vmatrix}1+a_1 & 1 & \cdots & 0\\ 1 & 1+a_2 & \cdots & 0\\ \vdots & \vdots & \ddots & \vdots\\ 1 & 1 & \cdots & a_n\end{vmatrix}_{(\text{按第}n\text{列展开})}$$

$$=a_1a_2\cdots a_{n-1}+a_nD_{n-1}$$

$$D_n=a_1a_2\cdots a_{n-1}+a_nD_{n-1}=a_1a_2\cdots a_{n-1}+a_n(a_1a_2\cdots a_{n-2}+a_{n-1}D_{n-2})$$

$$=\cdots=a_1a_2\cdots a_{n-1}+a_1a_2\cdots a_{n-2}a_n+\cdots+a_2\cdots a_{n-1}a_n$$

$$= a_1a_2\cdots a_n\left(1+\frac{1}{a_1}+\frac{1}{a_2}+\cdots+\frac{1}{a_n}\right)$$

可见,升阶技巧做法要简便些.

【例 1.18】 计算缺项范德蒙行列式 $D_4=\begin{vmatrix}1&1&1&1\\x_1&x_2&x_3&x_4\\x_1^2&x_2^2&x_3^2&x_4^2\\x_1^4&x_2^4&x_3^4&x_4^4\end{vmatrix}$.

【解】 加补升阶法:补上 x^3 项,使原行列式符合标准范德蒙行列式 D_5.

$$D_5(y)=\begin{vmatrix}1&1&1&1&1\\x_1&x_2&x_3&x_4&y\\x_1^2&x_2^2&x_3^2&x_4^2&y^2\\x_1^3&x_2^3&x_3^3&x_4^3&y^3\\x_1^4&x_2^4&x_3^4&x_4^4&y^4\end{vmatrix}=\prod_{1\leqslant j<i\leqslant 4}(x_i-x_j)\cdot\prod_{i=1}^{4}(y-x_i) \qquad (1)$$

根据韦达定理,(1) 式中 y^3 前的系数为 $\prod\limits_{1\leqslant j<i\leqslant 4}(x_i-x_j)\cdot\sum\limits_{i=1}^{4}(-x_i)$

按第 5 列展开得:$D_5(y)=\boldsymbol{A}_{55}y^4+\boldsymbol{A}_{45}y^3+\boldsymbol{A}_{35}y^2+\boldsymbol{A}_{25}y+\boldsymbol{A}_{15}$ (2)

显然(2) 式中 y^3 项前的系数 $=\boldsymbol{A}_{45}=(-1)^{4+5}D_4=-D_4$,

故 $D_4=\prod\limits_{1\leqslant j<i\leqslant 4}(x_i-x_j)\cdot\sum\limits_{i=1}^{4}x_i$.

类型五:自相似行列式的计算方法

自相似型通用公式

$$\begin{vmatrix}a&0&\cdots&0&b\\&&A&&\\c&0&\cdots&0&d\end{vmatrix}=(ad-bc)\,|\boldsymbol{A}|$$

自相似行列式分为行和(或列和) 相等型或不等型. 对相等型,可用多行加和提出公因式,再用三角降阶求解;也可先按第一列展开,得出递推公式. 对不等型,现需要分别从末到第二行和第二行逐一对换,使之成为两类特殊的拉普拉斯型而求之.

【例 1.19】 计算 $2n$ 阶行列式 D_{2n},其中未写出的元素为 0.

$$D_{2n}=\begin{vmatrix}a_n&&&&&b_n\\&\ddots&&&\unicode{x22F0}&\\&&a_1&b_1&&\\&&c_1&d_1&&\\&\unicode{x22F0}&&&\ddots&\\c_n&&&&&d_n\end{vmatrix}$$

【解】 显然 $D_2=\begin{vmatrix}a_1&b_1\\c_1&d_1\end{vmatrix}=a_1d_1-b_1c_1$.

将 D_{2n} 按第 1 列展开,再分别按第 $2n-1$ 列展开,得

$$
原式 = a_n(-1)^{1+1}\begin{vmatrix}
a_{n-1} & & & & b_{n-1} & 0 \\
 & \ddots & & \iddots & & \\
 & & a_1 & b_1 & & \\
 & & c_1 & d_1 & & \\
 & \iddots & & & \ddots & \\
c_{n-1} & & & & d_{n-1} & \\
0 & & & & & d_n
\end{vmatrix}
$$

$$
+c_n(-1)^{2n+1}\begin{vmatrix}
0 & & & & & b_n \\
a_{n-1} & & & & b_{n-1} & \\
 & \ddots & & \iddots & & \\
 & & a_1 & b_1 & & \\
 & & c_1 & d_1 & & \\
 & \iddots & & & \ddots & \\
c_{n-1} & & & & d_{n1} & 0
\end{vmatrix}
$$

$$
\begin{aligned}
&= a_n \cdot d_n(-1)^{(2n-1)+(2n-1)} D_{2(n-1)} + c_n(-1)^{2n+1} \cdot b_n(-1)^{1+(2n-1)} D_{2(n-1)} \\
&= a_n d_n D_{2(n-1)} - b_n c_n D_{2(n-1)} = (a_n d_n - b_n c_n) D_{2(n-1)} \\
&= (a_n d_n - b_n c_n)(a_{n-1} d_{n-1} - b_{n-1} c_{n-1}) D_{2(n-2)} \\
&= (a_n d_n - b_n c_n)(a_{n-1} d_{n-1} - b_{n-1} c_{n-1}) \cdots (a_2 d_2 - b_2 c_2) D_2 \\
&= (a_n d_n - b_n c_n)(a_{n-1} d_{n-1} - b_{n-1} c_{n-1}) \cdots (a_2 d_2 - b_2 c_2)(a_1 d_1 - b_1 c_1) \\
&= \prod_{k=1}^{n} (a_k d_k - b_k c_k).
\end{aligned}
$$

【例 1.20】 $D_{2n} = \begin{vmatrix}
a_n & & & & & b_n \\
 & a_{n-1} & & & b_{n-1} & \\
 & & \ddots & \iddots & & \\
 & & a_1 & b_1 & & \\
 & & b_1 & a_1 & & \\
 & & \iddots & \ddots & & \\
 & b_{n-1} & & & a_{n-1} & \\
b_n & & & & & a_n
\end{vmatrix}$

【解】具有列和相等的特点.

方法一:降阶. 把 $2n$ 列加到第一列,把 $2n-1$ 列加到第二列,…,把 $n+1$ 列加到第 n 列,提取公因式

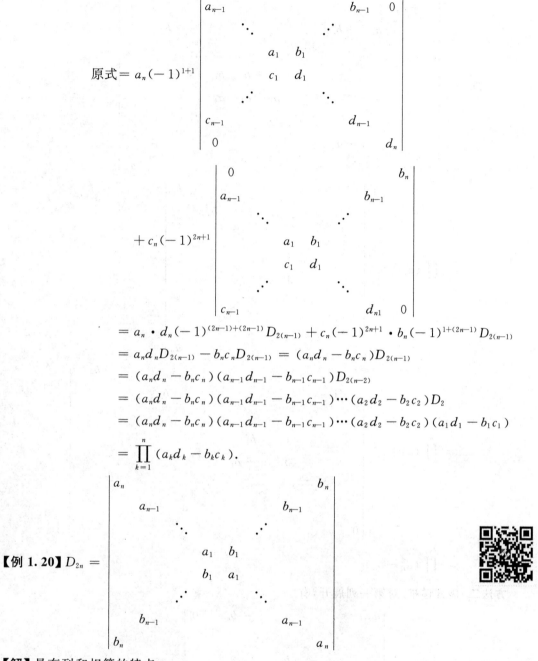

$$D_{2n}=\begin{vmatrix} a_n+b_n & & & & & & & b_n \\ & a_{n-1}+b_{n-1} & & & & & b_{n-1} & \\ & & \ddots & & & \iddots & & \\ & & & a_1+b_1 & b_1 & & & \\ & & & b_1+a_1 & a_1 & & & \\ & & \iddots & & & \ddots & & \\ & b_{n-1}+a_{n-1} & & & & & a_{n-1} & \\ b_n+a_n & & & & & & & a_n \end{vmatrix}$$

$$=\prod_{i=1}^{n}(a_i+b_i)\begin{vmatrix} 1 & & & & & & & b_n \\ & 1 & & & & & b_{n-1} & \\ & & \ddots & & & \iddots & & \\ & & & 1 & b_1 & & & \\ & & & 1 & a_1 & & & \\ & & \iddots & & & \ddots & & \\ & 1 & & & & & a_{n-1} & \\ 1 & & & & & & & a_n \end{vmatrix}$$

$$=\prod_{i=1}^{n}(a_i+b_i)\begin{vmatrix} 1 & & & & & & & b_n \\ & 1 & & & & & b_{n-1} & \\ & & \ddots & & & \iddots & & \\ & & & 1 & b_1 & & & \\ & & & 0 & a_1-b_1 & & & \\ & & \iddots & & & \ddots & & \\ & 0 & & & & & a_{n-1}-b_{n-1} & \\ 0 & & & & & & & a_n-b_n \end{vmatrix}$$

$$=\prod_{i=1}^{n}(a_i^2-b_i^2)$$

方法二：展开递推. 对第一列展开，有

$$D_{2n}=a_n\begin{vmatrix} a_{n-1} & & & & & b_{n-1} & 0 \\ & \ddots & & & \iddots & & \\ & & a_1 & b_1 & & & \\ & & b_1 & a_1 & & & \\ & \iddots & & & \ddots & & \\ b_{n-1} & & & & & a_{n-1} & 0 \\ 0 & & & & & & a_n \end{vmatrix}$$

$$+b_n(-1)^{2n+1}\begin{vmatrix} 0 & & & & & & b_n \\ a_{n-1} & & & & & b_{n-1} & 0 \\ & \ddots & & & \iddots & & \\ & & a_1 & b_1 & & & \\ & & b_1 & a_1 & & & \\ & \iddots & & & \ddots & & 0 \\ b_{n-1} & & & & & a_{n-1} & 0 \end{vmatrix}$$

$$=a_n^2 D_{2n-2}-b_n^2 D_{2n-2}=(a_n^2-b_n^2)D_{2n-2}$$

$$=(a_n^2-b_n^2)(a_{n-1}^2-b_{n-1}^2)D_{2n-4}=\prod_{i=1}^{n}(a_i^2-b_i^2)$$

题型六：含参数行列式

这类行列式在线性代数中往往和特征方程结合考查，求得特征多项式的特征根. 这里要提示一个代数学的基本定律，特征多项式最高次数是多少，就有多少个特征根. 这是基本定律，我们不用证明，做题过程中可以直接使用.

【例 1.21】 若 $\begin{vmatrix} \lambda-1 & -1 & -a \\ -1 & \lambda+a & 1 \\ -a & 1 & \lambda-1 \end{vmatrix}=0$，则 $\lambda=$ ________.

【解】 先比较哪两行(列)相加减会不会有公因式. 把第三行加至第一行，第一行有公因式 $\lambda-a-1$.

$$\begin{vmatrix} \lambda-1 & -1 & -a \\ -1 & \lambda+a & 1 \\ -a & 1 & \lambda-1 \end{vmatrix}=\begin{vmatrix} \lambda-a-1 & 0 & \lambda-a-1 \\ -1 & \lambda+a & 1 \\ -a & 1 & \lambda-1 \end{vmatrix}$$

$$=\begin{vmatrix} \lambda-a-1 & 0 & 0 \\ -1 & \lambda+a & 2 \\ -a & 1 & \lambda+a-1 \end{vmatrix}$$

$$=(\lambda-a-1)\begin{vmatrix} \lambda+a & 2 \\ 1 & \lambda+a-1 \end{vmatrix}$$

$$=(\lambda-a-1)(\lambda+a-2)(\lambda+a+1)$$

所以 λ 为 $a+1, 2-a, -a-1$.

题型七：抽象型行列式

抽象型行列式是指方阵的行列式，而方阵的元素并没有给出. 抽象型行列式的计算题目要应用行列式与矩阵数乘、矩阵乘法、矩阵幂、矩阵转置、矩阵逆、伴随矩阵、初等变换、向量组的线性相关性、相似矩阵、矩阵的特征值之间的公式和结论.

对于抽象型行列式的计算，可能会涉及矩阵的运算法则、单位矩阵恒等变形能考查行列式的性质，也可能用特征值、相似等处理，这一类题目计算量一般不会及知识点多，公式很多.

(1) $|A+B|$ 型的计算.

【例 1.22】已知 $\boldsymbol{\alpha}_1,\boldsymbol{\alpha}_2,\boldsymbol{\alpha}_3,\boldsymbol{\beta},\boldsymbol{\gamma}$ 均为 4 维列向量,又 $A=(\boldsymbol{\alpha}_1,\boldsymbol{\alpha}_2,\boldsymbol{\alpha}_3,\boldsymbol{\beta})$,$B=(\boldsymbol{\alpha}_1,\boldsymbol{\alpha}_2,\boldsymbol{\alpha}_3,\boldsymbol{\gamma})$,若 $|A|=3$,$|B|=2$,则 $|A+2B|=$ ________.

【分析】由 $A+2B=(3\boldsymbol{\alpha}_1,3\boldsymbol{\alpha}_2,3\boldsymbol{\alpha}_3,\boldsymbol{\beta}+2\boldsymbol{\gamma})$,知

$$\begin{aligned}|A+2B|&=|3\boldsymbol{\alpha}_1,3\boldsymbol{\alpha}_2,3\boldsymbol{\alpha}_3,\boldsymbol{\beta}+2\gamma|=27|\boldsymbol{\alpha}_1,\boldsymbol{\alpha}_2,\boldsymbol{\alpha}_3,\boldsymbol{\beta}+2\gamma|\\&=27(|\boldsymbol{\alpha}_1,\boldsymbol{\alpha}_2,\boldsymbol{\alpha}_3,\boldsymbol{\beta}|+|\boldsymbol{\alpha}_1,\boldsymbol{\alpha}_2,\boldsymbol{\alpha}_3,2\gamma|)\\&=27(|A|+2|B|)=189.\end{aligned}$$

【例 1.23】设 A,B 均为 n 阶矩阵,且 $|A|=3$,$|B|=2$,A^* 和 B^* 分别是 A 和 B 的伴随矩阵,则 $|A^{-1}B^*-A^*B^{-1}|=$ ________.

【解】由 $AA^*=A^*A=|A|E$ 知 $A^*=|A|A^{-1}$,那么

$$\begin{aligned}|A^{-1}B^*-A^*B^{-1}|&=|A^{-1}(2B^{-1})-(3A^{-1})B^{-1}|=|-A^{-1}B^{-1}|\\&=(-1)^n|A^{-1}||B^{-1}|=\frac{(-1)^n}{6}.\end{aligned}$$

注 当然本题也可用 $A^{-1}=\frac{1}{|A|}A^*$ 把 A^{-1},B^{-1} 换成 A^*,B^*. 再用 $|A^*|=|A|^{n-1}$ 来处理.

【例 1.24】设 A、B 为 3 阶矩阵,且 $|A|=3$,$|B|=2$,$|A^{-1}+B|=2$,则 $|A+B^{-1}|=$ ________.

【分析】找出矩阵 $A^{-1}+B$ 与矩阵 $A+B^{-1}$ 的等式关系,然后在等式两边同取行列式.

【解】从已知行列式的矩阵 $A^{-1}+B$ 出发,想办法向目标矩阵 $A+B^{-1}$ 靠拢,显然有

$$A(A^{-1}+B)B^{-1}=B^{-1}+A$$

上式两边取行列式,有

$$|A||A^{-1}+B||B^{-1}|=|A+B^{-1}|$$

根据已知条件知:$|A+B^{-1}|=|A||A^{-1}+B||B|^{-1}=3$

注 矩阵的行列式公式较多,就是没有 $|A+B|=\cdots$ 的公式,但考题中往往会出现求矩阵和的行列式.所以大家不要急于直接去求行列式,而是充分利用已知条件,找出已知矩阵与所求矩阵之间的等式关系,然后等式两边取行列式,从而得到答案.

本题还考查了以下知识点:

(1) $|ABC|=|A||B||C|$.

(2) $|A^{-1}|=|A|^{-1}$.

(3) 建立已知矩阵和未知矩阵之间的等式关系是求解本类题目的关键.

例如,已知 A 和 $AB-E$ 都可逆,证明 $BA-E$ 也可逆.

可以建立矩阵等式:

$$A(BA-E)A^{-1}=AB-E$$

例如,已知 A、B、$A+B$ 都可逆,证明 $A^{-1}+B^{-1}$ 可逆.

可以建立矩阵等式:

$$A(A^{-1}+B^{-1})B=A+B$$

【例 1.25】已知 A 是 3 阶矩阵，且 $|A|=3$，则 $|A-(A^*)^{-1}|=$ ________.

【解】由 $AA^*=A^*A=|A|E$，有 $\frac{A}{|A|}A^*=A^*\frac{A}{|A|}=E$，得 $(A^*)^{-1}=\frac{A}{|A|}$，

本题 $|A|=3$. 故 $|A-(A^*)^{-1}|=\left|A-\frac{1}{3}A\right|=\left|\frac{2}{3}A\right|=\left(\frac{2}{3}\right)^3|A|=$

$\frac{8}{9}$.

【例 1.26】设矩阵 $A=\begin{bmatrix}2&1&0\\1&2&0\\0&0&1\end{bmatrix}$，矩阵 B 满足 $ABA^*=2BA^*+E$，其中 E 为单位矩阵，A^* 是 A 的伴随矩阵，则 $|B|=$ ________.

【解】由于 $AA^*=|A|E$，易知本题 $|A|=3$，那么，对已知矩阵方程右乘 A，得 $3AB-6B=A$，即有 $3(A-2E)B=A$. 两边取行列式，有

$$27|A-2E|\cdot|B|=3.$$

又
$$|A-2E|=\begin{vmatrix}0&1&0\\1&0&0\\0&0&-1\end{vmatrix}=1$$

故 $|B|=\frac{1}{9}$.

（2）相似.

【例 1.27】已知矩阵 A 和 B 相似，其中 $B=\begin{bmatrix}0&0&1\\0&2&0\\3&0&0\end{bmatrix}$，则 $|A+E|=$ ________.

【解】由 $A\sim B$，按定义知存在可逆矩阵 P，使 $P^{-1}AP=B$. 那么

$$P^{-1}(A+kE)P=P^{-1}AP+P^{-1}(kE)P=B+kE$$

所以
$$A+kE\sim B+kE$$

进而
$$|A+kE|=|B+kE|.$$

于是
$$|A+E|=|B+E|=\begin{vmatrix}1&0&1\\0&3&0\\3&0&1\end{vmatrix}=-6.$$

【例 1.28】已知 A 是 3 阶矩阵，$\alpha_1,\alpha_2,\alpha_3$ 是 3 维线性无关的列向量，若 $A\alpha_1=\alpha_2+\alpha_3$，$A\alpha_2=\alpha_1+\alpha_3$，$A\alpha_3=\alpha_1+3\alpha_2+2\alpha_3$，则 $|A^*|=$ ________.

【解】方法一：用行列式性质.

由 $A(\alpha_1,\alpha_2,\alpha_3)=(\alpha_2+\alpha_3,\alpha_1+\alpha_3,\alpha_1+3\alpha_2+2\alpha_3)$ 有

$$|A|\cdot|\alpha_1,\alpha_2,\alpha_3|=|\alpha_2+\alpha_3,\alpha_1+\alpha_3,\alpha_1+3\alpha_2+2\alpha_3|$$
$$=|\alpha_2+\alpha_3,\alpha_1+\alpha_3,-2\alpha_3|$$

$$=-2|\boldsymbol{\alpha}_2+\boldsymbol{\alpha}_3,\boldsymbol{\alpha}_1+\boldsymbol{\alpha}_3,\boldsymbol{\alpha}_3|$$
$$=-2|\boldsymbol{\alpha}_2,\boldsymbol{\alpha}_1,\boldsymbol{\alpha}_3|$$
$$=2|\boldsymbol{\alpha}_1,\boldsymbol{\alpha}_2,\boldsymbol{\alpha}_3|$$

由 $\boldsymbol{\alpha}_1,\boldsymbol{\alpha}_2,\boldsymbol{\alpha}_3$ 是 3 维线性无关的列向量,知 $|\boldsymbol{\alpha}_1,\boldsymbol{\alpha}_2,\boldsymbol{\alpha}_3|\neq 0$

所以 $|\boldsymbol{A}|=2$ 那么 $|\boldsymbol{A}^*|=|\boldsymbol{A}|^{n-1}=4$.

方法二:利用相似.

$$\boldsymbol{A}(\boldsymbol{\alpha}_1,\boldsymbol{\alpha}_2,\boldsymbol{\alpha}_3)=(\boldsymbol{\alpha}_2+\boldsymbol{\alpha}_3,\boldsymbol{\alpha}_1+\boldsymbol{\alpha}_3,\boldsymbol{\alpha}_1+3\boldsymbol{\alpha}_2+2\boldsymbol{\alpha}_3)$$
$$=(\boldsymbol{\alpha}_1,\boldsymbol{\alpha}_2,\boldsymbol{\alpha}_3)\begin{bmatrix}0&1&1\\1&0&3\\1&1&2\end{bmatrix}$$

令 $\boldsymbol{P}=(\boldsymbol{\alpha}_1,\boldsymbol{\alpha}_2,\boldsymbol{\alpha}_3)$,由 $\boldsymbol{\alpha}_1,\boldsymbol{\alpha}_2,\boldsymbol{\alpha}_3$ 线性无关,知 $\boldsymbol{P}$ 为可逆矩阵,从而

$$\boldsymbol{P}^{-1}\boldsymbol{AP}=\begin{bmatrix}0&1&1\\1&0&3\\1&1&2\end{bmatrix}$$

那么,$|\boldsymbol{A}|=\begin{vmatrix}0&1&1\\1&0&3\\1&1&2\end{vmatrix}=2$,亦有 $|\boldsymbol{A}^*|=4$.

【例 1.29】 设 3 阶矩阵 $\boldsymbol{A}$ 的特征值为 1,2,2,E 为 3 阶单位矩阵,则 $|4\boldsymbol{A}^{-1}-\boldsymbol{E}|=$ ________.

【分析】 先分析矩阵 $\boldsymbol{A}^{-1}$ 的特征值,然后再分析矩阵 $4\boldsymbol{A}^{-1}-\boldsymbol{E}$ 的特征值.

【解】 由矩阵 $\boldsymbol{A}$ 的特征值可得 $\boldsymbol{A}^{-1}$ 的特征值分别为 $1,\frac{1}{2},\frac{1}{2}$,所以 $4\boldsymbol{A}^{-1}-\boldsymbol{E}$ 的特征值分别为

$$4\times1-1=3,4\times\frac{1}{2}-1=1,4\times\frac{1}{2}-1=1$$

于是 $|4\boldsymbol{A}^{-1}-\boldsymbol{E}|=3\times1\times1=3$

注 本题考查了以下知识点:

(1) 设 λ 是 $\boldsymbol{A}$ 的特征值,则 λ^{-1} 是 $\boldsymbol{A}^{-1}$ 的特征值.

(2) 设 λ 是 $\boldsymbol{A}$ 的特征值,则 $f(\lambda)$ 是 $f(\boldsymbol{A})$ 的特征值.

(3) $|\boldsymbol{A}|=\prod_{i=1}^{n}\lambda_i$(其中 $\lambda_1,\lambda_2,\cdots,\lambda_n$ 是 n 阶矩阵 $\boldsymbol{A}$ 的特征值).

【例 1.30】 已知 $\boldsymbol{A}$ 是 3 阶矩阵,$\boldsymbol{E}$ 是 3 阶单位矩阵,如果 $\boldsymbol{A},\boldsymbol{A}-2\boldsymbol{E},3\boldsymbol{A}+2\boldsymbol{E}$ 均不可逆,则 $|\boldsymbol{A}+\boldsymbol{E}|=$ ________.

【解】 由题设条件可知 $A,\boldsymbol{A}-2\boldsymbol{E},3\boldsymbol{A}+2\boldsymbol{E}$ 不可逆,则 $|\boldsymbol{A}|,|\boldsymbol{A}-2\boldsymbol{E}|,|3\boldsymbol{A}+2\boldsymbol{E}|$ 的值均为 0,则矩阵 $\boldsymbol{A}$ 的特征值为 $0,2,-\frac{2}{3}$,从而 $\boldsymbol{A}+\boldsymbol{E}$ 的特征值是 $1,3,\frac{1}{3}$,所以行列式的值为特征值的乘积 $1\times3\times\frac{1}{3}=1$.

【例 1.31】设 A、B 都为 3 阶矩阵，ζ 为 3 维非零列向量. A 与 B 相似，且有 $|3E+B|=0$，$|A|=0$，$B\zeta=-\zeta$，则行列式 $|A^2B-2B-A^2+2E|=$ ________.

【分析】先求出矩阵 A 和 B 的所有特征值，然后计算矩阵行列式.

【解】由于 $|3E+B|=0$，则 -3 是矩阵 B 的特征值；由于 $|A|=0$，则 0 是矩阵 A 的特征值；由于 $B\zeta=-\zeta$，而 $\zeta\neq 0$，则 -1 是矩阵 B 的特征值. 又因为矩阵 A 和 B 相似，则它们有相同的特征值，于是 A 和 B 的特征值为 $0,-1,-3$. 由于

$$A^2B-2B-A^2+2E=(A^2-2E)(B-E)$$

则有

$$|A^2B-2B-A^2+2E|=|A^2-2E||B-E|$$

而矩阵 A^2-2E 的特征值分别为 $-2,-1,7$；矩阵 $B-E$ 的特征值分别为 $-1,-2,-4$，故

$$|A^2-2E|=(-2)\times(-1)\times 7=14$$

$$|B-E|=(-1)\times(-2)\times(-4)=-8$$

于是 $|A^2B-2B-A^2+2E|=14\times(-8)=-112$

注 本题考查了以下知识点：

(1) $|aE+bA|=0\Leftrightarrow -\dfrac{a}{b}$ 是矩阵 A 的特征值($b\neq 0$).

(2) $|A|=0\Leftrightarrow 0$ 是矩阵 A 的特征值.

(3) $A\zeta=k\zeta$（其中 $\zeta\neq\mathbf{0}$）$\Leftrightarrow k$ 是矩阵 A 的特征值.

(4) 矩阵 A 与 B 相似 $\Rightarrow A$ 与 B 有相同的特征值.

(5) $|A_{n\times n}B_{n\times n}|=|A_{n\times n}||B_{n\times n}|$.

(6) 设 λ 是 A 的特征值，则 $f(\lambda)$ 是 $f(A)$ 的特征值.

(7) $|A|=\prod_{i=1}^{n}\lambda_i$（其中 $\lambda_1,\lambda_2,\cdots,\lambda_n$ 是 n 阶矩阵 A 的特征值).

(3) 克拉默法则.

求解线性方程组是线性代数要讨论的第一个问题，在其讨论过程中出现了行列式. 对于一些较特殊的线性方程组，利用行列式求解就是瑞士数学家 G. Cramer (1704—1752) 在 1750 年提出的克拉默法则(Cramer rule). 虽然利用逆矩阵可以更方便地讨论这种特殊的线性方程组，基于历史的原因，本节专门讨论克拉默法则，可以将其看作是行列式的一个应用.

对于关于未知元 $x_1,x_2,\cdots,x_n$ 的 n 元线性方程组

$$\begin{cases} a_{11}x_1+a_{12}x_2+\cdots+a_{1n}x_n=b_1, \\ a_{21}x_1+a_{22}x_2+\cdots+a_{2n}x_n=b_2, \\ \quad\vdots \\ a_{n1}x_1+a_{n2}x_2+\cdots+a_{nn}x_n=b_n, \end{cases}$$

若系数行列式

$$|\boldsymbol{A}| = \begin{vmatrix} a_{11} & a_{12} & \cdots & a_{1n} \\ a_{21} & a_{22} & \cdots & a_{2n} \\ \vdots & \vdots & & \vdots \\ a_{n1} & a_{n2} & \cdots & a_{nn} \end{vmatrix} \neq 0,$$

则线性方程组有唯一解

$$x_1 = \frac{|\boldsymbol{A}_1|}{|\boldsymbol{A}|}, x_2 = \frac{|\boldsymbol{A}_2|}{|\boldsymbol{A}|}, \cdots, x_n = \frac{|\boldsymbol{A}_n|}{|\boldsymbol{A}|},$$

(其中行列式 $|\boldsymbol{A}_j|$ 是将系数行列式 $|\boldsymbol{A}|$ 的第 j 列换成线性方程组右边的常数列得到的，即

$$\boldsymbol{A}_i = \begin{pmatrix} a_{11} & \cdots & a_{1,j-1} & b_1 & a_{1,j+1} & \cdots & a_{1n} \\ \vdots & & \vdots & \vdots & \vdots & & \vdots \\ a_{n1} & \cdots & a_{n,j-1} & b_n & a_{n,j+1} & \cdots & a_{nn} \end{pmatrix}, j = 1, 2, \cdots, n.)$$

否则无解或无穷多解.

使用 Cramer 法则，只能求解满足下列两个条件的线性方程组.

(1) 方程个数等于未知量个数；

(2) 系数行列式不为 0.

利用 Cramer 法则求解线性方程组需要计算很多的行列式，是很不方便的. 实际上，现在很少用该方法求解线性方程组. 它主要用于证明题中.

对于齐次线性方程组

$$\begin{cases} a_{11}x_1 + a_{12}x_2 + \cdots + a_{1n}x_n = 0, \\ a_{21}x_1 + a_{22}x_2 + \cdots + a_{2n}x_n = 0, \\ \quad\vdots \\ a_{n1}x_1 + a_{n2}x_2 + \cdots + a_{nn}x_n = 0, \end{cases}$$

n 元齐次线性方程组有非零解的充要条件是系数行列式为 0，否则有唯一 0 解.

往往利用 Cramer 法则讨论方阵的特征值等相关问题.

【例 1.32】 设 $\boldsymbol{A} = \boldsymbol{E} - \boldsymbol{\zeta}\boldsymbol{\zeta}^{\mathrm{T}}$，其中 E 为 n 阶单位矩阵，$\boldsymbol{\zeta}$ 是 n 维非零列向量，$\boldsymbol{\zeta}^{\mathrm{T}}$ 是 $\boldsymbol{\zeta}$ 的转置，当 $\boldsymbol{\zeta}^{\mathrm{T}}\boldsymbol{\zeta} = 1$ 时，证明 $\boldsymbol{A}$ 是不可逆矩阵.

【分析】 证明 $\boldsymbol{A}$ 是不可逆矩阵，即是证明 $\boldsymbol{A}$ 的行列式 $|\boldsymbol{A}| = 0$.

【解】 由于 $\boldsymbol{A} = \boldsymbol{E} - \boldsymbol{\zeta}\boldsymbol{\zeta}^{\mathrm{T}}$，且 $\boldsymbol{\zeta}^{\mathrm{T}}\boldsymbol{\zeta} = 1$，则有

$$\boldsymbol{A}\boldsymbol{\zeta} = (E - \boldsymbol{\zeta}\boldsymbol{\zeta}^{\mathrm{T}})\boldsymbol{\zeta} = \boldsymbol{\zeta} - \boldsymbol{\zeta}\boldsymbol{\zeta}^{\mathrm{T}}\boldsymbol{\zeta} = \boldsymbol{\zeta} - \boldsymbol{\zeta} = 0$$

又由于 $\boldsymbol{\zeta} \neq \boldsymbol{0}$，故方程组 $\boldsymbol{A}\boldsymbol{x} = \boldsymbol{0}$ 有非零解，则有 $|\boldsymbol{A}| = 0$，说明 $\boldsymbol{A}$ 不可逆.

注 1 本题考查了以下知识点：

(1) $|\boldsymbol{A}| = 0 \Leftrightarrow$ 矩阵 $\boldsymbol{A}$ 不可逆. 相当于我们找到了用一个数来研究矩阵性质的工具.

(2) $\boldsymbol{A}\boldsymbol{\zeta} = \boldsymbol{0} \Leftrightarrow \boldsymbol{\zeta}$ 是方程组 $\boldsymbol{A}\boldsymbol{x} = \boldsymbol{0}$ 的解.

(3) $|\boldsymbol{A}| = 0 \Leftrightarrow$ 方程组 $\boldsymbol{A}\boldsymbol{x} = \boldsymbol{0}$ 有非零解.

注 2 考生要掌握 $\boldsymbol{\zeta}\boldsymbol{\zeta}^{\mathrm{T}}$ 和 $\boldsymbol{\zeta}^{\mathrm{T}}\boldsymbol{\zeta}$ 的区别：$\boldsymbol{\zeta}\boldsymbol{\zeta}^{\mathrm{T}}$ 是秩为 1 的矩阵，$\boldsymbol{\zeta}^{\mathrm{T}}\boldsymbol{\zeta}$ 是 1 个数.

【例 1.33】设 $A=\begin{bmatrix}1 & a & 0\\ a & 1 & 1\\ 1 & 1 & -1\end{bmatrix}$，$B$ 为 3 阶非零矩阵，且 $AB=0$，则 $a=$ ______.

【解】由 $AB=0$，对 B 按列分块有

$$AB=A(\beta_1,\beta_2,\beta_3)=(A\beta_1,A\beta_2,A\beta_3)=(0,0,0)$$

即 β_1,β_2,β_3 是齐次方程组 $Ax=0$ 的解.

因 $B\neq 0$，即齐次方程组 $Ax=0$ 有非零解. 那么由克拉默法则，有

$$|A|=\begin{vmatrix}1 & a & 0\\ a & 1 & 1\\ 1 & 1 & -1\end{vmatrix}=a^2+a-2=0$$

故 $a=1$ 或 -2.

【例 1.34】设 $A=\begin{bmatrix}1 & 1 & \cdots & 1\\ a_1 & a_2 & \cdots & a_n\\ a_1^2 & a_2^2 & \cdots & a_n^2\\ \vdots & \vdots & & \vdots\\ a_1^{n-1} & a_2^{n-1} & \cdots & a_n^{n-1}\end{bmatrix}$，$x=\begin{bmatrix}x_1\\ x_2\\ \vdots\\ x_n\end{bmatrix}$，$\beta=\begin{bmatrix}1\\ 1\\ \vdots\\ 1\end{bmatrix}$，其中 $a_i\neq a_j\,(i\neq j,i,j=1,2,\cdots,n)$，则线性方程组 $A^{\mathrm{T}}x=\beta$ 的解是 ______.

【分析】系数矩阵转置的行列式是一个范德蒙行列式且因 $a_i\neq a_j$（其中 $i\neq j,i,j=1,2,\cdots,n$），故 $|A^{\mathrm{T}}|=|A|\neq 0$.

【解】由范德蒙行列式的性质知，A 矩阵的行列式不为零，由克拉默法则知：

$$A=\begin{bmatrix}1 & 1 & \cdots & 1\\ a_1 & a_2 & \cdots & a_n\\ a_1^2 & a_2^2 & \cdots & a_n^2\\ \vdots & \vdots & & \vdots\\ a_1^{n-1} & a_2^{n-1} & \cdots & a_n^{n-1}\end{bmatrix},A^{\mathrm{T}}=\begin{bmatrix}1 & a_1 & \cdots & a_1^{n-1}\\ 1 & a_2 & \cdots & a_2^{n-1}\\ 1 & a_3 & \cdots & a_3^{n-1}\\ \vdots & \vdots & & \vdots\\ 1 & a_n & \cdots & a_n^{n-1}\end{bmatrix},$$

$$\text{定义}A_1=\begin{bmatrix}1 & a_1 & \cdots & a_1^{n-1}\\ 1 & a_2 & \cdots & a_2^{n-1}\\ 1 & a_3 & \cdots & a_3^{n-1}\\ \vdots & \vdots & & \vdots\\ 1 & a_n & \cdots & a_n^{n-1}\end{bmatrix},A_2=\begin{bmatrix}1 & 1 & \cdots & a_1^{n-1}\\ 1 & 1 & \cdots & a_2^{n-1}\\ 1 & 1 & \cdots & a_3^{n-1}\\ \vdots & \vdots & & \vdots\\ 1 & 1 & \cdots & a_n^{n-1}\end{bmatrix},\cdots,$$

$$A_n=\begin{bmatrix}1 & a_1 & \cdots & 1\\ 1 & a_2 & \cdots & 1\\ 1 & a_3 & \cdots & 1\\ \vdots & \vdots & & \vdots\\ 1 & a_n & \cdots & 1\end{bmatrix}$$

$x_1 = \dfrac{|\boldsymbol{A}_1|}{|\boldsymbol{A}^{\mathrm{T}}|}, x_2 = \dfrac{|\boldsymbol{A}_2|}{|\boldsymbol{A}^{\mathrm{T}}|}, \cdots, x_n = \dfrac{|\boldsymbol{A}_n|}{|\boldsymbol{A}^{\mathrm{T}}|}$，(其中显然有 $|\boldsymbol{A}_1| = |\boldsymbol{A}^{\mathrm{T}}|$，$|\boldsymbol{A}_2| = 0$，$\cdots |\boldsymbol{A}_n| = 0$，因为若一个行列式有两列元素相同则其值为 0)，即 $x_1 = 1, x_2 = 0, \cdots, x_n = 0$.

故解为(1,0,…,0)

注 如果我们把最后的设问"线性方程组 $\boldsymbol{A}^{\mathrm{T}}\boldsymbol{x} = \boldsymbol{\beta}$ 的解"改为"求线性方程组 $\boldsymbol{A}\boldsymbol{x} = \boldsymbol{\beta}$ 的解"，你还会做吗？

提示答案：

$$x_1 = \frac{\prod_{i=2}^{n}(a_i - 1)}{\prod_{i=2}^{n}(a_i - a_1)}, \qquad x_2 = \frac{\prod_{i=1}^{n}(a_i - 1)}{\prod_{i=1}^{n}(a_i - a_2)}(\text{其中 } i \neq 2), \cdots,$$

$$x_n = \frac{\prod_{i=1}^{n}(a_i - 1)}{\prod_{i=1}^{n}(a_i - a_n)}(\text{其中 } i \neq n).$$

【例 1.35】 当 λ 取何值时，齐次线性方程组 $\begin{cases} \lambda x_1 + 3x_2 + 5x_3 + x_4 = 0 \\ x_2 + \lambda x_3 = 0 \\ 2x_1 + x_2 + 7x_3 + \lambda x_4 = 0 \\ \lambda x_2 + x_3 = 0 \end{cases}$ 有非零解.

【分析】 根据克拉默法则知，当齐次线性方程组的系数行列式等于零时，方程组有非零解. 进一步分析系数行列式，发现行列式中有 4 个零元素，则可考虑把 4 个零元素集中在一起.

【解】 计算齐次线性方程组的系数行列式

$$D = \begin{vmatrix} \lambda & 3 & 5 & 1 \\ 0 & 1 & \lambda & 0 \\ 2 & 1 & 7 & \lambda \\ 0 & \lambda & 1 & 0 \end{vmatrix} \xlongequal{r_2 \leftrightarrow r_3} - \begin{vmatrix} \lambda & 3 & 5 & 1 \\ 2 & 1 & 7 & \lambda \\ 0 & 1 & \lambda & 0 \\ 0 & \lambda & 1 & 0 \end{vmatrix} \xlongequal{c_2 \leftrightarrow c_4} \begin{vmatrix} \lambda & 1 & 5 & 3 \\ 2 & \lambda & 7 & 1 \\ 0 & 0 & \lambda & 1 \\ 0 & 0 & 1 & \lambda \end{vmatrix}$$

$$= \begin{vmatrix} \lambda & 1 \\ 2 & \lambda \end{vmatrix} \begin{vmatrix} \lambda & 1 \\ 1 & \lambda \end{vmatrix} = (\lambda^2 - 2)(\lambda^2 - 1)$$

当 $\lambda = \pm\sqrt{2}$ 或 $\lambda = \pm 1$ 时，$D = 0$，方程组有非零解.

注 在计算含有参数的行列式时，应尽量避免用参数 λ 作除数进行运算. 若需要用参数 λ 作除数时，则必须讨论 λ 等于零和不等于零的两种情况.

【小结】

行列式概念遍及线性代数所有章，我们需要灵活地掌握它在各个章节中的应用.

1. 方阵的行列式

设 $\boldsymbol{A}$、$\boldsymbol{B}$ 都为 n 阶矩阵，k 为常数，则有以下公式和结论：

(1) $|k\boldsymbol{A}| = k^n |\boldsymbol{A}|$.

(2) n 阶方阵 $\boldsymbol{A}$ 和 $\boldsymbol{B}$，$|\boldsymbol{AB}| = |\boldsymbol{BA}| = |\boldsymbol{A}||\boldsymbol{B}|$.

(3) $|A^k| = |A|^k$.

(4) $|A^T| = |A|$.

(5) $|A^{-1}| = |A|^{-1}$(设矩阵 A 可逆).

(6) $|A^*| = |A|^{n-1}$(A^* 为矩阵 A 的伴随矩阵).

(7) $AA^* = A^*A = |A|E$(A^* 为矩阵 A 的伴随矩阵).

注 $AA^* = A^*A = |A|E$ 是一个非常重要的公式,它可以推导出和伴随矩阵 A^* 相关的其他公式.

(8) $|A| = \prod_{i=1}^{n} \lambda_i$($\lambda_1,\lambda_2,\cdots,\lambda_n$ 是矩阵 A 的特征值).

(9) 若 A 与 B 相似,则 $|A| = |B|$.

(10) 特征方程 $|\lambda E - A| = 0$ 的解即为矩阵 A 的特征值.

(11) A 是正定的 $\Leftrightarrow A$ 的各阶顺序主子式全大于零(设 A 为对称矩阵).

2. 矩阵的秩与行列式

$m \times n$ 矩阵 A 的任意 k 行与任意 k 列交叉处的 k^2 个元素构成的 k 阶行列式称为矩阵 A 的 k 阶子式. 矩阵 A 的最高阶非零子式的阶数称为矩阵 A 的秩,记为 $r(A)$.

设 A 为 $m \times n$ 矩阵,$m \geqslant n$,$r(A_{m\times n}) \leqslant n$,关于矩阵秩和行列式相关的命题有:

①$r(A_{m\times n}) = r \Leftrightarrow A$ 中有一个 r 阶非零子式,所以 $r+1$ 阶子式全为零.

②$r(A_{m\times n}) < r \Leftrightarrow A$ 中所有 r 阶子式全为零.

③$r(A_{n\times n}) = n \Leftrightarrow |A| \neq 0$.

④$r(A_{n\times n}) < n \Leftrightarrow |A| = 0$.

⑤$r(A_{m\times n}) < n-1 \Leftrightarrow A^* = 0$.

注 伴随矩阵 A^* 的元素都是矩阵 A 的代数余子式,而 A 的余子式即为矩阵 A 的 $n-1$ 阶子式.

3. 与 $|A| = 0$ 或 $|A| \neq 0$ 相关的命题

线性代数各章知识点都与行列式的概念相关联,设矩阵 A 为 n 阶实矩阵,以下是与 $|A| = 0$ 或 $|A| \neq 0$ 概念相关的重要命题:

(1) $|A| \neq 0 \Leftrightarrow A$ 可逆;

$|A| = 0 \Leftrightarrow A$ 不可逆.

(2) $|A| \neq 0 \Leftrightarrow A$ 满秩($r(A) = n$);

$|A| = 0 \Leftrightarrow A$ 降秩($r(A) < n$).

(3) $|A| \neq 0 \Leftrightarrow A$ 的列(行)向量组线性无关;

$|A| = 0 \Leftrightarrow A$ 的列(行)向量组线性相关.

(4) $|A| \neq 0 \Leftrightarrow Ax = b$ 有唯一解;

$|A| = 0 \Leftrightarrow Ax = b$ 有无穷多解或无解.

(5) $|A| \neq 0 \Leftrightarrow Ax = 0$ 只有零解;

$|A| = 0 \Leftrightarrow Ax = 0$ 有非零解.

(6) $|\boldsymbol{A}| \neq 0 \Leftrightarrow \boldsymbol{A}$ 与 E 等价.

(7) $|\boldsymbol{A}| \neq 0 \Leftrightarrow \boldsymbol{A}$ 可以写成若干初等方阵的乘积.

(8) $|\boldsymbol{A}| \neq 0 \Leftrightarrow r(\boldsymbol{AB}) = r(\boldsymbol{B})$.

(9) $|\boldsymbol{A}| \neq 0 \Leftrightarrow r(\boldsymbol{CA}) = r(\boldsymbol{C})$.

(10) $|\boldsymbol{A}| \neq 0 \Leftrightarrow \boldsymbol{A}$ 的列向量组是 n 维实向量空间 R^n 的一组基(数一).

(11) $|\boldsymbol{A}| \neq 0 \Leftrightarrow \boldsymbol{A}$ 的所有特征值都不为零.

$|\boldsymbol{A}| = 0 \Leftrightarrow 0$ 一定是 $\boldsymbol{A}$ 的特征值.

(12) $|\boldsymbol{A}| \neq 0 \Leftrightarrow \boldsymbol{A}^{\mathrm{T}}\boldsymbol{A}$ 是正定矩阵.

第 2 章　矩阵

【导言】

矩阵的研究历史很悠久，拉丁方阵和幻方在史前年代已有人研究，作为解决线性方程的工具，矩阵也有不短的历史. 成书最迟在东汉前期的《九章算术》中，用分离系数法表示线性方程组，得到了其增广矩阵，在消元过程中，使用的把某行乘以某一非零实数、从某行中减去另一行等运算技巧，相当于矩阵的初等变换. 但那时并没有提出现今理解的矩阵概念，虽然它与现有的矩阵形式上相同，但在当时只是作为线性方程组的标准表示与处理方式.

矩阵的现代概念在 19 世纪逐渐形成. 1800 年，高斯和威廉·约当建立了高斯－约当消元法. 1844 年，德国数学家费迪南·艾森斯坦(F. Eisenstein) 讨论了“变换”(矩阵) 及其乘积. 1850 年，英国数学家詹姆斯·约瑟夫·西尔维斯特(James Joseph Sylvester) 首先使用矩阵一词.

英国数学家凯利被公认为矩阵的奠基人. 他从 1858 年开始，发表了《矩阵论的研究报告》等一系列关于矩阵的专门论文，研究了矩阵的运算律、矩阵的逆以及转置和特征多项式方程. 凯利还提出了凯莱－哈密尔顿定理，并验证了 3×3 矩阵的情况，而且指出进一步的证明是不必要的，哈密尔顿证明了 4×4 矩阵的情况，而一般情况下的证明是德国数学家弗罗贝尼乌斯(F. G. Frohenius) 于 1898 年给出的.

1854 年，法国数学家埃尔米特(C. Hermite) 使用了“正交矩阵”这一术语，但其正式定义直到 1878 年才由费罗贝尼乌斯发表. 1879 年，费罗贝尼乌斯引入矩阵秩的概念. 至此，矩阵的体系才基本上建立起来了.

矩阵的概念最早于 1922 年在中文中出现. 1922 年，程廷熙在一篇介绍文章中将矩阵译为“纵横阵”. 1925 年，科学名词审查会算学名词审查组在《科学》第十卷第四期刊登的审定名词表中，矩阵被翻译为“矩阵式”，方块矩阵翻译为“方块阵”，而各类矩阵如“正交矩阵”“伴随矩阵”中的“矩阵”则被翻译为“方阵”. 1935 年，中国教学会审查后，中华民国教育部审定的《数学名词》(并“通令全国各院校一律遵用，以昭划一”) 中，“矩阵”作为译名首次出现. 1938 年，曹惠群在接受科学名词审查会委托就数学名词加以校订的《算学名词汇编》中，认为恰当的译名是“长方阵”. 中华人民共和国成立后编订的《数学名词》中，则将译名定为“(矩) 阵”. 1993 年，中国自然科学名词审定委员会公布的《数学名词》中，“矩阵”被定为正式译名，并沿用至今.

分析往年的真题，可以发现一些题目惊人的相似，这就告诉我们，要重视真题. 将真题中有关线性代数的内容剥离出来，一点点分析它所涉及的考点，以及新的题目如何在原有题目的基础上进行加工改造的，这对于我们把握考试重点及预测考题大有裨益.矩阵及第一章的行列式作为整个线性代数的基础性内容，在考研试卷5个线代题目中均有涉及，往往是前后章节的知识点联系在一起出题，一般选择题容易考查初等变换，填空题容易和特征值、特征向量相结合，解答题矩阵的秩是考查的大头.本部分知识点零碎，前后联系也比较紧密，因此建议考生将知识点改造成填空题的形式，经常翻阅.

【考试要求】

考试要求	科目	考试内容
了解	数学一	单位矩阵、数量矩阵、对角矩阵、三角矩阵、对称矩阵和反对称矩阵以及它们的性质；方阵的幂与方阵乘积的行列式的性质；初等矩阵的性质和矩阵等价的概念；分块矩阵及其运算
	数学二	单位矩阵、数量矩阵、对角矩阵、三角矩阵、对称矩阵、反对称矩阵和正交矩阵以及它们的性质；方阵的幂与方阵乘积的行列式的性质；矩阵初等变换的概念；初等矩阵的性质和矩阵等价的概念；分块矩阵及其运算
	数学三	单位矩阵、数量矩阵、对角矩阵、三角矩阵的定义及性质；对称矩阵、反对称矩阵及正交矩阵等的定义和性质；方阵的幂与方阵乘积的行列式的性质；矩阵的初等变换和初等矩阵及矩阵等价的概念；分块矩阵的概念
理解	数学一	矩阵的概念；逆矩阵的概念；伴随矩阵的概念；矩阵初等变换的概念；矩阵秩的概念
	数学二	矩阵的概念；逆矩阵的概念；伴随矩阵的概念；矩阵秩的概念
	数学三	矩阵的概念；逆矩阵的概念；伴随矩阵的概念；矩阵秩的概念
会	数学一	逆矩阵的性质以及矩阵可逆的充分必要条件；用伴随矩阵求逆矩阵
	数学二	
	数学三	用伴随矩阵求逆矩阵
掌握	数学一	矩阵的线性运算、乘法、转置以及它们的运算规律；用初等变换求矩阵的秩和逆矩阵的方法
	数学二	矩阵的线性运算、乘法、转置以及它们的运算规律；逆矩阵的性质以及矩阵可逆的充分必要条件；用初等变换求矩阵的秩和逆矩阵的方法
	数学三	矩阵的线性运算、乘法、转置以及它们的运算规律；逆矩阵的性质以及矩阵可逆的充分必要条件；用初等变换求矩阵的逆矩阵和秩的方法；分块矩阵的运算法则

【知识结构图】

- 矩阵
  - 概念
    - 概念引入
    - 特殊矩阵
      - 逆矩阵
      - 伴随矩阵
      - 对称矩阵
      - 反对称矩阵
      - 正交矩阵
      - 对角矩阵
      - 初等矩阵
      - 分块矩阵
  - 四则运算
  - 初等变换
  - 秩

【内容精讲】

2.1　矩阵基础知识

2.1.1　矩阵概念引入

在小学时，我们学过一元一次方程组的求解，到了中学学习怎么通过消元法求解三元一次方程组. 回顾下怎么通过消元得到方程组解的，以三元一次方程组为例，如例 2.1 所示，我们仔细观察消元过程可以发现，实际上只有各项系数参与了加减乘除运算，表示未知数的字母并没有参与运算，字母起到的只是用来辨认哪些系数是同类项并将它们合并起来的作用. 既然如此，将代表未知数的字母反复抄写是一种不必要的累赘，为了书写简便，更加突出解方程组中本质的东西 —— 系数的运算，我们采用分离系数的方法，将线性方程组中代表未知数的字母略去，将等号也略去，只剩下各项系数及常数项，从而得到一个数表，这个数表就可以称为一个矩阵，以此类推 n 元一次方程组，我们将由 $m \times n$ 个数 $a_{ij}(i=1,2,\cdots,m;j=1,2,\cdots,n)$ 排成的 m 行 n 列的数表 $\boldsymbol{A}=\begin{bmatrix} a_{11} & a_{12} & \cdots & a_{1n} \\ a_{21} & a_{22} & \cdots & a_{1n} \\ \vdots & \vdots & & \vdots \\ a_{m1} & a_{m2} & \cdots & a_{mn} \end{bmatrix}$ 称为 m 行 n 列矩阵，简称 $m \times n$ 矩阵，有时也记作 $\boldsymbol{A}=(a_{ij})_{m\times n}$. 由方程左边所形成的矩阵称为系数矩阵，若等号用虚线隔开，插入方程右边的数字，形成的新的矩阵称为增广矩阵.

【例 2.1】 求解方程组 $\begin{cases} 2x_1+x_3=4 \\ x_1+3x_2-x_3=6 \\ 2x_1+x_2=3 \end{cases}$

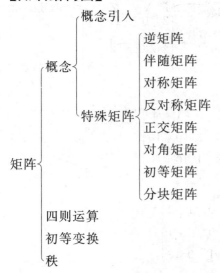

第 1 步：将系数补充全

这1列是x_1前的系数　x_2前的系数　x_3前的系数　等号右边的系数

$$\begin{cases}2x_1+0\cdot x_2+x_3=4 & ①\\ x_1+3x_2-x_3=6 & ②\\ 2x_1+x_2+0\cdot x_3=3 & ③\end{cases}\xrightarrow[\text{数原封不动放数表中}]{\text{相对应去掉未知量及等号，将系}}\left(\begin{array}{ccc:c}2&0&1&4\\1&3&-1&6\\2&1&0&3\end{array}\right)$$

第 2 步：消元．将 ①×1+② 得 ④，① 式不动

也不动，原封不动抄过来，下同

$$\begin{cases}2x_1+0\cdot x_2+x_3=4 & ①\\ 3x_1+3x_2+0\cdot x_3=10 & ④\\ 2x_1+x_2+0\cdot x_3=3 & ③\end{cases}\longrightarrow\left(\begin{array}{ccc:c}2&0&1&4\\3&3&0&10\\2&1&0&3\end{array}\right)$$

第 3 步：将 ③×(−3)+④ 得 ⑤

$$\begin{cases}2x_1+0\cdot x_2+x_3=4 & ①\\ -3x_1+0\cdot x_2+0\cdot x_3=1 & ⑤\\ 2x_1+x_2+0\cdot x_3=3 & ③\end{cases}\longrightarrow\left(\begin{array}{ccc:c}2&0&1&4\\-3&0&0&1\\2&1&0&3\end{array}\right)$$

第 4 步：将 ⑤×$\left(-\dfrac{1}{3}\right)$得 ⑥

$$\begin{cases}2x_1+0\cdot x_2+x_3=4 & ①\\ x_1+0\cdot x_2+0\cdot x_3=-\dfrac{1}{3} & ⑥\\ 2x_1+x_2+0\cdot x_3=3 & ③\end{cases}\longrightarrow\left(\begin{array}{ccc:c}2&0&1&4\\1&0&0&-\dfrac{1}{3}\\2&1&0&3\end{array}\right)$$

第 5 步：将 6×(−2)+③ 得 ⑦

$$\begin{cases}2x_1+0\cdot x_2+x_3=4 & ①\\ x_1+0\cdot x_2+0\cdot x_3=-\dfrac{1}{3} & ⑥\\ 0\cdot x_1+x_2+0\cdot x_3=\dfrac{7}{3} & ⑦\end{cases}\longrightarrow\left(\begin{array}{ccc:c}2&0&1&4\\1&0&0&-\dfrac{1}{3}\\0&1&0&\dfrac{7}{3}\end{array}\right)$$

第 6 步：将 ⑥×(−2)+① 得 ⑧

$$\begin{cases}0\cdot x_1+0\cdot x_2+x_3=\dfrac{14}{3} & ⑧\\ x_1+0\cdot x_2+0\cdot x_3=-\dfrac{1}{3} & ⑥\\ 0\cdot x_1+x_2+0\cdot x_3=\dfrac{7}{3} & ⑦\end{cases}\longrightarrow\left(\begin{array}{ccc:c}0&0&1&\dfrac{14}{3}\\1&0&0&-\dfrac{1}{3}\\0&1&0&\dfrac{7}{3}\end{array}\right)$$

第 7 步：⑥、⑧ 互换

$$\begin{cases}x_1+0\cdot x_2+0\cdot x_3=-\dfrac{1}{3} & ⑥\\ 0\cdot x_1+0\cdot x_2+x_3=\dfrac{14}{3} & ⑧\\ 0\cdot x_1+x_2+0\cdot x_3=\dfrac{7}{3} & ⑦\end{cases}\longrightarrow\left(\begin{array}{ccc:c}1&0&0&-\dfrac{1}{3}\\0&0&1&\dfrac{14}{3}\\0&1&0&\dfrac{7}{3}\end{array}\right)$$

第 8 步：⑦、⑧ 互换

$$\begin{cases} x_1+0\cdot x_2+0\cdot x_3=-\dfrac{1}{3} & ⑥ \\ 0\cdot x_1+x_2+0\cdot x_3=\dfrac{7}{3} & ⑦ \\ 0\cdot x_1+0\cdot x_2+x_3=\dfrac{14}{3} & ⑧ \end{cases} \longrightarrow \left(\begin{array}{ccc:c} 1 & 0 & 0 & -\dfrac{1}{3} \\ 0 & 1 & 0 & \dfrac{7}{3} \\ 0 & 0 & 1 & \dfrac{14}{3} \end{array}\right)$$

第 9 步：将第 8 步化简，即

$$\begin{cases} x_1=-\dfrac{1}{3} \\ x_2=\dfrac{7}{3} \\ x_3=\dfrac{14}{3} \end{cases} \text{即} \left(\begin{array}{ccc:c} \underline{1} & 0 & 0 & -\dfrac{1}{3} \\ 0 & \underline{1} & 0 & \dfrac{7}{3} \\ 0 & 0 & \underline{1} & \dfrac{14}{3} \end{array}\right)$$

恰好是 x_1，x_2，x_3 前的系数

注 (1) 在写线性方程组的系数矩阵和增广矩阵时，一方面要按一定顺序，如 x_1，x_2，x_3 或 x，y，z 得出未知量的系数；另一方面，若有缺位，如例 2.1 中的第 ① 个方程没有 x_2，就认为 x_2 的系数为 0.

(2) 为了方便，可以将矩阵写成 $(a_{ij})_{m\times n}$，其中 a_{ij} 是矩阵的代表元素. 当仅用一个字母表示矩阵时，可以在该字母的右下角写上 $m\times n$，以表明矩阵的行数和列数，如 $\boldsymbol{A}_{m\times n}$.

矩阵 $\boldsymbol{A}_{m\times n}$ 中，$m\times n$ 为矩阵 $\boldsymbol{A}$ 的型，这里 $m\times n$ 没有乘积之意，仅指矩阵 $\boldsymbol{A}$ 有 m 行 n 列，读作"m 行 n 列矩阵 $\boldsymbol{A}$". 在 $m\times n$ 中，行数 m 写在"×"的前面，而列数 n 写在"×"的后面. 两个矩阵 $\boldsymbol{A}$ 和 $\boldsymbol{B}$ 是同型的是指其行数、列数分别相同.

(3) 矩阵中的元素一般取自一些数组成的集合，在该集合上有一些满足特定性质的运算. 约定，若没有特殊说明，今后所讨论的矩阵为实矩阵.

(4) $tr(\boldsymbol{A})$ 称为矩阵的迹，$tr(\boldsymbol{A})$ 等于矩阵 $\boldsymbol{A}$ 主对角线上的元素加起来，这个和就是 $tr(\boldsymbol{A})$.

【例 2.2】 写出下列线性方程组的系数矩阵和增广矩阵：$\begin{cases} x_1+2x_2=3, \\ 4x_1+7x_2+x_3=10. \\ x_2-x_3=2, \\ 2x_1+3x_2+x_3=4. \end{cases}$

【解】 系数矩阵和增广矩阵分别为 $\boldsymbol{A}=\begin{pmatrix} 1 & 2 & 0 \\ 4 & 7 & 1 \\ 0 & 1 & -1 \\ 2 & 3 & 1 \end{pmatrix}$，$\boldsymbol{B}=\left(\begin{array}{ccc:c} 1 & 2 & 0 & 3 \\ 4 & 7 & 1 & 10 \\ 0 & 1 & -1 & 2 \\ 2 & 3 & 1 & 4 \end{array}\right)$.

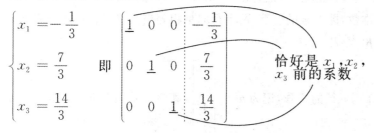

只有一行的矩阵$(a_1,a_2,\cdots,a_n)$称为行矩阵，只有一列的矩阵$\begin{pmatrix} b_1 \\ b_2 \\ \vdots \\ b_m \end{pmatrix}$称为列矩阵.

2.1.2　几种特殊矩阵

我们对比学习一下和本概念非常相似且更为重要的概念.

(1) 向量.

①n维行向量(行矩阵)：1行n列的矩阵，记为$\boldsymbol{\alpha}=[a_1,a_2,\cdots,a_n]$，其中$a_j$称为向量$\boldsymbol{\alpha}$的第$j$个分量，$n$称为该向量的维数，即元素的个数. 两个行向量相等当且仅当它们对应的分量相等，行向量则用$\boldsymbol{a}^{\mathrm{T}},\boldsymbol{b}^{\mathrm{T}},\boldsymbol{\alpha}^{\mathrm{T}},\boldsymbol{\beta}^{\mathrm{T}}$等表示.

②n维列向量(列矩阵)：1列n行的矩阵，记为$\boldsymbol{\alpha}=\begin{bmatrix} a_1 \\ a_2 \\ \vdots \\ a_n \end{bmatrix}$，其中$a_j$称为向量$\boldsymbol{\alpha}$的第$j$个分量，$n$称为该向量的维数，即元素的个数. 两个列向量相等当且仅当它们对应的分量相等，列向量用黑体小写字母$\boldsymbol{a},\boldsymbol{b},\boldsymbol{\alpha},\boldsymbol{\beta}$等表示.

注 若所涉及的向量在没有指明是行向量还是列向量时，都当作列向量.

(2) 单位矩阵：主对角线上的元素全部都为1，其余位置的元素全为0的矩阵，称为单位矩阵.

(3) 对角矩阵：主对角线上的元素至少有一个不为0，其余位置的元素全为0的n阶方阵称为n阶对角矩阵或n阶对角阵.

设n阶对角矩阵中对角线元素依次为$\lambda_1,\lambda_2,\cdots,\lambda_n$，记为$\begin{pmatrix} \lambda_1 & & & \\ & \lambda_2 & & \\ & & \vdots & \\ & & & \lambda_n \end{pmatrix}$，也可简记为$diag(\lambda_1,\lambda_2,\cdots,\lambda_n)$. 显然，单位矩阵是对角矩阵.

(4) 数量矩阵：对角线元素相同的n阶对角矩阵称为数量矩阵，其一般形式为$diag(k,k,\cdots,k)$

(5) 方阵：行数等于列数的矩阵称为方阵

(6) 三角矩阵：

① 上三角矩阵：主对角线以下全为0的矩阵，如$\begin{bmatrix} a_{11} & a_{12} & \cdots & a_{1n} \\ & a_{22} & \cdots & a_{2n} \\ & & \ddots & \vdots \\ & & & a_{nn} \end{bmatrix}$.

② 下三角矩阵：主对角线以上全为 0 的矩阵，如 $\begin{bmatrix} a_{11} & & & \\ a_{21} & a_{22} & & \\ \vdots & \vdots & \ddots & \\ a_{n1} & a_{n2} & \cdots & a_{nn} \end{bmatrix}$.

(7) 零矩阵：所有元素都是零的矩阵称为零矩阵，常记为 $\mathbf{0}$. 考生要分清零矩阵与行列式为零的矩阵的区别.

(8) 转置矩阵：交换矩阵 $\boldsymbol{A}$ 的行与列得到的矩阵称为 $\boldsymbol{A}$ 的转置矩阵，记为 $\boldsymbol{A}^{\mathrm{T}}$. 若 $\boldsymbol{A}=(a_{ij})_{m\times n}$，$\boldsymbol{A}^{\mathrm{T}}=(b_{ij})_{n\times m}$，则有 $a_{ij}=b_{ji}(i=1,2,\cdots,m;j=1,2,\cdots,n)$.

(9) 对称矩阵：n 阶方阵 $\boldsymbol{A}$ 为对称矩阵 $\Leftrightarrow \boldsymbol{A}^{\mathrm{T}}=\boldsymbol{A}$.

(10) 反对称矩阵：n 阶方阵 $\boldsymbol{A}$ 为反对称矩阵 $\Leftrightarrow \boldsymbol{A}^{\mathrm{T}}=-\boldsymbol{A}$. 反对称矩阵主对角线上的元素全为零.

注 关于(反)对称矩阵，考生应该掌握：

① (反)对称矩阵一定是方阵.

② 对称矩阵的所有元素是以主对角线为轴相对称.

③ 对称矩阵的第 i 行元素与第 i 列元素对应相等，其中 $i=1,2,\cdots,n$.

④ 若 $\boldsymbol{A}$ 为奇数阶反对称矩阵，则有 $|\boldsymbol{A}|=0$.

⑤ 任意一个 n 阶矩阵 $\boldsymbol{A}$ 都可表示为一个对称矩阵 $\dfrac{\boldsymbol{A}+\boldsymbol{A}^{\mathrm{T}}}{2}$ 和一个反对称矩阵 $\dfrac{\boldsymbol{A}-\boldsymbol{A}^{\mathrm{T}}}{2}$ 之和.

(11) 伴随矩阵：

n 阶方阵 $\boldsymbol{A}=(a_{ij})_{n\times n}$ 的伴随矩阵为 $\boldsymbol{A}^{*}=\begin{bmatrix} \boldsymbol{A}_{11} & \boldsymbol{A}_{21} & \cdots & \boldsymbol{A}_{n1} \\ \boldsymbol{A}_{12} & \boldsymbol{A}_{22} & \cdots & \boldsymbol{A}_{n2} \\ \vdots & \vdots & & \vdots \\ \boldsymbol{A}_{1n} & \boldsymbol{A}_{2n} & \cdots & \boldsymbol{A}_{nn} \end{bmatrix}$，其中 $\boldsymbol{A}_{ij}$ 是行列式 $|\boldsymbol{A}|$ 中元素 $a_{ij}(i,j=1,2,\cdots,n)$ 的代数余子式.

注 (1) 行列式 $|\boldsymbol{A}|$ 的第 i 行第 j 列元素 a_{ij} 的代数余子式 $\boldsymbol{A}_{ij}$ 放在伴随矩阵 $\boldsymbol{A}^{*}$ 的第 j 行第 i 列上.

(2) 按定义求矩阵的伴随矩阵比较烦琐，但考生要熟记 2 阶矩阵的伴随矩阵公式. 设 $\boldsymbol{A}=\begin{bmatrix} a & b \\ c & d \end{bmatrix}$，则有 $\boldsymbol{A}^{*}=\begin{bmatrix} d & -b \\ -c & a \end{bmatrix}$. 即主对角元素换位，副对角元素变号.

【例 2.3】求三阶方阵 $\boldsymbol{A}=\begin{bmatrix} 1 & 2 & 2 \\ 3 & 4 & -1 \\ -2 & 3 & 1 \end{bmatrix}$ 的伴随矩阵.

$$\boldsymbol{A}_{11}=(-1)^{1+1}\begin{vmatrix} 4 & -1 \\ 3 & 1 \end{vmatrix}=7,\boldsymbol{A}_{12}=(-1)^{1+2}\begin{vmatrix} 3 & -1 \\ -2 & 1 \end{vmatrix}=-1,$$

$$A_{13}=(-1)^{1+3}\begin{vmatrix}3&4\\-2&3\end{vmatrix}=17, A_{21}=(-1)^{2+1}\begin{vmatrix}2&2\\3&1\end{vmatrix}=4,$$

$$A_{22}=(-1)^{2+2}\begin{vmatrix}1&2\\-2&1\end{vmatrix}=5, A_{23}=(-1)^{2+3}\begin{vmatrix}1&2\\-2&3\end{vmatrix}=-7,$$

$$A_{31}=(-1)^{3+1}\begin{vmatrix}2&2\\4&-1\end{vmatrix}=-10, A_{32}=(-1)^{3+2}\begin{vmatrix}1&2\\3&-1\end{vmatrix}=7,$$

$$A_{33}=(-1)^{3+3}\begin{vmatrix}1&2\\3&4\end{vmatrix}=-2,\text{所以 } A^{*}=\begin{bmatrix}7&4&-10\\-1&5&7\\17&-7&-2\end{bmatrix}.$$

2.1.3 矩阵关系及运算

(1) 同型矩阵： 设 $\boldsymbol{A}=(a_{ij})_{m\times n}$，$\boldsymbol{B}=(b_{ij})_{p\times q}$，若 $m=p$，$n=q$，则称 A、B 为同型矩阵.

(2) 矩阵相等： 设 $\boldsymbol{A}=(a_{ij})_{m\times n}$，$\boldsymbol{B}=(b_{ij})_{m\times n}$，则 $\boldsymbol{A}=\boldsymbol{B}\Leftrightarrow a_{ij}=b_{ij}(i=1,2,\cdots,m;j=1,2,\cdots,n)$.

(3) 矩阵加、减法： 设 $\boldsymbol{A}=(a_{ij})_{m\times n}$，$\boldsymbol{B}=(b_{ij})_{m\times n}$，则 $A\pm\boldsymbol{B}=(a_{ij}\pm b_{ij})_{m\times n}(i=1,2,\cdots,m;j=1,2,\cdots,n)$.

(4) 矩阵的数乘： 设 $\boldsymbol{A}=(a_{ij})_{m\times n}$，$k$ 为常数，则设 $k\boldsymbol{A}=(ka_{ij})_{m\times n}$，$(i=1,2,\cdots,m;j=1,2,\cdots,n)$.

(5) 矩阵的线性运算： 矩阵的加法和矩阵的数乘运算称为矩阵的线性运算.

(6) 向量乘法：

① 行乘列是一个数，也称为向量内积，等于对应元素相乘后再相加，如

$$\boldsymbol{\alpha}=(a_1,a_2,\cdots a_n),\boldsymbol{\beta}=(b_1,b_2,\cdots b_n)^{\mathrm{T}},$$

$$\boldsymbol{\alpha}\cdot\boldsymbol{\beta}=(a_1,a_2\cdots a_n)\begin{pmatrix}b_1\\b_2\\\vdots\\b_n\end{pmatrix}=a_1\cdot b_1+a_2\cdot b_2+\cdots+a_n\cdot b_n$$

② 列成行是一个矩阵，这个就要由接下来的矩阵乘法得到.

注 向量的乘法运算非常重要，例如，$\boldsymbol{\alpha}$、$\boldsymbol{\beta}$ 均为 n 维列向量，那么 $\boldsymbol{\alpha\beta}^{\mathrm{T}}$ 与 $\boldsymbol{\alpha}^{\mathrm{T}}\boldsymbol{\beta}$ 完全不同，前者为一个 n 阶矩阵，而后者为一个数. 在考研试题中矩阵 $\boldsymbol{\alpha\beta}^{\mathrm{T}}$ 与 $\boldsymbol{\alpha}^{\mathrm{T}}\boldsymbol{\beta}$ 频繁出现，考生一定要熟练掌握.

(7) 矩阵乘法（核心考察点，务必灵活掌握）. 在矩阵乘法运算中，需要解决如下问题：

① 什么样的矩阵才能相乘？只有前一个矩阵的列和后一个矩阵的行一样的时候才能进行乘法运算，且顺序不能变，$\boldsymbol{A}_{m\times \underline{s}}\boldsymbol{B}_{\underline{s}\times n}$.

② 最核心的在于如何确定新矩阵的阶及其组成元素. 新矩阵的行是前一个矩阵的行，列是后一个矩阵的列，如 $\boldsymbol{A}_{m\times \underline{s}}\boldsymbol{B}_{\underline{s}\times n}=C_{m\times n}$，新矩阵第 i 行第 j 列的元素等于前一个矩阵第 i 行向量乘上后一个矩阵第 j 列的列向量，由于是一行乘一列，故乘积是个数，这个数就是新矩阵第

i 行第 j 列的元素 C_{ij}.

③ 但一般来说,$\boldsymbol{AB} \neq \boldsymbol{BA}$,即矩阵的乘法运算不满足交换律,进而对于正整数 k,一般来说$(\boldsymbol{AB})^k \neq \boldsymbol{A}^k\boldsymbol{B}^k$. 例如,$\boldsymbol{A} = \begin{bmatrix} 1 & 0 \\ 0 & 0 \end{bmatrix}$,$\boldsymbol{B} = \begin{bmatrix} 0 & 1 \\ 0 & 0 \end{bmatrix}$,$\boldsymbol{AB} = \begin{bmatrix} 0 & 1 \\ 0 & 0 \end{bmatrix}$,$\boldsymbol{BA} = \begin{bmatrix} 0 & 0 \\ 0 & 0 \end{bmatrix}$.

现在的问题是,为何两个矩阵的乘法要这样计算,是否有实际意义,下面举一个例子以帮助大家理解矩阵乘法的定义.

【例 2.4】三个商店 S_1, S_2, S_3 进货四种产品 P_1, P_2, P_3, P_4 的数量(单位:件) 见表 2-1.

表 2-1

产品 商店	P_1	P_2	P_3	P_4
S_1	a_{11}	a_{12}	a_{13}	a_{14}
S_2	a_{21}	a_{22}	a_{23}	a_{24}
S_3	a_{31}	a_{32}	a_{33}	a_{34}

四种产品 P_1, P_2, P_3, P_4 的单价(单位:元) 及单件重量(单位:kg) 见表 2-2.

表 2-2

产品	单价	单价重量
P_1	b_{11}	b_{12}
P_2	b_{21}	b_{22}
P_3	b_{31}	b_{32}
P_4	b_{41}	b_{42}

于是,得到两个矩阵分别为:

$$\boldsymbol{A} = \begin{pmatrix} a_{11} & a_{12} & a_{13} & a_{14} \\ a_{21} & a_{22} & a_{23} & a_{24} \\ a_{31} & a_{32} & a_{33} & a_{34} \end{pmatrix}, \boldsymbol{B} = \begin{pmatrix} b_{11} & b_{12} \\ b_{21} & b_{22} \\ b_{31} & b_{32} \\ b_{41} & b_{42} \end{pmatrix}.$$

$$\boldsymbol{AB} = \begin{pmatrix} a_{11}b_{11} + a_{12}b_{21} + a_{13}b_{31} + a_{14}b_{41} & a_{11}b_{12} + a_{12}b_{22} + a_{13}b_{32} + a_{14}b_{42} \\ a_{21}b_{11} + a_{22}b_{21} + a_{23}b_{31} + a_{24}b_{41} & a_{21}b_{12} + a_{22}b_{22} + a_{23}b_{32} + a_{24}b_{42} \\ a_{31}b_{11} + a_{32}b_{21} + a_{33}b_{31} + a_{34}b_{41} & a_{31}b_{12} + a_{32}b_{22} + a_{33}b_{32} + a_{14}b_{42} \end{pmatrix},$$

该矩阵第 1 列和第 2 列分别表示三个商店所进货的总价格和总重量.

注 从定义知,两个矩阵 $\boldsymbol{A}$ 和 $\boldsymbol{B}$ 相乘是有条件的. 即使 $\boldsymbol{AB}$ 有意义,也不能保证 $\boldsymbol{BA}$ 有意义.

2.1.4 *n* 阶方阵的逆矩阵

1 是关于数的乘法运算中的单位元,对于数 a,若存在数 b 使 $ab = ba = 1$,则称 b 为 a 的"逆元".

$\boldsymbol{E}$ 是矩阵乘法运算的单位矩阵,相当于数的乘法运算中的 1.

2.1.4.1 定义

对于矩阵 $\boldsymbol{A}$，若存在矩阵 $\boldsymbol{B}$，使得 $\boldsymbol{AB}=\boldsymbol{BA}=\boldsymbol{E}$，则称 $\boldsymbol{B}$ 为 $\boldsymbol{A}$ 的逆矩阵，记为 $\boldsymbol{A}^{-1}$，读作"A 逆"或"A 的 -1 次方"，当 A 的逆矩阵存在时，就说矩阵 $\boldsymbol{A}$ 可逆或称 A 存在逆矩阵.

注 (1) 由于矩阵的乘法运算不满足交换律，不清楚 $\dfrac{\boldsymbol{B}}{\boldsymbol{A}}$ 表示 $\boldsymbol{A}^{-1}\boldsymbol{B}$ 还是 $\boldsymbol{BA}^{-1}$，因而 $\boldsymbol{A}$ 的逆矩阵 $\boldsymbol{A}^{-1}$ 不能记为 $\dfrac{1}{\boldsymbol{A}}$，这是与数 a 关于乘法运算的逆元 a^{-1} 不同的地方.

(2) 换句话说，只有方阵才可能有逆矩阵，而且，$\boldsymbol{A}$ 的逆矩阵 $\boldsymbol{B}$ 与 $\boldsymbol{A}$ 必须是同阶方阵.

2.1.4.2 可逆 A 的求法

(1) 定义法：若能找到关系式 $\boldsymbol{AB}=\boldsymbol{E}$（或 $\boldsymbol{BA}=\boldsymbol{E}$），则 $\boldsymbol{B}$ 就是矩阵 $\boldsymbol{A}$ 的逆.

(2) 公式法：$\boldsymbol{A}^{-1}=\dfrac{1}{|\boldsymbol{A}|}\boldsymbol{A}^*$（求二阶可逆矩阵时最常见）.

可以看出，$\boldsymbol{A}^{-1}$ 和 $\boldsymbol{A}^*$ 就差一个系数 $\dfrac{1}{|\boldsymbol{A}|}$，当 $|\boldsymbol{A}|=1$ 时，$\boldsymbol{A}^{-1}=\boldsymbol{A}^*$.

(3) 初等行变换法：若 $(\boldsymbol{A}\vdots\boldsymbol{E})\xrightarrow{\text{初等行变换}}(\boldsymbol{E}\vdots\boldsymbol{B})$，则矩阵 $\boldsymbol{B}$ 为矩阵 $\boldsymbol{A}$ 的逆；若 $(\boldsymbol{A}\vdots\boldsymbol{B})\xrightarrow{\text{初等行变换}}(\boldsymbol{E}\vdots\boldsymbol{C})$，则 $\boldsymbol{C}=\boldsymbol{A}^{-1}\boldsymbol{B}$（求三阶可逆矩阵时最常用）.

(4) 分块矩阵求逆公式，将在后文介绍（针对 4 阶及 4 阶以上的矩阵求逆）.

【例 2.5】 设 $\boldsymbol{A}$ 满足 $\boldsymbol{A}^2-5\boldsymbol{A}+4\boldsymbol{E}=0$，证明 $\boldsymbol{A}$ 和 $\boldsymbol{A}-3\boldsymbol{E}$ 均可逆，并求出它们的逆.

【证明】 因为 $\boldsymbol{A}^2-5\boldsymbol{A}+4\boldsymbol{E}=0$，于是 $\boldsymbol{A}(\boldsymbol{A}-5\boldsymbol{E})=-4\boldsymbol{E}$，进而 $\boldsymbol{A}\cdot\dfrac{1}{4}(5\boldsymbol{E}-\boldsymbol{A})=\boldsymbol{E}$，$\boldsymbol{A}$ 可逆且 $\boldsymbol{A}^{-1}=\dfrac{1}{4}(5\boldsymbol{E}-\boldsymbol{A})$

因为 $\boldsymbol{A}^2-5\boldsymbol{A}+4\boldsymbol{E}=0$，于是 $(\boldsymbol{A}^2-3\boldsymbol{A})-2(\boldsymbol{A}-3\boldsymbol{E})=2\boldsymbol{E}$，即

$$A(\boldsymbol{A}-3\boldsymbol{E})-2(\boldsymbol{A}-3\boldsymbol{E})=2\boldsymbol{E},$$

进而 $(\boldsymbol{A}-3\boldsymbol{E})(\boldsymbol{A}-2\boldsymbol{E})=2\boldsymbol{E}$，所以 $(\boldsymbol{A}-3\boldsymbol{E})\cdot\dfrac{1}{2}(\boldsymbol{A}-2\boldsymbol{E})=\boldsymbol{E}$，故 $\boldsymbol{A}-3\boldsymbol{E}$ 可逆且 $(\boldsymbol{A}-3\boldsymbol{E})^{-1}=\dfrac{1}{2}(\boldsymbol{A}-2\boldsymbol{E})$.

注 $\boldsymbol{A}^2-5\boldsymbol{A}=A(\boldsymbol{A}-5\boldsymbol{E})$，不要写成 $\boldsymbol{A}^2-5\boldsymbol{A}=\boldsymbol{A}(\boldsymbol{A}-5)$，因为左边 $\boldsymbol{A}-5$ 没有意义.

注意以下命题：$\boldsymbol{AB}=\boldsymbol{E}\nRightarrow\boldsymbol{BA}=\boldsymbol{E}$，因为命题中没有说明矩阵 $\boldsymbol{A}$、$\boldsymbol{B}$ 是方阵，例如

$$\boldsymbol{A}=\begin{bmatrix}1 & 0 & 2\\0 & 1 & 3\end{bmatrix},\boldsymbol{B}=\begin{bmatrix}1 & 0\\0 & 1\\0 & 0\end{bmatrix}.$$

显然，$\boldsymbol{AB}=\boldsymbol{E}$，$\boldsymbol{BA}\neq\boldsymbol{E}$.

【例 2.6】 设 $\boldsymbol{A}=\begin{bmatrix}a & b\\c & d\end{bmatrix}$，若 $ad-bc\neq0$，则 $\boldsymbol{A}$ 可逆，证明 $\boldsymbol{A}^{-1}=\dfrac{1}{ad-bc}\begin{bmatrix}d & -b\\-c & a\end{bmatrix}$.

【证明】根据条件 a,c 不能同时为零，不妨设 $a\neq 0$，有

$$\left[\begin{array}{cc:cc} a & b & 1 & 0 \\ c & d & 0 & 1 \end{array}\right] \xrightarrow{r_2+\left(-\frac{c}{a}\right)r_1} \left[\begin{array}{cc:cc} a & b & 1 & 0 \\ 0 & d-\dfrac{bc}{a} & -\dfrac{c}{a} & 1 \end{array}\right] \xrightarrow{\left(\frac{a}{ad-bc}\right)r_2}$$

$$\left[\begin{array}{cc:cc} a & b & 1 & 0 \\ 0 & 1 & -\dfrac{c}{ad-bc} & \dfrac{a}{ad-bc} \end{array}\right] \xrightarrow{r_1+(-b)r_2}$$

$$\left[\begin{array}{cc:cc} a & 0 & \dfrac{ad}{ad-bc} & \dfrac{-ab}{ad-bc} \\ 0 & 1 & -\dfrac{c}{ad-bc} & \dfrac{a}{ad-bc} \end{array}\right] \xrightarrow{\left(\frac{1}{a}\right)r_1}$$

$$\left[\begin{array}{cc:cc} 1 & 0 & \dfrac{d}{ad-bc} & \dfrac{-b}{ad-bc} \\ 0 & 1 & -\dfrac{c}{ad-bc} & \dfrac{a}{ad-bc} \end{array}\right]$$

所以 $\boldsymbol{A}$ 可逆且 $\boldsymbol{A}^{-1}=\dfrac{1}{ad-bc}\begin{bmatrix} d & -b \\ -c & a \end{bmatrix}$.

2.1.5　方阵 A 的多项式

设 $f(x)=a_mx^m+a_{m-1}x^{m-1}+\cdots+a_1x+a_0$ 是 x 的 m 次多项式，定义为方阵 $\boldsymbol{A}$ 的 m 次矩阵多项式. 约定 $\boldsymbol{A}^0=\boldsymbol{E}$.

关于方阵 $\boldsymbol{A}$ 的多项式 $\varphi(\boldsymbol{A})$ 的计算一般比较复杂，下面介绍比较简单的两种情形：

① 如果 $\boldsymbol{A}=\boldsymbol{P\Lambda P}^{-1}$，$\boldsymbol{P}$ 可逆，则 $\boldsymbol{A}^k=\boldsymbol{P\Lambda}^k\boldsymbol{P}^{-1}$，从而 $\varphi(\boldsymbol{A})=a_0\boldsymbol{E}+a_1\boldsymbol{A}+\cdots+a_m\boldsymbol{A}^m=\boldsymbol{P}a_0\boldsymbol{EP}^{-1}+\boldsymbol{P}a_1\boldsymbol{\Lambda P}^{-1}+\cdots+\boldsymbol{P}a_m\boldsymbol{\Lambda}^m\boldsymbol{P}^{-1}=\boldsymbol{P}\varphi(\boldsymbol{\Lambda})\boldsymbol{P}^{-1}$.

② 如果 $\boldsymbol{\Lambda}=\mathrm{diag}(\lambda_1,\lambda_2,\cdots,\lambda_n)$，则 $\boldsymbol{\Lambda}^k=\mathrm{diag}(\lambda_1^k,\lambda_2^k,\cdots,\lambda_n^k)$，从而

$$\begin{aligned}\varphi(\boldsymbol{A}) &= a_0\boldsymbol{E}+a_1\boldsymbol{\Lambda}+\cdots+a_m\boldsymbol{\Lambda}^m \\ &= a_0\begin{bmatrix} 1 & & & \\ & 1 & & \\ & & \ddots & \\ & & & 1 \end{bmatrix}+a_1\begin{bmatrix} \lambda_1 & & & \\ & \lambda_2 & & \\ & & \ddots & \\ & & & \lambda_n \end{bmatrix}+\cdots+a_m\begin{bmatrix} \lambda_1^m & & & \\ & \lambda_2^m & & \\ & & \ddots & \\ & & & \lambda_n^m \end{bmatrix} \\ &= \begin{bmatrix} \varphi(\lambda_1) & & & \\ & \varphi(\lambda_2) & & \\ & & \ddots & \\ & & & \varphi(\lambda_n) \end{bmatrix}\end{aligned}$$

【例 2.7】设 $\boldsymbol{P}=\begin{bmatrix} 2 & 1 \\ 1 & 1 \end{bmatrix}$，$\boldsymbol{\Lambda}=\begin{bmatrix} 2 & 0 \\ 0 & 3 \end{bmatrix}$，$\boldsymbol{AP}=\boldsymbol{P\Lambda}$，$\varphi(x)=1+2x-x^2+x^3$，求 $\varphi(\boldsymbol{A})$.

【解】$P^{-1}=\begin{bmatrix}1 & -1\\ -1 & 2\end{bmatrix}$,$A=P\Lambda P^{-1}$,所以

$$\varphi(A)=P\varphi(\Lambda)P^{-1}=\begin{bmatrix}2 & 1\\ 1 & 1\end{bmatrix}\begin{bmatrix}\varphi(2) & 0\\ 0 & \varphi(3)\end{bmatrix}\begin{bmatrix}1 & -1\\ -1 & 2\end{bmatrix}$$

$$=\begin{bmatrix}2 & 1\\ 1 & 1\end{bmatrix}\begin{bmatrix}9 & \\ & 25\end{bmatrix}\begin{bmatrix}1 & -1\\ -1 & 2\end{bmatrix}=\begin{bmatrix}-7 & 32\\ -16 & 41\end{bmatrix}$$

2.1.6 初等矩阵

初等矩阵及初等矩阵性质是考研试题中频繁出现的内容,考生一定要熟练掌握.

2.1.6.1 矩阵的初等行(列)变换

(1) 交换第 i、j 两行(列)的位置,记作 $r_i\leftrightarrow r_j$ 或 $c_i\leftrightarrow c_j$.

(2) 以非零数 k 乘第 i 行(列),记作 kr_i 或 kc_i

(3) 把第 j 行(列)的 k 倍加到第 i 行(列)上,记作 r_i+kr_j 或 c_i+kc_j.

2.1.6.2 初等矩阵概念

定义 2.1.6.2.1

设 E 为 n 阶单位矩阵,$E\xrightarrow{\text{一次初等变换}}P$,则 P 称为初等矩阵.

三种初等变换对应着三种初等矩阵,如下所示:

$$E\xrightarrow[r_i\leftrightarrow r_j]{(\text{或 } C_i\leftrightarrow C_j)}E(i,j),E\xrightarrow[kr_i]{(\text{或 } kc_i)}E[i(k)],E\xrightarrow[r_i+kr_j]{\text{或 } c_j+kc_i}E[i,j(k)].$$

具体如下:

$$E(i,j)=\begin{pmatrix}1 &&&&&&&&&& \\ & \ddots &&&&&&&&& \\ && 1 &&&&&&&& \\ &&& 0 &&&& 1 &&& \\ &&&& 1 &&&&&& \\ &&&&& \ddots &&&&& \\ &&&&&& 1 &&&& \\ &&& 1 &&&& 0 &&& \\ &&&&&&&& 1 && \\ &&&&&&&&& \ddots & \\ &&&&&&&&&& 1\end{pmatrix}\begin{matrix} \\ \\ \\ \leftarrow \text{第 } i \text{ 行} \\ \\ \\ \\ \leftarrow \text{第 } j \text{ 行} \\ \\ \\ \\ \end{matrix}$$

↑ 第 i 列　　↑ 第 j 列

(1) 交换矩阵的第 i 行与第 j 行的位置(或第 i 列与第 j 列). (2) 以非零数 k 乘以矩阵的第 i 行(列)的每个元素.

$$
\boldsymbol{E}(i(k)) = \begin{pmatrix} 1 & & & & & & \\ & \ddots & & & & & \\ & & 1 & & & & \\ & & & k & & & \\ & & & & 1 & & \\ & & & & & \ddots & \\ & & & & & & 1 \end{pmatrix} \begin{matrix} \\ \\ \\ \rightarrow \text{第 } i \text{ 行} \\ \\ \\ \\ \end{matrix}
$$

↑ 第 i 列

(3) 把矩阵的第 j 行的每个元素的 k 倍加到第 i 行的对应元素上去(第 i 列元素的 k 倍加到第 j 列上去).

$$
\boldsymbol{E}(i,j(k)) = \begin{pmatrix} 1 & & & & & \\ & \ddots & & & & \\ & & 1 & \cdots & k & \\ & & & \ddots & \vdots & \\ & & & & 1 & \\ & & & & & \ddots \\ & & & & & & 1 \end{pmatrix} \begin{matrix} \\ \\ \leftarrow \text{第 } i \text{ 行} \\ \\ \leftarrow \text{第 } j \text{ 行} \\ \\ \\ \end{matrix}
$$

↑ 第 i 列　　↑ 第 j 列

2.1.6.3　初等矩阵性质

初等矩阵性质如下：

(1) 若 $\boldsymbol{P}$ 为初等矩阵,则 $|\boldsymbol{P}| \neq 0$.

(2) 若 $\boldsymbol{P}$ 为初等矩阵,且有 $\boldsymbol{PA} = \boldsymbol{B}$,则矩阵 $\boldsymbol{B}$ 是矩阵 $\boldsymbol{A}$ 进行一次初等行变换得到的矩阵,而进行初等行变换的类型由初等矩阵 P 的类型来决定;若 $\boldsymbol{Q}$ 为初等矩阵,且有 $\boldsymbol{AQ} = \boldsymbol{B}$,则矩阵 $\boldsymbol{B}$ 是矩阵 $\boldsymbol{A}$ 进行一次初等列变换得到的矩阵,而进行初等列变换的类型由初等矩阵 Q 的类型来决定.

性质(2) 可以称为初等矩阵在某矩阵的“左行右列”法则.

例如,设 $\boldsymbol{P} = \begin{bmatrix} 1 & 0 & 0 \\ 0 & 1 & 0 \\ 0 & -5 & 1 \end{bmatrix}$,若 $\boldsymbol{PA} = \boldsymbol{B}$,则把矩阵 $\boldsymbol{A}$ 的第 2 行的(−5) 倍加到第 3 行后,就得到了矩阵 $\boldsymbol{B}$;若 $\boldsymbol{AP} = \boldsymbol{B}$,则把矩阵 $\boldsymbol{A}$ 的第 3 列的(−5) 倍加到第 2 列后,就得到了矩阵 $\boldsymbol{B}$.

(3)n 阶矩阵 $\boldsymbol{A}$ 可逆 $\Leftrightarrow \boldsymbol{A}$ 能表示成有限个初等矩阵的乘积.

(4) $|\boldsymbol{E}(i,j)| = -1$, $|\boldsymbol{E}[i(k)]| = k$, $|\boldsymbol{E}[i,j(k)]| = 1$.

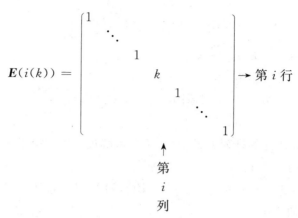

(5) $[\boldsymbol{E}(i,j)]^{-1}=\boldsymbol{E}(i,j),[\boldsymbol{E}(i(k))]^{-1}=\boldsymbol{E}\left[i\left(\frac{1}{k}\right)\right]$

$[\boldsymbol{E}(i,j(k))]^{-1}=\boldsymbol{E}[i,j(-k)]$

如$\begin{bmatrix}1&0&0\\0&1&0\\3&0&1\end{bmatrix}^{-1}=\begin{bmatrix}1&0&0\\0&1&0\\-3&0&1\end{bmatrix}$(原因在于行列式$|\boldsymbol{E}[i,j(k)]|=1$,所以逆矩阵和伴随矩阵相等了,因为伴随矩阵的排列方式变化,及在求解过程中多出了一个负号,所以效果就相当于在被加处多加了一个负号).

(6) $[\boldsymbol{E}(i,j)]^{\mathrm{T}}=\boldsymbol{E}(i,j),[\boldsymbol{E}(i(k))]^{\mathrm{T}}=\boldsymbol{E}[i(k)],[\boldsymbol{E}(i,j(k))]^{\mathrm{T}}=\boldsymbol{E}[i(k),j]$.

2.1.6.4 初等变换的应用

(1) 行阶梯形矩阵. 同时满足下列两个条件的矩阵称为行阶梯形矩阵:

① 如果有零行(元素全为零的行),则零行全部位于该矩阵的下方;

② 每个非零行的第一个非零元素前面零元素的个数随行数的增加而增加.

(2) 行最简形矩阵. 同时满足下列两个条件的行阶梯形矩阵称为行最简形矩阵:

① 每个非零行的第一个非零元素都为1;

② 每个非零行的第一个非零元素所在列的其他元素全为零.

【例2.8】将$\boldsymbol{A}=\begin{bmatrix}0&-1&1&1&2\\1&1&-2&1&4\\4&-6&2&-2&4\\3&6&-9&7&20\end{bmatrix}$化为行最简形矩阵,并指出其主元位置和主元列.

【解】第一步:因为矩阵$\boldsymbol{A}$的第1列不全为零,所以第1个主元列为第1列,主元位置为(1,1);又因为$a_{11}=0$,不能作为主元,因此选择第1列第2行的元素"1"作为主元. 由于主元"1"不在主元位置,需要用"交换行"的初等行变换将主元"1"交换到主元位置(1,1). 所作交换如下:

$$\boldsymbol{A}=\begin{bmatrix}\boxed{0}&-1&1&1&2\\1&1&-2&1&4\\4&-6&2&-2&4\\3&6&-9&7&20\end{bmatrix}\xrightarrow{r_1\leftrightarrow r_2}\begin{bmatrix}\boxed{1}&1&-2&1&4\\0&-1&1&1&2\\4&-6&2&-2&4\\3&6&-9&7&20\end{bmatrix}=\boldsymbol{B}.$$

上面的计算中用矩形方框标定的位置即为主元位置,下同.

第二步:在矩阵$\boldsymbol{B}$中,以(1,1)位置的元素"1"为主元,利用初等行变换中的"替换行"变换将主元列(第1列)中主元位置以下的元素"4","3"变为"0",即

$$\boldsymbol{B}\xrightarrow[r_3+(-4)r_1]{r_4+(-3)r_1}\begin{bmatrix}\boxed{1}&1&-2&1&4\\0&-1&1&1&2\\0&-10&10&-6&-12\\0&3&-3&4&8\end{bmatrix}=\boldsymbol{B}_1.$$

第三步：在矩阵 $\boldsymbol{B}_1$ 中忽略第 1 行，余下的子矩阵为 $\begin{bmatrix} 0 & \boxed{-1} & 1 & 1 & 2 \\ 0 & -10 & 10 & -6 & -12 \\ 0 & 3 & -3 & 4 & 8 \end{bmatrix}$. 其最左边的非零列是第 2 列，主元位置为(1,2)，在 $\boldsymbol{A}$ 中的位置为(2,2)，因为主元位置的元素不等于 0，可以选作主元，故选择"-1"作为主元. 作初等行变换，将 $\boldsymbol{A}$ 的主元列中主元位置(2,2)以下的元素"-10"，"3"变为"0". 计算过程如下：

$$\boldsymbol{B}_1 \xrightarrow[r_3+(-10)r_2]{r_4+3r_2} \begin{bmatrix} \boxed{1} & 1 & -2 & 1 & 4 \\ 0 & \boxed{-1} & 1 & 1 & 2 \\ 0 & 0 & 0 & -16 & -32 \\ 0 & 0 & 0 & 7 & 14 \end{bmatrix} = \boldsymbol{B}_2.$$

第四步：在矩阵 $\boldsymbol{B}_2$ 中，忽略第 1 行和第 2 行，余下的子矩阵为 $\begin{bmatrix} 0 & 0 & 0 & \boxed{-16} & -32 \\ 0 & 0 & 0 & 7 & 14 \end{bmatrix}$. 其最左边的非零列是第 4 列，主元位置为(1,4)，在 $\boldsymbol{A}$ 中的位置为(3,4)，选择"-16"作为主元. 作初等行变换，将 $\boldsymbol{A}$ 的主元列中主元位置(3,4)以下的元素"7"变为"0". 计算过程如下：

$$\boldsymbol{B}_2 \xrightarrow{r_4+\left(\frac{7}{16}\right)r_3} \begin{bmatrix} \boxed{1} & 1 & -2 & 1 & 4 \\ 0 & \boxed{-1} & 1 & 1 & 2 \\ 0 & 0 & 0 & \boxed{-16} & -32 \\ 0 & 0 & 0 & 0 & 0 \end{bmatrix} = \boldsymbol{B}_3,$$

至此，矩阵 $\boldsymbol{A}$ 已经变换成行阶梯形矩阵 $\boldsymbol{B}_3$. 正向阶段结束，下面进入后向阶段.

第五步：矩阵 $\boldsymbol{B}_3$ 中最右边的一个主元列为为第 4 列，主元位置为(3,4)，以该位置元素"-16"为主元，利用初等行变换将主元列(第 4 列)中第 1 行、第 2 行的元素"1"和"1"变为"0". 计算过程如下：

$$\boldsymbol{B}_3 \xrightarrow[r_1+\left(\frac{1}{16}\right)r_3]{r_2+\left(\frac{1}{16}\right)r_3} \begin{bmatrix} \boxed{1} & 1 & -2 & 0 & 2 \\ 0 & \boxed{-1} & 1 & 0 & 0 \\ 0 & 0 & 0 & \boxed{-16} & -32 \\ 0 & 0 & 0 & 0 & 0 \end{bmatrix} = \boldsymbol{B}_4.$$

第六步：以 $\boldsymbol{B}_4$ 中主元位置(2,2)处的元素"-1"为主元，利用初等行变换将主元列(第 2 列)中第 1 行的元素"1"变为"0". 计算过程如下：

$$\boldsymbol{B}_4 \xrightarrow{r_1+r_2} \begin{bmatrix} \boxed{1} & 0 & -1 & 0 & 2 \\ 0 & \boxed{-1} & 1 & 0 & 0 \\ 0 & 0 & 0 & \boxed{-16} & -32 \\ 0 & 0 & 0 & 0 & 0 \end{bmatrix} = \boldsymbol{B}_5.$$

第七步：利用“数乘行”变换将主元位置(2,2)，(3,4)的元素“-1”“-16”变为“1”. 计算过程如下：

$$B_5 \xrightarrow[(-1)r_2]{\left(-\frac{1}{16}\right)r_3} \begin{bmatrix} \boxed{1} & 0 & -1 & 0 & 2 \\ 0 & \boxed{1} & -1 & 0 & 0 \\ 0 & 0 & 0 & \boxed{1} & 2 \\ 0 & 0 & 0 & 0 & 0 \end{bmatrix} = B_6.$$

矩阵 B_6 即为与矩阵 A 行等价的行最简形矩阵，矩阵 A 的主元位置分别为(1,1)，(2,2)，(3,4)，主元列为第 1,2,4 列.

前面的消元法可以称为“向下消元”，因为是上面的方程不动，将其下面的方程中的元消去.

注 矩阵在进行初等行、列变换时，左边矩阵和右边矩阵之间只能用箭头“→”，切记不要用等号“=”，因为经过初等行、列变换后，左边矩阵和右边矩阵一般是不相等的. 这是初学者容易犯的书写错误.

在行最简形矩阵中，一般说来，将非零行的首非零元素对应的未知量 x_1，x_2 和 x_3 作为先导未知量，而其余未知量 x_4 是自由未知量.

不存在自由未知量，这时该线性方程组只有唯一一个解. 存在自由未知量，在线性方程组有解的条件下会有无数多个解.

为了得出一个矩阵的行最简形矩阵，只需在其行阶梯形矩阵中，采用“向上消元”即可. 下面结合线性方程组给出较详细的过程.

行阶梯形矩阵 $\left(\begin{array}{cccc:c} 1 & -1 & 1 & 0 & -1 \\ 0 & 1 & -2 & 2 & 1 \\ 0 & 0 & -2 & 1 & 0 \end{array}\right)$，对应的同解线性方程组为

$$\begin{cases} x_1 - x_2 + x_3 = -1, \\ x_2 - 2x_3 + 2x_4 = 1, \\ -2x_3 + x_4 = 0. \end{cases}$$

保持线性方程组的第 3 个方程中的未知量 x_3 不变，将第 2 个方程和第 1 个方程中的 x_3 消去. 这种消元过程就是“向上”消元，因为是下面的方程不动，将其上面的方程中的元消去.

消元的过程是比较灵活的. 如在线性方程组中，可以将其第 3 个方程乘以 -1 加在第 2 个方程，将第 2 个方程中的 x_3 消去；为了将第 1 个方程中的 x_3 消去，可以将第 3 个方程两边先乘以 $-\frac{1}{2}$，在将第 3 个方程乘以 -1 加在第 1 个方程，将第 1 个方程中的 x_3 消去. 借助于增广矩阵，该部分消元过程为：

$$\left(\begin{array}{cccc:c} 1 & -1 & 1 & 0 & -1 \\ 0 & 1 & -2 & 2 & 1 \\ 0 & 0 & -2 & 1 & 0 \end{array}\right) \xrightarrow{-1r_3 + r_2} \left(\begin{array}{cccc:c} 1 & -1 & 1 & 0 & -1 \\ 0 & 1 & 0 & 1 & 1 \\ 0 & 0 & -2 & 1 & 0 \end{array}\right) \xrightarrow{-\frac{1}{2}r_3}$$

$$\left(\begin{array}{cccc:c}1 & -1 & 1 & 0 & -1\\ 0 & 1 & 0 & 1 & 1\\ 0 & 0 & 1 & -\frac{1}{2} & 0\end{array}\right)\xrightarrow{-1r_3+r_1}\left(\begin{array}{cccc:c}1 & -1 & 0 & \frac{1}{2} & -1\\ 0 & 1 & 0 & 1 & 1\\ 0 & 0 & 1 & -\frac{1}{2} & 0\end{array}\right).$$

向上消元再继续进行下去.行阶梯形矩阵 $\left(\begin{array}{cccc:c}1 & -1 & 0 & \frac{1}{2} & -1\\ 0 & 1 & 0 & 1 & 1\\ 0 & 0 & 1 & -\frac{1}{2} & 0\end{array}\right)$,对应的同解线性方程组为 $\begin{cases}x_1-x_2+\frac{1}{2}x_4=-1,\\ x_2+x_4=1,\\ x_3-\frac{1}{2}x_4=0.\end{cases}$

保持线性方程组的第 2 个方程中的未知量 x_2 不变,将第 1 个方程中的 x_2 消去,有

$$\left(\begin{array}{cccc:c}1 & -1 & 0 & \frac{1}{2} & -1\\ 0 & 1 & 0 & 1 & 1\\ 0 & 0 & 1 & -\frac{1}{2} & 0\end{array}\right)\xrightarrow{1r_2+r_1}\left(\begin{array}{cccc:c}1 & 0 & 0 & \frac{3}{2} & 0\\ 0 & 1 & 0 & 1 & 1\\ 0 & 0 & 1 & -\frac{1}{2} & 0\end{array}\right).$$

这时得到的行阶梯形矩阵 $\left(\begin{array}{cccc:c}1 & 0 & 0 & \frac{3}{2} & 0\\ 0 & 1 & 0 & 1 & 1\\ 0 & 0 & 1 & -\frac{1}{2} & 0\end{array}\right)$,就是增广矩阵 $\boldsymbol{B}$ 的行最简形矩阵.

2.1.7　矩阵的秩

定义 2.1.7.1　若矩阵 $\boldsymbol{A}$ 的某一个 k 阶子式不等于零,且它是矩阵 $\boldsymbol{A}$ 的最高阶非零子式,则秩 $r(\boldsymbol{A})=k$.

注 矩阵秩的定义有很多种等价形式,这里的定义是其中之一.

(1) 矩阵秩的求法.

$\boldsymbol{A}\xrightarrow{\text{初等变换}}\boldsymbol{B}$(行阶梯矩阵),则 $r(\boldsymbol{A})=r(\boldsymbol{B})=\boldsymbol{B}$ 的非零行数.

(2) 满秩矩阵.若 n 阶方阵 $\boldsymbol{A}$ 的秩为 n,则称矩阵 $\boldsymbol{A}$ 为满秩矩阵.$\boldsymbol{A}$ 是可逆矩阵 $\Leftrightarrow\boldsymbol{A}$ 是满秩矩阵 $\Leftrightarrow\boldsymbol{A}$ 是非奇异矩阵.

(3) 矩阵的标准形.若 $m\times n$ 矩阵 $\boldsymbol{A}$ 的秩为 r,则 $\boldsymbol{A}$ 总可以通过有限次初等变换化为 $\begin{bmatrix}\boldsymbol{E}_r & 0\\ 0 & 0\end{bmatrix}$,该矩阵称为矩阵 $\boldsymbol{A}$ 的标准形.

矩阵的初等行、列变换在求矩阵的标准形时可以混用.

$$\begin{pmatrix}1&1&2&1\\0&-3&-2&2\\0&0&1&2\\0&0&0&0\end{pmatrix}\xrightarrow[-1c_1+c_4]{\substack{-1c_1+c_2\\-2c_1+c_3}}\begin{pmatrix}1&0&0&0\\0&-3&-2&2\\0&0&1&2\\0&0&0&0\end{pmatrix}\xrightarrow{2r_3+r_2}$$

$$\begin{pmatrix}1&0&0&0\\0&-3&0&6\\0&0&1&2\\0&0&0&0\end{pmatrix}\xrightarrow{-\frac{1}{3}c_2}\begin{pmatrix}1&0&0&0\\0&1&0&6\\0&0&1&2\\0&0&0&0\end{pmatrix}\xrightarrow[-2c_3+c_4]{-6c_2+c_4}\begin{pmatrix}1&0&0&0\\0&1&0&0\\0&0&1&0\\0&0&0&0\end{pmatrix}.$$

在熟练矩阵这种初等行、列变换以后，可以省略箭头上方(或下方)的理由.

2.1.8 矩阵的等价

定义 2.1.8.1 矩阵 $\boldsymbol{A}$ 与矩阵 $\boldsymbol{B}$ 等价 $\Leftrightarrow \boldsymbol{A}\xrightarrow{\text{初等变换}}\boldsymbol{B}$，即若一个矩阵 $\boldsymbol{A}$ 经若干次初等变换得到矩阵 $\boldsymbol{B}$，则称矩阵 $\boldsymbol{A}$ 与 $\boldsymbol{B}$ 等价，记为 $\boldsymbol{A}\cong\boldsymbol{B}$.

矩阵等价的等式描述：$m\times n$ 矩阵 $\boldsymbol{A}$ 和 $\boldsymbol{B}$ 等价 $\Leftrightarrow$ 存在 m 阶可逆矩阵 $\boldsymbol{P}$ 和 n 阶可逆矩阵 $\boldsymbol{Q}$，使得 $\boldsymbol{PAQ}=\boldsymbol{B}$.

两个矩阵等价，则 $m\times n$ 矩阵 $\boldsymbol{A}$ 和 $\boldsymbol{B}$ 等价 $\Leftrightarrow r(\boldsymbol{A})=r(\boldsymbol{B})$.

有如下性质：

(1) 反身性：$\boldsymbol{A}$ 与 $\boldsymbol{A}$ 等价.

(2) 对称性：若 $\boldsymbol{A}$ 与 $\boldsymbol{B}$ 等价，则 $\boldsymbol{B}$ 也与 $\boldsymbol{A}$ 等价.

(3) 传递性：若 $\boldsymbol{A}$ 与 $\boldsymbol{B}$ 等价，且 $\boldsymbol{B}$ 与 $\boldsymbol{C}$ 等价，则 $\boldsymbol{A}$ 也与 $\boldsymbol{C}$ 等价.

(4) 可逆矩阵必与单位矩阵 $\boldsymbol{E}$ 等价.

①n 阶方阵 $\boldsymbol{A}$ 可逆 $\Leftrightarrow \boldsymbol{A}$ 与 $\boldsymbol{E}$ 等价.

② 若 $\boldsymbol{A}$ 和 $\boldsymbol{B}$ 都为 n 阶可逆矩阵，则 $\boldsymbol{A}$ 与 $\boldsymbol{B}$ 等价.

2.2 必背结论

2.2.1 矩阵运算及规律

本章最大的特点就是各种公式要背，矩阵是一种数学工具，我们在定义它的时候自然也后天附加了各种限制条件和使用范围，同时由于矩阵运算的公式繁多，考生不好记忆，因此为了方便理解和记忆，本节把矩阵运算分为加法运算、数乘运算、乘法运算、幂运算、转置运算、逆运算、伴随运算、行列式运算八种，这八种运算之间又存在大量的运算公式.

2.2.1.1 矩阵运算

(1) 加法运算. 设 $\boldsymbol{A}$、$\boldsymbol{B}$、$\boldsymbol{C}$ 为同型矩阵，则有 $\boldsymbol{A}+\boldsymbol{B}=\boldsymbol{B}+\boldsymbol{A}$，$(\boldsymbol{A}+\boldsymbol{B})+\boldsymbol{C}=\boldsymbol{A}+(\boldsymbol{B}+\boldsymbol{C})$.

(2) 数乘运算. 设 $\boldsymbol{A}$、$\boldsymbol{B}$ 为同型矩阵，k、l 为数，则有

$$k(\boldsymbol{A}+\boldsymbol{B})=k\boldsymbol{A}+k\boldsymbol{B},\ (k+l)\boldsymbol{A}=k\boldsymbol{A}+l\boldsymbol{A},\ (kl)\boldsymbol{A}=k(l\boldsymbol{A}).$$

(3) 乘法运算. 以下矩阵的乘法运算、加法运算都是可行的：$\boldsymbol{A}(\boldsymbol{B}+\boldsymbol{C})=\boldsymbol{AB}+\boldsymbol{AC}$，$(\boldsymbol{B}+\boldsymbol{C})\boldsymbol{A}=\boldsymbol{BA}+\boldsymbol{CA}$，$k(\boldsymbol{AB})=(k\boldsymbol{A})\boldsymbol{B}=\boldsymbol{A}(k\boldsymbol{B})$(其中 k 为数)，$(\boldsymbol{AB})\boldsymbol{C}=\boldsymbol{A}(\boldsymbol{BC})$，$\boldsymbol{AE}=\boldsymbol{EA}=\boldsymbol{A}$.

(4) 幂运算. 设 $\boldsymbol{A}$ 为 n 阶方阵，$\boldsymbol{E}$ 为 n 阶单位矩阵，k、l 为数，则有 $(\boldsymbol{E}+\boldsymbol{A})^k=\boldsymbol{E}+C_k^1\boldsymbol{A}+$

$C_k^2A^2+\cdots+C_k^kA^k$（矩阵的二项式定理），$(kA)^l=k^lA^l$，$A^kA^l=A^{k+l}$，$(A^k)^l=A^{kl}$.

设 A 为 $m\times n$ 矩阵，B 为 $n\times m$ 矩阵，则有 $(AB)^k=A(BA)^{k-1}B$.

考生要熟练掌握以下结论：

① 设 α、β 均为 n 维列向量，则有 $(\alpha\beta^T)^k=(\beta^T\alpha)^{k-1}(\alpha\beta^T)$.

② 若 $r(A_n)=1$，则 A 一定可以分解成两个矩阵之乘积：$A=\alpha\beta^T$，其中 α、β 均为 n 维列向量，于是有 $(A)^k=(\beta^T\alpha)^{k-1}A=[tr(A)]^{k-1}A$.

(5) 转置运算. $(A+B)^T=A^T+B^T$，$(kA)^T=kA^T$，$(AB)^T=B^TA^T$，$(A^k)^T=(A^T)^k$，$(A^T)^T=A$.

(6) 逆运算. 设 A、B 为同阶可逆矩阵，则有：

①$(kA)^{-1}=k^{-1}A^{-1}(k\neq 0)$，$(AB)^{-1}=B^{-1}A^{-1}$，$(A^k)^{-1}=(A^{-1})^k$，$(A^T)^{-1}=(A^{-1})^T$，$(A^{-1})^{-1}=A$，

② $$\begin{bmatrix}a_1&&&\\&a_2&&\\&&\ddots&\\&&&a_n\end{bmatrix}^{-1}=\begin{bmatrix}a_1^{-1}&&&\\&a_2^{-1}&&\\&&\ddots&\\&&&a_n^{-1}\end{bmatrix},\begin{bmatrix}&&&a_1\\&&a_2&\\&\iddots&&\\a_n&&&\end{bmatrix}^{-1}=\begin{bmatrix}&&&a_n^{-1}\\&&\iddots&\\&a_2^{-1}&&\\a_1^{-1}&&&\end{bmatrix}.$$

(7) 伴随运算：

$$AA^*=A^*A=|A|E$$

在第一章行列式按行按列展开定理及推论中给出了公式 $AA^*=A^*A=|A|E$ 的简要证明，该公式是伴随矩阵最重要的公式，用它可以推导出与伴随矩阵相关的其他公式.

$A^*=|A|A^{-1}$，$A^{-1}=\dfrac{1}{|A|}A^*$（设矩阵 A 可逆），$(kA)^*=k^{n-1}A^*$（设 A 为 $n(n\geqslant 2)$ 阶方阵，k 为实数），$(AB)^*=B^*A^*$，$(A^k)^*=(A^*)^k$，$(A^T)^*=(A^*)^T$，$(A^{-1})^*=(A^*)^{-1}=\dfrac{A}{|A|}$（设矩阵 A 可逆），$(A^*)^*=|A|^{n-2}A$（设 A 为 $n(n\geqslant 2)$ 阶方阵）.

(8) 矩阵取行列式运算. 设 A 为 n 阶方阵，k 为数，则有 $|kA|=k^n|A|$，$|AB|=|A||B|$，$|A^k|=|A|^k$，$|A^T|=|A|$，$|A^{-1}|=|A|^{-1}$（设矩阵 A 可逆），$|A^*|=|A|^{n-1}$（设 A 为 $n(n\geqslant 2)$ 阶方阵）.

2.2.1.2　n 阶矩阵运算规律特点归纳

(1) 上标运算任意换. 矩阵的上标运算有：转置运算“T”、幂运算“k”、伴随运算“*”和逆运算“-1”. 其中任意两个上标交换运算顺序后，运算结果不变，即 $(A^\alpha)^\beta=(A^\beta)^\alpha$，其中 α、β 分别代表不同的上标运算. 例如：$(A^{-1})^*=(A^*)^{-1}=\dfrac{A}{|A|}$，$(A^T)^{-1}=(A^{-1})^T$，…

(2) 脱去括号位置换. $(AB)^T=B^TA^T$，$(AB)^{-1}=B^{-1}A^{-1}$（若 A、B 都为可逆矩阵），$(AB)^*=B^*A^*$（A、B 为同阶方阵）.

2.2.2　分块矩阵

要熟练掌握分块对角矩阵和分块副对角矩阵的相关公式. 在讨论矩阵的各种运算时，遇到行数、列数较大的矩阵，可以考虑使用矩阵的分块技巧. 通过分块，将大矩阵转换为小矩阵

进行处理.同时,灵活运用矩阵的分块技巧,可使得对某些问题的讨论变得简单.

(1) 一般运算规则.对矩阵进行适当分块处理,有如下运算公式:

$$\begin{bmatrix}\boldsymbol{A}_1 & \boldsymbol{A}_2\\ \boldsymbol{A}_3 & \boldsymbol{A}_4\end{bmatrix}+\begin{bmatrix}\boldsymbol{B}_1 & \boldsymbol{B}_2\\ \boldsymbol{B}_3 & \boldsymbol{B}_4\end{bmatrix}=\begin{bmatrix}\boldsymbol{A}_1+\boldsymbol{B}_1 & \boldsymbol{A}_2+\boldsymbol{B}_2\\ \boldsymbol{A}_3+\boldsymbol{B}_3 & \boldsymbol{A}_4+\boldsymbol{B}_4\end{bmatrix}\text{(设所有加法可行)},$$

$$\begin{bmatrix}\boldsymbol{A} & \boldsymbol{B}\\ \boldsymbol{C} & \boldsymbol{D}\end{bmatrix}\begin{bmatrix}\boldsymbol{X} & \boldsymbol{Y}\\ \boldsymbol{Z} & \boldsymbol{W}\end{bmatrix}=\begin{bmatrix}\boldsymbol{AX}+\boldsymbol{BZ} & \boldsymbol{AY}+\boldsymbol{BW}\\ \boldsymbol{CX}+\boldsymbol{DZ} & \boldsymbol{CY}+\boldsymbol{DW}\end{bmatrix}\text{(设所有乘法可行)},$$

$$\begin{bmatrix}\boldsymbol{A} & \boldsymbol{B}\\ \boldsymbol{C} & \boldsymbol{D}\end{bmatrix}^{\mathrm{T}}=\begin{bmatrix}\boldsymbol{A}^{\mathrm{T}} & \boldsymbol{C}^{\mathrm{T}}\\ \boldsymbol{B}^{\mathrm{T}} & \boldsymbol{D}^{\mathrm{T}}\end{bmatrix}\text{(不仅对子块的元素转置,而且子块的位置也要转置)}.$$

(2) 分块对角矩阵.

① $\begin{bmatrix}\boldsymbol{A}_1 & & & \\ & \boldsymbol{A}_2 & & \\ & & \ddots & \\ & & & \boldsymbol{A}_n\end{bmatrix}\begin{bmatrix}\boldsymbol{B}_1 & & & \\ & \boldsymbol{B}_2 & & \\ & & \ddots & \\ & & & \boldsymbol{B}_n\end{bmatrix}=\begin{bmatrix}\boldsymbol{A}_1\boldsymbol{B}_1 & & & \\ & \boldsymbol{A}_2\boldsymbol{B}_2 & & \\ & & \ddots & \\ & & & \boldsymbol{A}_n\boldsymbol{B}_n\end{bmatrix}$,其中 $\boldsymbol{A}_i$、$\boldsymbol{B}_i$($i=1,2,\cdots,n$)均为同阶方阵.

② $\begin{bmatrix}\boldsymbol{A}_1 & & & \\ & \boldsymbol{A}_2 & & \\ & & \ddots & \\ & & & \boldsymbol{A}_n\end{bmatrix}^k=\begin{bmatrix}\boldsymbol{A}_1^k & & & \\ & \boldsymbol{A}_2^k & & \\ & & \ddots & \\ & & & \boldsymbol{A}_n^k\end{bmatrix}$

③ $\begin{bmatrix}\boldsymbol{A}_1 & & & \\ & \boldsymbol{A}_2 & & \\ & & \ddots & \\ & & & \boldsymbol{A}_n\end{bmatrix}^{-1}=\begin{bmatrix}\boldsymbol{A}_1^{-1} & & & \\ & \boldsymbol{A}_2^{-1} & & \\ & & \ddots & \\ & & & \boldsymbol{A}_n^{-1}\end{bmatrix}$(设 $\boldsymbol{A}_i$($i=1,2,\cdots,n$)为可逆方阵)

④ $\begin{bmatrix} & & & \boldsymbol{A}_1\\ & & \boldsymbol{A}_2 & \\ & \iddots & & \\ \boldsymbol{A}_n & & & \end{bmatrix}^{-1}=\begin{bmatrix} & & & \boldsymbol{A}_n^{-1}\\ & & \iddots & \\ & \boldsymbol{A}_2^{-1} & & \\ \boldsymbol{A}_1^{-1} & & & \end{bmatrix}$(设 $\boldsymbol{A}_i$($i=1,2,\cdots,n$)为可逆方阵,不仅对子块求逆,而且子块的位置要颠倒排列).

⑤ 设 $\boldsymbol{A}=\begin{bmatrix}\boldsymbol{A}_1 & & & \\ & \boldsymbol{A}_2 & & \\ & & \ddots & \\ & & & \boldsymbol{A}_n\end{bmatrix}$,则 $|\boldsymbol{A}|=\begin{vmatrix}\boldsymbol{A}_1 & & & \\ & \boldsymbol{A}_2 & & \\ & & \ddots & \\ & & & \boldsymbol{A}_n\end{vmatrix}=|\boldsymbol{A}_1||\boldsymbol{A}_2|\cdots|\boldsymbol{A}_n|$

⑥ 矩阵相乘与按列分块.设 $\boldsymbol{A}$ 为 $m\times s$ 矩阵,$\boldsymbol{B}$ 为 $s\times n$ 矩阵,把矩阵 $\boldsymbol{B}$ 按列分块,则乘积 $\boldsymbol{AB}$ 可以写为 $\boldsymbol{AB}=\boldsymbol{A}(\boldsymbol{b}_1,\boldsymbol{b}_2,\cdots,\boldsymbol{b}_n)=(\boldsymbol{Ab}_1,\boldsymbol{Ab}_2,\cdots,\boldsymbol{Ab}_n)$,其中 $\boldsymbol{b}_i$ 是矩阵 $\boldsymbol{B}$ 的第 i 列.

2.2.3 矩阵秩必背结论总结

秩是线性代数中一个非常重要的概念,考生一定要把矩阵的秩、向量组的秩及线性方程

组 $\boldsymbol{Ax}=\boldsymbol{0}$ 的解联系起来复习.

求具体矩阵 $\boldsymbol{A}$ 秩的方法：对矩阵 $\boldsymbol{A}$ 进行初等行变换，把 $\boldsymbol{A}$ 变为行阶梯矩阵 $\boldsymbol{B}$，那么 $\boldsymbol{B}$ 的非零行数即为矩阵 $\boldsymbol{A}$ 的秩. 以下结论中的(15) 和(16) 即为该方法的理论依据.

(1)$\boldsymbol{A}=\boldsymbol{0}\Leftrightarrow r(\boldsymbol{A})=0$；$\boldsymbol{A}\neq\boldsymbol{0}\Leftrightarrow r(\boldsymbol{A})>0$. 说明秩是非负的.

(2) 若 $\boldsymbol{A}$ 为 $m\times n$ 矩阵，则 $0\leqslant r(\boldsymbol{A})\leqslant\min(m,n)$. 说明矩阵的秩不能超过其“尺寸”.

(3)$r(\boldsymbol{A}\pm\boldsymbol{B})\leqslant r(\boldsymbol{A})+r(\boldsymbol{B})$. 可以用和的极大无关组来证明.

(4)$r(k\boldsymbol{A})=r(\boldsymbol{A}),(k\neq 0)$.

(5)$r(\boldsymbol{A})=r(\boldsymbol{A}^{\mathrm{T}})=r(\boldsymbol{A}\boldsymbol{A}^{\mathrm{T}})=r(\boldsymbol{A}^{\mathrm{T}}\boldsymbol{A})$. 可以根据方程组同解来证明.

(6)$r(\boldsymbol{AB})\leqslant\min[r(\boldsymbol{A}),r(\boldsymbol{B})]$. 说明矩阵越乘秩越小(其中“小” 的意思是小于等于).

(7) 若 $\boldsymbol{P}$、$\boldsymbol{Q}$ 为可逆矩阵，则 $r(\boldsymbol{PA})=r(\boldsymbol{AQ})=r(\boldsymbol{PAQ})=r(\boldsymbol{A})$. 说明乘可逆矩阵不改变原矩阵的秩.

(8) 若 $\boldsymbol{P}$ 列满秩，则 $r(\boldsymbol{PA})=r(\boldsymbol{A})$.

(9) 若 $\boldsymbol{Q}$ 行满秩，则 $r(\boldsymbol{AQ})=r(\boldsymbol{A})$.

(10)$\max[r(\boldsymbol{A}),r(\boldsymbol{B})]\leqslant r([\boldsymbol{A},\boldsymbol{B}])\leqslant r(\boldsymbol{A})+r(\boldsymbol{B})$. 可以用和的极大无关组来证明. 说明矩阵的秩不小于其子矩阵的秩.

(11)n 阶方阵 $\boldsymbol{A}$ 可逆 $\Leftrightarrow r(\boldsymbol{A})=n$.

(12) 设 $\boldsymbol{A}$ 为 n 阶方阵，$|\boldsymbol{A}|\neq 0\Leftrightarrow r(\boldsymbol{A})=n$.

(13) 设 $\boldsymbol{A}$ 为 n 阶方阵，$|\boldsymbol{A}|=0\Leftrightarrow r(\boldsymbol{A})<n$.

(14)$\boldsymbol{A}$ 为 $n(n\geqslant 2)$阶方阵，$\boldsymbol{A}^*$ 为 $\boldsymbol{A}$ 的伴随矩阵，则 $r(\boldsymbol{A}^*)=\begin{cases}n, & r(\boldsymbol{A})=n\\ 1, & r(\boldsymbol{A})=n-1.\\ 0, & r(\boldsymbol{A})<n-1\end{cases}$

(15) 若矩阵 $\boldsymbol{A}$ 与 $\boldsymbol{B}$ 等价，则 $r(\boldsymbol{A})=r(\boldsymbol{B})$.

(16) 若 $\boldsymbol{A}$ 为行阶梯矩阵，则 $r(\boldsymbol{A})=\boldsymbol{A}$ 的非零行数.

(17) 若 $\boldsymbol{A}$ 为 $m\times s$ 矩阵，$\boldsymbol{B}$ 为 $s\times n$ 矩阵，且 $\boldsymbol{AB}=\boldsymbol{0}$，则 $r(\boldsymbol{A})+r(\boldsymbol{B})\leqslant s$. 可以根据 $\boldsymbol{B}$ 的每个列向量是方程组 $\boldsymbol{Ax}=\boldsymbol{0}$ 的解来证明.

(18)$r(\boldsymbol{A}_n)=1\Leftrightarrow$ 存在非零列向量 $\boldsymbol{\alpha}$、$\boldsymbol{\beta}$，使得 $\boldsymbol{A}_n=\boldsymbol{\alpha}\boldsymbol{\beta}^{\mathrm{T}}$.

2.3　易错易混问题

2.3.1　易错问题

矩阵运算中存在很多易错的问题，归纳如下：

(1) 关于矩阵的加法运算，在一般情况下：$(\boldsymbol{A}+\boldsymbol{B})^*\neq\boldsymbol{A}^*+\boldsymbol{B}^*$，$(\boldsymbol{A}+\boldsymbol{B})^{-1}\neq\boldsymbol{A}^{-1}+\boldsymbol{B}^{-1}$，$|\boldsymbol{A}+\boldsymbol{B}|\neq|\boldsymbol{A}|+|\boldsymbol{B}|$.

除了公式 $(\boldsymbol{A}+\boldsymbol{B})^{\mathrm{T}}=\boldsymbol{A}^{\mathrm{T}}+\boldsymbol{B}^{\mathrm{T}}$ 以外，在一般情况下，矩阵的加法与上标运算之间没有公式.

(2) 矩阵乘法一般不满足交换律，于是，在一般情况下：$\boldsymbol{AB}\neq\boldsymbol{BA}$，$(\boldsymbol{A}+\boldsymbol{B})^2\neq\boldsymbol{A}^2+2\boldsymbol{AB}+\boldsymbol{B}^2$，$(\boldsymbol{A}+\boldsymbol{B})(\boldsymbol{A}-\boldsymbol{B})\neq\boldsymbol{A}^2-\boldsymbol{B}^2$，$(\boldsymbol{AB})^k\neq\boldsymbol{A}^k\boldsymbol{B}^k$，$(\boldsymbol{AB})^k\neq\boldsymbol{B}^k\boldsymbol{A}^k$. 但由于 $\boldsymbol{AE}=\boldsymbol{EA}=\boldsymbol{A}$，所

以下列公式成立：$(\boldsymbol{A}\pm\boldsymbol{E})^2=\boldsymbol{A}^2\pm2\boldsymbol{A}+\boldsymbol{E}$，$\boldsymbol{A}^2-\boldsymbol{E}=(\boldsymbol{A}+\boldsymbol{E})(\boldsymbol{A}-\boldsymbol{E})$，$(\boldsymbol{A}\pm\boldsymbol{E})^3=\boldsymbol{A}^3\pm3\boldsymbol{A}^2+3\boldsymbol{A}\pm\boldsymbol{E}$，$\boldsymbol{A}^3\pm\boldsymbol{E}=(\boldsymbol{A}\pm\boldsymbol{E})(\boldsymbol{A}^2\mp\boldsymbol{A}+\boldsymbol{E})$.

考生应掌握乘法可交换的特殊方阵：

①$\boldsymbol{A}$ 与 $\boldsymbol{0}$ 可交换；

②$\boldsymbol{A}$ 与 $\boldsymbol{E}$ 可交换；

③$\boldsymbol{A}$ 与 $k\boldsymbol{E}$ 可交换；

④$\boldsymbol{A}$ 与 $\boldsymbol{A}^*$ 可交换；

⑤$\boldsymbol{A}$ 与 $\boldsymbol{A}^{-1}$ 可交换；

⑥ 若 $\boldsymbol{A}$、$\boldsymbol{B}$ 都为同阶对角矩阵，则 $\boldsymbol{A}$ 与 $\boldsymbol{B}$ 可交换；

⑦ 若 $\boldsymbol{AB}=\boldsymbol{A}+\boldsymbol{B}$，则 $\boldsymbol{A}$ 与 $\boldsymbol{B}$ 可交换.

(3) 矩阵乘法不满足消去率，于是，在一般情况下，若 $\boldsymbol{AB}=\boldsymbol{AC}$，且 $\boldsymbol{A}\neq\boldsymbol{0}$，但不能得到 $\boldsymbol{B}=\boldsymbol{C}$.

要说明一个命题是正确的，需要加以证明，但要说明一个命题不正确，只需找到一个反例即可.

例如 $\boldsymbol{A}=\begin{bmatrix}1&2\\3&6\end{bmatrix}$，$\boldsymbol{B}=\begin{bmatrix}2&3\\-1&1\end{bmatrix}$，$\boldsymbol{C}=\begin{bmatrix}-6&1\\3&2\end{bmatrix}$，虽然有 $\boldsymbol{AB}=\boldsymbol{AC}$，但 $\boldsymbol{B}\neq\boldsymbol{C}$. 但以下命题是正确的：

命题 1　若 $\boldsymbol{AB}=\boldsymbol{AC}$，且 $\boldsymbol{A}$ 为可逆矩阵，则 $\boldsymbol{B}=\boldsymbol{C}$.

【证明】等式 $\boldsymbol{AB}=\boldsymbol{AC}$ 两边同时左乘 $\boldsymbol{A}^{-1}$，则有 $\boldsymbol{B}=\boldsymbol{C}$，命题得证.

命题 2　若 $\boldsymbol{AB}=\boldsymbol{AC}$，且 $\boldsymbol{A}$ 列满秩，则 $\boldsymbol{B}=\boldsymbol{C}$.

【证明】$\boldsymbol{AB}=\boldsymbol{AC}$，则有 $\boldsymbol{A}(\boldsymbol{B}-\boldsymbol{C})=\boldsymbol{0}$，由于 $\boldsymbol{A}$ 列满秩，则齐次线性方程组 $\boldsymbol{Ax}=\boldsymbol{0}$ 只有零解，故 $\boldsymbol{B}-\boldsymbol{C}=\boldsymbol{0}$，则 $\boldsymbol{B}=\boldsymbol{C}$，命题得证.

(4) 若 $\boldsymbol{AB}=\boldsymbol{0}$，则不能得到 $\boldsymbol{A}=\boldsymbol{0}$ 或 $\boldsymbol{B}=\boldsymbol{0}$. 例如，$\boldsymbol{A}=\begin{bmatrix}1&1\\-2&-2\end{bmatrix}$，$\boldsymbol{B}=\begin{bmatrix}1&-1\\-1&1\end{bmatrix}$，虽然 $\boldsymbol{A}\neq\boldsymbol{0}$，$\boldsymbol{B}\neq\boldsymbol{0}$，但 $\boldsymbol{AB}=\boldsymbol{0}$.

同理，若 $\boldsymbol{A}^2=\boldsymbol{0}$，不能得到 $\boldsymbol{A}=\boldsymbol{0}$. 例如，$\boldsymbol{A}=\begin{bmatrix}0&1\\0&0\end{bmatrix}$，$\boldsymbol{A}^2=\boldsymbol{0}$，但 $\boldsymbol{A}\neq\boldsymbol{0}$.

但以下类似的命题是正确的：

命题 1　若 $\boldsymbol{AB}=\boldsymbol{0}$，且 $\boldsymbol{A}$ 为可逆方阵，则有 $\boldsymbol{B}=\boldsymbol{0}$.

【证明】等式 $\boldsymbol{AB}=\boldsymbol{0}$ 两边同时左乘 $\boldsymbol{A}^{-1}$，则有 $\boldsymbol{B}=\boldsymbol{0}$，命题得证.

命题 2　若 $\boldsymbol{AB}=\boldsymbol{0}$，且 $\boldsymbol{A}$ 列满秩，则有 $\boldsymbol{B}=\boldsymbol{0}$.

【证明】$\boldsymbol{A}$ 列满秩，则齐次线性方程组 $\boldsymbol{Ax}=\boldsymbol{0}$ 只有零解，故 $\boldsymbol{B}=\boldsymbol{0}$.

命题 3　若 $\boldsymbol{AB}=\boldsymbol{0}$，且 $\boldsymbol{B}$ 为可逆方阵，则有 $\boldsymbol{A}=\boldsymbol{0}$.

【证明】等式 $\boldsymbol{AB}=\boldsymbol{0}$ 两边同时右乘 $\boldsymbol{B}^{-1}$，则有 $\boldsymbol{A}=\boldsymbol{0}$，命题得证.

命题 4　若 $\boldsymbol{AB}=\boldsymbol{0}$，且 $\boldsymbol{B}$ 行满秩，则 $\boldsymbol{A}=\boldsymbol{0}$.

【证明】由于 $\boldsymbol{AB}=\boldsymbol{0}$，则 $\boldsymbol{B}^{\mathrm{T}}\boldsymbol{A}^{\mathrm{T}}=\boldsymbol{0}^{\mathrm{T}}$，$\boldsymbol{B}$ 行满秩，则 $\boldsymbol{B}^{\mathrm{T}}$ 列满秩，则方程组 $\boldsymbol{B}^{\mathrm{T}}\boldsymbol{x}=\boldsymbol{0}$ 只有零解，故

$A^T = A = 0$.

命题 5　若 $kA = 0$，则 $k = 0$ 或 $A = 0$（k 是数）.

命题 6　A 为 $m \times n$ 阶实矩阵，则 $A^TA = 0 \Leftrightarrow A = 0$.

【证明】 充分性：令 $(A^T)_{n\times m}A_{m\times n} = C_{n\times n} = 0$，设 $(A^T)_{n\times m}$ 的元素为 a_{ij} $(i = 1,2,\cdots,n; j = 1,2,\cdots m)$，则 $(A^T)_{n\times m}$ 第 i 行行向量为 $(a_{i1}, a_{i2}, \cdots, a_{im})$，因此 A 第 i 列的列向量为 $(a_{i1}, a_{i2}, \cdots, a_{im})^T$，所以 C 矩阵第 i 行第 i 列的元素 c_{ii} 等于 $A_{n\times m}^T$ 第 i 行行向量与 $A_{m\times n}$ 第 i 列列

$$c_{ii} = (a_{i1}, a_{i2}, \cdots, a_{im})\begin{pmatrix} a_{i1} \\ a_{i2} \\ \vdots \\ a_{im} \end{pmatrix} = a_{i1}^2 + a_{i2}^2 + \cdots + a_{in}^2$$ 向量的内积，即 $a_{i1}^2 + a_{i2}^2 + \cdots + a_{in}^2 = 0$，因为 $C_{n\times n} = 0$，所以 $a_{i1} = 0, a_{i2} = 0, \cdots, a_{in} = 0, (i = 1,2,\cdots,n)$，即 A 每个元素都为 0，因此 $A = 0$.

必要性：若 $A = 0$，则 $A^T = 0$，故 $A^TA = 0$.

(5) 若 A、B 为同阶可逆矩阵，不能得到矩阵 $(A+B)$ 可逆. 例如 $A = \begin{bmatrix} 1 & 0 \\ 0 & 1 \end{bmatrix}$，$B = \begin{bmatrix} -1 & 0 \\ 0 & -1 \end{bmatrix}$，显然 A、B 都可逆，但 $(A+B)$ 却是零矩阵，当然不可逆.

但以下命题是正确的：

命题 1　设 A、B 为同阶方阵，A、B 都可逆 $\Leftrightarrow AB$ 可逆.

【证明】 充分性：若 A、B 都可逆，有 $|A| \neq 0$，且 $|B| \neq 0$，则 $|A||B| = |AB| \neq 0$，即 AB 可逆.

必要性：若 AB 可逆，有 $|AB| = |A||B| \neq 0$，则 $|A| \neq 0$，且 $|B| \neq 0$，即 A、B 都可逆.

2.3.2　易混淆问题

(1) 矩阵与行列式的区别.

① 符号不同：行列式是一对竖杠，矩阵是一对方括号（或圆括号）.

② 本质不同：行列式的结果是一个数值，而矩阵代表的是一个数表.

③ 形状不同：行列式的行数与列数必须相等，矩阵的行数和列数不一定相等.

④ 数乘运算不同：数 k 乘行列式 D，结果为数 k 乘到行列式 D 的某一行（列）中；而数 k 乘矩阵 A，结果为数 k 乘到矩阵 A 的每一个元素上.

⑤ 若 $A = \begin{bmatrix} 1 & 2 \\ 3 & 4 \end{bmatrix}$，$B = \begin{bmatrix} 2 & 3 \\ 4 & 5 \end{bmatrix}$，显然 $A \neq B$，但有 $|A| = |B| = -2$.

(2) $A = 0$ 与 $|A| = 0$ 的区别.

矩阵本质上是一个数表，若 $A = 0$，即矩阵 A 的所有元素都为零，当然 $|A| = 0$ 也成立. 而行列式的计算结果是一个值，若 $|A| = 0$，未必有 $A = 0$，例如 $A = \begin{bmatrix} 1 & 3 \\ 2 & 6 \end{bmatrix}$，虽然 $|A| = 0$，

但 $\boldsymbol{A} \neq \boldsymbol{0}$.

(3)$k\boldsymbol{A}$ 与 $k|\boldsymbol{A}|$ 的区别.

$k|\boldsymbol{A}|$ 的结果是把 k 乘到行列式 $|\boldsymbol{A}|$ 中的某一行(列);而 $k\boldsymbol{A}$ 的结果是把 k 乘到矩阵中的所有元素上. 因此,若 $\boldsymbol{A}$ 为 n 阶矩阵,则有 $|k\boldsymbol{A}| = k^n|\boldsymbol{A}|$. 所以,在一般情况下,$|k\boldsymbol{A}| \neq k|\boldsymbol{A}|$,$|-\boldsymbol{A}| \neq -|\boldsymbol{A}|$. 只有当 n 为奇数时,才有 $|-\boldsymbol{A}| = -|\boldsymbol{A}|$.

(4)$\boldsymbol{A}^{-1}$ 与 $\boldsymbol{A}^*$ 的区别.

对于任意一个方阵 $\boldsymbol{A}$ 而言,可能存在逆矩阵 $\boldsymbol{A}^{-1}$,也可能不存在 $\boldsymbol{A}^{-1}$,但方阵 $\boldsymbol{A}$ 的伴随矩阵 $\boldsymbol{A}^*$ 却总是存在的. 若方阵 $\boldsymbol{A}$ 可逆,则有关系式 $\boldsymbol{A}^{-1} = \dfrac{\boldsymbol{A}^*}{|\boldsymbol{A}|}$ 或 $\boldsymbol{A}^* = |\boldsymbol{A}|\boldsymbol{A}^{-1}$,从式中可以看出,$\boldsymbol{A}^{-1}$ 和 $\boldsymbol{A}^*$ 是常数倍的关系,当常数 $|\boldsymbol{A}| = 1$ 时,$\boldsymbol{A}^{-1}$ 就与 $\boldsymbol{A}^*$ 完全相同了.

(5) 矩阵乘法的空间位置与时间顺序的区别.

矩阵的乘法运算不满足交换律,所以矩阵乘法运算的空间位置不能随意改变,但矩阵乘法运算的时间顺序可以自由选择. 例如,一般情况下,$\boldsymbol{ABC} \neq \boldsymbol{BCA}$,但总有

$$(\boldsymbol{AB})\boldsymbol{C} = \boldsymbol{A}(\boldsymbol{BC}),\boldsymbol{A}(\boldsymbol{B}+\boldsymbol{C}) = \boldsymbol{AB}+\boldsymbol{AC}.$$

所以有以下公式:

$$(\boldsymbol{AB})^k = \boldsymbol{A}(\boldsymbol{BA})^{k-1}\boldsymbol{B},\ \boldsymbol{A}^{-1}(\boldsymbol{AB}+\boldsymbol{E}) = \boldsymbol{B}+\boldsymbol{A}^{-1} = (\boldsymbol{BA}+\boldsymbol{E})\boldsymbol{A}^{-1},$$

$$\boldsymbol{A}(\boldsymbol{BA}+\boldsymbol{E}) = \boldsymbol{ABA}+\boldsymbol{A} = (\boldsymbol{AB}+\boldsymbol{E})\boldsymbol{A},\ \boldsymbol{A}(\boldsymbol{A}+\boldsymbol{E}) = \boldsymbol{A}^2+\boldsymbol{A} = (\boldsymbol{A}+\boldsymbol{E})\boldsymbol{A}.$$

很多矩阵的运算公式及运算技巧实质上都是通过改变运算的时间顺序来实现的.

2.4 题型分析

题型 1 方阵的幂

【例 2.9】 设 $\boldsymbol{A} = \begin{bmatrix} 2 & 0 & 2 \\ 0 & 3 & 0 \\ 2 & 0 & 2 \end{bmatrix}$,则 $\boldsymbol{A}^n =$ ________.(n 为正整数)

【分析】 先求出 $\boldsymbol{A}^2$、$\boldsymbol{A}^3$、… 找出规律,再加以证明

【解】 当 $n = 2$ 时,$\boldsymbol{A}^2 = \begin{bmatrix} 8 & 0 & 8 \\ 0 & 9 & 0 \\ 8 & 0 & 8 \end{bmatrix}$;当 $n = 3$ 时,$\boldsymbol{A}^3 = \begin{bmatrix} 32 & 0 & 32 \\ 0 & 27 & 0 \\ 32 & 0 & 32 \end{bmatrix}$;

当 $n = 4$ 时,$\boldsymbol{A}^4 = \begin{bmatrix} 128 & 0 & 128 \\ 0 & 81 & 0 \\ 128 & 0 & 128 \end{bmatrix}$,推测规律为 $\boldsymbol{A}^n = \begin{bmatrix} 2^{2n-1} & 0 & 2^{2n-1} \\ 0 & 3^n & 0 \\ 2^{2n-1} & 0 & 2^{2n-1} \end{bmatrix}$.

用数学归纳法证明. 当 $n = 1$ 和 $n = 2$ 时,已验证推测正确,设 $n = k$ 时等式

$$\boldsymbol{A}^k = \begin{bmatrix} 2^{2k-1} & 0 & 2^{2k-1} \\ 0 & 3^k & 0 \\ 2^{2k-1} & 0 & 2^{2k-1} \end{bmatrix}$$

成立,则当 $n = k+1$ 时,有

$$A^{k+1}=A^kA=\begin{bmatrix}2^{2k-1}&0&2^{2k-1}\\0&3^k&0\\2^{2k-1}&0&2^{2k-1}\end{bmatrix}\begin{bmatrix}2&0&2\\0&3&0\\2&0&2\end{bmatrix}=\begin{bmatrix}2^{2(k+1)-1}&0&2^{2(k+1)-1}\\0&3^{k+1}&0\\2^{2(k+1)-1}&0&2^{2(k+1)-1}\end{bmatrix},$$

故有 $A^n=\begin{bmatrix}2^{2n-1}&0&2^{2n-1}\\0&3&0\\2^{2n-1}&0&2^{2n-1}\end{bmatrix}$.

注 当矩阵中零元素较多，且元素分布有一定的规律性时，可以根据矩阵 A 的低次幂分析出 n 次幂的结果，最后用数学归纳法证明.

【例 2.10】 设 $\boldsymbol{\alpha}=[1,2,3]$，$\boldsymbol{\beta}=\begin{bmatrix}3\\2\\1\end{bmatrix}$，则 $(\boldsymbol{\beta\alpha})^5=$ ________.

【分析】 求 $(AB)^k$，就联想到公式 $(AB)^k=A(BA)^{k-1}B$.

【解】 $(\boldsymbol{\beta\alpha})^5=\boldsymbol{\beta\alpha\beta\alpha\beta\alpha\beta\alpha\beta\alpha}=\boldsymbol{\beta}(\boldsymbol{\alpha\beta})^4\boldsymbol{\alpha}$，而 $\boldsymbol{\alpha\beta}=10$，则有

$$(\boldsymbol{\beta\alpha})^5=10^4\begin{bmatrix}3\\2\\1\end{bmatrix}[1,\ 2,\ 3]=10^4\begin{bmatrix}3&6&9\\2&4&6\\1&2&3\end{bmatrix}.$$

注 由于 $\boldsymbol{\beta\alpha}$ 是一个 3 阶方阵，求一个 3 阶方阵的 5 次方是一个繁琐的工作，而 $\boldsymbol{\alpha\beta}$ 却是一个数，所以联想到公式 $(AB)^k=A(BA)^{k-1}B$，于是，把求一个 3 阶方阵 5 次方的问题转化为求一个数的 4 次方的问题，从而简化了运算. 从该例题可以进一步理解 AB 与 BA 的巨大差异. 也可以直接利用公式：$(\boldsymbol{\beta\alpha})^5=[tr(\boldsymbol{\beta\alpha})^4](\boldsymbol{\beta\alpha})$ 写出答案.

【例 2.11】 已知 $A=\begin{bmatrix}2&3&-1\\-4&-6&2\\6&9&-3\end{bmatrix}$，则 $A^n=$ ________.

【分析】 矩阵 A 的三行元素都成比例，故矩阵 A 的秩为 1，可以联想到把矩阵 A 拆分成一个列矩阵 B 与行矩阵 C 的乘积，即 $A=BC$，进一步用公式 $A^n=(BC)^n=B(CB)^{n-1}C$ 求解.

【解】 $A=\begin{bmatrix}2&3&-1\\-4&-6&2\\6&9&-3\end{bmatrix}=\begin{bmatrix}1\\-2\\3\end{bmatrix}[2,3,-1]$，令 $B=\begin{bmatrix}1\\-2\\3\end{bmatrix}$，$C=[2,3,-1]$，则有

$$A^n=(BC)^n=B(CB)^{n-1}C=(CB)^{n-1}BC=(CB)^{n-1}A,$$

而 $CB=-7$，故 $A^n=(-7)^{n-1}A$.

注 所有秩为 1 的 n 阶方阵 A 都可以拆成一个列矩阵 B 与一个行矩阵 C 的乘积，即 $A=BC$，而 B、C 并不唯一. 若 C 取 A 的第 1 行，那么 B 即为 $(1,k_2,k_3,\cdots,k_n)^{\mathrm{T}}$，其中 k_i 为矩阵 A 的第 i 行与第 1 行的比值. 因为 $r(A)=1$，故仍然可以用公式 $A^k=[tr(A)]^{k-1}A$ 直接写出答案.

【例 2.12】 设 $A=\begin{bmatrix}1&0&0\\2&1&0\\5&8&1\end{bmatrix}$，则 $A^n=$ ________.

【分析】矩阵 $\boldsymbol{A}$ 含有较多的零，且主对角线为 1，故考虑把矩阵 $\boldsymbol{A}$ 拆为一个单位矩阵 $\boldsymbol{E}$ 和另一个含有更多零元素的矩阵 $\boldsymbol{B}$. 进一步用“二项式”公式求解.

【解】把矩阵 $\boldsymbol{A}$ 分为两个矩阵的和，即

$$\boldsymbol{A}=\begin{bmatrix}1&0&0\\0&1&0\\0&0&1\end{bmatrix}+\begin{bmatrix}0&0&0\\2&0&0\\5&8&0\end{bmatrix}=\boldsymbol{E}+\boldsymbol{B}$$

根据矩阵的二项式公式有

$$\boldsymbol{A}^n=(\boldsymbol{E}+\boldsymbol{B})^n=\boldsymbol{E}+C_n^1\boldsymbol{B}+C_n^2\boldsymbol{B}^2+\cdots+C_n^n\boldsymbol{B}^n$$

由于，则 $\boldsymbol{B}$ 的所有大于等于 3 次幂的项全部为零矩阵，故

$$\begin{aligned}\boldsymbol{A}^n&=\boldsymbol{E}+n\boldsymbol{B}+\frac{n(n-1)}{2}\boldsymbol{B}^2\\&=\begin{bmatrix}1&0&0\\0&1&0\\0&0&1\end{bmatrix}+n\begin{bmatrix}0&0&0\\2&0&0\\5&8&0\end{bmatrix}+\frac{n(n-1)}{2}\begin{bmatrix}0&0&0\\0&0&0\\16&0&0\end{bmatrix}\\&=\begin{bmatrix}1&0&0\\2n&1&0\\8n^2-3n&8n&1\end{bmatrix}\end{aligned}$$

注 求一个三角矩阵的高次幂，往往可以把该矩阵分为单位矩阵 $\boldsymbol{E}$ 和另一个含有更多零元素的矩阵之和，然后运用二项式公式进一步求解.

【例 2.13】已知 $\boldsymbol{A}=\begin{bmatrix}3&0&2\\0&4&0\\5&0&3\end{bmatrix}$，$\boldsymbol{B}=\begin{bmatrix}-1&0&0\\0&1&0\\0&0&0\end{bmatrix}$，若满足 $\boldsymbol{AX}+3\boldsymbol{B}=\boldsymbol{BA}+3\boldsymbol{X}$，则 $\boldsymbol{X}^{99}$ = ________.

【分析】观察矩阵方程，把含有矩阵 $\boldsymbol{X}$ 的项移到等式的同一边，然后把矩阵 $\boldsymbol{X}$ 分离出来，进一步求解 $\boldsymbol{X}^{99}$.

【解】根据矩阵方程，有 $\boldsymbol{AX}-3\boldsymbol{X}=\boldsymbol{BA}-3\boldsymbol{B}$，即 $(\boldsymbol{A}-3\boldsymbol{E})X=\boldsymbol{B}(\boldsymbol{A}-3\boldsymbol{E})$，而矩阵 $\boldsymbol{A}-3\boldsymbol{E}=\begin{bmatrix}0&0&2\\0&1&0\\5&0&0\end{bmatrix}$，它的逆矩阵 $(\boldsymbol{A}-3\boldsymbol{E})^{-1}=\begin{bmatrix}0&0&5^{-1}\\0&1^{-1}&0\\2^{-1}&0&0\end{bmatrix}$，则 $X=(\boldsymbol{A}-3\boldsymbol{E})^{-1}B(\boldsymbol{A}-3\boldsymbol{E})$，那么

$$\begin{aligned}X^{99}&=(\boldsymbol{A}-3\boldsymbol{E})^{-1}\boldsymbol{B}^{99}(\boldsymbol{A}-3\boldsymbol{E})\\&=\begin{bmatrix}0&0&5^{-1}\\0&1^{-1}&0\\2^{-1}&0&0\end{bmatrix}\begin{bmatrix}-1&0&0\\0&1&0\\0&0&0\end{bmatrix}^{99}\begin{bmatrix}0&0&2\\0&1&0\\5&0&0\end{bmatrix}=\begin{bmatrix}0&0&0\\0&1&0\\0&0&-1\end{bmatrix}\end{aligned}$$

在计算方阵幂 $\boldsymbol{X}^k$ 的问题中，一般有以下几种方法：

(1) 当矩阵 $\boldsymbol{X}$ 为对角矩阵或分块对角矩阵时，$\boldsymbol{X}^k$ 可以直接利用公式进行计算.

（2）当矩阵 $\boldsymbol{X}$ 的元素零较多，且有某种规律时，可以先计算 $\boldsymbol{X}^2$、$\boldsymbol{X}^3$，推测结果的规律；再用数学归纳法证明规律的正确性.

（3）当矩阵 $\boldsymbol{X}$ 的秩为 1 时，则可以把矩阵 $\boldsymbol{X}$ 拆分为一个列矩阵 $\boldsymbol{A}$ 与一个行矩阵 $\boldsymbol{B}$ 的乘积，即 $\boldsymbol{X}=\boldsymbol{AB}$；再运用公式 $\boldsymbol{X}^k=(\boldsymbol{AB})^k=\boldsymbol{A}(\boldsymbol{BA})^{k-1}\boldsymbol{B}$ 进而得到答案.

（4）当矩阵 $\boldsymbol{X}$ 为三角矩阵时，则可以把矩阵 $\boldsymbol{X}$ 分为对角矩阵 $\boldsymbol{\Lambda}$ 和一个主对角线上元素全为零的三角矩阵 $\boldsymbol{A}$ 之和，即 $\boldsymbol{X}=\boldsymbol{\Lambda}+\boldsymbol{A}$. 可以证明，一个主对角线上元素全为零的 n 阶三角矩阵 $\boldsymbol{A}$，有 $\boldsymbol{A}^n=\boldsymbol{0}$. 进一步运用二项式公式 $\boldsymbol{X}^k=(\boldsymbol{\Lambda}+\boldsymbol{A})^k=\boldsymbol{\Lambda}^k+C_k^1\boldsymbol{A}\boldsymbol{\Lambda}^{k-1}+C_k^2\boldsymbol{A}^2\boldsymbol{\Lambda}^{k-2}+\cdots+C_k^2\boldsymbol{A}^k$，最后得到答案.

（5）当矩阵 $\boldsymbol{X}$ 可以相似对角化时，或有关系式 $\boldsymbol{X}=\boldsymbol{P}^{-1}\boldsymbol{BP}$（或 $\boldsymbol{X}=\boldsymbol{PBP}^{-1}$），且 $\boldsymbol{B}^k$ 容易计算时，则可以利用公式 $\boldsymbol{X}^k=\boldsymbol{P}^{-1}\boldsymbol{B}^k\boldsymbol{P}$（或 $\boldsymbol{X}^k=\boldsymbol{PB}^k\boldsymbol{P}^{-1}$）进而得到答案.

题型 2　可逆矩阵

【例 2.14】 设矩阵 $\boldsymbol{A}=\begin{bmatrix}-2 & 5 & 9\\ 1 & -3 & 1\\ 1 & -2 & -9\end{bmatrix}$，则 $\boldsymbol{A}^{-1}=$ ________.

【分析】 求由已知元素构成的矩阵的逆矩阵，既可以运用公式 $\boldsymbol{A}^{-1}=\dfrac{1}{|\boldsymbol{A}|}\boldsymbol{A}^*$，也可以利用初等变换法. 但前者计算量大，一般是用后者.

【解】方法一： 利用伴随矩阵 $\boldsymbol{A}^{-1}$.

$$\boldsymbol{A}_{11}=(-1)^{1+1}\begin{vmatrix}-3 & 1\\ -2 & -9\end{vmatrix}=29,\boldsymbol{A}_{12}=(-1)^{1+2}\begin{vmatrix}1 & 1\\ 1 & -9\end{vmatrix}=10$$

$$\boldsymbol{A}_{13}=(-1)^{1+3}\begin{vmatrix}1 & -3\\ 1 & -2\end{vmatrix}=1$$

$$\boldsymbol{A}_{21}=(-1)^{2+1}\begin{vmatrix}5 & 9\\ -2 & -9\end{vmatrix}=27,\boldsymbol{A}_{22}=(-1)^{2+2}\begin{vmatrix}-2 & 9\\ 1 & -9\end{vmatrix}=9$$

$$\boldsymbol{A}_{23}=(-1)^{2+3}\begin{vmatrix}-2 & 5\\ 1 & -2\end{vmatrix}=1$$

$$\boldsymbol{A}_{31}=(-1)^{3+1}\begin{vmatrix}5 & 9\\ -3 & 1\end{vmatrix}=32,\boldsymbol{A}_{32}=(-1)^{3+2}\begin{vmatrix}-2 & 9\\ 1 & 1\end{vmatrix}=11$$

$$\boldsymbol{A}_{33}=(-1)^{3+3}\begin{vmatrix}-2 & 5\\ 1 & -3\end{vmatrix}=1$$

$$|\boldsymbol{A}|=\begin{vmatrix}-2 & 5 & 9\\ 1 & -3 & 1\\ 1 & -2 & -9\end{vmatrix}=1$$

则

$$\boldsymbol{A}^{-1}=\frac{1}{|\boldsymbol{A}|}\boldsymbol{A}^*=\begin{vmatrix}29 & 27 & 32\\ 10 & 9 & 11\\ 1 & 1 & 1\end{vmatrix}$$

方法二：利用初等变换求 $\boldsymbol{A}^{-1}$.

$$[\boldsymbol{A} \vdots \boldsymbol{E}]=\left[\begin{array}{ccc:ccc}-2 & 5 & 9 & 1 & 0 & 0 \\ 1 & -3 & 1 & 0 & 1 & 0 \\ 1 & -2 & -9 & 0 & 0 & 1\end{array}\right] \xrightarrow{r_1 \leftrightarrow r_3}\left[\begin{array}{ccc:ccc}1 & -2 & -9 & 0 & 0 & 1 \\ 1 & -3 & 1 & 0 & 1 & 0 \\ -2 & 5 & 9 & 1 & 0 & 0\end{array}\right] \frac{r_2-r_1}{r_3+2 r_1}$$

$$\left[\begin{array}{ccc:ccc}1 & -2 & -9 & 0 & 0 & 1 \\ 0 & -1 & 10 & 0 & 1 & -1 \\ 0 & 1 & -9 & 1 & 0 & 2\end{array}\right] \xrightarrow[r_3+r_2]{r_2 \times(-1)}\left[\begin{array}{ccc:ccc}1 & -2 & -9 & 0 & 0 & 1 \\ 0 & 1 & -10 & 0 & -1 & 1 \\ 0 & 0 & 1 & 1 & 1 & 1\end{array}\right] \xrightarrow[r_1+9 r_3]{r_2+10 r_3}$$

$$\left[\begin{array}{ccc:ccc}1 & -2 & 0 & 9 & 9 & 10 \\ 0 & 1 & 0 & 10 & 9 & 11 \\ 0 & 0 & 1 & 1 & 1 & 1\end{array}\right] \xrightarrow{r_1+2 r_2}\left[\begin{array}{ccc:ccc}1 & 0 & 0 & 29 & 27 & 32 \\ 0 & 1 & 0 & 10 & 9 & 11 \\ 0 & 0 & 1 & 1 & 1 & 1\end{array}\right]$$

则 $\boldsymbol{A}^{-1}=\begin{bmatrix}29 & 27 & 32 \\ 10 & 9 & 11 \\ 1 & 1 & 1\end{bmatrix}$

注 (1) 在用伴随矩阵求 $\boldsymbol{A}^{-1}$ 时，首先要注意代数余子式公式 $A_{ij}=(-1)^{i+j}M_{ij}$；其次要注意 A_{ij} 在伴随矩阵 $\boldsymbol{A}^*$ 中的位置：不是位于第 i 行、第 j 列，而是位于第 j 行、第 i 列. 这是考生非常容易出错的.

(2) 初等变换运算是线性代数中最重要的运算，它贯穿于线性代数的所有内容中，所以考生一定要熟练掌握. 以下列举了初等变换运算的一些具体应用：

① 利用初等变换把行列式化为三角行列式，从而解得行列式的值.

② 利用初等行变换把矩阵 $[\boldsymbol{A} \vdots \boldsymbol{E}]$ 化为 $[\boldsymbol{E} \vdots \boldsymbol{B}]$，则 $\boldsymbol{B}$ 即为 $\boldsymbol{A}^{-1}$.

③ 利用初等行变换把矩阵 $[\boldsymbol{A} \vdots \boldsymbol{B}]$ 化为 $[\boldsymbol{E} \vdots \boldsymbol{C}]$，则 $\boldsymbol{C}$ 即为 $\boldsymbol{A}^{-1}\boldsymbol{B}$.

④ 利用初等行变换把矩阵 $\boldsymbol{A}$ 化为行阶梯矩阵则矩阵 $\boldsymbol{B}$ 的非零行数即为矩阵 $\boldsymbol{A}$ 的秩.

⑤ 利用初等行变换求解线性方程组的解.

⑥ 利用初等行变换求向量组的秩.

⑦ 利用初等行变换求向量之间的线性表示.

⑧ 利用初等行变换求向量组之间的线性相关性.

上述 ⑤ ～ ⑧ 将在后面的章节讨论. 初等行变换是线性代数中最重要的运算. 考生一定要经过大量具体的运算才能熟练掌握.

【例 2.15】若 n 阶方阵 $\boldsymbol{A}$ 满足 $2\boldsymbol{A}^2-3\boldsymbol{A}+5\boldsymbol{E}=\boldsymbol{0}$，则 $(\boldsymbol{A}+2\boldsymbol{E})^{-1}=$ ________.

【分析】根据已知的矩阵等式，找出矩阵等式 $(\boldsymbol{A}+2\boldsymbol{E})(?)=\boldsymbol{E}$，其中 $(?)$ 即是答案.

【解】根据矩阵等式，有

$$(\boldsymbol{A}+2\boldsymbol{E})(2\boldsymbol{A}-7\boldsymbol{E})+14\boldsymbol{E}+5\boldsymbol{E}=\boldsymbol{0}$$

则

$$(\boldsymbol{A}+2\boldsymbol{E})\left[-\frac{1}{19}(2\boldsymbol{A}-7\boldsymbol{E})\right]=\boldsymbol{E}$$

故

$$(\boldsymbol{A}+2\boldsymbol{E})^{-1}=-\frac{1}{19}(2\boldsymbol{A}-7\boldsymbol{E})$$

注 此题型解法归纳如下：

已知方阵 $\boldsymbol{A}$ 的 m 次多项式等式 $a_m\boldsymbol{A}^m+\cdots+a_1\boldsymbol{A}+a_0\boldsymbol{E}=\boldsymbol{0}$，求关于方阵 $\boldsymbol{A}$ 的一次多项式的逆 $(k_1\boldsymbol{A}+k_0\boldsymbol{E})^{-1}$. 则解题方法是用 m 次多项式 $a_m\boldsymbol{A}^m+\cdots+a_1\boldsymbol{A}+a_0\boldsymbol{E}$ 除以 1 次多项式 $k_1\boldsymbol{A}+k_0\boldsymbol{E}$，若商为 $b_{m-1}\boldsymbol{A}^{m-1}+\cdots+b_1\boldsymbol{A}+b_0\boldsymbol{E}$，余为 $k\boldsymbol{E}$，则有

$$a_m\boldsymbol{A}^m+\cdots+a_1\boldsymbol{A}+a_0\boldsymbol{E}=(k_1\boldsymbol{A}+k_0\boldsymbol{E})(b_{m-1}\boldsymbol{A}^{m-1}+\cdots+b_1\boldsymbol{A}+b_0\boldsymbol{E})+k\boldsymbol{E}=\boldsymbol{0}$$

从而
$$(k_1\boldsymbol{A}+k_0\boldsymbol{E})\frac{-1}{k}(b_{m-1}\boldsymbol{A}^{m-1}+\cdots+b_1\boldsymbol{A}+b_0\boldsymbol{E})=\boldsymbol{E}$$

故
$$(k_1\boldsymbol{A}+k_0\boldsymbol{E})^{-1}=\frac{-1}{k}(b_{m-1}\boldsymbol{A}^{m-1}+\cdots+b_1\boldsymbol{A}+b_0\boldsymbol{E})$$

例如，已知 $3\boldsymbol{A}^3+2\boldsymbol{A}^2-21\boldsymbol{A}+15\boldsymbol{E}=\boldsymbol{0}$，求 $(\boldsymbol{A}-2\boldsymbol{E})^{-1}$. 则利用多项式除法：

$$\begin{array}{r|l}
 & 3A^2+8A-5E \\ \hline
A-2E & 3A^3+2A^2-21A+15E \\
 & 3A^3-6A^2 \\ \hline
 & 8A^2-21A+15E \\
 & 8A^2-16A \\ \hline
 & -5A+15E \\
 & -5A+10E \\ \hline
 & 5E
\end{array}$$

可知
$$(\boldsymbol{A}-2\boldsymbol{E})(3\boldsymbol{A}^2+8\boldsymbol{A}-5\boldsymbol{E})+5\boldsymbol{E}=\boldsymbol{0}$$

故
$$(\boldsymbol{A}-2\boldsymbol{E})^{-1}=-\frac{1}{5}(3\boldsymbol{A}^2+8\boldsymbol{A}-5\boldsymbol{E})$$

【例 2.16】 设 $\boldsymbol{A}=\begin{bmatrix}6&9&6\\6&3&5\\10&2&6\end{bmatrix}$，$\boldsymbol{E}$ 为 3 阶单位矩阵，且 $\boldsymbol{B}=(5\boldsymbol{E}-2\boldsymbol{A})(3\boldsymbol{E}+2\boldsymbol{A})^{-1}$，则 $(\boldsymbol{B}+\boldsymbol{E})^{-1}=$______.

【分析】 此题目可以直接计算，即分别计算 $(5\boldsymbol{E}-2\boldsymbol{A})$ 和 $(3\boldsymbol{E}+2\boldsymbol{A})^{-1}$，然后进行矩阵乘法运算，但运算量相对较大. 观察矩阵 $\boldsymbol{B}$，它是两项的乘积，且这两项括号内的和刚好把矩阵 $\boldsymbol{A}$ 消去，则可以利用单位矩阵 E 的特点解题.

【解】
$$\begin{aligned}(\boldsymbol{B}+\boldsymbol{E})^{-1}&=[(5\boldsymbol{E}-2\boldsymbol{A})(3\boldsymbol{E}+2\boldsymbol{A})^{-1}+\boldsymbol{E}]^{-1}\\
&=[(5\boldsymbol{E}-2\boldsymbol{A})(3\boldsymbol{E}+2\boldsymbol{A})^{-1}+(3\boldsymbol{E}+2\boldsymbol{A})(3\boldsymbol{E}+2\boldsymbol{A})^{-1}]^{-1}\\
&=[8(3\boldsymbol{E}+2\boldsymbol{A})^{-1}]^{-1}\\
&=\frac{1}{8}(3\boldsymbol{E}+2\boldsymbol{A})\\
&=\frac{1}{8}\begin{bmatrix}15&18&12\\12&9&10\\20&4&15\end{bmatrix}\end{aligned}$$

注1 此题的求解技巧性较强，分析的思路如下：

(1) 因为矩阵和的逆 $(\boldsymbol{B}+\boldsymbol{E})^{-1}$ 是不能脱括号的，所以考虑是否能把括号内的 $(\boldsymbol{B}+\boldsymbol{E})$ 变为两个矩阵的乘积.

(2) 矩阵 $\boldsymbol{B}$ 是两个矩阵的乘积 $\boldsymbol{PQ}^{-1}$，所以考虑把单位矩阵 $\boldsymbol{E}$ 也拆为两个可逆矩阵的乘积 $\boldsymbol{QQ}^{-1}$，从而实现把 $\boldsymbol{B}+\boldsymbol{E}$ 变为两项乘积的目的.

注2 把单位矩阵 $\boldsymbol{E}$ 拆为两个互逆矩阵的乘积是矩阵变换中最常用的技巧之一. 这种解题方法在求矩阵和的行列式中也常常用到. 例如，已知矩阵 $\boldsymbol{A}$，且 $\boldsymbol{B}=\boldsymbol{PAP}^{-1}$，求 $|\boldsymbol{B}+2\boldsymbol{E}|$. 则

$$|\boldsymbol{B}+2\boldsymbol{E}|=|\boldsymbol{PAP}^{-1}+2\boldsymbol{E}|=|\boldsymbol{PAP}^{-1}+\boldsymbol{P}2\boldsymbol{EP}^{-1}|=|\boldsymbol{P}(\boldsymbol{A}+2\boldsymbol{E})\boldsymbol{P}^{-1}|$$
$$=|\boldsymbol{P}||\boldsymbol{A}+2\boldsymbol{E}||\boldsymbol{P}^{-1}|=|\boldsymbol{A}+2\boldsymbol{E}|$$

单位矩阵 $\boldsymbol{E}$ 在矩阵运算中常常起到“变形金刚”的作用. 考生要根据前、后矩阵的特点，合理地把 $\boldsymbol{E}$ 进行变形.

【例 2.17】 已知 $\boldsymbol{A}$、$\boldsymbol{B}$ 均为 n 阶方阵，且 $\boldsymbol{A}$ 与 $\boldsymbol{AB}-\boldsymbol{E}$ 都可逆，证明 $\boldsymbol{BA}-\boldsymbol{E}$ 也可逆.

【分析】 证明一个方阵 $\boldsymbol{P}$ 可逆的最基本方法之一就是证明 $|\boldsymbol{P}|\neq 0$.

【证明】 由于 $\boldsymbol{A}(\boldsymbol{BA}-\boldsymbol{E})=\boldsymbol{ABA}-\boldsymbol{A}=(\boldsymbol{AB}-\boldsymbol{E})\boldsymbol{A}$，等式两边取行列式，则有

$$|\boldsymbol{A}||\boldsymbol{BA}-\boldsymbol{E}|=|\boldsymbol{AB}-\boldsymbol{E}||\boldsymbol{A}|$$

又由于矩阵 $\boldsymbol{A}$ 和 $\boldsymbol{AB}-\boldsymbol{E}$ 都可逆，则有 $|\boldsymbol{A}|\neq 0$，$|\boldsymbol{AB}-\boldsymbol{E}|\neq 0$，于是有

$$|\boldsymbol{BA}-\boldsymbol{E}|=|\boldsymbol{AB}-\boldsymbol{E}|\neq 0$$

故矩阵 $\boldsymbol{BA}-\boldsymbol{E}$ 可逆，证毕.

注 充分利用 $\boldsymbol{A}$ 与 $\boldsymbol{AB}-\boldsymbol{E}$ 都可逆的已知条件，构造包含 $\boldsymbol{BA}-\boldsymbol{E}$ 和 $\boldsymbol{AB}-\boldsymbol{E}$ 的矩阵等式. 因为矩阵乘法不满足交换律，所以考生要灵活掌握矩阵左乘和右乘运算. 考生要熟练掌握矩阵乘法运算的“时间顺序任意选”的技巧. 从已知矩阵 $\boldsymbol{AB}-\boldsymbol{E}$ 可逆，到证明 $\boldsymbol{BA}-\boldsymbol{E}$ 可逆，要立即联想到它们之间的关系式：

$$\boldsymbol{A}(\boldsymbol{BA}-\boldsymbol{E})=(\boldsymbol{AB}-\boldsymbol{E})\boldsymbol{A}$$

【例 2.18】 已知 $\boldsymbol{A}$、$\boldsymbol{B}$ 均为 n 阶方阵，且 $\boldsymbol{AB}-\boldsymbol{E}$ 可逆，证明 $\boldsymbol{BA}-\boldsymbol{E}$ 也可逆.

【分析】 矩阵 $\boldsymbol{A}$ 不一定可逆，则只能从 $\boldsymbol{AB}-\boldsymbol{E}$ 可逆的已知条件出发来进行解题.

【证明】 由于矩阵 $\boldsymbol{AB}-\boldsymbol{E}$ 可逆，可以设 $(\boldsymbol{AB}-\boldsymbol{E})^{-1}=\boldsymbol{C}$，则有

$$(\boldsymbol{AB}-\boldsymbol{E})\boldsymbol{C}=\boldsymbol{E}$$

于是 $\boldsymbol{ABC}-\boldsymbol{C}=\boldsymbol{E}$，对等式两边左乘 $\boldsymbol{B}$，右乘 $\boldsymbol{A}$ 有

$$\boldsymbol{BABCA}-\boldsymbol{BCA}=\boldsymbol{BA}$$
$$(\boldsymbol{BA}-\boldsymbol{E})\boldsymbol{BCA}-(\boldsymbol{BA}-\boldsymbol{E})=\boldsymbol{E}$$
$$(\boldsymbol{BA}-\boldsymbol{E})(\boldsymbol{BCA}-\boldsymbol{E})=\boldsymbol{E}$$

故 $\boldsymbol{BA}-\boldsymbol{E}$ 可逆，且 $(\boldsymbol{BA}-\boldsymbol{E})^{-1}=\boldsymbol{BCA}-\boldsymbol{E}$. 证毕.

注 此题的求解技巧性较强，但总思路仍然是如何找出矩阵等式 $(\boldsymbol{BA}-\boldsymbol{E})(?)=\boldsymbol{E}$

【例 2.19】已知 n 阶矩阵 $\boldsymbol{A}$、$\boldsymbol{B}$ 满足 $3\boldsymbol{A}^{-1}\boldsymbol{B}=\boldsymbol{B}-5\boldsymbol{E}$，证明矩阵 $\boldsymbol{A}-3\boldsymbol{E}$ 可逆，并求其逆.

【解】在证明时，用矩阵 $\boldsymbol{A}$ 左乘矩阵等式，有 $3\boldsymbol{B}-\boldsymbol{AB}+5\boldsymbol{A}=\boldsymbol{0}$，则

$$\boldsymbol{AB}-3\boldsymbol{B}-5\boldsymbol{A}+15\boldsymbol{E}-15\boldsymbol{E}=\boldsymbol{0}$$

$$(\boldsymbol{A}-3\boldsymbol{E})\boldsymbol{B}-5(\boldsymbol{A}-3\boldsymbol{E})=15\boldsymbol{E}$$

$$(\boldsymbol{A}-3\boldsymbol{E})(\boldsymbol{B}-5\boldsymbol{E})=15\boldsymbol{E}$$

$$(\boldsymbol{A}-3\boldsymbol{E})\left[\frac{1}{15}(\boldsymbol{B}-5\boldsymbol{E})\right]=\boldsymbol{E}$$

则矩阵 $\boldsymbol{A}-3\boldsymbol{E}$ 可逆，且 $(\boldsymbol{A}-3\boldsymbol{E})^{-1}=\dfrac{1}{15}(\boldsymbol{B}-5\boldsymbol{E})$.

【例 2.20】设 $\boldsymbol{A}$、$\boldsymbol{B}$ 和 $\boldsymbol{A}+\boldsymbol{B}$ 都可逆，证明 $\boldsymbol{A}^{-1}+\boldsymbol{B}^{-1}$ 可逆，并求 $(\boldsymbol{A}^{-1}+\boldsymbol{B}^{-1})^{-1}$.

【分析】要证明 $\boldsymbol{A}^{-1}+\boldsymbol{B}^{-1}$ 可逆，就是要证明 $|\boldsymbol{A}^{-1}+\boldsymbol{B}^{-1}|\neq 0$. 因此要充分利用矩阵 $\boldsymbol{A}$、$\boldsymbol{B}$ 和 $\boldsymbol{A}+\boldsymbol{B}$ 都可逆的条件.

【证明】对矩阵 $\boldsymbol{A}^{-1}+\boldsymbol{B}^{-1}$ 左乘 $\boldsymbol{A}$、右乘 $\boldsymbol{B}$，可以得到矩阵等式：

$$\boldsymbol{A}(\boldsymbol{A}^{-1}+\boldsymbol{B}^{-1})\boldsymbol{B}=\boldsymbol{B}+\boldsymbol{A}$$

对等式两边都取行列式，有

$$|\boldsymbol{A}|\,|\boldsymbol{A}^{-1}+\boldsymbol{B}^{-1}|\,|\boldsymbol{B}|=|\boldsymbol{A}+\boldsymbol{B}|$$

由于 $\boldsymbol{A}$、$\boldsymbol{B}$ 和 $\boldsymbol{A}+\boldsymbol{B}$ 都可逆，有

$$|\boldsymbol{A}|\neq 0,\ |\boldsymbol{B}|\neq 0,\ |\boldsymbol{A}+\boldsymbol{B}|\neq 0$$

则

$$|\boldsymbol{A}^{-1}+\boldsymbol{B}^{-1}|=\frac{|\boldsymbol{A}+\boldsymbol{B}|}{|\boldsymbol{A}|\,|\boldsymbol{B}|}\neq 0$$

故 $\boldsymbol{A}^{-1}+\boldsymbol{B}^{-1}$ 可逆.

由矩阵等式 $\boldsymbol{A}(\boldsymbol{A}^{-1}+\boldsymbol{B}^{-1})\boldsymbol{B}=\boldsymbol{B}+\boldsymbol{A}$

可知

$$\boldsymbol{A}^{-1}+\boldsymbol{B}^{-1}=\boldsymbol{A}^{-1}(\boldsymbol{A}+\boldsymbol{B})\boldsymbol{B}^{-1}$$

则

$$(\boldsymbol{A}^{-1}+\boldsymbol{B}^{-1})^{-1}=(\boldsymbol{A}^{-1}(\boldsymbol{A}+\boldsymbol{B})\boldsymbol{B}^{-1})^{-1}=\boldsymbol{B}(\boldsymbol{A}+\boldsymbol{B})^{-1}\boldsymbol{A}$$

注 此类题目的解法很多，考生不一定要掌握更多的方法，而应该熟练地掌握其中的一种. 本题的解题关键如下：

(1) 证明 $\boldsymbol{A}^{-1}+\boldsymbol{B}^{-1}$ 可逆，即证明 $|\boldsymbol{A}^{-1}+\boldsymbol{B}^{-1}|\neq 0$.

(2) 构造一个矩阵等式，等式中必须含有矩阵 $\boldsymbol{A}^{-1}+\boldsymbol{B}^{-1}$.

(3) 充分利用已知条件：$\boldsymbol{A}$、$\boldsymbol{B}$ 和 $\boldsymbol{A}+\boldsymbol{B}$ 都可逆.

根据以上思路就联想到对矩阵 $\boldsymbol{A}^{-1}+\boldsymbol{B}^{-1}$ 左乘 $\boldsymbol{A}$、右乘 $\boldsymbol{B}$，找出 $\boldsymbol{A}^{-1}+\boldsymbol{B}^{-1}$ 和 $\boldsymbol{A}+\boldsymbol{B}$ 之间的关系 $\boldsymbol{A}(\boldsymbol{A}^{-1}+\boldsymbol{B}^{-1})\boldsymbol{B}=\boldsymbol{B}+\boldsymbol{A}$，从而可以顺利解题.

【例 2.21】设 $\boldsymbol{A}$、$\boldsymbol{B}$ 均为 n 阶对称矩阵，且矩阵 $\boldsymbol{A}$ 和矩阵 $\boldsymbol{E}+\boldsymbol{AB}$ 都可逆，证明 $(\boldsymbol{E}+\boldsymbol{AB})^{-1}\boldsymbol{A}$ 为

对称阵.

【分析】证明 P 为对称矩阵,即证明 $P^T=P$.

【证明】由于 A、B 均为 n 阶对称矩阵,故有 $A^T=A,B^T=B$,且矩阵 A 和矩阵 $E+AB$ 都可逆,则有以下矩阵恒等变换:

$$[(E+AB)^{-1}A]^T=A^T[(E+AB)^{-1}]^T$$
$$=A^T[(E+AB)^T]^{-1}=A^T(E^T+B^TA^T)^{-1}$$
$$=A(E+BA)^{-1}=[(E+BA)A^{-1}]^{-1}$$
$$=[(A^{-1}+B)]^{-1}=[A^{-1}(E+AB)]^{-1}$$
$$=(E+AB)^{-1}A$$

故矩阵 $=(E+AB)^{-1}A$ 为对称阵,证毕.

注 本题的求解技巧性较强,考查了以下知识点:

(1) P 为对称矩阵 $\Leftrightarrow P^T=P$.

(2) E 为对称矩阵.

(3) $(PQ)^T=Q^TP^T$.

(4) $(P^{-1})^T=(P^T)^{-1}$.

(5) $(PQ)^{-1}=Q^{-1}P^{-1}$(若矩阵 P、Q 都可逆).

(6) $(E+BA)A^{-1}=A^{-1}(E+AB)$,矩阵 A^{-1} 再从括号右边"进",从括号左边"出",括号内矩阵位置发生变化.类似的矩阵恒等变换还有:

①$A(E+BA)=(E+AB)A$(矩阵 A 从左"进"从右"出",括号内矩阵位置发生变化).

②$AB(AB+E)=(AB+E)AB$(矩阵 AB 从左"进"从右"出",括号内矩阵没有发生变化).

(7) $A(E+BA)^{-1}=[(E+BA)A^{-1}]^{-1}=(A^{-1}+B)^{-1}$

【例 2.22】设 A 为 n 阶方阵,且满足 $AA^T=E$, $|A|<0$. 证明:矩阵 $A+E$ 为不可逆矩阵.

【分析】要证明 $A+E$ 为不可逆矩阵,证明 $|A+E|=0$ 即可.

【证明】用矩阵 A^T 右乘矩阵 $A+E$,得矩阵等式

$$(A+E)A^T=AA^T+A^T=E+A^T=E^T+A^T=(A+E)^T$$

对矩阵等式两边取行列式,则有

$$|(A+E)A^T|=|(A+E)^T|$$
$$|A+E||A|=|A+E|$$
$$|A+E|(|A|-1)=0$$

由于 $|A|<0$,则 $|A|-1\neq0$,故 $|A+E|=0$,矩阵 $|A+E|$ 为不可逆矩阵,证毕.

注 此题的证明思路是:首先明确证明的方向,即需要证明 $|A+E|=0$;其次利用已知条件构造包含 $A+E$ 的矩阵等式;然后对矩阵等式两边取行列式,最后得到证明.此题考查了以下知识点:

(1) $E^T=E$.

(2) $(\boldsymbol{A}+\boldsymbol{B})^{\mathrm{T}}=\boldsymbol{A}^{\mathrm{T}}+\boldsymbol{B}^{\mathrm{T}}$.

(3) $|\boldsymbol{AB}|=|\boldsymbol{A}||\boldsymbol{B}|$.

(4) $|\boldsymbol{A}^{\mathrm{T}}|=|\boldsymbol{A}|$.

考生一定要熟悉各种矩阵的名称,降秩矩阵、不可逆矩阵及行列式等于零的矩阵都是相互等价的表述.

【例 2.23】 设 $\boldsymbol{A}$ 为 n 阶可逆方阵,且 $\boldsymbol{A}$ 的每行元素之和都等于常数 $k(k\neq 0)$. 证明矩阵 $\boldsymbol{A}^{-1}$ 中的每行元素之和都等于 k^{-1}.

【分析】 把 $\boldsymbol{A}$ 的每行元素之和都等于常数 k 用一个包含矩阵乘法的矩阵等式来表述.

【证明】 $\boldsymbol{A}$ 的每行元素之和都等于常数 $k\Leftrightarrow \begin{bmatrix} a_{11} & a_{12} & \cdots & a_{1n} \\ a_{21} & a_{22} & \cdots & a_{2n} \\ \vdots & \vdots & & \vdots \\ a_{n1} & a_{n2} & \cdots & a_{nn} \end{bmatrix}\begin{bmatrix} 1 \\ 1 \\ \vdots \\ 1 \end{bmatrix}=\begin{bmatrix} k \\ k \\ \vdots \\ k \end{bmatrix}$

令 $\boldsymbol{B}=\begin{bmatrix} 1 \\ 1 \\ \vdots \\ 1 \end{bmatrix}$,有 $\boldsymbol{AB}=k\boldsymbol{B}$,由于矩阵 $\boldsymbol{A}$ 可逆,则用 $\boldsymbol{A}^{-1}$ 左乘矩阵等式,有 $\boldsymbol{B}=k\boldsymbol{A}^{-1}\boldsymbol{B}$

又由于 $k\neq 0$,即有 $\boldsymbol{A}^{-1}\boldsymbol{B}=k^{-1}\boldsymbol{B}$,则有矩阵 $\boldsymbol{A}^{-1}$ 中的每行元素之和都等于 k^{-1}. 证毕.

注 要善于用矩阵等式来表述线性代数问题,例如:

(1) $\boldsymbol{\eta}$ 是线性方程组 $\boldsymbol{Ax}=\boldsymbol{0}$ 的解 $\Leftrightarrow \boldsymbol{A\eta}=\boldsymbol{0}$.

(2) 矩阵 $\boldsymbol{B}$ 的所有列向量都是方程组 $\boldsymbol{Ax}=\boldsymbol{0}$ 的解 $\Leftrightarrow \boldsymbol{AB}=\boldsymbol{0}$.

(3) 矩阵 $\boldsymbol{A}$ 的第 1 列的 3 倍加到第 2 列上得到矩阵 $\boldsymbol{B}\Leftrightarrow \boldsymbol{AP}=\boldsymbol{B}$(其中 $\boldsymbol{P}=\boldsymbol{E}(2,1(3))$).

(4) 方阵 $\boldsymbol{A}$ 的每行元素之和都等于常数 $k\Leftrightarrow \begin{bmatrix} a_{11} & a_{12} & \cdots & a_{1n} \\ a_{21} & a_{22} & \cdots & a_{2n} \\ \vdots & \vdots & & \vdots \\ a_{n1} & a_{n2} & \cdots & a_{nn} \end{bmatrix}\begin{bmatrix} 1 \\ 1 \\ \vdots \\ 1 \end{bmatrix}=k\begin{bmatrix} 1 \\ 1 \\ \vdots \\ 1 \end{bmatrix}\Leftrightarrow k$ 是矩阵 $\boldsymbol{A}$ 的特征值,$\begin{bmatrix} 1 \\ 1 \\ \vdots \\ 1 \end{bmatrix}$ 是对应于 k 的矩阵 $\boldsymbol{A}$ 的特征向量.

(5) 向量组 $\boldsymbol{A}=[\boldsymbol{\alpha}_1,\boldsymbol{\alpha}_2,\cdots,\boldsymbol{\alpha}_n]$ 可以由向量组 $\boldsymbol{B}=[\boldsymbol{\beta}_1,\boldsymbol{\beta}_2,\cdots,\boldsymbol{\beta}_m]$ 线性表示 $\Leftrightarrow \boldsymbol{A}=\boldsymbol{BC}$.

用矩阵等式来表述线性代数问题是线性代数解题的关键,考生一定要仔细领会. 既要掌握用矩阵等式来描述线性代数问题,又要能很快地把某些矩阵等式翻译成线性代数的语言. 例如,矩阵等式 $\boldsymbol{A}=\boldsymbol{BC}$,那么可以得出以下结论:

(1) $\boldsymbol{B}$ 的列向量组可以线性表示 $\boldsymbol{A}$ 的列向量组.

(2)$\boldsymbol{C}$ 的行向量组可以线性表示 $\boldsymbol{A}$ 的行向量组.

【例 2.24】已知 $\boldsymbol{\alpha}_1$、$\boldsymbol{\alpha}_2$、$\boldsymbol{\alpha}_3$ 为 3 个 3 维列向量,3 阶方阵 $\boldsymbol{A}=[\boldsymbol{\alpha}_1,\boldsymbol{\alpha}_2,\boldsymbol{\alpha}_3]$,$\boldsymbol{B}=[\boldsymbol{\alpha}_1+\boldsymbol{\alpha}_2+\boldsymbol{\alpha}_3,\boldsymbol{\alpha}_2+\boldsymbol{\alpha}_3,\boldsymbol{\alpha}_3]$,$\boldsymbol{C}=[\boldsymbol{\alpha}_1-\boldsymbol{\alpha}_2,\boldsymbol{\alpha}_2-\boldsymbol{\alpha}_3,\boldsymbol{\alpha}_3-\boldsymbol{\alpha}_1]$,且 $\boldsymbol{A}$ 为可逆矩阵,则[　　].

(A)$\boldsymbol{B}$ 和 $\boldsymbol{C}$ 都可逆　　(B)$\boldsymbol{B}$ 可逆,$\boldsymbol{C}$ 不可逆

(C)$\boldsymbol{B}$ 不可逆,$\boldsymbol{C}$ 可逆　　(D)$\boldsymbol{B}$ 和 $\boldsymbol{C}$ 都不可逆

【分析】根据行列式 $|\boldsymbol{B}|$ 和 $|\boldsymbol{C}|$ 是否为零来判断矩阵 $\boldsymbol{B}$ 和 $\boldsymbol{C}$ 的可逆性.

【解】根据分块矩阵的乘法定义,有 $\boldsymbol{B}=[\boldsymbol{\alpha}_1+\boldsymbol{\alpha}_2+\boldsymbol{\alpha}_3,\boldsymbol{\alpha}_2+\boldsymbol{\alpha}_3,\boldsymbol{\alpha}_3]=[\boldsymbol{\alpha}_1,\boldsymbol{\alpha}_2,\boldsymbol{\alpha}_3]\begin{bmatrix}1&0&0\\1&1&0\\1&1&1\end{bmatrix}$,

令 $\boldsymbol{P}=\begin{bmatrix}1&0&0\\1&1&0\\1&1&1\end{bmatrix}$,则 $|\boldsymbol{B}|=|\boldsymbol{A}||\boldsymbol{P}|$,由于矩阵 $\boldsymbol{A}$ 可逆,有 $|\boldsymbol{A}|\neq 0$,而 $|\boldsymbol{P}|=1\neq 0$,则 $|\boldsymbol{B}|\neq 0$,故 $\boldsymbol{B}$ 可逆. 同理

$$\boldsymbol{C}=[\boldsymbol{\alpha}_1-\boldsymbol{\alpha}_2,\boldsymbol{\alpha}_2-\boldsymbol{\alpha}_3,\boldsymbol{\alpha}_3-\boldsymbol{\alpha}_1],\boldsymbol{C}=[\boldsymbol{\alpha}_1,\boldsymbol{\alpha}_2,\boldsymbol{\alpha}_3]\begin{bmatrix}1&0&-1\\-1&1&0\\0&-1&1\end{bmatrix},$$

令 $\boldsymbol{Q}=\begin{bmatrix}1&0&-1\\-1&1&0\\0&-1&1\end{bmatrix}$,则 $|\boldsymbol{C}|=|\boldsymbol{A}||\boldsymbol{Q}|$.

而 $|\boldsymbol{Q}|=0$,则 $|\boldsymbol{C}|=0$,故 $\boldsymbol{C}$ 不可逆. 答案应选(B).

注 此题的求解方法很多,但分块矩阵的乘法运算能够解决很多线性代数问题,这是考生必须熟练掌握的重点内容,例如:

(1) 用初等行变换求 $\boldsymbol{A}^{-1}$ 的过程,即为 $\boldsymbol{A}^{-1}(\boldsymbol{A},\boldsymbol{E})=(\boldsymbol{E},\boldsymbol{A}^{-1})$.

(2) 用初等行变换求 $\boldsymbol{A}^{-1}\boldsymbol{B}$ 的过程,即为 $\boldsymbol{A}^{-1}(\boldsymbol{A},\boldsymbol{B})=(\boldsymbol{E},\boldsymbol{A}^{-1}\boldsymbol{B})$.

(3)$\boldsymbol{AB}=\boldsymbol{A}(\boldsymbol{b}_1,\boldsymbol{b}_2,\cdots,\boldsymbol{b}_n)=(\boldsymbol{Ab}_1,\boldsymbol{Ab}_2,\cdots,\boldsymbol{Ab}_n)$.

(4) 向量组 $\boldsymbol{A}=[\boldsymbol{a}_1,\boldsymbol{a}_2\cdots,\boldsymbol{a}_n]$ 可以由向量组 $\boldsymbol{B}=[\boldsymbol{b}_1,\boldsymbol{b}_2\cdots,\boldsymbol{b}_m]$ 线性表示.

【例 2.25】(2008,1,2,3) 设 $\boldsymbol{A}$ 为 n 阶非零矩阵,$\boldsymbol{E}$ 为 n 阶单位矩阵,若 $\boldsymbol{A}^3=\boldsymbol{0}$,则(　　).

(A)$\boldsymbol{E}-\boldsymbol{A}$ 不可逆,$\boldsymbol{E}+\boldsymbol{A}$ 不可逆

(B)$\boldsymbol{E}-\boldsymbol{A}$ 不可逆,$\boldsymbol{E}+\boldsymbol{A}$ 可逆

(C)$\boldsymbol{E}-\boldsymbol{A}$ 可逆,$\boldsymbol{E}+\boldsymbol{A}$ 可逆

(D)$\boldsymbol{E}-\boldsymbol{A}$ 可逆,$\boldsymbol{E}+\boldsymbol{A}$ 不可逆

【分析】从已知条件 $\boldsymbol{A}^3=\boldsymbol{0}$ 出发,分别找出 $(\boldsymbol{E}-\boldsymbol{A})(?)=\boldsymbol{E}$,或 $(\boldsymbol{E}+\boldsymbol{A})(?)=\boldsymbol{E}$.

【解】由于 $\boldsymbol{A}^3=\boldsymbol{0}$,则有 $\boldsymbol{A}^3+\boldsymbol{E}=\boldsymbol{E}$ 和 $\boldsymbol{A}^3-\boldsymbol{E}=-\boldsymbol{E}$,于是有 $(\boldsymbol{A}+\boldsymbol{E})(\boldsymbol{A}^2-\boldsymbol{A}+\boldsymbol{E})=\boldsymbol{E}$,$(\boldsymbol{A}-\boldsymbol{E})(\boldsymbol{A}^2+\boldsymbol{A}+\boldsymbol{E})=-\boldsymbol{E}$,则矩阵 $\boldsymbol{E}-\boldsymbol{A}$ 和 $\boldsymbol{E}+\boldsymbol{A}$ 都可逆,故选择(C).

注 由于 $\boldsymbol{AE}=\boldsymbol{EA}$，因此有以下公式：

(1) $\boldsymbol{A}^3-\boldsymbol{E}=(\boldsymbol{A}-\boldsymbol{E})(\boldsymbol{A}^2+\boldsymbol{A}+\boldsymbol{E})$.

(2) $\boldsymbol{A}^3+\boldsymbol{E}=(\boldsymbol{A}+\boldsymbol{E})(\boldsymbol{A}^2-\boldsymbol{A}+\boldsymbol{E})$.

题型 3　伴随矩阵

【例 2.26】 已知 $\boldsymbol{A}=\begin{bmatrix}0&0&0&\frac{1}{5}\\ \frac{1}{2}&0&0&0\\ 0&\frac{1}{3}&0&0\\ 0&0&\frac{1}{4}&0\end{bmatrix}$，那么行列式 $|\boldsymbol{A}|$ 的所有元素的代数余子式之和为________.

【分析】 行列式 $|\boldsymbol{A}|$ 的所有元素的代数余子式之和就是矩阵 $\boldsymbol{A}$ 的伴随矩阵 $\boldsymbol{A}^*$ 的所有元素之和，故只要求得伴随矩阵 $\boldsymbol{A}^*$ 即可.

【解】 根据分块矩阵的行列式公式，有

$$|\boldsymbol{A}|=\begin{vmatrix}0&0&0&\frac{1}{5}\\ \frac{1}{2}&0&0&0\\ 0&\frac{1}{3}&0&0\\ 0&0&\frac{1}{4}&0\end{vmatrix}=(-1)^{1+4}\frac{1}{5}\begin{vmatrix}\frac{1}{2}&0&0\\ 0&\frac{1}{3}&0\\ 0&0&\frac{1}{4}\end{vmatrix}=-\frac{1}{5!}$$

根据分块矩阵的求逆公式，有

$$\boldsymbol{A}^{-1}=\begin{bmatrix}0&0&0&\frac{1}{5}\\ \frac{1}{2}&0&0&0\\ 0&\frac{1}{3}&0&0\\ 0&0&\frac{1}{4}&0\end{bmatrix}^{-1}=\begin{bmatrix}0&2&0&0\\ 0&0&3&0\\ 0&0&0&4\\ 5&0&0&0\end{bmatrix},$$

根据伴随矩阵公式，有

$$\boldsymbol{A}^*=|\boldsymbol{A}|\boldsymbol{A}^{-1}=-\frac{1}{5!}\begin{bmatrix}0&2&0&0\\ 0&0&3&0\\ 0&0&0&4\\ 5&0&0&0\end{bmatrix},$$

则

$$\sum A_{ij}=-\frac{1}{5!}(2+3+4+5)=\frac{7}{60}.$$

注 本题考查了分块矩阵的行列式公式、分块矩阵的求逆公式和伴随矩阵的概念.考生在遇到分块对角矩阵时，最好用笔画2条直线把矩阵分成4块这种简单的操作可以把分块矩阵变得非常醒目.

【例2.27】 已知 $\boldsymbol{A}=\frac{1}{3}\begin{bmatrix}6&0&2\\9&5&9\\0&0&6\end{bmatrix}$，则 $(\boldsymbol{A}^{-1})^{*}=$ ________.

【分析】 利用公式 $(\boldsymbol{A}^{-1})^{*}=(\boldsymbol{A}^{*})^{-1}=\frac{\boldsymbol{A}}{|\boldsymbol{A}|}$ 解题.

【解】 $|\boldsymbol{A}|=\frac{1}{27}\begin{vmatrix}6&0&2\\9&5&9\\0&0&6\end{vmatrix}=\frac{20}{3}$，则 $(\boldsymbol{A}^{-1})^{*}=\frac{\boldsymbol{A}}{|\boldsymbol{A}|}=\frac{3}{20}\begin{bmatrix}6&0&2\\9&5&9\\0&0&6\end{bmatrix}$.

注 矩阵的运算公式较多，考生应该牢记相关公式，本题考查了两个基本运算公式：

(1) $(\boldsymbol{A}^{-1})^{*}=(\boldsymbol{A}^{*})^{-1}=\frac{\boldsymbol{A}}{|\boldsymbol{A}|}$.

(2) $|k\boldsymbol{A}|=k^{n}|\boldsymbol{A}|$ ($\boldsymbol{A}$ 为 n 阶方阵).

在考试中，很多考生把第(2)个公式错误地写为 $|k\boldsymbol{A}|=k|\boldsymbol{A}|$.

【例2.28】 (2009.1,2,3) 设 $\boldsymbol{A}$、$\boldsymbol{B}$ 均为2阶矩阵，$\boldsymbol{A}^{*}$、$\boldsymbol{B}^{*}$ 分别为 $\boldsymbol{A}$、$\boldsymbol{B}$ 的伴随矩阵.若 $|\boldsymbol{A}|=2$，$|\boldsymbol{B}|=3$，则分块矩阵 $\begin{bmatrix}\boldsymbol{O}&\boldsymbol{A}\\\boldsymbol{B}&\boldsymbol{O}\end{bmatrix}$ 的伴随矩阵为[　　].

(A) $\begin{bmatrix}\boldsymbol{O}&3\boldsymbol{B}^{*}\\2\boldsymbol{A}^{*}&\boldsymbol{O}\end{bmatrix}$　　(B) $\begin{bmatrix}\boldsymbol{O}&2\boldsymbol{B}^{*}\\3\boldsymbol{A}^{*}&\boldsymbol{O}\end{bmatrix}$

(C) $\begin{bmatrix}\boldsymbol{O}&3\boldsymbol{A}^{*}\\2\boldsymbol{B}^{*}&\boldsymbol{O}\end{bmatrix}$　　(D) $\begin{bmatrix}\boldsymbol{O}&2\boldsymbol{A}^{*}\\3\boldsymbol{B}^{*}&\boldsymbol{O}\end{bmatrix}$

【分析】 利用公式 $\boldsymbol{A}^{*}=|\boldsymbol{A}|\boldsymbol{A}^{-1}$ 求解.

【解】 设 $\boldsymbol{C}=\begin{bmatrix}\boldsymbol{O}&\boldsymbol{A}\\\boldsymbol{B}&\boldsymbol{O}\end{bmatrix}$，由于 $|\boldsymbol{A}|=2\neq 0$，$|\boldsymbol{B}|=3\neq 0$，则矩阵 $\boldsymbol{A}$ 和 $\boldsymbol{B}$ 都可逆，于是有

$$\boldsymbol{C}^{*}=|\boldsymbol{C}|\boldsymbol{C}^{-1}=\begin{vmatrix}\boldsymbol{O}&\boldsymbol{A}\\\boldsymbol{B}&\boldsymbol{O}\end{vmatrix}\begin{bmatrix}\boldsymbol{O}&\boldsymbol{A}\\\boldsymbol{B}&\boldsymbol{O}\end{bmatrix}^{-1}=(-1)^{2\times 2}|\boldsymbol{A}||\boldsymbol{B}|\begin{bmatrix}\boldsymbol{O}&\boldsymbol{B}^{-1}\\\boldsymbol{A}^{-1}&\boldsymbol{O}\end{bmatrix}$$

$$=\begin{bmatrix}\boldsymbol{O}&|\boldsymbol{A}|\boldsymbol{B}^{*}\\|\boldsymbol{B}|\boldsymbol{A}^{*}&\boldsymbol{O}\end{bmatrix}=\begin{bmatrix}\boldsymbol{O}&2\boldsymbol{B}^{*}\\3\boldsymbol{A}^{*}&\boldsymbol{O}\end{bmatrix}$$

故选择(B).

注 本题考查以下知识点：

(1) $|\boldsymbol{A}|\neq 0\Leftrightarrow\boldsymbol{A}$ 可逆.

(2) $\boldsymbol{A}^{*}=|\boldsymbol{A}|\boldsymbol{A}^{-1}$.

(3) $\boldsymbol{A}^{-1}=|\boldsymbol{A}|^{-1}\boldsymbol{A}^{*}$.

(4) $\begin{vmatrix} \boldsymbol{C} & \boldsymbol{A}_m \\ \boldsymbol{B}_n & \boldsymbol{O} \end{vmatrix} = \begin{vmatrix} \boldsymbol{O} & \boldsymbol{A}_m \\ \boldsymbol{B}_n & \boldsymbol{D} \end{vmatrix} = (-1)^{mn} \, |\boldsymbol{A}|\,|\boldsymbol{B}|$.

(5) $\begin{bmatrix} & & & \boldsymbol{A}_1 \\ & & \boldsymbol{A}_2 & \\ & \iddots & & \\ \boldsymbol{A}_n & & & \end{bmatrix}^{-1} = \begin{bmatrix} & & & \boldsymbol{A}_n^{-1} \\ & & \iddots & \\ & \boldsymbol{A}_2^{-1} & & \\ \boldsymbol{A}_1^{-1} & & & \end{bmatrix}$（设 $\boldsymbol{A}_i(i=1,2,\cdots,n)$ 为可逆方阵）.

题型 4　初等变换与初等矩阵

初等变换与初等矩阵是考研的高频题型，考生一定要熟练掌握.

【例 2.29】设

$$\boldsymbol{A} = \begin{bmatrix} 1 & 4 & 11 & 20 \\ 2 & 3 & 12 & 22 \\ 3 & 2 & 13 & 27 \\ 4 & 1 & 19 & 29 \end{bmatrix}, \boldsymbol{B} = \begin{bmatrix} 20 & 11 & 4 & 1 \\ 22 & 12 & 3 & 2 \\ 27 & 13 & 2 & 3 \\ 29 & 19 & 1 & 4 \end{bmatrix},$$

$$\boldsymbol{P}_1 = \begin{bmatrix} 1 & 0 & 0 & 0 \\ 0 & 0 & 1 & 0 \\ 0 & 1 & 0 & 0 \\ 0 & 0 & 0 & 1 \end{bmatrix}, \boldsymbol{P}_2 = \begin{bmatrix} 0 & 0 & 0 & 1 \\ 0 & 1 & 0 & 0 \\ 0 & 0 & 1 & 0 \\ 1 & 0 & 0 & 0 \end{bmatrix}.$$

则 $\boldsymbol{B}^{-1}$ 等于[　　].

(A)$\boldsymbol{A}^{-1}\boldsymbol{P}_1\boldsymbol{P}_2$　　(B)$\boldsymbol{P}_1\boldsymbol{A}^{-1}\boldsymbol{P}_2$　　(C)$\boldsymbol{P}_1\boldsymbol{P}_2\boldsymbol{A}^{-1}$　　(D)$\boldsymbol{P}_2\boldsymbol{A}^{-1}\boldsymbol{P}_1$

【分析】$\boldsymbol{P}_1$ 与 $\boldsymbol{P}_2$ 是初等矩阵，而矩阵 $\boldsymbol{A}$ 和矩阵 $\boldsymbol{B}$ 的列元素相同，但所在位置不同. 根据初等矩阵与初等变换的知识解题.

【解】通过分析矩阵 $\boldsymbol{A}$ 和 $\boldsymbol{B}$ 的元素结构，可以发现矩阵 $\boldsymbol{A}$ 与 $\boldsymbol{B}$ 的关系如下：

$$\boldsymbol{A} \xrightarrow[c_1 \leftrightarrow c_4]{c_2 \leftrightarrow c_3} \boldsymbol{B}$$

而初等矩阵 $\boldsymbol{P}_1$ 与 $\boldsymbol{P}_2$ 和单位矩阵 $\boldsymbol{E}$ 的关系如下：

$$\boldsymbol{E} \xrightarrow{c_2 \leftrightarrow c_3} \boldsymbol{P}_1, \boldsymbol{E} \xrightarrow{c_1 \leftrightarrow c_4} \boldsymbol{P}_2$$

所以有 $\boldsymbol{AP}_1\boldsymbol{P}_2 = \boldsymbol{B}$ 或 $\boldsymbol{AP}_2\boldsymbol{P}_1 = \boldsymbol{B}$，则 $\boldsymbol{B}^{-1} = \boldsymbol{P}_2^{-1}\boldsymbol{P}_1^{-1}\boldsymbol{A}^{-1}$ 或 $\boldsymbol{B}^{-1} = \boldsymbol{P}_1^{-1}\boldsymbol{P}_2^{-1}\boldsymbol{A}^{-1}$，

而 $\boldsymbol{P}_1^{-1} = \boldsymbol{P}_1, \boldsymbol{P}_2^{-1} = \boldsymbol{P}_2$，故 $\boldsymbol{B}^{-1} = \boldsymbol{P}_2\boldsymbol{P}_1\boldsymbol{A}^{-1}$ 或 $\boldsymbol{B}^{-1} = \boldsymbol{P}_1\boldsymbol{P}_2\boldsymbol{A}^{-1}$，所以选(C).

注 本题考查了以下知识点：

(1) 已知矩阵 $\boldsymbol{A}$、$\boldsymbol{B}$ 满足 $\boldsymbol{PA} = \boldsymbol{B}$，其中 $\boldsymbol{P}$ 为初等矩阵，则矩阵 $\boldsymbol{B}$ 为矩阵 $\boldsymbol{A}$ 进行一次初等行变换的结果，而行变换的种类由初等方阵 $\boldsymbol{P}$ 的种类决定. 若初等矩阵 $\boldsymbol{P}$ 是单位矩阵 $\boldsymbol{E}$ 的第 i 行和第 j 行交换而得到的，那么矩阵 $\boldsymbol{B}$ 就为矩阵 $\boldsymbol{A}$ 的第 i 行和第 j 行交换的结果.

(2) 已知矩阵 $\boldsymbol{A}$、$\boldsymbol{B}$ 满足 $\boldsymbol{AP} = \boldsymbol{B}$，其中 $\boldsymbol{P}$ 为初等矩阵，则矩阵 $\boldsymbol{B}$ 为矩阵 $\boldsymbol{A}$ 进行一次初等列变换的结果，而列变换的种类由初等方阵 $\boldsymbol{P}$ 的种类决定. 若初等矩阵 $\boldsymbol{P}$ 是单位矩阵 $\boldsymbol{E}$ 第 i 列的 k 倍加到第 j 列上而得到的，那么矩阵 $\boldsymbol{B}$ 就为矩阵 $\boldsymbol{A}$ 第 i 列的 k 倍加到第 j

列上的结果.

(3) 初等矩阵的逆仍然是初等矩阵,如:

$$\begin{bmatrix}1&0&0\\0&0&1\\0&1&0\end{bmatrix}^{-1}=\begin{bmatrix}1&0&0\\0&0&1\\0&1&0\end{bmatrix}$$

$$\begin{bmatrix}1&0&0\\0&1&0\\0&0&3\end{bmatrix}^{-1}=\begin{bmatrix}1&0&0\\0&1&0\\0&0&\frac{1}{3}\end{bmatrix}$$

$$\begin{bmatrix}1&0&0\\0&1&0\\5&0&1\end{bmatrix}^{-1}=\begin{bmatrix}1&0&0\\0&1&0\\-5&0&1\end{bmatrix}$$

(4) 公式 $(\boldsymbol{ABC})^{-1}=\boldsymbol{C}^{-1}\boldsymbol{B}^{-1}\boldsymbol{A}^{-1}$.

【例 2.30】 设 $\boldsymbol{A}$ 为 $n(n>1)$ 阶可逆矩阵,交换 $\boldsymbol{A}$ 的第 1 行与第 2 行得到矩阵 $\boldsymbol{B}$,$\boldsymbol{A}^*$、$\boldsymbol{B}^*$ 分别为矩阵 $\boldsymbol{A}$、$\boldsymbol{B}$ 的伴随矩阵,则[　　].

(A) 交换 $\boldsymbol{A}^*$ 的第 1 行与第 2 行得到 $\boldsymbol{B}^*$

(B) 交换 $\boldsymbol{A}^*$ 的第 1 列与第 2 列得到 $\boldsymbol{B}^*$

(C) 交换 $\boldsymbol{A}^*$ 的第 1 行与第 2 行得到 $-\boldsymbol{B}^*$

(D) 交换 $\boldsymbol{A}^*$ 的第 1 列与第 2 列得到 $-\boldsymbol{B}^*$

【分析】 矩阵 $\boldsymbol{A}$ 进行一次初等行变换变为了矩阵 $\boldsymbol{B}$,写出其等式关系,再运用伴随矩阵的公式解题.

【解】 根据题意有 $\boldsymbol{PA}=\boldsymbol{B}$,其中 $\boldsymbol{P}$ 为初等矩阵,且是交换 n 阶单位矩阵 $\boldsymbol{E}$ 的第 1 行与第 2 行而得到的,则有 $|\boldsymbol{P}|=-1$,$\boldsymbol{P}^{-1}=\boldsymbol{P}$.

对等式 $\boldsymbol{PA}=\boldsymbol{B}$ 两边求伴随矩阵,即 $(\boldsymbol{PA})^*=\boldsymbol{B}^*$,则有 $\boldsymbol{A}^*\boldsymbol{P}^*=\boldsymbol{B}^*$,而 $\boldsymbol{P}^*=|\boldsymbol{P}|\boldsymbol{P}^{-1}=-\boldsymbol{P}$,所以有 $\boldsymbol{A}^*\boldsymbol{P}=-\boldsymbol{B}^*$,故应选(D).

注 本题除了考查初等矩阵 $\boldsymbol{P}$ 左乘矩阵 $\boldsymbol{A}$ 和右乘矩阵 $\boldsymbol{A}$ 的意义、初等矩阵的行列式及初等矩阵的逆等知识点以外,还考查了公式 $(\boldsymbol{AB})^*=\boldsymbol{B}^*\boldsymbol{A}^*$. 伴随矩阵在考研试题中频繁出现,考生一定要熟练掌握伴随矩阵的各种公式.

【例 2.31】 计算 $\begin{bmatrix}1&2&0\\0&1&0\\0&0&1\end{bmatrix}^{100}\begin{bmatrix}9&3&2\\1&2&3\\0&1&2\end{bmatrix}\begin{bmatrix}0&0&1\\0&1&0\\1&0&0\end{bmatrix}^{101}$.

【分析】 观察做幂运算的矩阵为初等矩阵,所以可以利用初等矩阵的性质解题.

【解】 设初等矩阵 $\boldsymbol{P}_1=\begin{bmatrix}1&2&0\\0&1&0\\0&0&1\end{bmatrix}$,$\boldsymbol{P}_2=\begin{bmatrix}0&0&1\\0&1&0\\1&0&0\end{bmatrix}$,3 阶方阵 $\boldsymbol{A}=\begin{bmatrix}9&3&2\\1&2&3\\0&1&2\end{bmatrix}$.

其中 $\boldsymbol{P}_1$ 为 3 阶单位矩阵 $\boldsymbol{E}$ 第 2 行的 2 倍加到第 1 行上的结果,所以矩阵 $\boldsymbol{B}$

$=P_1^{100}A$ 就是对矩阵 A 进行了 100 次初等行变换的结果，每次都是把矩阵 A 第 2 行的 2 倍加到第 1 行上. 则

$$B=P_1^{100}A=\begin{bmatrix}1&2&0\\0&1&0\\0&0&1\end{bmatrix}^{100}\begin{bmatrix}9&3&2\\1&2&3\\0&1&2\end{bmatrix}$$

$$=\begin{bmatrix}9+1\times2\times100&3+2\times2\times100&2+3\times2\times100\\1&2&3\\0&1&2\end{bmatrix}$$

$$=\begin{bmatrix}209&403&602\\1&2&3\\0&1&2\end{bmatrix}$$

同理，P_2 为 3 阶单位矩阵 E 第 1 列与第 3 列交换的结果，令 $C=BP_2^{101}$，所以矩阵 $C=BP_2^{101}$ 就是对矩阵 B 进行了 101 次初等列变换的结果，每次都是把矩阵 B 第 1 列与第 3 列交换. 则

$$C=BP_2^{101}=\begin{bmatrix}209&403&602\\1&2&3\\0&1&2\end{bmatrix}\begin{bmatrix}0&0&1\\0&1&0\\1&0&0\end{bmatrix}^{101}=\begin{bmatrix}602&403&209\\3&2&1\\2&1&0\end{bmatrix}$$

故 $C=P_1^{100}AP_2^{101}=\begin{bmatrix}602&403&209\\3&2&1\\2&1&0\end{bmatrix}$

注 本题为求初等矩阵 P 的幂运算，P^nA 的结果为对矩阵 A 进行 n 次相同的初等行变换，而 AP^n 的结果为对矩阵 A 进行 n 次相同的初等列变换.

【例 2.32】(2012.1,2,3) 设 A 为 3 阶矩阵，P 为 3 阶可逆矩阵，且 $P^{-1}AP=\begin{bmatrix}1&0&0\\0&1&0\\0&0&2\end{bmatrix}$. 若 $P=(\boldsymbol{\alpha}_1,\boldsymbol{\alpha}_2,\boldsymbol{\alpha}_3)$，$Q=(\boldsymbol{\alpha}_1+\boldsymbol{\alpha}_2,\boldsymbol{\alpha}_2,\boldsymbol{\alpha}_3)$，

则 $Q^{-1}AQ=$［　　］.

(A) $\begin{bmatrix}1&0&0\\0&2&0\\0&0&1\end{bmatrix}$　　(B) $\begin{bmatrix}1&0&0\\0&1&0\\0&0&2\end{bmatrix}$　　(C) $\begin{bmatrix}2&0&0\\0&1&0\\0&0&2\end{bmatrix}$　　(D) $\begin{bmatrix}2&0&0\\0&2&0\\0&0&1\end{bmatrix}$

【分析】 根据已知条件，写出矩阵 P 和 Q 的等式关系，再利用初等矩阵性质解题.

【解】 因为 $P=(\boldsymbol{\alpha}_1,\boldsymbol{\alpha}_2,\boldsymbol{\alpha}_3)$，$Q=(\boldsymbol{\alpha}_1+\boldsymbol{\alpha}_2,\boldsymbol{\alpha}_2,\boldsymbol{\alpha}_3)$

且 $(\boldsymbol{\alpha}_1+\boldsymbol{\alpha}_2,\boldsymbol{\alpha}_2,\boldsymbol{\alpha}_3)=(\boldsymbol{\alpha}_1,\boldsymbol{\alpha}_2,\boldsymbol{\alpha}_3)\begin{bmatrix}1&0&0\\1&1&0\\0&0&1\end{bmatrix}$，所以有 $Q=PK$.

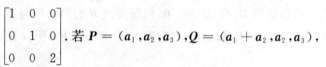

其中 $K=\begin{bmatrix}1&0&0\\1&1&0\\0&0&1\end{bmatrix}$，$K$ 为初等矩阵，它是单位矩阵 E 的第 2 列的 1 倍加到第 1 列的结果；其逆也是初等矩阵 $K^{-1}=\begin{bmatrix}1&0&0\\-1&1&0\\0&0&1\end{bmatrix}$，它是单位矩阵 E 的第 1 行的 -1 倍加到第 2 行中的结果.

故 $Q^{-1}AQ=K^{-1}(P^{-1}AP)K$，又已知 $P^{-1}AP=\begin{bmatrix}1&0&0\\0&1&0\\0&0&2\end{bmatrix}$，根据初等矩阵性质可知：$Q^{-1}AQ=\begin{bmatrix}1&0&0\\0&1&0\\0&0&2\end{bmatrix}$，故选择(B).

注 善于用矩阵等式来描述矩阵之间的关系，要熟悉掌握初等矩阵及其各种性质. 可以利用选择题的解题技巧，根据相似矩阵性质排除选项(C) 和(D)，再进一步验证(A) 和(B).

【例 2.33】(2011.1,2,3) 设 A 为 3 阶矩阵，将 A 的第 2 列加到第 1 列得矩阵 B，再交换矩阵 B 的第 2 行与第 3 行得单位矩阵，记

$$P_1=\begin{bmatrix}1&0&0\\1&1&0\\0&0&1\end{bmatrix},P_2=\begin{bmatrix}1&0&0\\0&0&1\\0&1&0\end{bmatrix},$$

则 $A=$ [　　].

(A) P_1P_2　　(B) $P_1^{-1}P_2$　　(C) P_2P_1　　(D) $P_2P_1^{-1}$

【分析】 根据已知条件写出矩阵 B 和单位矩阵 E 的关系式，进一步解题.

【解】 将 A 的第 2 列加到第 1 列得矩阵 B，有 $AP_1=B$，根据交换 B 的第 2 行与第 3 行得单位矩阵，有 $P_2B=E$，则有 $P_2AP_1=E$，故 $A=P_2^{-1}EP_1^{-1}$，而 $P_2^{-1}=P_2$，所以有 $A=P_2P_1^{-1}$ 答案选择(D).

注 初等矩阵是考研的高频考题，考生一定要特别重视.

题型 5　矩阵方程

【例 2.34】 设 $A=\begin{bmatrix}0&1&1\\-1&1&1\\1&0&1\end{bmatrix}$，$B=\begin{bmatrix}1&2\\-1&3\\0&-2\end{bmatrix}$，矩阵 X 满足 $2X=AX+B$，则 $X=$ ________.

【分析】 观察矩阵方程，把含有矩阵 X 的项移到等式的同一边，然后把矩阵 X 提取出来，从而解得矩阵 X.

【解】 $2X=AX+B$，$2X-AX=B$，$(2E-A)X=B$，$|2E-A|=1\neq 0$.

故矩阵$(2\boldsymbol{E}-\boldsymbol{A})$可逆,故用矩阵的初等行变换求$\boldsymbol{X}$.

$$(2\boldsymbol{E}-\boldsymbol{A}\vdots\boldsymbol{B})=\left[\begin{array}{ccc|cc}2&-1&-1&1&2\\1&1&-1&-1&3\\-1&0&1&0&-2\end{array}\right]\xrightarrow{r_1\leftrightarrow r_2}\left[\begin{array}{ccc|cc}1&1&-1&-1&3\\2&-1&-1&1&2\\-1&0&1&0&-2\end{array}\right]$$

$$\xrightarrow[r_2-2r_1]{r_3+r_1}\left[\begin{array}{ccc|cc}1&1&-1&-1&3\\0&-3&1&3&-4\\0&1&0&-1&1\end{array}\right]\xrightarrow{r_2\leftrightarrow r_3}\left[\begin{array}{ccc|cc}1&1&-1&-1&3\\0&1&0&-1&1\\0&-3&1&3&-4\end{array}\right]$$

$$\xrightarrow{r_3+3r_2}\left[\begin{array}{ccc|cc}1&1&-1&-1&3\\0&1&0&-1&1\\0&0&1&0&-1\end{array}\right]\xrightarrow[r_1+r_3]{r_1-r_2}\left[\begin{array}{ccc|cc}1&0&0&0&1\\0&1&0&-1&1\\0&0&1&0&-1\end{array}\right]$$

所以$\boldsymbol{X}=\begin{bmatrix}0&1\\-1&1\\0&-1\end{bmatrix}$.

注 对矩阵方程,经过移项变形后,有以下三种可能的形式:

$$\boldsymbol{AX}=\boldsymbol{B},\boldsymbol{XA}=\boldsymbol{B},\boldsymbol{AXC}=\boldsymbol{B}$$

若矩阵$\boldsymbol{A}$、$\boldsymbol{C}$可逆,则依次有$\boldsymbol{X}=\boldsymbol{A}^{-1}\boldsymbol{B},\boldsymbol{X}=\boldsymbol{BA}^{-1},\boldsymbol{X}=\boldsymbol{A}^{-1}\boldsymbol{BC}^{-1}$,考生在做此类题目中最容易把左乘和右乘混淆,所以一定要特别注意.

【例 2.35】 设矩阵$\boldsymbol{A}$的伴随矩阵$\boldsymbol{A}^*=\begin{bmatrix}2&1&0&0\\3&2&0&0\\0&0&2&-2\\0&0&2&2\end{bmatrix}$,矩阵$\boldsymbol{B}$满足$\boldsymbol{ABA}^*=\boldsymbol{BA}^*+6\boldsymbol{E}$,$\boldsymbol{E}$为 4 阶单位矩阵,则矩阵$\boldsymbol{B}=$________.

【分析】 求矩阵$\boldsymbol{B}$,则要把含有矩阵$\boldsymbol{B}$的项合并,并把$\boldsymbol{B}$提取出来. 而$\boldsymbol{ABA}^*$却把$\boldsymbol{B}$包围着,所以首先要把矩阵$\boldsymbol{B}$剥离出来.

【解】 根据公式$\boldsymbol{AA}^*=\boldsymbol{A}^*\boldsymbol{A}=|\boldsymbol{A}|E$,对等式$\boldsymbol{ABA}^*=\boldsymbol{BA}^*+6\boldsymbol{E}$两边右乘$\boldsymbol{A}$、左乘有$\boldsymbol{A}^*$,有

$$\boldsymbol{A}^*\boldsymbol{ABA}^*\boldsymbol{A}=\boldsymbol{A}^*\boldsymbol{BA}^*\boldsymbol{A}+6\boldsymbol{A}^*\boldsymbol{A}$$

则

$$|\boldsymbol{A}|^2\boldsymbol{B}=|\boldsymbol{A}|\boldsymbol{A}^*\boldsymbol{B}+6|\boldsymbol{A}|\boldsymbol{E}$$

分析对角分块矩阵$\boldsymbol{A}^*$,可以求得$|\boldsymbol{A}^*|=8$;又根据公式$|\boldsymbol{A}^*|=|\boldsymbol{A}|^{4-1}$,知$|\boldsymbol{A}|=2$,代入上式,有$(2\boldsymbol{E}-\boldsymbol{A}^*)\boldsymbol{B}=6\boldsymbol{E}$,故

$$\boldsymbol{B}=6(2\boldsymbol{E}-\boldsymbol{A}^*)^{-1}=6\begin{bmatrix}0&-1&0&0\\-3&0&0&0\\0&0&0&2\\0&0&-2&0\end{bmatrix}^{-1}$$

$$= 6\begin{bmatrix} 0 & -\frac{1}{3} & 0 & 0 \\ -1 & 0 & 0 & 0 \\ 0 & 0 & 0 & -\frac{1}{2} \\ 0 & 0 & \frac{1}{2} & 0 \end{bmatrix} = \begin{bmatrix} 0 & -2 & 0 & 0 \\ -6 & 0 & 0 & 0 \\ 0 & 0 & 0 & -3 \\ 0 & 0 & 3 & 0 \end{bmatrix}$$

矩阵方程中的未知矩阵 $\boldsymbol{X}$ 往往被夹在两个矩阵的中间，如 $\boldsymbol{AXB}$，把矩阵 $\boldsymbol{X}$ 剥离出来的方法是“从左看，从右看，相同矩阵是关键”. 下面给出 4 个例子来进一步说明该方法.

(1)$\boldsymbol{A}$ 为已知可逆矩阵，且有 $\boldsymbol{AXA} = \boldsymbol{XA} + 2\boldsymbol{A}$，求 $\boldsymbol{X}$.

解法：从右向左看矩阵等式，发现每一项都有 $\boldsymbol{A}$，所以对矩阵等式两边右乘 $\boldsymbol{A}^{-1}$，则有 $\boldsymbol{AX} = \boldsymbol{X} + 2\boldsymbol{E}$，再进一步求解 $\boldsymbol{X}$.

(2)$\boldsymbol{A}$ 为已知可逆矩阵，且有 $\boldsymbol{A}^*\boldsymbol{XA} = \boldsymbol{A}^{-1} + 2\boldsymbol{A}^{-1}\boldsymbol{X}$，求 $\boldsymbol{X}$.

解法：从左向右看矩阵等式，可以看到两个 $\boldsymbol{A}^{-1}$ 和一个 $\boldsymbol{A}^*$，所以对矩阵式左乘矩阵 $\boldsymbol{A}$，则有 $|\boldsymbol{A}|\boldsymbol{XA} = \boldsymbol{E} + 2\boldsymbol{X}$，再进一步求解 $\boldsymbol{X}$.

(3)$\boldsymbol{A}$ 为已知可逆矩阵，且有 $\boldsymbol{AXA}^{-1} = \boldsymbol{AX} + 3\boldsymbol{E}$，求 $\boldsymbol{X}$.

解法：从左向右看矩阵方程，可以看到两个 $\boldsymbol{A}$，所以对矩阵等式两边左乘 $\boldsymbol{A}^{-1}$；另外，当左乘 $\boldsymbol{A}^{-1}$ 后，再从右向左看矩阵等式，又可以看到两个 $\boldsymbol{A}^{-1}$，故对矩阵等式两边再右乘 $\boldsymbol{A}$，则有 $\boldsymbol{X} = \boldsymbol{XA} + 3\boldsymbol{E}$，再进一步求 $\boldsymbol{X}$.

(4) 矩阵 $\boldsymbol{A}$、$\boldsymbol{B}$ 都已知，且有 $\boldsymbol{AXA} + 2\boldsymbol{BXB} - 2\boldsymbol{E} = 2\boldsymbol{AXB} + \boldsymbol{BXA}$，求 $\boldsymbol{X}$.

解法：从左向右看，发现矩阵方程有两个 $\boldsymbol{AX}$ 和两个 $\boldsymbol{BX}$，此题可以通过移项把相同的矩阵提取出来：

$$\boldsymbol{AXA} - 2\boldsymbol{AXB} - (\boldsymbol{BXA} - 2\boldsymbol{BXB}) = 2\boldsymbol{E}$$

$$\boldsymbol{AX}(\boldsymbol{A} - 2\boldsymbol{B}) - \boldsymbol{BX}(\boldsymbol{A} - 2\boldsymbol{B}) = 2\boldsymbol{E}$$

$$(\boldsymbol{A} - \boldsymbol{B})\boldsymbol{X}(\boldsymbol{A} - 2\boldsymbol{B}) = 2\boldsymbol{E}$$

则有 $\boldsymbol{X} = 2(\boldsymbol{A}-\boldsymbol{B})^{-1}(\boldsymbol{A}-2\boldsymbol{B})^{-1}$，此题也可以从右向左看，发现矩阵方程有两个 $\boldsymbol{XA}$ 和两个 $\boldsymbol{XB}$，用类似的方法可以得到相同的答案.

题型 6　矩阵的秩

矩阵的秩是线性代数中一个重要概念，考生要把矩阵的秩、向量组的秩及方程组的解联系起来复习.

【例 2.36】 设 $\boldsymbol{A}$ 为 $n(n \geqslant 2)$ 阶方阵，$\boldsymbol{A}^*$ 为 $\boldsymbol{A}$ 的伴随矩阵，

证明：$r(\boldsymbol{A}^*) = \begin{cases} n, & r(\boldsymbol{A}) = n \\ 1, & r(\boldsymbol{A}) = n-1 \\ 0, & r(\boldsymbol{A}) < n-1 \end{cases}$

【分析】 讨论伴随矩阵，首先联想到关于伴随矩阵的重要公式 $\boldsymbol{AA}^* = \boldsymbol{A}^*\boldsymbol{A} = |\boldsymbol{A}|\boldsymbol{E}$，其次要搞清伴随矩阵是怎样构成的.

【证明】(1) 若 $r(\boldsymbol{A})=n$，则 $|\boldsymbol{A}|\neq 0$，对公式 $\boldsymbol{AA}^*=|\boldsymbol{A}|E$ 两端取行列式，有

$$|\boldsymbol{A}|\ |\boldsymbol{A}^*|=|\boldsymbol{A}|^n|E|\neq 0$$

所以 $|\boldsymbol{A}^*|\neq 0$，故 $r(\boldsymbol{A}^*)=n$.

(2) 若 $r(\boldsymbol{A})<n-1$，则 $\boldsymbol{A}$ 中所有 $n-1$ 阶子式全为零，即行列式 $|\boldsymbol{A}|$ 的所有代数余子式均为零，即 $\boldsymbol{A}^*=\boldsymbol{0}$，故 $r(\boldsymbol{A}^*)=0$.

(3) 若 $r(\boldsymbol{A})=n-1<n$，则 $|\boldsymbol{A}|=\boldsymbol{0}$，根据公式 $\boldsymbol{AA}^*=|\boldsymbol{A}|E$，有 $\boldsymbol{AA}^*=\boldsymbol{0}$，对 $\boldsymbol{A}^*$ 列分块，每一列都是 $\boldsymbol{Ax}=\boldsymbol{0}$ 的解，是 $\boldsymbol{Ax}=\boldsymbol{0}$ 的全部解的一部分，求部分解的一个极大线性无关组，必然是全部解极大线性无关组的一部分或全部，因为矩阵的秩等于其行秩等于其列秩，故 $r(\boldsymbol{A}^*)=r$(部分解的极大线性无关组的秩). 而全部解的秩就是其极大线性无关组的秩，等于 $n-r(\boldsymbol{A})$. 故 $r(\boldsymbol{A}^*)\leqslant n-r(\boldsymbol{A})$. 则 $r(\boldsymbol{A})+r(\boldsymbol{A}^*)\leqslant n$，把 $r(\boldsymbol{A})=n-1$ 代入不等式，有 $r(\boldsymbol{A}^*)\leqslant 1$；又由于 $r(\boldsymbol{A})=n-1$，则说明矩阵 $\boldsymbol{A}$ 中至少存在一个 $n-1$ 阶非零子式，所以行列式 $|\boldsymbol{A}|$ 的所有代数余子式中至少有一个不为零，即矩阵 $\boldsymbol{A}^*\neq 0$，则 $r(\boldsymbol{A}^*)\geqslant 1$，故 $r(\boldsymbol{A}^*)=1$.

注 这是一道非常经典的题目，在此题的证明过程中，运用了以下概念和公式：

(1) 方阵的秩与方阵行列式的关系：$r(\boldsymbol{A})=n\Leftrightarrow|\boldsymbol{A}|\neq 0$，$r(\boldsymbol{A})<n\Leftrightarrow|\boldsymbol{A}|=0$.

(2) 伴随矩阵的重要公式：$\boldsymbol{AA}^*=\boldsymbol{A}^*\boldsymbol{A}=|\boldsymbol{A}|E$.

(3) 方阵乘积的行列式公式：$|\boldsymbol{AB}|=|\boldsymbol{A}||\boldsymbol{B}|$.

(4) 伴随矩阵的构成：$\boldsymbol{A}^*$ 是由 $|\boldsymbol{A}|$ 的所有代数余子式构成，且 $\boldsymbol{A}^*$ 的第 i 行第 j 列元素为 $|\boldsymbol{A}|$ 的第 j 行第 i 列元素的代数余子式.

(5) $r(\boldsymbol{A})=0\Leftrightarrow\boldsymbol{A}=\boldsymbol{0}$.

(6) 若 n 阶方阵 $\boldsymbol{A}$、$\boldsymbol{B}$ 满足 $\boldsymbol{AB}=\boldsymbol{O}$，则有 $r(\boldsymbol{A})+r(\boldsymbol{B})\leqslant n$.

【例 2.37】设矩阵 $\boldsymbol{A}=\begin{bmatrix}k&1&1\\1&k&1\\1&1&k\end{bmatrix}$，$\boldsymbol{A}^*$ 是 $\boldsymbol{A}$ 的伴随矩阵，且 $r(\boldsymbol{A}^*)=1$，则 $k=$ ______.

【分析】利用伴随矩阵秩的公式来解题.

【解】因为 $r(\boldsymbol{A}^*)=1$，故由根据公式 $r(\boldsymbol{A}^*)=\begin{cases}n, & (r(\boldsymbol{A})=n)\\1, & (r(\boldsymbol{A})=n-1)\\0, & (r(\boldsymbol{A})<n-1)\end{cases}$ 可知 $r(\boldsymbol{A})=3-1=2$，

对矩阵 $\boldsymbol{A}$ 进行初等行变换：

$$\boldsymbol{A}=\begin{bmatrix}k&1&1\\1&k&1\\1&1&k\end{bmatrix}\xrightarrow{r_1\leftrightarrow r_3}\begin{bmatrix}1&1&k\\1&k&1\\k&1&1\end{bmatrix}\xrightarrow[r_2-r_1]{r_3-kr_1}\begin{bmatrix}1&1&k\\0&k-1&1-k\\0&1-k&1-k^2\end{bmatrix}$$

$$\xrightarrow{r_3+r_2}\begin{bmatrix}1&1&k\\0&k-1&1-k\\0&0&(2+k)(1-k)\end{bmatrix}$$

因为若 $k=1$，则 $r(\boldsymbol{A})=1$，故 $r(\boldsymbol{A}^*)=0$，故 $k=1$ 舍去；若 $k=-2$，则 $r(\boldsymbol{A})=2$，故 $r(\boldsymbol{A}^*)=1$. 满足题意，所以 $k=-2$.

注 初等行变换是求已知矩阵秩的基本方法，考生必须熟练掌握伴随矩阵秩的公式.

【例 2.38】 设 $\boldsymbol{A}$、$\boldsymbol{B}$、$\boldsymbol{C}$ 皆为 4 阶方阵，且满足 $\boldsymbol{A}=\boldsymbol{BC}$，$r(\boldsymbol{B})=3$，$r(\boldsymbol{C})=4$ 那么 $r(\boldsymbol{A}^*)=$ ________.

【分析】 求伴随矩阵 $\boldsymbol{A}^*$ 的秩，首先要确定矩阵 $\boldsymbol{A}$ 的秩.

【证明】 由于 $\boldsymbol{A}=\boldsymbol{BC}$，且矩阵 $\boldsymbol{C}$ 满秩，则有 $r(\boldsymbol{A})=r(\boldsymbol{B})=3$，故 $r(\boldsymbol{A}^*)=1$.

注 本题考查的知识点为

(1) $\boldsymbol{A}$ 为 $n(n\geqslant 2)$ 阶方阵，$\boldsymbol{A}^*$ 为 $\boldsymbol{A}$ 的伴随矩阵，则 $r(\boldsymbol{A}^*)=\begin{cases}n, & r(\boldsymbol{A})=n\\ 1, & r(\boldsymbol{A})=n-1.\\ 0, & r(\boldsymbol{A})<n-1\end{cases}$

(2) 若 $\boldsymbol{P}$、$\boldsymbol{Q}$ 为可逆矩阵，则 $r(\boldsymbol{PA})=r(\boldsymbol{AQ})=r(\boldsymbol{PAQ})=r(\boldsymbol{A})$.

【例 2.39】 设 $\boldsymbol{A}$、$\boldsymbol{B}$、$\boldsymbol{A}^*$ 均为 n 阶非零矩阵，$\boldsymbol{A}^*$ 为 $\boldsymbol{A}$ 的伴随矩阵，且 $\boldsymbol{AB}=\boldsymbol{O}$，证明 $r(\boldsymbol{B})=1$.

【分析】 从 $\boldsymbol{AB}=\boldsymbol{O}$，就联想公式 $r(\boldsymbol{A})+r(\boldsymbol{B})\leqslant n$.

【证明】 由于 $\boldsymbol{AB}=\boldsymbol{O}$，则有 $r(\boldsymbol{A})+r(\boldsymbol{B})\leqslant n$. 又由于 $\boldsymbol{B}$ 为非零矩阵，则 $r(\boldsymbol{B})\geqslant 1$，所以有 $r(\boldsymbol{A})\leqslant n-1$，根据伴随矩阵公式 $r(\boldsymbol{A}^*)=\begin{cases}n, & r(\boldsymbol{A})=n\\ 1, & r(\boldsymbol{A})=n-1\\ 0, & r(\boldsymbol{A})<n-1\end{cases}$ 可知 $r(\boldsymbol{A}^*)\leqslant 1$，而 $\boldsymbol{A}^*$ 也为非零矩阵，故 $r(\boldsymbol{A}^*)\geqslant 1$，则 $r(\boldsymbol{A}^*)=1$，故 $r(\boldsymbol{A})=n-1$.

而 $r(\boldsymbol{B})\leqslant n-r(\boldsymbol{A})\leqslant 1$，又由于 $\boldsymbol{B}$ 也为非零矩阵，故 $r(\boldsymbol{B})\geqslant 1$，所以有 $r(\boldsymbol{B})=1$.

注 本题考查的知识点有：

(1) $\boldsymbol{A}\neq\boldsymbol{O}\Leftrightarrow r(\boldsymbol{A})\neq 0$，$\boldsymbol{A}=\boldsymbol{O}\Leftrightarrow r(\boldsymbol{A})=0$.

(2) n 阶方阵 $\boldsymbol{A}$、$\boldsymbol{B}$ 满足 $\boldsymbol{AB}=\boldsymbol{O}\Leftrightarrow r(\boldsymbol{A})+r(\boldsymbol{B})\leqslant n$.

(3) n 阶伴随矩阵 $\boldsymbol{A}^*$ 的秩只有三种可能 $r(\boldsymbol{A}^*)=\begin{cases}n, & r(\boldsymbol{A})=n\\ 1, & r(\boldsymbol{A})=n-1.\\ 0, & r(\boldsymbol{A})<n-1\end{cases}$

【例 2.40】 设 $\boldsymbol{A}$、$\boldsymbol{B}$、$\boldsymbol{C}$ 都为 n 阶方阵，且 $\boldsymbol{AB}=\boldsymbol{A}+\boldsymbol{B}$，则 $r(\boldsymbol{ABC}-\boldsymbol{BAC})=$ ________.

【分析】 题目没有给出具体的矩阵 $\boldsymbol{A}$、$\boldsymbol{B}$、$\boldsymbol{C}$，而要求矩阵 $\boldsymbol{ABC}-\boldsymbol{BAC}$ 的秩，从而可以判断矩阵 $\boldsymbol{AB}=\boldsymbol{A}+\boldsymbol{B}$ 为一特殊矩阵.

【解】 由于 $\boldsymbol{AB}=\boldsymbol{A}+\boldsymbol{B}$，则有 $\boldsymbol{AB}-\boldsymbol{A}-\boldsymbol{B}+\boldsymbol{E}=\boldsymbol{E}$，$\boldsymbol{A}(\boldsymbol{B}-\boldsymbol{E})-(\boldsymbol{B}-\boldsymbol{E})=\boldsymbol{E}$，$(\boldsymbol{A}-\boldsymbol{E})(\boldsymbol{B}-\boldsymbol{E})=\boldsymbol{E}$，故 $(\boldsymbol{B}-\boldsymbol{E})(\boldsymbol{A}-\boldsymbol{E})=\boldsymbol{E}=(\boldsymbol{A}-\boldsymbol{E})(\boldsymbol{B}-\boldsymbol{E})$，得 $\boldsymbol{AB}=\boldsymbol{BA}$. 故 $r(\boldsymbol{ABC}-\boldsymbol{BAC})=r[(\boldsymbol{AB}-\boldsymbol{BA})\boldsymbol{C}]=r(\boldsymbol{O}\cdot\boldsymbol{C})=r(\boldsymbol{O})=0$.

注 考生通过此题应掌握以下知识点：

(1) $\boldsymbol{P}$、$\boldsymbol{Q}$ 互逆 $\Leftrightarrow\boldsymbol{PQ}=\boldsymbol{QP}=\boldsymbol{E}$.

(2)$\boldsymbol{PQ} = \boldsymbol{QP} \nRightarrow \boldsymbol{P}$、$\boldsymbol{Q}$ 互逆.

(3)$\boldsymbol{P} = \boldsymbol{O} \Leftrightarrow r(\boldsymbol{P}) = 0$

(4)$\boldsymbol{AB} = \boldsymbol{A} + \boldsymbol{B} \Rightarrow \boldsymbol{AB} = \boldsymbol{BA}$

可以根据结论(4),若 $\boldsymbol{AB} = \boldsymbol{A} + \boldsymbol{B}$,则 $\boldsymbol{A}$ 与 $\boldsymbol{B}$ 可交换,直接得出答案为 0.

【例 2.41】设 n 阶方阵 $\boldsymbol{A}$ 满足 $\boldsymbol{A}^2 - \boldsymbol{E}$,证明 $r(\boldsymbol{E}+\boldsymbol{A}) + r(\boldsymbol{E}-\boldsymbol{A}) = n$.

【分析】根据矩阵等式$(\boldsymbol{E}+\boldsymbol{A}) + (\boldsymbol{E}-\boldsymbol{A}) = 2\boldsymbol{E}$ 及$(\boldsymbol{E}+\boldsymbol{A})(\boldsymbol{E}-\boldsymbol{A}) = \boldsymbol{O}$ 来证明此题.

【证明】根据矩阵秩的公式:$r(\boldsymbol{P}) + r(\boldsymbol{Q}) \geqslant r(\boldsymbol{P}+\boldsymbol{Q})$ 可知

$$r(\boldsymbol{E}+\boldsymbol{A}) + r(\boldsymbol{E}-\boldsymbol{A}) \geqslant r(\boldsymbol{E}+\boldsymbol{A}+\boldsymbol{E}-\boldsymbol{A}) = r(2\boldsymbol{E}) = n \tag{1}$$

由于 $\boldsymbol{A}^2 = \boldsymbol{E}$,则有$(\boldsymbol{E}+\boldsymbol{A})(\boldsymbol{E}-\boldsymbol{A}) = \boldsymbol{O}$,

$$\text{故 } r(\boldsymbol{E}+\boldsymbol{A}) + r(\boldsymbol{E}-\boldsymbol{A}) \leqslant n \tag{2}$$

由(1) 和(2) 可知,$r(\boldsymbol{E}+\boldsymbol{A}) + r(\boldsymbol{E}-\boldsymbol{A}) = n$,证毕

注 此题考查了两个矩阵秩的公式:

(1)$r(\boldsymbol{P}) + r(\boldsymbol{Q}) \geqslant r(\boldsymbol{P}+\boldsymbol{Q})$.

(2) 设 $m \times n$ 矩阵 $\boldsymbol{P}$ 和 $n \times m$ 矩阵 $\boldsymbol{Q}$ 满足 $\boldsymbol{PQ} = \boldsymbol{0}$,则 $r(\boldsymbol{P}) + r(\boldsymbol{Q}) \leqslant n$.

【例 2.42】(2012.1) 设 $\boldsymbol{a}$ 为 3 维单位列向量,$\boldsymbol{E}$ 为 3 阶单位矩阵,则矩阵 $\boldsymbol{E} - \boldsymbol{aa}^{\mathrm{T}}$ 的秩为________

【分析】由于 $\boldsymbol{a}$ 是一个抽象的向量,所以不能用定义和初等变换来解题,故可以利用特征值的概念解题.

【解】设 $\boldsymbol{a} = \begin{bmatrix} a_1 \\ a_2 \\ a_3 \end{bmatrix}$,则矩阵 $\boldsymbol{aa}^{\mathrm{T}}$ 的主对角线元素分别为 a_1^2, a_2^2, a_3^2,而 $\boldsymbol{a}$ 为 3 维单位列向量,则有 $a_1^2 + a_2^2 + a_3^2 = 1$.

又由于 $r(\boldsymbol{aa}^{\mathrm{T}}) \leqslant r(\boldsymbol{a}) = 1$,且 $\boldsymbol{aa}^{\mathrm{T}} \neq \boldsymbol{0}$,故 $r(\boldsymbol{aa}^{\mathrm{T}}) \geqslant 1$. 所以有 $r(\boldsymbol{aa}^{\mathrm{T}}) = 1 < 3$,故零是矩阵 $\boldsymbol{aa}^{\mathrm{T}}$ 的特征值,方程组$(0\boldsymbol{E} - \boldsymbol{aa}^{\mathrm{T}})\boldsymbol{x} = 0$ 有 $3 - r(\boldsymbol{aa}^{\mathrm{T}}) = 2$ 个线性无关的解向量(特征向量),故针对实对称矩阵 $\boldsymbol{aa}^{\mathrm{T}}$,0 是它的 2 重特征值. 又根据公式 $\sum\limits_{i=1}^{3}\lambda_i =$ 矩阵 $\boldsymbol{aa}^{\mathrm{T}}$ 的迹,得到第 3 个特征值为 $a_1^2 + a_2^2 + a_3^2 = 1$. 故矩阵 $\boldsymbol{aa}^{\mathrm{T}}$ 的特征值分别为 0,0,1,所以矩阵 $\boldsymbol{E} - \boldsymbol{aa}^{\mathrm{T}}$ 的特征值分别为 $1-0=1$,$1-0=1$,$1-1=0$. 因为矩阵 $\boldsymbol{E} - \boldsymbol{aa}^{\mathrm{T}}$ 为实对称矩阵,所以它一定能相似对角化,故它的秩等于其非零特征值的个数,也即 $r(\boldsymbol{E} - \boldsymbol{aa}^{\mathrm{T}}) = 2$.

注 本题应用了以下知识点:

(1)$r(\boldsymbol{AB}) \leqslant r(\boldsymbol{A})$,$r(\boldsymbol{AB}) \leqslant r(\boldsymbol{B})$.

(2)$\boldsymbol{a}$ 是一个非零向量,则有 $r(\boldsymbol{a}) = 1$.

(3)$\boldsymbol{A} \neq \boldsymbol{0} \Leftrightarrow r(\boldsymbol{A}) \neq 0$,$\boldsymbol{A} = \boldsymbol{0} \Leftrightarrow r(\boldsymbol{A}) = 0$.

(4) 设 $\boldsymbol{A}$ 为 n 阶矩阵,则有 $r(\boldsymbol{A}) < n \Leftrightarrow$ 零是矩阵 $\boldsymbol{A}$ 的特征值.

(5) 设 A 是 $m\times n$ 矩阵，则方程组 $Ax=0$ 有 $n-r(A)$ 个线性无关解向量.

(6) 针对实对称矩阵 A，它的所有特征值的代数重数等于其几何重数.

(7) 设 A 为 n 阶矩阵，$\sum_{i=1}^{n}\lambda_i=\sum_{i=1}^{n}a_{ii}$.

(8) 设 λ 是矩阵 A 的特征值，则 $f(\lambda)$ 是矩阵 $f(A)$ 的特征值.

可以用特例法快速解答. 设 $a=\begin{bmatrix}1\\0\\0\end{bmatrix}$，则 $E-aa^{T}=\begin{bmatrix}0&0&0\\0&1&0\\0&0&1\end{bmatrix}$

矩阵 $E-aa^{T}$ 的秩为 2.

【例 2.43】(2010.1) 设 A 为 $m\times n$ 阶矩阵，B 为 $n\times m$ 阶矩阵，E 为 m 阶单位矩阵. 若 $AB=E$，则[　　].

(A) 秩 $r(A)=m$，秩 $r(B)=m$

(B) 秩 $r(A)=m$，秩 $r(B)=n$

(C) 秩 $r(A)=n$，秩 $r(B)=m$

(D) 秩 $r(A)=n$，秩 $r(B)=n$

【分析】根据公式 $r(AB)\leqslant r(A)$，$r(AB)\leqslant r(B)$ 及 $r(A_{m\times n})\leqslant m$，$r(A_{m\times n})\leqslant n$ 来解题.

【解】由于 A 为 $m\times n$ 矩阵，B 为 $n\times m$ 矩阵，则有 $r(A)\leqslant m$，$r(A)\leqslant n$，$r(B)\leqslant m$，$r(B)\leqslant n$. 又因为 $AB=E$，则 $r(E)=r(AB)\leqslant r(A)$，而 E 为 m 阶单位矩阵，故有 $m=r(E)=r(AB)\leqslant r(A)\leqslant m$，则 $r(A)=m$. 同理，可以得到 $r(B)=m$. 所以选项(A) 正确.

注 本题考查以下知识点：

(1) 设 A 为 $m\times n$ 矩阵，则 $r(A)\leqslant m$，$r(A)\leqslant n$.

(2) $r(AB)\leqslant r(A)$，$r(AB)\leqslant r(B)$.

【例 2.44】李博士培养了 A、B、C 三类不同种类的细菌，最开始 A、B、C 三种细菌分别有 2×10^{8}、3×10^{8}、1×10^{8} 个. 但这些细菌每天都有一部分死亡和类型转化，变换情况如下：A 类细菌一天后有 3% 的不变，2% 的变为 B 类细菌，1% 的变为 C 类细菌，其余的死亡；B 类细菌一天后有 4% 的不变，6% 的变为 A 类细菌，2% 的变为 C 类细菌，其余的死亡；C 类细菌一天后有 3% 的不变，9% 的变为 A 类细菌，6% 的变为 B 类细菌，其余的死亡. 那么，一周后李博士的 A、B、C 类细菌各有多少个？

【分析】找出第 n 天和第 $n+1$ 天 A、B、C 三类细菌数的递推公式.

【解】设第 n 天 A、B、C 三类细菌数分别为 x_n、y_n、z_n，第 $n+1$ 天 A、B、C 三类细菌数分别为 x_{n+1}、y_{n+1}、z_{n+1}，根据题意有下列关系式：

$$\begin{cases}x_{n+1}=0.03x_n+0.06y_n+0.09z_n\\y_{n+1}=0.02x_n+0.04y_n+0.06z_n,\\z_{n+1}=0.01x_n+0.02y_n+0.03z_n\end{cases}$$

用矩阵表示为

$$\begin{bmatrix} x_{n+1} \\ y_{n+1} \\ z_{n+1} \end{bmatrix} = \begin{bmatrix} 0.03 & 0.06 & 0.09 \\ 0.02 & 0.04 & 0.06 \\ 0.01 & 0.02 & 0.03 \end{bmatrix} \begin{bmatrix} x_n \\ y_n \\ z_n \end{bmatrix},$$

进一步写为 $\boldsymbol{X}_{n+1} = \boldsymbol{A}\boldsymbol{X}_n$.

其中，矩阵 $\boldsymbol{A} = \begin{bmatrix} 0.03 & 0.06 & 0.09 \\ 0.02 & 0.04 & 0.06 \\ 0.01 & 0.02 & 0.03 \end{bmatrix}$，向量 $\boldsymbol{X}_n$ 中元素描述第 n 天 A、B、C 三类细菌数.

一周后，A、B、C 三类细菌数为 $\boldsymbol{X}_7 = \boldsymbol{A}\boldsymbol{X}_6 = \boldsymbol{A}^2 X_5 = \cdots \boldsymbol{A}^7 X_0$. 由于矩阵 $\boldsymbol{A}$ 的秩为 1，

故 $\boldsymbol{A} = \begin{bmatrix} 3 \\ 2 \\ 1 \end{bmatrix} [0.01, 0.02, 0.03]$，则

$$\boldsymbol{A}^7 = \begin{bmatrix} 3 \\ 2 \\ 1 \end{bmatrix} \left[[0.01, 0.02, 0.03] \begin{bmatrix} 3 \\ 2 \\ 1 \end{bmatrix} \right]^6 [0.01, 0.02, 0.03] = \frac{1}{10^6} \begin{bmatrix} 0.03 & 0.06 & 0.09 \\ 0.02 & 0.04 & 0.06 \\ 0.01 & 0.02 & 0.03 \end{bmatrix}$$

开始时 A、B、C 三类细菌数为 $X_0 = \begin{bmatrix} 2 \times 10^8 \\ 3 \times 10^8 \\ 1 \times 10^8 \end{bmatrix}$，故 $X_7 = \boldsymbol{A}^7 X_0 = \begin{bmatrix} 33 \\ 22 \\ 11 \end{bmatrix}$. 所以，一周后李博士的 A、B、C 类细菌分别还有 33、22 和 11 个.

注 目前线性代数的应用题目虽然没有直接考过，但考生也应该加强这类题目的练习.

第 3 章　向量

【导言】

通过第二章的学习，我们可以将矩阵进行行分块、列分块，从这样一个角度进一步研究矩阵，给它们一个新的称呼：向量. 向量既是学习线性代数的难点，也是学习线性代数的重点，考生要把它与矩阵及方程组两章的内容联系起来理解和复习.

建议考生在学完第四章后，反过头来再来看这一章，理解向量之间的关系要从线性方程组有没有解的角度，降低理解难度. 本部分每年以解答题的形式考察，10 分.

【考试要求】

考试要求	科目	考试内容
了解	数学一	n 维向量空间、子空间、基底、维数、坐标等概念；基变换和坐标变换公式；内积的概念；规范正交基、正交矩阵的概念以及它们的性质
	数学二	向量组的极大线性无关组和向量组的秩的概念；向量组等价的概念；矩阵的秩与其行(列)向量组的秩的关系；内积的概念
	数学三	向量的概念；内积的概念
理解	数学一	n 维向量、向量的线性组合与线性表示的概念；向量组线性相关、线性无关的概念；理解向量组的极大线性无关组和向量组的秩的概念；向量组等价的概念；矩阵的秩与其行(列)向量组的秩之间的关系
	数学二	n 维向量、向量的线性组合与线性表示的概念；向量组线性相关、线性无关的概念
	数学三	向量的线性组合与线性表示、向量组线性相关、线性无关等概念；向量组的极大线性无关组的概念；向量组等价的概念；矩阵的秩与其行(列)向量组的秩之间的关系
会	数学一	求向量组的极大线性无关组及秩；求过渡矩阵
	数学二	求向量组的极大线性无关组及秩
	数学三	求向量组的极大线性无关组及秩
掌握	数学一	向量组线性相关、线性无关的有关性质及判别法；线性无关向量组正交规范化的施密特(*Schmidt*)方法
	数学二	线性无关向量组，正交规范化的施密特(*Schmidt*)方法；向量组线性相关、线性无关的有关性质及判别法
	数学三	向量的加法和数乘运算法则；向量组线性相关、线性无关的有关性质及判别法；线性无关向量组，正交规范化的施密特(*Schmidt*)方法

【知识网络图】

- 向量
  - 基本概念
  - 线性相关 / 无关
    - 定义
    - 与齐次方程组的联系
    - 结论
  - 线性表示
    - 定义
    - 与非齐次方程组的联系
    - 结论
  - 向量组
    - 等价
    - 秩
    - 极大线性无关组

【内容精讲】

3.1　向量的基本概念与重要结论

3.1.1　*n* 维向量

3.1.1.1　定义

在中学，将既有大小又有方向的量称为向量，如力、速度、加速度等. 通常用一条有向线段表示向量，有向线段的长度表示向量的大小，有向线段的方向表示向量的方向. 表示向量时，用黑斜体的英文字母 $\boldsymbol{a},\boldsymbol{b},\boldsymbol{c},\boldsymbol{v}$ 或希腊字母 $\boldsymbol{\alpha},\boldsymbol{\beta},\boldsymbol{\xi},\boldsymbol{\eta}$ 等表示(或带下标)，若不用黑体，可以在英文或希腊字母上加一个箭头表示，如 $\vec{a},\vec{b},\vec{\alpha},\vec{\beta}$ 等.

虽然在实际问题中，有些向量如一个拉动物体的力，与该力的作用点即向量的起点有关，有些向量与其起点无关. 我们只讨论与起点无关的向量.

空间中的向量 (x,y,z)，它是三个数 x,y,z 按一定顺序的一个排列，分别表示该向量终点的横坐标、纵坐标和竖坐标. 很多实际问题还会涉及将更多的数进行排列，如机器人的手臂运动指令以及计算机图形图像处理等. 实际上，对于含 n 个未知量 $x_1,x_2,\cdots,x_n$ 的 n 元线性方程组，其一个解可以按 $x_1,x_2,\cdots,x_n$ 的顺序依次表示出来.

定义 3.1.1.1.1　将 m 个数 $a_1,a_2,\cdots,a_m$ 按一定顺序排列所得到的数列称为 m 维向量或矢量，表示为

$$(a_1,a_2,\cdots,a_m)\text{或}\begin{pmatrix}a_1\\a_2\\\vdots\\a_m\end{pmatrix}$$

其中 $a_i(i=1,2,\cdots,m)$ 称为是该向量的第 i 个分量或坐标. 当 $m=1,2,3$ 时，m 维向量都有较直观的几何背景，分别表示起点在原点的数轴、平面和空间上的向量，这是学习向量时的一个优势. 当 $m\geqslant 4$ 时，m 维向量没有直观的集合解释，但却有着更重要的应用价值. 将 m 个任意元素，不一定是数，按一定顺序排列所得到的数组，就是 m 元组的概念，它在计算机

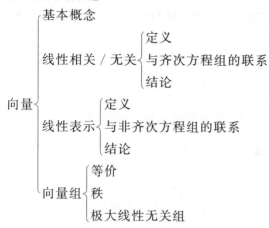

科学中更是经常用到.

能进行“向量处理”的计算机称为向量计算机，它是一种超越冯·诺依曼结构的新型计算机.

3.1.1.2　矩阵和向量的相同与不同

根据矩阵的定义知$(a_1,a_2,\cdots,a_m)$和$\begin{pmatrix}a_1\\a_2\\\vdots\\a_m\end{pmatrix}$是矩阵，它们是矩阵的一种特殊情况，具备矩阵所有的性质，为了方便，可分别将$(a_1,a_2,\cdots,a_m)$和$\begin{pmatrix}a_1\\a_2\\\vdots\\a_m\end{pmatrix}$称为行向量和列向量. 于是，由一个$m\times n$矩阵$\mathbf{A}=(a_{ij})_{m\times n}$可以得到$m$个行向量和$n$个列向量.

3.1.1.3　向量的线性运算

行向量就是行矩阵，列向量就是列矩阵，所以矩阵的加法和数乘运算规律都适合于向量的运算. 向量的线性运算仍然是指向量的加法与数乘运算，见表 3－1、表 3－2. 这里一定要注意行乘列是一个数，列成行是一个秩为 1 的矩阵，这条非常重要，解答题里往往利用它化简矩阵，因此要求考生一定要学会矩阵乘积的反向运算，即一个秩为 1 的矩阵如何写成一列乘一行，如何选列，如何写出行的每一个元素，从矩阵中任选一列作为这里的列向量，行向量的第i个元素为矩阵第i列除以选定的这列的商.

表 3－1　二维向量及其线性运算

	向量	加法	数乘	相等
代数表示	$\boldsymbol{\alpha}=\begin{bmatrix}x_1\\y_1\end{bmatrix},\boldsymbol{\beta}=\begin{bmatrix}x_2\\y_2\end{bmatrix}$ $x_i,y_i\ (i=1,2)$为实数	$\boldsymbol{\alpha}+\boldsymbol{\beta}=\begin{bmatrix}x_1+x_2\\y_1+y_2\end{bmatrix}$ $x_i,y_i\ (i=1,2)$为实数	$k\boldsymbol{\alpha}=\begin{bmatrix}kx_1\\ky_1\end{bmatrix}$ x_1,y_1,k为实数	$\boldsymbol{\alpha}=\boldsymbol{\beta}$ $\Rightarrow x_1=x_2,y_1=y_2$ $x_i,y_i\ (i=1,2)$为实数
几何表示	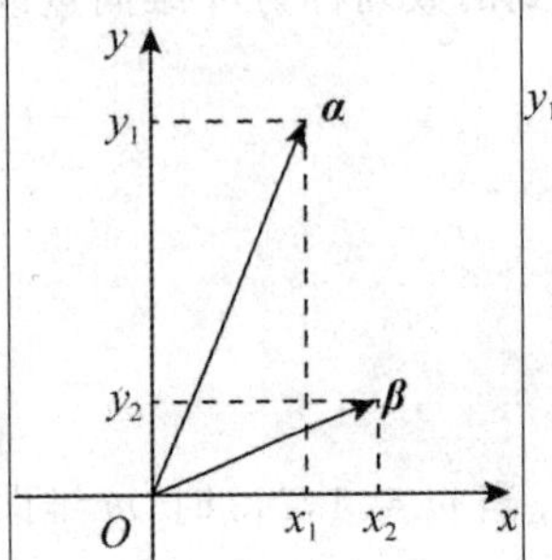	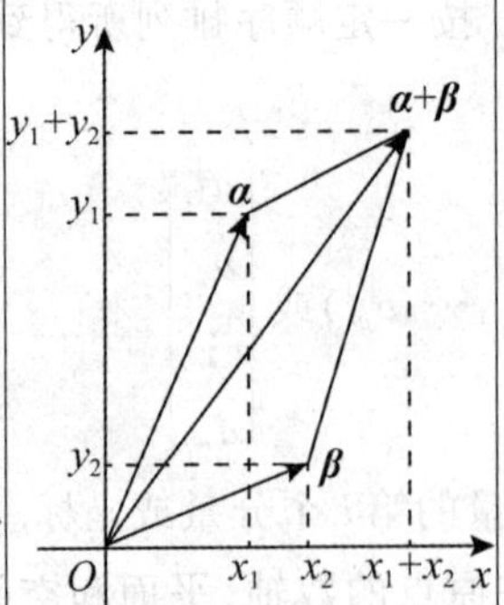	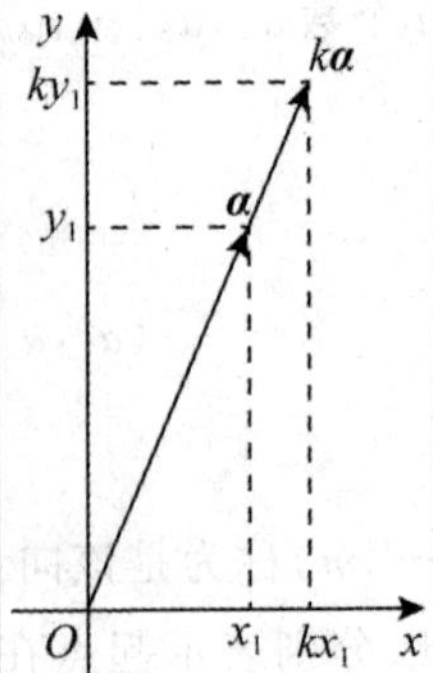	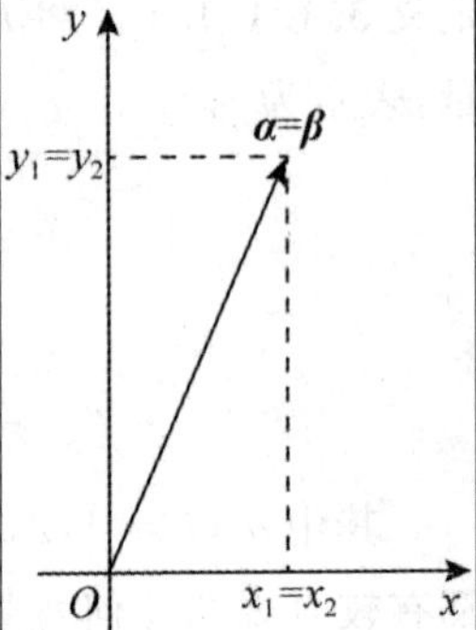

表 3－2　三维向量及其线性运算

	向量	加法	数乘	相等
代数表示	$\boldsymbol{\alpha}=\begin{bmatrix}x_1\\y_1\\z_1\end{bmatrix},\boldsymbol{\beta}=\begin{bmatrix}x_2\\y_2\\z_2\end{bmatrix}$ $x_i,y_i,z_i\,(i=1,2,3)$ 为实数	$\boldsymbol{\alpha}+\boldsymbol{\beta}=\begin{bmatrix}x_1+x_2\\y_1+y_2\\z_1+z_2\end{bmatrix}$ $x_i,y_i,z_i\,(i=1,2,3)$ 为实数	$k\boldsymbol{\alpha}=\begin{bmatrix}kx_1\\ky_1\\kz_1\end{bmatrix}$ x_1,y_1,z_1,k 为实数	$\boldsymbol{\alpha}=\boldsymbol{\beta}\Rightarrow x_1=x_2,y_1=y_2$ $x_i,y_i,z_i\,(i=1,2)$ 为实数
几何表示	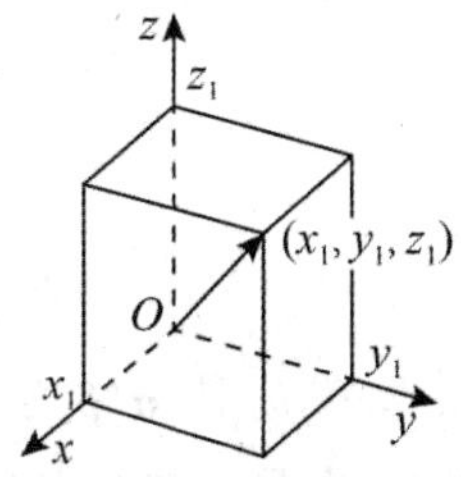	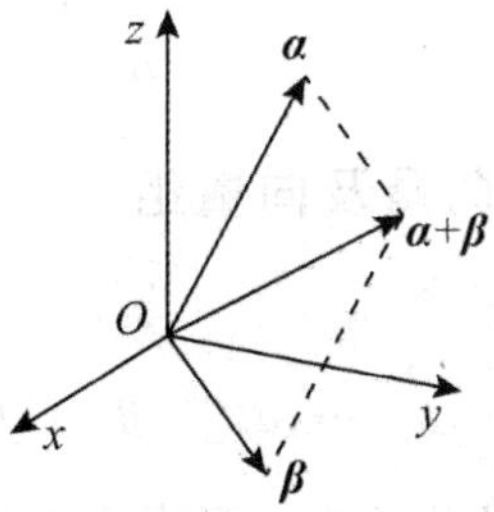	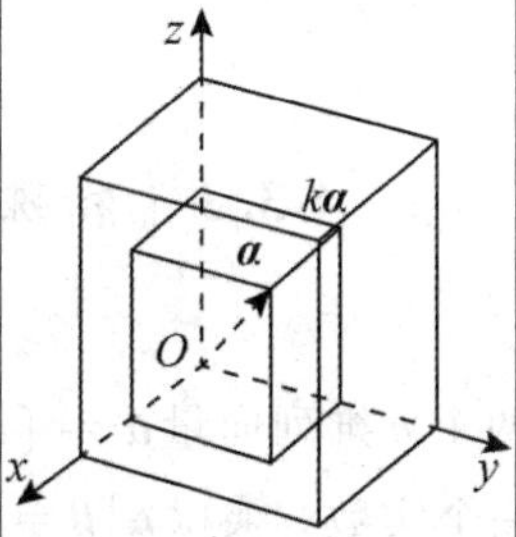	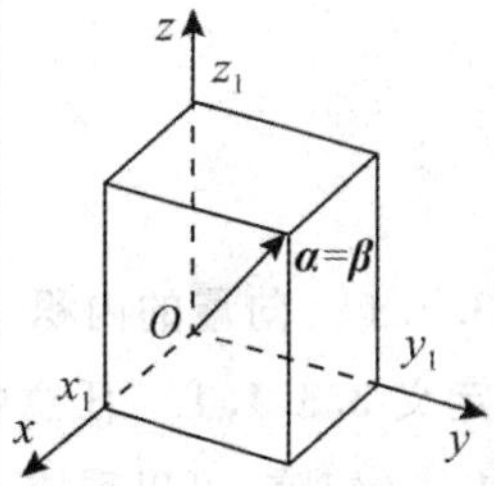

列向量用黑体小写字母 $\boldsymbol{a},\boldsymbol{b},\boldsymbol{\alpha},\boldsymbol{\beta}$ 等表示，行向量则用 $\boldsymbol{a}^{\mathrm{T}},\boldsymbol{b}^{\mathrm{T}},\boldsymbol{\alpha}^{\mathrm{T}},\boldsymbol{\beta}^{\mathrm{T}}$ 等表示. 后面所涉及的向量在没有指明是行向量还是列向量时，都当作列向量.

线性代数和高等数学所抽象的内容有所不同，导致在线性代数这门课程中，我们在考试时对于向量的处理是不需要加箭头的，这一点对于初学者来说比较困惑. 这是因为数学是对很多事物的高度抽象后所得到的知识理论体系，所以有自己的一套理论规定，我们只需要沿用这些习惯即可，如果你不想沿用则在和别人交流时，容易造成不便.

3.2　向量组

3.2.1　定义

定义 3.2.1.1　由一些相同维数的向量组成的集合(可以含有限个向量，也可以含无穷多个向量)，称为向量组，用大写字母 $\boldsymbol{A},\boldsymbol{B},\boldsymbol{C}$ 等标识. 向量组 $\boldsymbol{A}$ 的任一非空子集称为 $\boldsymbol{A}$ 的部分组.

3.2.2　*n* 维基本单位向量组

$$\begin{cases}\boldsymbol{\varepsilon}_1=(1,0,\cdots,0)\\ \boldsymbol{\varepsilon}_2=(0,1,\cdots,0)\\ \vdots\\ \boldsymbol{\varepsilon}_n=(0,0,\cdots,1)\end{cases} \text{或 } \boldsymbol{\varepsilon}_1=\begin{bmatrix}1\\0\\\vdots\\0\end{bmatrix},\boldsymbol{\varepsilon}_2=\begin{bmatrix}0\\1\\\vdots\\0\end{bmatrix},\cdots,\boldsymbol{\varepsilon}_n=\begin{bmatrix}0\\0\\\vdots\\1\end{bmatrix}$$

任意 n 维向量 $\boldsymbol{\alpha}$ 都可以由基本单位向量组线性表示，即 $\boldsymbol{\alpha}=(a_1,a_2,\cdots,a_n)=a_1\boldsymbol{\varepsilon}_1+a_2\boldsymbol{\varepsilon}_2+\cdots+a_n\boldsymbol{\varepsilon}_n$，向量 $\boldsymbol{\alpha}$ 的分量刚好就是组合系数.

3.2.3 矩阵与向量组

设 $m\times n$ 矩阵 $\boldsymbol{A}=\begin{bmatrix}a_{11}&a_{12}&\cdots&a_{1n}\\a_{21}&a_{22}&\cdots&a_{2n}\\\vdots&\vdots&&\vdots\\a_{m1}&a_{m2}&\cdots&a_{mn}\end{bmatrix}$ 按行分块，可以将 $\boldsymbol{A}$ 看作 m 个 n 维行向量构成的向量组 $\boldsymbol{\alpha}_1,\boldsymbol{\alpha}_2,\cdots,\boldsymbol{\alpha}_m$，其中 $\boldsymbol{\alpha}_i=(a_{i1},a_{i2},\cdots,a_{in}),(i=1,2,\cdots,m)$；按列分块，可以将 $\boldsymbol{A}$ 看作 n 个 m 维列向量构成的向量组 $\boldsymbol{\beta}_1,\boldsymbol{\beta}_2,\cdots,\boldsymbol{\beta}_n$，其中 $\boldsymbol{\beta}_j=\begin{bmatrix}a_{1j}\\a_{2j}\\\vdots\\a_{mj}\end{bmatrix}(j=1,2,\cdots,n)$.

3.3 特殊向量及向量组

3.3.1 向量的内积

定义 3.3.1.1 任意两个 n 维列向量 $\boldsymbol{\alpha}=[a_1,a_2,\cdots,a_n]^{\mathrm{T}}$，$\boldsymbol{\beta}=[b_1,b_2,\cdots,b_n]^{\mathrm{T}}$，$\boldsymbol{\alpha}^{\mathrm{T}}\boldsymbol{\beta}$ 为一个 1×1 矩阵，可以看成一个实数．乘积 $\boldsymbol{\alpha}^{\mathrm{T}}\boldsymbol{\beta}=a_1b_1+a_2b_2+\cdots+a_nb_n$，称为向量 $\boldsymbol{\alpha}$ 与 $\boldsymbol{\beta}$ 的内积，记为 $[\boldsymbol{\alpha},\boldsymbol{\beta}]$.

3.3.2 向量的长度

定义 3.3.2.1 设向量 $\boldsymbol{\alpha}=(a_1,a_2,\cdots,a_n)^{\mathrm{T}}$，称数 $\|\boldsymbol{\alpha}\|=\sqrt{(\boldsymbol{\alpha},\boldsymbol{\alpha})}=\sqrt{a_1^2+a_2^2+\cdots+a_n^2}$ 为向量 $\boldsymbol{\alpha}$ 的长度.

3.3.3 零向量

定义 3.3.3.1 所有分量全为零的向量称为零向量. 零向量可以由任意一个同维向量组来线性表示，即 $\mathbf{0}=(0,0,\cdots,0)=0\boldsymbol{\alpha}_1+0\boldsymbol{\alpha}_2+\cdots+0\boldsymbol{\alpha}_n$.

注 考生应该掌握零向量相关的命题：

(1) 零向量总可以被其他同维向量线性表示.

(2) 零向量和其他向量在一起总是线性相关的.

(3) 零向量与任意同维向量正交.

3.3.4 单位向量

定义 3.3.4.1 长度为 1 的向量为单位向量.

注 只有零向量的长度为零，非零向量的长度总是正的. 在图 3－1 所示半径为 1 的圆中，有方向的线段都是 2 维单位向量.

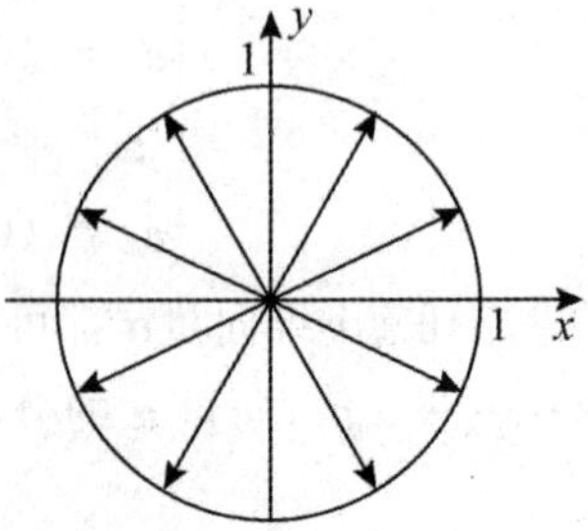

图 3－1

3.3.5 单位化

把非零向量化为与之方向相同的单位向量的过程称为单位化，即 $\boldsymbol{\alpha}\rightarrow\dfrac{\boldsymbol{\alpha}}{\sqrt{(\boldsymbol{\alpha},\boldsymbol{\alpha})}}$.

3.3.6　向量的夹角

定义 3.3.6.1　给定两个 n 维非零向量 $\boldsymbol{\alpha}$ 和 $\boldsymbol{\beta}$，称

$$\arccos \frac{(\boldsymbol{\alpha},\boldsymbol{\beta})}{\|\boldsymbol{\alpha}\|\cdot\|\boldsymbol{\beta}\|}$$

为向量 $\boldsymbol{\alpha}$ 和 $\boldsymbol{\beta}$ 的夹角.

这与解析几何中定义 $\boldsymbol{\alpha}\cdot\boldsymbol{\beta}=|\boldsymbol{\alpha}|\cdot|\boldsymbol{\beta}|\cos\theta$ 时出现的 $\boldsymbol{\alpha}$ 和 $\boldsymbol{\beta}$ 的夹角 θ 一致．因此，在一定的意义上说，$\cos\theta=\frac{(\boldsymbol{\alpha},\boldsymbol{\beta})}{\|\boldsymbol{\alpha}\|\cdot\|\boldsymbol{\beta}\|}$ 表示向量 $\boldsymbol{\alpha}$ 和向量 $\boldsymbol{\beta}$ 的接近程度．若

$$\cos\theta=\frac{(\boldsymbol{\alpha},\boldsymbol{\beta})}{\|\boldsymbol{\alpha}\|\cdot\|\boldsymbol{\beta}\|}=\frac{\pi}{2}\Leftrightarrow(\boldsymbol{\alpha},\boldsymbol{\beta})=0.$$

当 $(\boldsymbol{\alpha},\boldsymbol{\beta})=0$ 时，称 $\boldsymbol{\alpha}$ 和 $\boldsymbol{\beta}$ 正交，这时 $\boldsymbol{\alpha}$ 和 $\boldsymbol{\beta}$ 之间的夹角为 $\frac{\pi}{2}$，因此正交即垂直之意．例如向量 $\boldsymbol{\alpha}=(1,2)$ 和 $\boldsymbol{\beta}=(-2,1)$ 正交，其夹角为 $\frac{\pi}{2}$，见图 3－2.

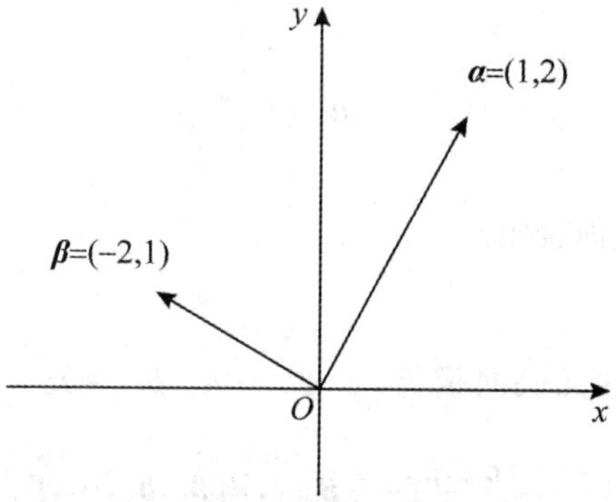

图 3－2

显然，零向量与任何向量正交．根据内积的性质可知，若 $(\boldsymbol{\alpha},\boldsymbol{\beta})=0$，则 $(\lambda\boldsymbol{\alpha},\mu\boldsymbol{\beta})=0$. 特别地，对于非零向量 $\boldsymbol{\alpha}$ 和 $\boldsymbol{\beta}$，若 $\boldsymbol{\alpha}$ 和 $\boldsymbol{\beta}$ 正交，则 $\frac{1}{\|\boldsymbol{\alpha}\|}\boldsymbol{\alpha}$ 和 $\frac{1}{\|\boldsymbol{\beta}\|}\boldsymbol{\beta}$ 正交.

3.3.7　正交向量组

3.3.7.1　基本概念

两两正交的向量组称为正交向量组，按这种比较自然的定义方式，正交向量组中可以含零向量.

定理 3.3.7.1.1　不含零向量的正交向量组是线性无关的.

【证明】 设 $\boldsymbol{\alpha}_1,\boldsymbol{\alpha}_2,\cdots,\boldsymbol{\alpha}_r$ 是正交向量组 $\boldsymbol{\alpha}_i\neq0(i=1,2,\cdots,r)$，若存在一组数 $k_1,k_2,\cdots,k_r$ 使得 $k_1\boldsymbol{\alpha}_1+k_2\boldsymbol{\alpha}_2+\cdots+k_r\boldsymbol{\alpha}_r=\mathbf{0}$，于是 $(k_1\boldsymbol{\alpha}_1+k_2\boldsymbol{\alpha}_2+\cdots+k_r\boldsymbol{\alpha}_r,\boldsymbol{\alpha}_1)=(\mathbf{0},\boldsymbol{\alpha}_1)$. 根据内积的性质，有

$$k_1(\boldsymbol{\alpha}_1,\boldsymbol{\alpha}_1)+k_2(\boldsymbol{\alpha}_2,\boldsymbol{\alpha}_1)+\cdots+k_r(\boldsymbol{\alpha}_r,\boldsymbol{\alpha}_1)=\mathbf{0}.$$

因为 $\boldsymbol{\alpha}_1,\boldsymbol{\alpha}_2,\cdots,\boldsymbol{\alpha}_r$ 两两正交，故 $(\boldsymbol{\alpha}_i,\boldsymbol{\alpha}_j)=0,(i\neq j)$. 故 $k_1(\boldsymbol{\alpha}_1,\boldsymbol{\alpha}_1)=0$. 因为 $\boldsymbol{\alpha}_1$ 非零，$(\boldsymbol{\alpha}_1,\boldsymbol{\alpha}_1)>0$，所以 $k_1=0$. 同理可证 $k_2=0,k_3=0,\cdots,k_r=0$，因此 $\boldsymbol{\alpha}_1,\boldsymbol{\alpha}_2,\cdots,\boldsymbol{\alpha}_r$ 线

性无关.

【例 3.1】已知向量

$$\boldsymbol{\alpha}_1=\begin{pmatrix}1\\-1\\-1\end{pmatrix},\boldsymbol{\alpha}_2=\begin{pmatrix}0\\1\\-1\end{pmatrix},$$

验证 $\boldsymbol{\alpha}_1$ 与 $\boldsymbol{\alpha}_2$ 正交,并求一个非零向量 $\boldsymbol{\alpha}_3$,使 $\boldsymbol{\alpha}_1,\boldsymbol{\alpha}_2,\boldsymbol{\alpha}_3$ 为正交向量组.

【解】因为 $(\boldsymbol{\alpha}_1,\boldsymbol{\alpha}_2)=1\times0+(-1)\times1+(-1)\times(-1)=0$,所以 $\boldsymbol{\alpha}_1$ 与 $\boldsymbol{\alpha}_2$ 正交.

设 $\boldsymbol{\alpha}_3=\begin{pmatrix}x_1\\x_2\\x_3\end{pmatrix}$,且同时满足 $(\boldsymbol{\alpha}_1,\boldsymbol{\alpha}_3)=0,(\boldsymbol{\alpha}_2,\boldsymbol{\alpha}_3)=0$,从而有

$$\begin{cases}x_1-x_2-x_3=0,\\x_2-x_3=0.\end{cases}$$

令 $x_3=1$ 的一个非零解

$$\boldsymbol{\alpha}_3=\begin{pmatrix}2\\1\\1\end{pmatrix},$$

这时 $\boldsymbol{\alpha}_1,\boldsymbol{\alpha}_2,\boldsymbol{\alpha}_3$ 为正交向量组.

3.3.7.2 施密特正交化法

设 $\boldsymbol{\alpha}_1,\boldsymbol{\alpha}_2,\cdots,\boldsymbol{\alpha}_m$ 为线性无关向量组,设 $\boldsymbol{\beta}_1=\boldsymbol{\alpha}_1,\boldsymbol{\beta}_2=\boldsymbol{\alpha}_2-\dfrac{(\boldsymbol{\alpha}_2,\boldsymbol{\beta}_1)}{(\boldsymbol{\beta}_1,\boldsymbol{\beta}_1)}\boldsymbol{\beta}_1,\cdots,\boldsymbol{\beta}_m=\boldsymbol{\alpha}_m-\dfrac{(\boldsymbol{\alpha}_m,\boldsymbol{\beta}_1)}{(\boldsymbol{\beta}_1,\boldsymbol{\beta}_1)}\boldsymbol{\beta}_1-\dfrac{(\boldsymbol{\alpha}_m,\boldsymbol{\beta}_2)}{(\boldsymbol{\beta}_2,\boldsymbol{\beta}_2)}\boldsymbol{\beta}_2-\cdots-\dfrac{(\boldsymbol{\alpha}_m,\boldsymbol{\beta}_{m-1})}{(\boldsymbol{\beta}_{m-1},\boldsymbol{\beta}_{m-1})}\boldsymbol{\beta}_{m-1}$,则 $\boldsymbol{\beta}_1,\boldsymbol{\beta}_2,\cdots,\boldsymbol{\beta}_m$ 是与 $\boldsymbol{\alpha}_1,\boldsymbol{\alpha}_2,\cdots,\boldsymbol{\alpha}_m$ 等价的正交向量组.

用施密特正交化法可以把向量空间的一组基化为正交基,进而可以求得向量空间的一组规范正交基.在考试中,只需要掌握 $\boldsymbol{\beta}_1=\boldsymbol{\alpha}_1,\boldsymbol{\beta}_2=\boldsymbol{\alpha}_2-\dfrac{(\boldsymbol{\alpha}_2,\boldsymbol{\beta}_1)}{(\boldsymbol{\beta}_1,\boldsymbol{\beta}_1)}\boldsymbol{\beta}_1$ 即可.

【例 3.2】已知线性无关的向量组

$$\boldsymbol{\alpha}_1=\begin{pmatrix}1\\1\\1\end{pmatrix},\boldsymbol{\alpha}_2=\begin{pmatrix}1\\2\\3\end{pmatrix}.$$

用施密特正交化法将其单位正交化.

【解】先正交化.取

$$\boldsymbol{\beta}_1=\boldsymbol{\alpha}_1=\begin{pmatrix}1\\1\\1\end{pmatrix},\boldsymbol{\beta}_2=\boldsymbol{\alpha}_2-\frac{(\boldsymbol{\alpha}_2,\boldsymbol{\beta}_1)}{(\boldsymbol{\beta}_1,\boldsymbol{\beta}_1)}\boldsymbol{\beta}_1=\begin{pmatrix}1\\2\\3\end{pmatrix}-\frac{6}{3}\begin{pmatrix}1\\1\\1\end{pmatrix}=\begin{pmatrix}-1\\0\\1\end{pmatrix},$$

再单位化,得

$$p_1 = \frac{1}{\|\boldsymbol{\beta}_1\|}\boldsymbol{\beta}_1 = \frac{1}{\sqrt{3}}\begin{pmatrix}1\\1\\1\end{pmatrix} = \begin{pmatrix}\frac{1}{\sqrt{3}}\\ \frac{1}{\sqrt{3}}\\ \frac{1}{\sqrt{3}}\end{pmatrix},$$

$$p_2 = \frac{1}{\|\boldsymbol{\beta}_2\|}\boldsymbol{\beta}_2 = \frac{1}{\sqrt{2}}\begin{pmatrix}-1\\0\\1\end{pmatrix} = \begin{pmatrix}-\frac{1}{\sqrt{2}}\\ 0\\ \frac{1}{\sqrt{2}}\end{pmatrix},$$

【例 3.3】已知向量 $\boldsymbol{\alpha}_1 = \begin{pmatrix}1\\-1\\-1\end{pmatrix}$，求非零向量 $\boldsymbol{\alpha}_2,\boldsymbol{\alpha}_3$，使 $\boldsymbol{\alpha}_1,\boldsymbol{\alpha}_2,\boldsymbol{\alpha}_3$ 构成正交向量组.

【解】设向量 $\boldsymbol{\alpha}_2,\boldsymbol{\alpha}_3$ 的分量为 x_1,x_2,x_3，则由 $(\boldsymbol{\alpha}_1,\boldsymbol{\alpha}_2)=(\boldsymbol{\alpha}_1,\boldsymbol{\alpha}_3)=0$ 可得 x_1,x_2,x_3 应满足 $x_1-x_2-x_3=0$，其基础解系为

$$\boldsymbol{\xi}_2 = \begin{pmatrix}1\\1\\0\end{pmatrix},\boldsymbol{\xi}_3 = \begin{pmatrix}1\\0\\1\end{pmatrix},$$

将 $\boldsymbol{\xi}_2,\boldsymbol{\xi}_3$ 正交化，得

$$\boldsymbol{\alpha}_2 = \boldsymbol{\xi}_2 = \begin{pmatrix}1\\1\\0\end{pmatrix}.$$

$$\boldsymbol{\alpha}_3 = \boldsymbol{\xi}_3 - \frac{(\boldsymbol{\xi}_3,\boldsymbol{\alpha}_2)}{(\boldsymbol{\alpha}_2,\boldsymbol{\alpha}_2)}\boldsymbol{\alpha}_2 = \begin{pmatrix}1\\0\\1\end{pmatrix} - \frac{1}{2}\begin{pmatrix}1\\1\\0\end{pmatrix} = \begin{pmatrix}\frac{1}{2}\\ -\frac{1}{2}\\ 1\end{pmatrix}.$$

这时，$\boldsymbol{\alpha}_1,\boldsymbol{\alpha}_2,\boldsymbol{\alpha}_3$ 构成正交向量组.

3.3.8　正交矩阵

与单位正交向量组密切相关的概念是正交矩阵.

定义 3.3.8.1　设 $\boldsymbol{A}$ 是 n 阶方阵，若 $\boldsymbol{A}^{\mathrm{T}}\boldsymbol{A} = \boldsymbol{E}$，则称 $\boldsymbol{A}$ 是正交矩阵.

根据定义知，若 $\boldsymbol{A}$ 是正交矩阵，则 $\boldsymbol{A}^{-1} = \boldsymbol{A}^{\mathrm{T}}$ 且 $|\boldsymbol{A}| = 1$ 或 -1.

由 $\boldsymbol{A}$ 是正交矩阵，可得出 $\boldsymbol{A}^{-1} = \boldsymbol{A}^{\mathrm{T}}$. 类似的讨论可知，由 $\boldsymbol{A}$ 得到的行向量组也是单位正交向量组.

因此，$\boldsymbol{A}$ 是正交矩阵的充要条件是 A 的列（或行）向量组是单位正交向量组. 利用此结论

可以方便地判定一个方阵是否是正交矩阵．例如，可以验证

$$\begin{pmatrix} -\frac{1}{2} & \frac{1}{2} & \frac{1}{2} & -\frac{1}{2} \\ -\frac{1}{2} & -\frac{1}{2} & \frac{1}{2} & \frac{1}{2} \\ \frac{1}{\sqrt{2}} & 0 & \frac{1}{\sqrt{2}} & 0 \\ 0 & \frac{1}{\sqrt{2}} & 0 & \frac{1}{\sqrt{2}} \end{pmatrix}$$

是正交矩阵.

正交矩阵的性质总结如下：

(1) $|\boldsymbol{A}|=\pm 1$.

(2) 若 $\boldsymbol{A}$ 为正交矩阵，则 $\boldsymbol{A}^{\mathrm{T}}$、$\boldsymbol{A}^{-1}$、$\boldsymbol{A}^{*}$、$\boldsymbol{A}^{k}$($k$ 为大于零的整数) 也是正交矩阵.

(3) 若 $\boldsymbol{A}$、$\boldsymbol{B}$ 都为正交矩阵，则 $\boldsymbol{AB}$ 及 $\boldsymbol{BA}$ 都是正交矩阵.

(4)n 阶方阵 $\boldsymbol{A}$ 为正交矩阵 $\Leftrightarrow \boldsymbol{A}$ 的列(行) 向量组 R^n 的一组标准正交基.(数一)

若 $\boldsymbol{P}$ 为正交阵，$\boldsymbol{y}=\boldsymbol{Px}$ 称为正交变换，正交变换 $\boldsymbol{y}=\boldsymbol{Px}$ 具有下列性质：

(1) 设向量 $\boldsymbol{\alpha}$、$\boldsymbol{\beta}\in R^n$，$\boldsymbol{A}$ 为 n 阶正交矩阵，则 $(\boldsymbol{A\alpha},\boldsymbol{A\beta})=(\boldsymbol{\alpha},\boldsymbol{\beta})$，$\|\boldsymbol{A\alpha}\|=\|\boldsymbol{\alpha}\|$，$[\boldsymbol{A\alpha},\boldsymbol{A\beta}]=[\boldsymbol{\alpha},\boldsymbol{\beta}]$. 三个等式分别阐述了正交变换不改变两个向量的内积，不改变向量的长度，不改变两个向量之间的夹角.

(2) 正交变换把标准正交基仍变为标准正交基.(数一)

二次型变换中为什么要采用正交变换呢，原因就在这里. 再唠叨一下，在平面几何和立体几何中，十分关注保持图形全等的变换．所谓保持图形的全等，就是变换前后的长度、角度保持不变，长度和角度都可以由内积来计算，只要变换前后的内积保持不变，就保持了图形的全等，这可以推广到一般的欧氏空间.

保持内积不变一定保持向量的长度和角度不变．反过来，在平面几何中，三边对应相等的两个三角形全等，从而角度也对应相等，这说明只要保持向量 $\boldsymbol{a}$,$\boldsymbol{b}$,$\boldsymbol{a}-\boldsymbol{b}$ 的长度就能保持角度，从而保持内积 $\boldsymbol{a}\cdot\boldsymbol{b}$ 不变．事实上，内积 $(\boldsymbol{a},\boldsymbol{b})$ 可以通过长度 $\|\boldsymbol{a}\|$，$\|\boldsymbol{b}\|$，$\|\boldsymbol{a}+\boldsymbol{b}\|$ 算出来：

$$(\boldsymbol{a},\boldsymbol{b})=\frac{1}{2}(\|\boldsymbol{a}+\boldsymbol{b}\|^2-\|\boldsymbol{a}\|^2-\|\boldsymbol{b}\|^2)$$

只要线性变换保持长度 $\|\boldsymbol{a}\|$，$\|\boldsymbol{b}\|$，$\|\boldsymbol{a}+\boldsymbol{b}\|$ 不变，就保持内积 $(\boldsymbol{a},\boldsymbol{b})$ 不变.

【例 3.4】 若 $\boldsymbol{A}$ 为 n 阶正交矩阵，分析下列命题：

(1)$\boldsymbol{A}^{\mathrm{T}}$ 也是正交矩阵，

(2)$\boldsymbol{A}^{-1}$ 也是正交矩阵，

(3)$\boldsymbol{A}^{*}$ 也是正交矩阵($\boldsymbol{A}^{*}$ 为矩阵 $\boldsymbol{A}$ 的伴随矩阵)，

(4)$\boldsymbol{A}^{k}$ 也是正交矩阵(k 为大于 1 的整数)，

(5)$\boldsymbol{A\alpha}=\boldsymbol{\alpha}$($\boldsymbol{\alpha}$ 为 n 维列向量). 则[　　].

(A) 只有(1)和(2)正确　　(B) 只有(1)、(2)和(3)正确

(C) 只有(1)、(2)、(3)和(4)正确　　(D) 都正确

【分析】若要证明矩阵 $\boldsymbol{B}$ 为正交矩阵，即需要证明 $\boldsymbol{B}^{\mathrm{T}}\boldsymbol{B}=\boldsymbol{E}$

【解】因为矩阵 $\boldsymbol{A}$ 正交矩阵，则有 $\boldsymbol{A}^{\mathrm{T}}\boldsymbol{A}=\boldsymbol{A}\boldsymbol{A}^{\mathrm{T}}=\boldsymbol{E}$，$\boldsymbol{A}$ 一定可逆，对等式两边取行列式，则有 $|\boldsymbol{A}|^2=1$

证明命题(1)：$(\boldsymbol{A}^{\mathrm{T}})^{\mathrm{T}}\boldsymbol{A}^{\mathrm{T}}=\boldsymbol{A}\boldsymbol{A}^{\mathrm{T}}=\boldsymbol{E}$，则 $\boldsymbol{A}^{\mathrm{T}}$ 也是正交矩阵.

证明命题(2)：$(\boldsymbol{A}^{-1})^{\mathrm{T}}\boldsymbol{A}^{-1}=(\boldsymbol{A}^{\mathrm{T}})^{-1}\boldsymbol{A}^{-1}=(\boldsymbol{A}\boldsymbol{A}^{\mathrm{T}})^{-1}=\boldsymbol{E}^{-1}=\boldsymbol{E}$，则 $\boldsymbol{A}^{-1}$ 也是正交矩阵.

证明命题(3)：$(\boldsymbol{A}^{*})^{\mathrm{T}}\boldsymbol{A}^{*}=(|\boldsymbol{A}|\boldsymbol{A}^{-1})^{\mathrm{T}}|\boldsymbol{A}|\boldsymbol{A}^{-1}=|\boldsymbol{A}|^2(\boldsymbol{A}^{\mathrm{T}})^{-1}\boldsymbol{A}^{-1}=|\boldsymbol{A}|^2(\boldsymbol{A}\boldsymbol{A}^{\mathrm{T}})^{-1}=|\boldsymbol{A}|^2\boldsymbol{E}=\boldsymbol{E}$，则 $\boldsymbol{A}^{*}$ 也是正交矩阵.

证明命题(4)：$(\boldsymbol{A}^{k})^{\mathrm{T}}\boldsymbol{A}^{k}=(\boldsymbol{A}^{\mathrm{T}})^{k}\boldsymbol{A}^{k}=(\boldsymbol{A}^{\mathrm{T}})^{k-1}(\boldsymbol{A}^{\mathrm{T}}A)\boldsymbol{A}^{k-1}=(\boldsymbol{A}^{\mathrm{T}})^{k-1}\boldsymbol{A}^{k-1}=\cdots=(\boldsymbol{A}^{\mathrm{T}})\boldsymbol{A}=\boldsymbol{E}$，则 $\boldsymbol{A}^{k}$ 也是正交矩阵.

证明命题(5)：$\boldsymbol{A\alpha}=\sqrt{(\boldsymbol{A\alpha})^{\mathrm{T}}\boldsymbol{A\alpha}}=\sqrt{\boldsymbol{\alpha}^{\mathrm{T}}\boldsymbol{A}^{\mathrm{T}}\boldsymbol{A\alpha}}=\sqrt{\boldsymbol{\alpha}^{\mathrm{T}}\boldsymbol{\alpha}}=\boldsymbol{\alpha}$.

故答案选(D).

注 本题是考查正交矩阵的性质.

【例 3.5】设 $\boldsymbol{A}$、$\boldsymbol{B}$ 均为 n 阶正交矩阵，且 $|\boldsymbol{A}||\boldsymbol{B}|<0$，证明 $|\boldsymbol{A}+\boldsymbol{B}|=0$.

【分析】利用 $\boldsymbol{A}^{\mathrm{T}}\boldsymbol{A}=\boldsymbol{A}\boldsymbol{A}^{\mathrm{T}}=\boldsymbol{E}$ 和 $\boldsymbol{B}^{\mathrm{T}}\boldsymbol{B}=\boldsymbol{B}\boldsymbol{B}^{\mathrm{T}}=\boldsymbol{E}$，证明 $|\boldsymbol{A}+\boldsymbol{B}|=-|\boldsymbol{A}+\boldsymbol{B}|$.

【证明】$\boldsymbol{A}^{\mathrm{T}}(\boldsymbol{A}+\boldsymbol{B})\boldsymbol{B}^{\mathrm{T}}=\boldsymbol{A}^{\mathrm{T}}\boldsymbol{A}\boldsymbol{B}^{\mathrm{T}}+\boldsymbol{A}^{\mathrm{T}}\boldsymbol{B}\boldsymbol{B}^{\mathrm{T}}=\boldsymbol{B}^{\mathrm{T}}+\boldsymbol{A}^{\mathrm{T}}=(\boldsymbol{A}+\boldsymbol{B})^{\mathrm{T}}$

上式两端取行列式：$|\boldsymbol{A}^{\mathrm{T}}(\boldsymbol{A}+\boldsymbol{B})\boldsymbol{B}^{\mathrm{T}}|=|(\boldsymbol{A}+\boldsymbol{B})^{\mathrm{T}}|$，则有 $|\boldsymbol{A}||\boldsymbol{B}||\boldsymbol{A}+\boldsymbol{B}|=|\boldsymbol{A}+\boldsymbol{B}|$，对等式 $\boldsymbol{A}^{\mathrm{T}}\boldsymbol{A}=\boldsymbol{E}$ 两端取行列式有 $|\boldsymbol{A}|^2=1$，可知正交矩阵的行列式为 1 或 -1，而 $|\boldsymbol{A}||\boldsymbol{B}|<0$，所以有 $|\boldsymbol{A}||\boldsymbol{B}|=-1$，故 $-|\boldsymbol{A}+\boldsymbol{B}|=|\boldsymbol{A}+\boldsymbol{B}|$，则 $|\boldsymbol{A}+\boldsymbol{B}|=0$，证毕.

注 充分利用 $\boldsymbol{A}^{\mathrm{T}}\boldsymbol{A}=\boldsymbol{A}\boldsymbol{A}^{\mathrm{T}}=\boldsymbol{E}$ 和 $\boldsymbol{B}^{\mathrm{T}}\boldsymbol{B}=\boldsymbol{B}\boldsymbol{B}^{\mathrm{T}}=\boldsymbol{E}$ 的已知条件，构造包含 $\boldsymbol{A}+\boldsymbol{B}$ 的矩阵等式，进一步利用行列式的性质解题.

3.3.9　正交基及标准正交基(规范正交基)(仅数一)

设 V 是向量空间，若在 V 上定义了两个向量的内积，则称 V 为欧氏空间.

定义 3.3.9.1　设 $\boldsymbol{\alpha}_1,\boldsymbol{\alpha}_2,\cdots,\boldsymbol{\alpha}_n$ 是欧氏空间 V 的一组基，若满足下列两个条件，则称 $\boldsymbol{\alpha}_1,\boldsymbol{\alpha}_2,\cdots,\boldsymbol{\alpha}_n$ 是欧氏空间 V 的一组单位正交基或标准正交基或规范正交基.

(1) $\boldsymbol{\alpha}_1,\boldsymbol{\alpha}_2,\cdots,\boldsymbol{\alpha}_n$ 是正交向量组；

(2) $\boldsymbol{\alpha}_1,\boldsymbol{\alpha}_2,\cdots,\boldsymbol{\alpha}_n$ 均为单位向量.

例如 $\boldsymbol{i}=\begin{pmatrix}1\\0\\0\end{pmatrix},\boldsymbol{j}=\begin{pmatrix}0\\1\\0\end{pmatrix},\boldsymbol{k}=\begin{pmatrix}0\\0\\1\end{pmatrix}$ 是 R^3 的一组单位正交基.

又如 $\boldsymbol{p}_1=\begin{pmatrix}\frac{1}{\sqrt{2}}\\\frac{1}{\sqrt{2}}\\0\\0\end{pmatrix},\boldsymbol{p}_2=\begin{pmatrix}\frac{1}{\sqrt{2}}\\-\frac{1}{\sqrt{2}}\\0\\0\end{pmatrix},\boldsymbol{p}_3=\begin{pmatrix}0\\0\\\frac{1}{\sqrt{2}}\\\frac{1}{\sqrt{2}}\end{pmatrix},\boldsymbol{p}_4=\begin{pmatrix}0\\0\\\frac{1}{\sqrt{2}}\\-\frac{1}{\sqrt{2}}\end{pmatrix}$ 是 R^4 的一组单位正交基.

为何要考虑欧氏空间V的单位正交基?假设$\boldsymbol{\alpha}_1,\boldsymbol{\alpha}_2,\cdots,\boldsymbol{\alpha}_n$是欧氏空间$V$的一组单位正交基,对于任意向量$\boldsymbol{\beta}$有

$$\boldsymbol{\beta}=k_1\boldsymbol{\alpha}_1+k_2\boldsymbol{\alpha}_2+\cdots+k_n\boldsymbol{\alpha}_n,$$

对于任意$i(i=1,2,\cdots,n)$,因为

$$\begin{aligned}(\boldsymbol{\beta},\boldsymbol{\alpha}_i)&=(k_1\boldsymbol{\alpha}_1+k_2\boldsymbol{\alpha}_2+\cdots+k_n\boldsymbol{\alpha}_n,\boldsymbol{\alpha}_i)\\&=k_1(\boldsymbol{\alpha}_1,\boldsymbol{\alpha}_i)+\cdots+k_{i-1}(\boldsymbol{\alpha}_{i-1},\boldsymbol{\alpha}_i)+k_i(\boldsymbol{\alpha}_i,\boldsymbol{\alpha}_i)\\&\quad+k_{i+1}(\boldsymbol{\alpha}_{i+1},\boldsymbol{\alpha}_i)+\cdots+k_n(\boldsymbol{\alpha}_n,\boldsymbol{\alpha}_i)\\&=k_1 0+\cdots+k_{i-1}0+k_i 1+k_{i+1}0+\cdots+k_n 0=k_i,\end{aligned}$$

所以$k_1,k_2,\cdots,k_n$的计算较简单.若$\boldsymbol{\alpha}_1,\boldsymbol{\alpha}_2,\cdots,\boldsymbol{\alpha}_n$是$V$的基而不是$V$的单位正交基,要得出$k_1,k_2,\cdots,k_n$需要求解线性方程组.

设$\boldsymbol{\alpha}_1,\boldsymbol{\alpha}_2,\cdots,\boldsymbol{\alpha}_r$是线性无关的向量组,则由$\boldsymbol{\alpha}_1,\boldsymbol{\alpha}_2,\cdots,\boldsymbol{\alpha}_r$生成一个向量空间$V$,假定在$V$上定义了两个向量的内积,显然$\boldsymbol{\alpha}_1,\boldsymbol{\alpha}_2,\cdots,\boldsymbol{\alpha}_r$是$V$的基.如何根据$\boldsymbol{\alpha}_1,\boldsymbol{\alpha}_2,\cdots,\boldsymbol{\alpha}_r$得出$V$的单位正交基?

如何办才能根据线性无关的向量组$\boldsymbol{\alpha}_1,\boldsymbol{\alpha}_2,\cdots,\boldsymbol{\alpha}_r$,得出一个单位正交向量组$\mathbf{e}_1,\mathbf{e}_2,\cdots,\mathbf{e}_r$,使其与$\boldsymbol{\alpha}_1,\boldsymbol{\alpha}_2,\cdots,\boldsymbol{\alpha}_r$等价.

对两个线性无关的向量组$\boldsymbol{\alpha}_1,\boldsymbol{\alpha}_2$做一个简单的分析如下:关键是找出与$\boldsymbol{\alpha}_1,\boldsymbol{\alpha}_2$等价的正交向量组$\boldsymbol{\beta}_1,\boldsymbol{\beta}_2$.再分别将$\boldsymbol{\beta}_1,\boldsymbol{\beta}_2$单位化得$\mathbf{e}_1,\mathbf{e}_2$.由于$\boldsymbol{\alpha}_1,\boldsymbol{\alpha}_2$与$\boldsymbol{\beta}_1,\boldsymbol{\beta}_2$等价,容易知道$\mathbf{e}_1,\mathbf{e}_2$与$\boldsymbol{\alpha}_1,\boldsymbol{\alpha}_2$等价.

不妨取$\boldsymbol{\beta}_1=\boldsymbol{\alpha}_1$.由于$\boldsymbol{\alpha}_1,\boldsymbol{\alpha}_2$线性无关,$\boldsymbol{\beta}_1$和$\boldsymbol{\alpha}_2$确定一个平面,与$\boldsymbol{\beta}_1$正交的向量$\boldsymbol{\beta}_2$在该平面内与$\boldsymbol{\beta}_1$垂直的方向上找.为了保证$\boldsymbol{\alpha}_2$可由$\boldsymbol{\beta}_1,\boldsymbol{\beta}_2$线性表示,将$\boldsymbol{\alpha}_2$往$\boldsymbol{\beta}_1,\boldsymbol{\beta}_2$这两个互相垂直的方向上分解.

设$\boldsymbol{\alpha}_2$在$\boldsymbol{\beta}_1$上的投影为$k\boldsymbol{\beta}_1$,$\boldsymbol{\alpha}_2$在$\boldsymbol{\beta}_2$上的投影是$\boldsymbol{\beta}_2$,于是$\boldsymbol{\alpha}_2=k\boldsymbol{\beta}_1+\boldsymbol{\beta}_2$,即$\boldsymbol{\beta}_2=\boldsymbol{\alpha}_2-k\boldsymbol{\beta}_1$.$(\boldsymbol{\beta}_2,\boldsymbol{\beta}_1)=(\boldsymbol{\alpha}_2,\boldsymbol{\beta}_1)-k(\boldsymbol{\beta}_1\boldsymbol{\beta}_1)$,根据条件$(\boldsymbol{\beta}_1,\boldsymbol{\beta}_2)=0$,得$0=(\boldsymbol{\alpha}_2,\boldsymbol{\beta}_1)-k(\boldsymbol{\beta}_1,\boldsymbol{\beta}_1)$,因而$k=\dfrac{(\boldsymbol{\alpha}_2,\boldsymbol{\beta}_1)}{(\boldsymbol{\beta}_1,\boldsymbol{\beta}_1)}$,即$\boldsymbol{\alpha}_2$在$\boldsymbol{\beta}_1$上的投影为$\dfrac{(\boldsymbol{\alpha}_2,\boldsymbol{\beta}_1)}{(\boldsymbol{\beta}_1,\boldsymbol{\beta}_1)}\boldsymbol{\beta}_1$,这是$\boldsymbol{\alpha}_2$到$\boldsymbol{\beta}_1$最近的点(见图3-3),因此,$\boldsymbol{\beta}_2=\boldsymbol{\alpha}_2-\dfrac{(\boldsymbol{\alpha}_2,\boldsymbol{\beta}_1)}{(\boldsymbol{\beta}_1,\boldsymbol{\beta}_1)}\boldsymbol{\beta}_1$.这时,$\boldsymbol{\beta}_1,\boldsymbol{\beta}_2$与$\boldsymbol{\alpha}_1,\boldsymbol{\alpha}_2$等价且$\boldsymbol{\beta}_1,\boldsymbol{\beta}_2$是正交向量组.再分别将$\boldsymbol{\beta}_1,\boldsymbol{\beta}_2$单位化得$\mathbf{e}_1,\mathbf{e}_2$.

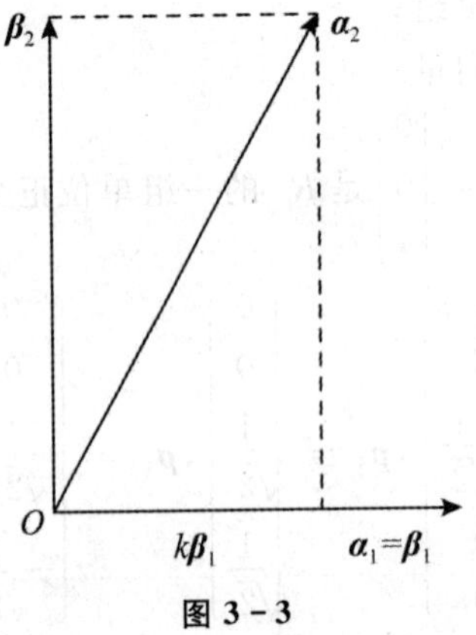

图 3-3

上述方法称为拉格姆—施密特方法(Gram-Schmidt method),简称为施密特方法,包括了正交化和单位化两个步骤,考研一般考查三个向量的正交化.

3.4　线性组合

3.4.1　线性表示

在平面坐标系中,给定两个向量 $\boldsymbol{\alpha}=\begin{pmatrix}a_1\\a_2\end{pmatrix}$,$\boldsymbol{\beta}=\begin{pmatrix}b_1\\b_2\end{pmatrix}$,$\boldsymbol{\alpha}$ 和 $\boldsymbol{\beta}$ 的关系有两种:

(1) 共线. 例如 $\boldsymbol{\alpha}=\begin{pmatrix}-1\\2\end{pmatrix}$,$\boldsymbol{\beta}=\begin{pmatrix}-3\\6\end{pmatrix}$. 在这种情况下,存在常数 $k=3$ 使得 $\boldsymbol{\beta}=k\boldsymbol{\alpha}=3\boldsymbol{\alpha}$.

(2) 不共线. 例如 $\boldsymbol{\alpha}=\begin{pmatrix}2\\-1\end{pmatrix}$,$\boldsymbol{\beta}=\begin{pmatrix}2\\2\end{pmatrix}$. 在这种情况下,对于任意向量 $\boldsymbol{\gamma}=\begin{pmatrix}c_1\\c_2\end{pmatrix}$,根据平行四边形法则知,必存在常数 k_1 和 k_2 使得 $\boldsymbol{\gamma}=k_1\boldsymbol{\alpha}+k_2\boldsymbol{\beta}$. 如对于 $\boldsymbol{\gamma}=\begin{pmatrix}-1\\2\end{pmatrix}$,有 $\boldsymbol{\gamma}=-\boldsymbol{\alpha}+\frac{1}{2}\boldsymbol{\beta}$.

对于 $\boldsymbol{\beta}=k\boldsymbol{\alpha}$,称 $\boldsymbol{\beta}$ 是 $\boldsymbol{\alpha}$ 的线性组合. 对于 $\boldsymbol{\gamma}=k_1\boldsymbol{\alpha}+k_2\boldsymbol{\beta}$,称 $\boldsymbol{\gamma}$ 是 $\boldsymbol{\alpha}$ 和 $\boldsymbol{\beta}$ 的线性组合. 一般地,有下面的定义.

定义 3.4.1.1　给定 R^n 中向量组 $A:\boldsymbol{\alpha}_1,\boldsymbol{\alpha}_2,\cdots,\boldsymbol{\alpha}_m$ 以及数 $k_1,k_2,\cdots,k_m$,称向量

$$\boldsymbol{\beta}=k_1\boldsymbol{\alpha}_1+k_2\boldsymbol{\alpha}_2+\cdots+k_m\boldsymbol{\alpha}_m$$

为向量组 $A:\boldsymbol{\alpha}_1,\boldsymbol{\alpha}_2,\cdots,\boldsymbol{\alpha}_m$ 的一个线性组合,数 $k_1,k_2,\cdots,k_m$ 可以是任意实数.

注 在某些应用领域里,$k_1,k_2,\cdots,k_m$ 又称为权重,之所以称 $k_1\boldsymbol{\alpha}_1+k_2\boldsymbol{\alpha}_2+\cdots+k_m\boldsymbol{\alpha}_m$ 为线性组合,是因为其中涉及的运算仅是线性运算,即数乘运算和加法运算.

【例 3.6】 设向量组 $\boldsymbol{\alpha}_1=\begin{pmatrix}2\\-4\\3\end{pmatrix}$,$\boldsymbol{\alpha}_2=\begin{pmatrix}-1\\5\\-2\end{pmatrix}$,$\boldsymbol{\alpha}_3=\begin{pmatrix}0\\-8\\1\end{pmatrix}$,$\boldsymbol{\alpha}_4=\begin{pmatrix}2\\3\\2\end{pmatrix}$,

证明 $\boldsymbol{\beta}=\begin{pmatrix}-1\\5\\-2\end{pmatrix}$ 可由 $\boldsymbol{\alpha}_1,\boldsymbol{\alpha}_2,\boldsymbol{\alpha}_3,\boldsymbol{\alpha}_4$ 线性表示.

【证明】 设 $\boldsymbol{\beta}=k_1\boldsymbol{\alpha}_1+k_2\boldsymbol{\alpha}_2+k_3\boldsymbol{\alpha}_3+k_4\boldsymbol{\alpha}_4$,即

$$\begin{pmatrix}-1\\5\\-2\end{pmatrix}=k_1\begin{pmatrix}2\\-4\\3\end{pmatrix}+k_2\begin{pmatrix}-1\\5\\-2\end{pmatrix}+k_3\begin{pmatrix}0\\-8\\1\end{pmatrix}+k_4\begin{pmatrix}2\\3\\2\end{pmatrix},$$

于是得线性方程组

$$\begin{cases}2k_1-k_2+2k_4=-1,\\-4k_1+5k_2-8k_3+3k_4=5,\\3k_1-2k_2+k_3+2k_4=-2,\end{cases}$$

其增广矩阵的行阶梯形矩阵为

$$\left(\begin{array}{cccc:c}2&-1&0&2&-1\\-4&5&-8&3&5\\3&-2&1&2&-2\end{array}\right)\xrightarrow[-r_1+r_3]{2r_1+r_2}\left(\begin{array}{cccc:c}2&-1&0&2&-1\\0&3&-8&7&3\\1&-1&1&0&-1\end{array}\right)$$

$$\xrightarrow{r_1\leftrightarrow r_3}\left(\begin{array}{cccc:c}1&-1&1&0&-1\\0&3&-8&7&3\\2&-1&0&2&-1\end{array}\right)\xrightarrow{-2r_1+r_3}\left(\begin{array}{cccc:c}1&-1&1&0&-1\\0&3&-8&7&3\\0&1&-2&2&1\end{array}\right)$$

$$\xrightarrow{r_2\leftrightarrow r_3}\left(\begin{array}{cccc:c}1&-1&1&0&-1\\0&1&-2&2&1\\0&3&-8&7&3\end{array}\right)\xrightarrow{-3r_2+r_3}\left(\begin{array}{cccc:c}1&-1&1&0&-1\\0&1&-2&2&1\\0&0&-2&1&0\end{array}\right)$$

$$\xrightarrow[r_2+r_1]{-r_3+r_2}\left(\begin{array}{cccc:c}1&0&-1&2&0\\0&1&0&1&1\\0&0&-2&1&0\end{array}\right)\xrightarrow{-\frac{1}{2}r_3+r_1}\left(\begin{array}{cccc:c}1&0&0&\frac{3}{2}&0\\0&1&0&1&1\\0&0&-2&1&0\end{array}\right)$$

即
$$\begin{cases}k_1+\dfrac{3}{2}k_4=0\\k_2+k_4=1\\-2k_3+k_4=0\end{cases}\longrightarrow\begin{cases}k_1=-\dfrac{3}{2}k_4\\k_2=1-k_4\\k_3=\dfrac{k_4}{2}\end{cases}\longrightarrow\begin{pmatrix}k_1\\k_2\\k_3\\k_4\end{pmatrix}=\begin{pmatrix}-\dfrac{3}{2}k_4\\1-k_4\\\dfrac{k_4}{2}\\k_4\end{pmatrix}=\begin{pmatrix}-\dfrac{3}{2}k_4\\-k_4\\\dfrac{k_4}{2}\\k_4\end{pmatrix}+\begin{pmatrix}0\\1\\0\\0\end{pmatrix}$$

这样的常数 k_1,k_2,k_3,k_4 有无限多个，例如 $\begin{pmatrix}k_1\\k_2\\k_3\\k_4\end{pmatrix}=\begin{pmatrix}0\\1\\0\\0\end{pmatrix}$，即 $\boldsymbol{\beta}=0\boldsymbol{\alpha}_1+1\boldsymbol{\alpha}_2+0\boldsymbol{\alpha}_3+0\boldsymbol{\alpha}_4$. 再如 $\begin{pmatrix}k_1\\k_2\\k_3\\k_4\end{pmatrix}=\begin{pmatrix}-\frac{3}{2}\\0\\\frac{1}{2}\\1\end{pmatrix}$，即 $\boldsymbol{\beta}=-\dfrac{3}{2}\boldsymbol{\alpha}_1+0\boldsymbol{\alpha}_2+\dfrac{1}{2}\boldsymbol{\alpha}_3+1\boldsymbol{\alpha}_4$.

由此可见，将 $\boldsymbol{\beta}$ 表示为 $\boldsymbol{\alpha}_1,\boldsymbol{\alpha}_2,\boldsymbol{\alpha}_3,\boldsymbol{\alpha}_4$ 的线性组合，其形式不唯一，向量 $\boldsymbol{\beta}$ 可由向量组 $\boldsymbol{\alpha}_1,\boldsymbol{\alpha}_2,\cdots,\boldsymbol{\alpha}_n$ 线性表示的充要条件是 n 元线性方程组

$$\boldsymbol{\beta}=k_1\boldsymbol{\alpha}_1+k_2\boldsymbol{\alpha}_2+\cdots+k_n\boldsymbol{\alpha}_n$$

有解.

定义 3.4.1.2　给定 n 维向量组 $A:\boldsymbol{\alpha}_1,\boldsymbol{\alpha}_2,\cdots,\boldsymbol{\alpha}_m$ 和 n 维向量 $\boldsymbol{\beta}$,若存在 m 个数 $k_1,k_2,\cdots,k_m$,使

$$\boldsymbol{\beta}=k_1\boldsymbol{\alpha}_1+k_2\boldsymbol{\alpha}_2+\cdots+k_m\boldsymbol{\alpha}_m$$

则称向量 $\boldsymbol{\beta}$ 能由向量组 A 线性表示.

例如 n 维向量组 $E:\mathbf{e}_1=\begin{bmatrix}1\\0\\\vdots\\0\end{bmatrix},\mathbf{e}_2=\begin{bmatrix}0\\1\\\vdots\\0\end{bmatrix},\cdots,\mathbf{e}_n=\begin{bmatrix}0\\0\\\vdots\\1\end{bmatrix}$ 及向量 $\boldsymbol{\alpha}=\begin{bmatrix}a_1\\a_2\\\vdots\\a_n\end{bmatrix}$. 因为

$$\boldsymbol{\alpha}=a_1\mathbf{e}_1+a_2\mathbf{e}_2+\cdots+a_n\mathbf{e}_n,$$

所以 $\boldsymbol{\alpha}$ 是 $\mathbf{e}_1,\mathbf{e}_2,\cdots,\mathbf{e}_n$ 的一个线性组合.

3.4.2　向量组的线性相关与线性无关

下面从另外一个角度讨论线性组合的问题,若两个向量 $\boldsymbol{\alpha}$ 和 $\boldsymbol{\beta}$ 共线,如 $\boldsymbol{\alpha}=\begin{pmatrix}-1\\2\end{pmatrix},\boldsymbol{\beta}=\begin{pmatrix}-3\\6\end{pmatrix}$,由于 $\boldsymbol{\beta}=3\boldsymbol{\alpha}$,可改写为 $3\boldsymbol{\alpha}+(-1)\boldsymbol{\beta}=0$,这时称向量组 $\boldsymbol{\alpha}$ 和 $\boldsymbol{\beta}$ 线性相关. 若三个向量 $\boldsymbol{\alpha},\boldsymbol{\beta}$ 和 $\boldsymbol{\gamma}$ 共面,如 $\boldsymbol{\alpha}=\begin{pmatrix}-1\\2\end{pmatrix},\boldsymbol{\beta}=\begin{pmatrix}-3\\6\end{pmatrix},\boldsymbol{\gamma}=\begin{pmatrix}-\frac{1}{2}\\1\end{pmatrix}$,由于 $\boldsymbol{\gamma}=-\boldsymbol{\alpha}+\frac{1}{2}\boldsymbol{\beta}$,可改写为 $-\boldsymbol{\alpha}+\frac{1}{2}\boldsymbol{\beta}+(-1)\boldsymbol{\gamma}=\mathbf{0}$,这时称向量组 $\boldsymbol{\alpha},\boldsymbol{\beta}$ 和 $\boldsymbol{\gamma}$ 线性相关. 将"共线"和"共面"的概念推广,有下面的定义:

定义 3.4.2.1　设 $\boldsymbol{\alpha}_1,\boldsymbol{\alpha}_2,\cdots,\boldsymbol{\alpha}_n$ 是向量组,若存在一组不全为 0 的数 $k_1,k_2,\cdots,k_n$,使得

$$k_1\boldsymbol{\alpha}_1+k_2\boldsymbol{\alpha}_2+\cdots+k_n\boldsymbol{\alpha}_n=\mathbf{0}$$

成立,则称向量组 $\boldsymbol{\alpha}_1,\boldsymbol{\alpha}_2,\cdots,\boldsymbol{\alpha}_n$ 线性相关.

由定义知,若向量组 $\boldsymbol{\alpha}_1,\boldsymbol{\alpha}_2,\cdots,\boldsymbol{\alpha}_n$ 中有零向量,则 $\boldsymbol{\alpha}_1,\boldsymbol{\alpha}_2,\cdots,\boldsymbol{\alpha}_n$ 线性相关,因为

$$0\boldsymbol{\alpha}_1+0\boldsymbol{\alpha}_2+\cdots+k\mathbf{0}+\cdots+0\boldsymbol{\alpha}_n=\mathbf{0},k\neq 0.$$

显然,向量组 $\boldsymbol{\alpha}_1,\boldsymbol{\alpha}_2,\cdots,\boldsymbol{\alpha}_n$ 线性相关的充要条件是 n 元齐次线性方程组

$$k_1\boldsymbol{\alpha}_1+k_2\boldsymbol{\alpha}_2+\cdots+k_n\boldsymbol{\alpha}_n=(\boldsymbol{\alpha}_1\quad\boldsymbol{\alpha}_2\quad\cdots\quad\boldsymbol{\alpha}_n)\begin{pmatrix}k_1\\k_2\\\cdots\\k_n\end{pmatrix}=\mathbf{0}$$

有非零解. 由于该线性齐次方程组的系数矩阵 $\mathbf{A}$ 是由向量组 $\boldsymbol{\alpha}_1,\boldsymbol{\alpha}_2,\cdots,\boldsymbol{\alpha}_n$ 作为列向量构成的,该齐次线性方程组有非零解的充要条件是 $R(\mathbf{A})<n$,其中 n 为向量组的向量个数. 因此,下面的命题成立.

命题 1　向量组 $\boldsymbol{\alpha}_1,\boldsymbol{\alpha}_2,\cdots,\boldsymbol{\alpha}_n$ 线性相关的充要条件是矩阵 $\mathbf{A}=(\boldsymbol{\alpha}_1,\boldsymbol{\alpha}_2,\cdots,\boldsymbol{\alpha}_n)$ 的秩 $R(\mathbf{A})<n$.

如果一个向量组A含有零向量，即$A:\boldsymbol{\alpha}_1,\cdots,\boldsymbol{\alpha}_n,\mathbf{0}$，则向量组$\mathbf{A}$线性相关．这是因为存在数$k_1=k_2=\cdots=k_n=0,k_{n+1}=1$，使得

$$k_1\boldsymbol{\alpha}_1+k_2\boldsymbol{\alpha}_2+\cdots+k_n\boldsymbol{\alpha}_n+1\cdot\mathbf{0}=\mathbf{0}.$$

由类似的讨论可知，两个向量$\boldsymbol{\alpha}$和$\boldsymbol{\beta}$不共线，当且仅当$k_1=k_2=0,k_1\boldsymbol{\alpha}+k_2\boldsymbol{\beta}=0$，这时称向量组$\boldsymbol{\alpha}$和$\boldsymbol{\beta}$线性无关．三个向量$\boldsymbol{\alpha},\boldsymbol{\beta}$和$\gamma$不共面，当且仅当$k_1=k_2=k_3=0,k_1\boldsymbol{\alpha}+k_2\boldsymbol{\beta}+k_3\gamma=0$，这时称向量组$\boldsymbol{\alpha},\boldsymbol{\beta}$和$\gamma$线性无关．将“不共线”和“不共面”的概念推广，有下面的定义．

定义 3.4.2.2　设$\boldsymbol{\alpha}_1,\boldsymbol{\alpha}_2,\cdots,\boldsymbol{\alpha}_n$是向量组，若存在一组数$k_1,k_2,\cdots,k_n$，使得

$$k_1\boldsymbol{\alpha}_1+k_2\boldsymbol{\alpha}_2+\cdots+k_n\boldsymbol{\alpha}_n=\mathbf{0},$$

只有在$k_1=k_2=\cdots=k_n=0$时才成立，则称向量组$\boldsymbol{\alpha}_1,\boldsymbol{\alpha}_2,\cdots,\boldsymbol{\alpha}_n$线性无关．

向量组$\boldsymbol{\alpha}_1,\boldsymbol{\alpha}_2,\cdots,\boldsymbol{\alpha}_n$线性无关的充要条件是$n$元齐次线性方程组

$$k_1\boldsymbol{\alpha}_1+k_2\boldsymbol{\alpha}_2+\cdots+k_n\boldsymbol{\alpha}_n=(\boldsymbol{\alpha}_1\quad\boldsymbol{\alpha}_2\quad\cdots\quad\boldsymbol{\alpha}_n)\begin{pmatrix}k_1\\k_2\\\cdots\\k_n\end{pmatrix}=\mathbf{0}$$

只有零解．由于其系数矩阵$\mathbf{A}$是由向量组$\boldsymbol{\alpha}_1,\boldsymbol{\alpha}_2,\cdots,\boldsymbol{\alpha}_n$作为列向量构成的，该齐次线性方程组只有零解的充要条件是$R(\mathbf{A})=n$，其中n为向量组的向量个数，下面的命题成立．

命题 2　向量组$\boldsymbol{\alpha}_1,\boldsymbol{\alpha}_2,\cdots,\boldsymbol{\alpha}_n$线性无关的充要条件是矩阵$\mathbf{A}=(\boldsymbol{\alpha}_1,\boldsymbol{\alpha}_2,\cdots,\boldsymbol{\alpha}_n)$的秩$R(\mathbf{A})=n$．例如$n$维向量组$E:\mathbf{e}_1,\mathbf{e}_2,\cdots,\mathbf{e}_n$

$$k_1\mathbf{e}_1+k_2\mathbf{e}_2+\cdots+k_n\mathbf{e}_n=[k_1,k_2,\cdots,k_n]^{\mathrm{T}}=[0,0,\cdots,0]^{\mathrm{T}},$$

所以只有当$k_1=k_2=\cdots=k_n=0$时，$k_1\mathbf{e}_1+k_2\mathbf{e}_2+\cdots+k_n\mathbf{e}_n=\mathbf{0}$才成立，即$\mathbf{e}_1,\mathbf{e}_2,\cdots,\mathbf{e}_n$线性无关．

【例 3.7】判断下列向量组的线性相关性．

(1)$A:\boldsymbol{\alpha}_1=\begin{bmatrix}1\\2\end{bmatrix},\boldsymbol{\alpha}_2=\begin{bmatrix}2\\4\end{bmatrix}$；

(2)$B:\boldsymbol{\beta}_1=\begin{bmatrix}1\\2\end{bmatrix},\boldsymbol{\beta}_2=\begin{bmatrix}2\\2\end{bmatrix}$．

【解】(1) 因为$2\boldsymbol{\alpha}_1-\boldsymbol{\alpha}_2=0$，所以向量组$A$线性相关．如图 3－4($a$) 所示，由$\boldsymbol{\alpha}_1,\boldsymbol{\alpha}_2$确定的两个向量落在过原点的同一条直线上．

(2) 设$k_1\boldsymbol{\beta}_1+k_2\boldsymbol{\beta}_2=\begin{bmatrix}k_1+2k_2\\2k_1+2k_2\end{bmatrix}=\begin{bmatrix}0\\0\end{bmatrix}$，解线性方程组

$$\begin{cases}k_1+2k_2=0,\\2k_1+2k_2=0,\end{cases}$$

得到唯一解$k_1=k_2=0$，因此向量组$\boldsymbol{B}$线性无关．如图 3－4(b) 所示，由$\boldsymbol{\beta}_1,\boldsymbol{\beta}_2$确定的几何向量不同时落在过原点的任何一条直线上．

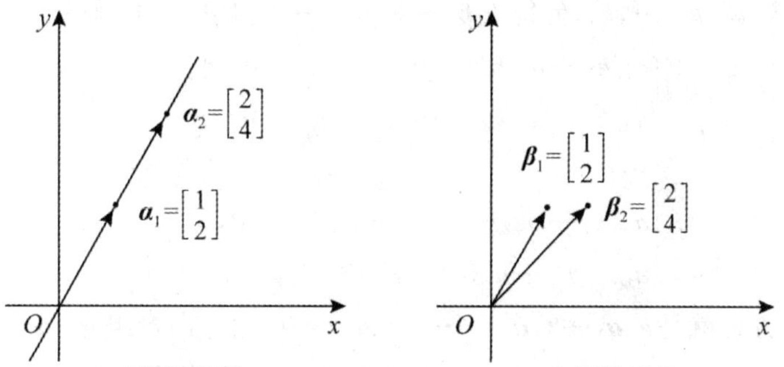

(a)线性相关　　(b)线性无关

图 3-4

下述结论成立：

(1) 若向量组 **A** 的某一个部分组是线性相关的，则 **A** 是线性相关的；

(2) 若向量组 **A** 是线性相关的，则 **A** 中至少有一个向量可由其余向量线性表示.

【证明】(1) 设前 s 个向量 $\boldsymbol{\alpha}_1,\boldsymbol{\alpha}_2,\cdots,\boldsymbol{\alpha}_s(s<n)$ 是线性相关的，即向量方程

$$x_1\boldsymbol{\alpha}_1+x_2\boldsymbol{\alpha}_2+\cdots+x_s\boldsymbol{\alpha}_s+x_{s+1}\boldsymbol{\alpha}_{s+1}+\cdots+x_n\boldsymbol{\alpha}_n=\mathbf{0}.$$

令 $x_{s+1}=x_{s+2}=\cdots=x_n=0$，则向量方程

$$x_1\boldsymbol{\alpha}_1+x_2\boldsymbol{\alpha}_2+\cdots+x_s\boldsymbol{\alpha}_s=\mathbf{0}.$$

因为 $\boldsymbol{\alpha}_1,\boldsymbol{\alpha}_2,\cdots,\boldsymbol{\alpha}_s$ 线性相关，故 $c_1,c_2,\cdots,c_s$ 不全为 0，故 $c_1,c_2,\cdots,c_s,c_{s+1},\cdots,c_n$ 不全为 0. 因此，向量组 $\mathbf{A}:\boldsymbol{\alpha}_1,\boldsymbol{\alpha}_2,\cdots,\boldsymbol{\alpha}_n$ 线性相关.

(2) 若向量组 $\mathbf{A}:\boldsymbol{\alpha}_1,\boldsymbol{\alpha}_2,\cdots,\boldsymbol{\alpha}_n$ 是线性相关的，则存在一组不全为零的数 $c_1,c_2,\cdots,c_n$ 使 $c_1\boldsymbol{\alpha}_1+c_2\boldsymbol{\alpha}_2+\cdots+c_n\boldsymbol{\alpha}_n=\mathbf{0}$ 成立.

在上式中设 $c_n\neq 0$，则

$$\boldsymbol{\alpha}_n=-\frac{c_1}{c_n}\boldsymbol{\alpha}_1-\frac{c_2}{c_n}\boldsymbol{\alpha}_2-\cdots-\frac{c_{n-1}}{c_n}\boldsymbol{\alpha}_{n-1}.$$

定理 3.4.2.1　设维数为 m 的向量组 $\boldsymbol{\alpha}_1,\boldsymbol{\alpha}_2,\cdots,\boldsymbol{\alpha}_n$ 线性无关，则在每个向量后面任意添加第 $m+1$ 个分量所得到的向量组 $\boldsymbol{\beta}_1,\boldsymbol{\beta}_2,\cdots,\boldsymbol{\beta}_n$ 仍线性无关.

【证明】设向量组 $\boldsymbol{\alpha}_1,\boldsymbol{\alpha}_2,\cdots,\boldsymbol{\alpha}_n$ 为

$$\boldsymbol{\alpha}_1=\begin{pmatrix}a_{11}\\a_{21}\\\vdots\\a_{m1}\end{pmatrix},\boldsymbol{\alpha}_2=\begin{pmatrix}a_{12}\\a_{22}\\\vdots\\a_{m2}\end{pmatrix},\cdots,\boldsymbol{\alpha}_n=\begin{pmatrix}a_{1n}\\a_{2n}\\\vdots\\a_{mn}\end{pmatrix},$$

在每个向量后面任意添加第 $m+1$ 个分量所得到的向量组 $\boldsymbol{\beta}_1,\boldsymbol{\beta}_2,\cdots,\boldsymbol{\beta}_n$ 为

$$\boldsymbol{\beta}_1=\begin{pmatrix}a_{11}\\a_{21}\\\vdots\\a_{m1}\\a_{m+1,1}\end{pmatrix},\boldsymbol{\beta}_2=\begin{pmatrix}a_{12}\\a_{22}\\\vdots\\a_{m2}\\a_{m+1,2}\end{pmatrix},\cdots,\boldsymbol{\beta}_n=\begin{pmatrix}a_{1n}\\a_{2n}\\\vdots\\a_{mn}\\a_{m+1,n}\end{pmatrix}.$$

若存在一组数 $k_1,k_2,\cdots,k_n$，使得 $k_1\boldsymbol{\beta}_1+k_2\boldsymbol{\beta}_2+\cdots+k_n\boldsymbol{\beta}_n=\mathbf{0}$，则

$$\begin{cases}a_{11}k_1+a_{12}k_2+\cdots+a_{1n}k_n=\mathbf{0},\\ a_{21}k_1+a_{22}k_2+\cdots+a_{2n}k_n=\mathbf{0},\\ \cdots\cdots\\ a_{m1}k_1+a_{m2}k_2+\cdots+a_{mn}k_n=\mathbf{0},\\ a_{m+1,1}k_1+a_{m+1,2}k_2+\cdots+a_{m+1,n}k_n=\mathbf{0}.\end{cases}$$

其最前面的 m 个方程就是 $k_1\boldsymbol{\alpha}_1+k_2\boldsymbol{\alpha}_2+\cdots+k_n\boldsymbol{\alpha}_n=0$. 由于向量组 $\boldsymbol{\alpha}_1,\boldsymbol{\alpha}_2,\cdots,\boldsymbol{\alpha}_n$ 线性无关，于是只有 $k_1=k_2=\cdots=k_n=0$，进而向量组 $\boldsymbol{\beta}_1,\boldsymbol{\beta}_2,\cdots,\boldsymbol{\beta}_n$ 线性无关.

可将该定理推广，一是添加分量只要在同一位置即可，二是可以添加多个分量．因此，线性无关的向量组增加分量后仍线性无关. 原向量组一般称为缩短组，添加分量后的称为延伸组.

将其推广可以得到下述结论：

(1) 若缩短组线性无关，则延伸组也线性无关；

(2) 若延伸组线性相关，则缩短组也线性相关.

3.4.2.1 向量组线性相关性的形象含义

(1) 线性相关：向量之间存在某种关系，即向量组中至少有一个向量可以由其余向量线性表示.

(2) 线性无关：向量之间没有任何关系，即向量组中任意一个向量都不能被其余的向量线性表示.

注 考生要注意(1) 和(2) 中“至少有一个”与“任意一个”的区别.

线性无关向量组可以形象地理解为紧凑的，没有多余的向量，即任何一个向量也不能由其余向量线性表示，各个向量都有自己的特色；而线性相关向量组可以形象地理解为臃肿的，总有多余的向量，即至少存在一个向量能由其余向量线性表示，这个向量可以形象地理解为多余的.

3.4.2.2 向量组线性相关性的几何意义(数一)

掌握向量组线性相关性的几何意义，可以帮助考生进一步理解向量组线性相关性这一抽象概念. 2 维向量可以理解为平面坐标系中一个有方向的线段，其起点在坐标原点；而 3 维向量可以理解为 3 维坐标系中一个有方向的线段，其起点也在坐标原点.

(1) 两个 2 维(或 3 维) 向量线性相关的几何意义为：这两个向量共线(这两个向量的夹角为零)，即总有一个向量可以通过另一个向量乘以一个系数而得到.

(2) 两个 2 维(或 3 维) 向量线性无关的几何意义为：这两个向量不共线(这两个向量的夹角不为零)，其中任意一个向量乘以任意一个系数不能得到另一个向量.

(3) 三个向量线性相关的几何意义为：这三个向量共面，即总有一个向量必然在另外两个向量所构成的平面上. 若这三个向量是2维的，那么它们必然在同一个平面上，故三个 2 维向量必线性相关.

(4) 三个向量线性无关的几何意义为:这三个向量不共面,即任意一个向量不在其他两个向量所构成的平面上.

注 数一考生不仅应从形象含义、数学定义,也应从几何意义这个角度来理解向量组的线性相关性.

3.4.3　线性相关与线性表示之间的联系

定理 3.4.3.1　设向量组 $\boldsymbol{\alpha}_1,\boldsymbol{\alpha}_2,\cdots,\boldsymbol{\alpha}_n$ 线性相关的充要条件是其中必有一个向量可由其余向量线性表示.

【证明】(充分性)由于向量组 $\boldsymbol{\alpha}_1,\boldsymbol{\alpha}_2,\cdots,\boldsymbol{\alpha}_n$ 线性相关,根据定义知,存在一组不全为 0 的数 $k_1,k_2,\cdots,k_n$,使得 $k_1\boldsymbol{\alpha}_1+k_2\boldsymbol{\alpha}_2+\cdots+k_n\boldsymbol{\alpha}_n=\mathbf{0}$ 成立.不妨设 $k_n\neq 0$. 由于 $k_n\boldsymbol{\alpha}_n=-k_1\boldsymbol{\alpha}_1-k_2\boldsymbol{\alpha}_2-\cdots-k_{n-1}\boldsymbol{\alpha}_{n-1}$,所以 $\boldsymbol{\alpha}_n=-\dfrac{k_1}{k_n}\boldsymbol{\alpha}_1-\dfrac{k_2}{k_n}\boldsymbol{\alpha}_2-\cdots-\dfrac{k_{n-1}}{k_n}\boldsymbol{\alpha}_{n-1}$.

(必要性)假设向量 $\boldsymbol{\alpha}_n$ 可由其余向量 $\boldsymbol{\alpha}_1,\boldsymbol{\alpha}_2,\cdots,\boldsymbol{\alpha}_{n-1}$ 线性表示,根据定义知,则存在常数 $k_1,k_2,\cdots,k_{n-1}$,使得 $\boldsymbol{\alpha}_n=k_1\boldsymbol{\alpha}_1+k_2\boldsymbol{\alpha}_2+\cdots+k_{n-1}\boldsymbol{\alpha}_{n-1}$,由于 $k_1,k_2,\cdots,k_{n-1},-1$ 不全为 0,而且 $k_1\boldsymbol{\alpha}_1+k_2\boldsymbol{\alpha}_2+\cdots+k_{n-1}\boldsymbol{\alpha}_{n-1}+(-1)\boldsymbol{\alpha}_n=\mathbf{0}$. 所以 $\boldsymbol{\alpha}_1,\boldsymbol{\alpha}_2,\cdots,\boldsymbol{\alpha}_n$ 线性相关.

根据该定理,若两个向量 $\boldsymbol{\alpha}$ 和 $\boldsymbol{\beta}$ 线性相关,则必有一个向量可由另一个向量线性表示.不妨设 $\boldsymbol{\beta}=k\boldsymbol{\alpha}$,这时 $\boldsymbol{\alpha}$ 和 $\boldsymbol{\beta}$ 对应的分量成比例.反过来仍成立.于是,两个向量 $\boldsymbol{\alpha}$ 和 $\boldsymbol{\beta}$ 线性相关当且仅当 $\boldsymbol{\alpha}$ 和 $\boldsymbol{\beta}$ 对应的分量成比例.

【例 3.8】设向量组 $\boldsymbol{\alpha}_1,\boldsymbol{\alpha}_2,\boldsymbol{\alpha}_3$ 线性无关,且 $\boldsymbol{\beta}_1=\boldsymbol{\alpha}_1-\boldsymbol{\alpha}_2,\boldsymbol{\beta}_2=2\boldsymbol{\alpha}_1+\boldsymbol{\alpha}_2+3\boldsymbol{\alpha}_3,\boldsymbol{\beta}_3=3\boldsymbol{\alpha}_1+\boldsymbol{\alpha}_2+2\boldsymbol{\alpha}_3$,证明 $\boldsymbol{\beta}_1,\boldsymbol{\beta}_2,\boldsymbol{\beta}_3$ 线性无关.

【证明】设 $k_1\boldsymbol{\beta}_1+k_2\boldsymbol{\beta}_2+k_3\boldsymbol{\beta}_3=\mathbf{0}$,即

$$k_1(\boldsymbol{\alpha}_1-\boldsymbol{\alpha}_2)+k_2(2\boldsymbol{\alpha}_1+\boldsymbol{\alpha}_2+3\boldsymbol{\alpha}_3)+k_3(3\boldsymbol{\alpha}_1+\boldsymbol{\alpha}_2+2\boldsymbol{\alpha}_3)=\mathbf{0},$$

整理后得 $(k_1+2k_2+3k_3)\boldsymbol{\alpha}_1+(-k_1+k_2+k_3)\boldsymbol{\alpha}_2+(3k_2+2k_3)\boldsymbol{\alpha}_3=\mathbf{0}$. 由于向量组 $\boldsymbol{\alpha}_1,\boldsymbol{\alpha}_2,\boldsymbol{\alpha}_3$ 线性无关,于是

$$\begin{cases}k_1+2k_2+3k_3=0,\\-k_1+k_2+k_3=0,\\3k_2+2k_3=0,\end{cases}\tag{1}$$

其系数矩阵的行阶梯形矩阵为

$$\begin{pmatrix}1&2&3\\-1&1&1\\0&3&2\end{pmatrix}\xrightarrow{r_1+r_2}\begin{pmatrix}1&2&3\\0&3&4\\0&3&2\end{pmatrix}\xrightarrow{-r_2+r_3}\begin{pmatrix}1&2&3\\0&3&4\\0&0&-2\end{pmatrix}.$$

可知其秩为 3,故线性方程组(1)只有零解,即只有在 $k_1=k_2=k_3=0$ 时,$k_1\boldsymbol{\beta}_1+k_2\boldsymbol{\beta}_2+k_3\boldsymbol{\beta}_3=\mathbf{0}$ 才成立,于是 $\boldsymbol{\beta}_1,\boldsymbol{\beta}_2,\boldsymbol{\beta}_3$ 线性无关.

一个向量组的部分向量构成的向量组称为该向量组的部分组.显然,一个向量组的某部分组线性相关,则整体线性相关.例如,$\boldsymbol{\alpha}_1,\boldsymbol{\alpha}_2,\cdots,\boldsymbol{\alpha}_n$ 线性相关,即存在一组不全为 0 的数 $k_1,k_2,\cdots,k_n$,使得 $k_1\boldsymbol{\alpha}_1+k_2\boldsymbol{\alpha}_2+\cdots+k_n\boldsymbol{\alpha}_n=\mathbf{0}$ 成立,又因为 $k_1\boldsymbol{\alpha}_1+k_2\boldsymbol{\alpha}_2+\cdots+k_n\boldsymbol{\alpha}_n+0\boldsymbol{\alpha}_{n+1}$

$= \mathbf{0}$ 成立. 则 $\boldsymbol{\alpha}_1, \boldsymbol{\alpha}_2, \cdots, \boldsymbol{\alpha}_n, \boldsymbol{\alpha}_{n+1}$ 线性相关.

3.4.4 向量的线性表示与线性方程组的联系

对线性方程组(1):

$$\begin{cases} a_{11}x_1 + a_{12}x_2 + \cdots + a_{1n}x_n = b_1, \\ a_{21}x_1 + a_{22}x_2 + \cdots + a_{2n}x_n = b_2, \\ \cdots\cdots \\ a_{m1}x_1 + a_{m2}x_2 + \cdots + a_{mn}x_n = b_m, \end{cases} \tag{1}$$

考虑 R^m 中的 $n+1$ 个向量

$$\boldsymbol{\alpha}_1 = \begin{bmatrix} a_{11} \\ a_{21} \\ \vdots \\ a_{m1} \end{bmatrix}, \boldsymbol{\alpha}_2 = \begin{bmatrix} a_{12} \\ a_{22} \\ \vdots \\ a_{m2} \end{bmatrix}, \cdots, \boldsymbol{\alpha}_n = \begin{bmatrix} a_{1n} \\ a_{2n} \\ \vdots \\ a_{mn} \end{bmatrix}, b = \begin{bmatrix} b_1 \\ b_2 \\ \vdots \\ b_m \end{bmatrix},$$

运用 m 维向量的加法和数乘运算,上述线性方程组可以改写成如下的向量方程

$$x_1\boldsymbol{\alpha}_1 + x_2\boldsymbol{\alpha}_2 + \cdots + x_n\boldsymbol{\alpha}_n = \boldsymbol{\beta}.$$

如对于线性方程组:

$$\begin{cases} 2x_1 + x_2 + 3x_3 + x_4 = 1 \\ -x_1 + x_2 - 2x_3 + x_4 = -2 \\ x_1 + 2x_2 + x_3 + 2x_4 = -1 \end{cases}$$

其等价的向量描述形式为

$$x_1\begin{bmatrix} 2 \\ -1 \\ 1 \end{bmatrix} + x_2\begin{bmatrix} 1 \\ 1 \\ 2 \end{bmatrix} + x_3\begin{bmatrix} 3 \\ -2 \\ 1 \end{bmatrix} + x_4\begin{bmatrix} 1 \\ 1 \\ 2 \end{bmatrix} = \begin{bmatrix} 1 \\ -2 \\ -1 \end{bmatrix}$$

等价的矩阵描述形式为

$$\begin{bmatrix} 2 & 1 & 3 & 1 \\ -1 & 1 & -2 & 1 \\ 1 & 2 & 1 & 2 \end{bmatrix}\begin{bmatrix} x_1 \\ x_2 \\ x_3 \\ x_4 \end{bmatrix} = \begin{bmatrix} 1 \\ -2 \\ -1 \end{bmatrix}$$

【例 3.9】设向量组 A:$\boldsymbol{\alpha}_1 = \begin{bmatrix} 1 \\ 1 \\ 0 \end{bmatrix}, \boldsymbol{\alpha}_2 = \begin{bmatrix} 0 \\ 1 \\ 1 \end{bmatrix}, \boldsymbol{\alpha}_3 = \begin{bmatrix} 1 \\ 0 \\ 1 \end{bmatrix}$ 及向量 $\boldsymbol{\beta}_1 = \begin{bmatrix} 2 \\ 3 \\ 1 \end{bmatrix}, \boldsymbol{\beta}_2 = \begin{bmatrix} 5 \\ 6 \\ 4 \end{bmatrix}$,问 $\boldsymbol{\beta}_1, \boldsymbol{\beta}_2$ 能否由 A 线性表示?若能,求出表示式.(涉及第四章非齐次线性方程组解的判定及其求通解,可在学完第四章后回过头来再来看此例题)

【解】判别 $\boldsymbol{\beta}_1, \boldsymbol{\beta}_2$ 能否由 $\boldsymbol{A}$ 线性表示,即判断下述两个向量方程

$$x_1\boldsymbol{\alpha}_1 + x_2\boldsymbol{\alpha}_2 + x_3\boldsymbol{\alpha}_3 = \boldsymbol{\beta}_1, \tag{1}$$

$$y_1\boldsymbol{\alpha}_1 + y_2\boldsymbol{\alpha}_2 + y_3\boldsymbol{\alpha}_3 = \boldsymbol{\beta}_2 \tag{2}$$

是否有解.

$$[\boldsymbol{\alpha}_1,\boldsymbol{\alpha}_2,\boldsymbol{\alpha}_3 \ \vdots\ \boldsymbol{\beta}_1,\boldsymbol{\beta}_2]=\left[\begin{array}{ccc:cc}1&0&1&2&5\\1&1&0&3&6\\0&1&1&1&4\end{array}\right]\xrightarrow{r}\left[\begin{array}{ccc:cc}1&&&2&\frac{7}{2}\\&1&&1&\frac{5}{2}\\&&1&0&\frac{3}{2}\end{array}\right],$$

由于向量方程(1)所对应的增广矩阵具有行阶梯形$\left[\begin{array}{ccc:c}1&&&2\\&1&&1\\&&1&0\end{array}\right]$,所以向量方程(1)有解,其解为 $x_1=2,x_1=1,x_3=0$. 因此,向量 $\boldsymbol{\beta}_1$ 能由向量组 **A** 线性表示为(见图 3-5):

$$\boldsymbol{\beta}_1=2\boldsymbol{\alpha}_1+\boldsymbol{\alpha}_2+0\boldsymbol{\alpha}_3$$

同理,向量 $\boldsymbol{\beta}_2$ 能由向量组 A 线性表示为:

$$\boldsymbol{\beta}_2=\frac{7}{2}\boldsymbol{\alpha}_1+\frac{5}{2}\boldsymbol{\alpha}_2+\frac{3}{2}\boldsymbol{\alpha}_3$$

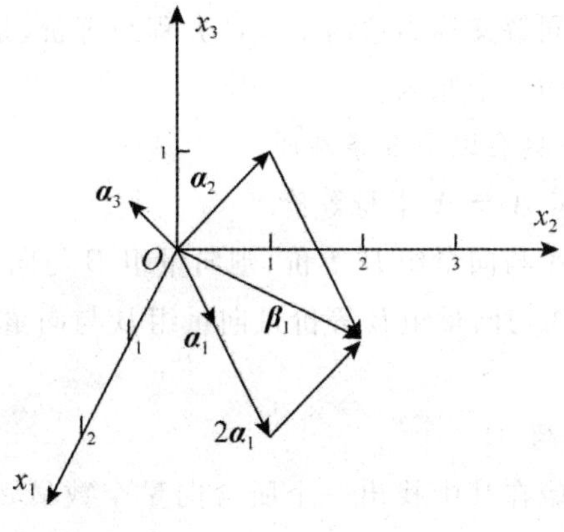

图 3-5

3.4.5　两个向量组等价

定义 3.4.5.1　设 A 和 B 是两个向量组,若向量组 B 中的每个向量可由向量组 A 线性表示,则称向量组 B 可由向量组 A 线性表示. 若向量组 A 与向量组 B 可相互表示,则称向量组 A 与向量组 B 等价.

设向量组 A:$\boldsymbol{\alpha}_1,\boldsymbol{\alpha}_2,\cdots,\boldsymbol{\alpha}_m$,向量组 B:$\boldsymbol{\beta}_1,\boldsymbol{\beta}_2,\cdots,\boldsymbol{\beta}_n$. 若向量组 B 可由向量组 A 线性表示,则下列每个线性方程组

$$\boldsymbol{\beta}_l=k_{1l}\boldsymbol{\alpha}_1+k_{2l}\boldsymbol{\alpha}_2+\cdots+k_{ml}\boldsymbol{\alpha}_m,l=1,2,\cdots,n$$

都有解,设 $\boldsymbol{A}=(\boldsymbol{\alpha}_1\quad\boldsymbol{\alpha}_2\quad\cdots\quad\boldsymbol{\alpha}_m)$,$\boldsymbol{B}=(\boldsymbol{\beta}_1\quad\boldsymbol{\beta}_2\quad\cdots\quad\boldsymbol{\beta}_n)$,利用上面的等式对$(\boldsymbol{A},\boldsymbol{B})$进行矩阵的初等列变换可以将其化成$(\boldsymbol{A},\boldsymbol{0})$,进而有 $R(\boldsymbol{A})=R(\boldsymbol{A},\boldsymbol{B})$. 反过来,若 $R(\boldsymbol{A})=R(\boldsymbol{A},\boldsymbol{B})$,则向量组 B 可由向量组 A 线性表示. 于是,有下面的定理:

定理 3.4.5.1　向量组 B 可由向量组 A 线性表示的充要条件是 $R(A)=R(A,B)$.

推论 1　向量组 A 与向量组 B 等价的充要条件是 $R(A)=R(B)=R(A,B)$.

若 $R(B)=R(B,A)$，因为 $R(A)\leqslant R(A,B)$，所以有下面的推论：

推论 2　若向量组 A 可由向量组 B 线性表示，则 $R(A)\leqslant R(B)$.

因为定理的结论不容易记住，主要是 $R(A)=R(A,B)$ 和 $R(B)=R(A,B)$ 容易混淆．可直接根据定义验证向量组 B 中的三个向量 $\boldsymbol{\beta}_1,\boldsymbol{\beta}_2,\boldsymbol{\beta}_3$ 是否可由向量组 A 线性表示.

线性方程组

$$\begin{cases}x_1+2x_2+x_3=1,\\2x_1+3x_2+4x_3=4,\\-x_2+2x_3=2\end{cases}\tag{1}$$

的增广矩阵的三个行向量分别为 $\boldsymbol{\alpha}_1=(1,2,1,1)$，$\boldsymbol{\alpha}_2=(2,3,4,4)$，$\boldsymbol{\alpha}_3=(0,-1,2,2)$. 由于将第 1 个方程两边乘以 -2 加到第 2 个方程，就得到第 3 个方程，即 $\boldsymbol{\alpha}_3=-2\boldsymbol{\alpha}_1+\boldsymbol{\alpha}_2$，因此线性方程组(1) 与线性方程组

$$\begin{cases}x_1+2x_2+x_3=1,\\2x_1+3x_2+4x_3=4\end{cases}\tag{2}$$

同解，进而(1) 式中的第 3 个方程是"多余"的，这是线性相关在线性方程组中的直观表示.

所以，两个线性方程组同解又称为这两个线性方程组等价，是指增广矩阵的行向量组等价，这也是考虑向量组等价的一个原因.

向量组之间的等价关系具有以下 3 条性质.

(1) 自反性. 任意向量组 A 与 A 本身等价.

(2) 对称性. 若向量组 A 与向量组 B 等价，则向量组 B 与向量组 A 等价.

(3) 传递性. 若向量组 A 与向量组 B 等价且向量组 B 与向量组 C 等价，则向量组 A 与向量组 C 等价.

3.4.6　向量组的极大无关组

在一个向量组中，总希望在其中找出一个所含向量个数最多的线性无关的向量组．例如在向量组

$$\boldsymbol{\alpha}_1=\begin{pmatrix}1\\1\\1\end{pmatrix},\boldsymbol{\alpha}_2=\begin{pmatrix}2\\3\\4\end{pmatrix},\boldsymbol{\alpha}_3=\begin{pmatrix}1\\2\\3\end{pmatrix}$$

中，线性无关的向量组可以选为 $\boldsymbol{\alpha}_1$ 和 $\boldsymbol{\alpha}_2$，其所含向量个数最多，因为 $\boldsymbol{\alpha}_1,\boldsymbol{\alpha}_2,\boldsymbol{\alpha}_3$ 线性相关($\boldsymbol{\alpha}_1-\boldsymbol{\alpha}_2+\boldsymbol{\alpha}_3=0$). 从几何上看，由于这 3 个向量是共面的，能得到线性无关的向量组至多含两个向量．$\boldsymbol{\alpha}_1$ 和 $\boldsymbol{\alpha}_2$ 就是向量组 $\boldsymbol{\alpha}_1,\boldsymbol{\alpha}_2,\boldsymbol{\alpha}_3$ 的极大无关组，当然 $\boldsymbol{\alpha}_1$ 和 $\boldsymbol{\alpha}_3$、$\boldsymbol{\alpha}_2$ 和 $\boldsymbol{\alpha}_3$ 也是向量组 $\boldsymbol{\alpha}_1,\boldsymbol{\alpha}_2,\boldsymbol{\alpha}_3$ 的极大无关组.

定义 3.4.6.1　给定向量组 A，若存在部分组 B，满足：

(1) 向量组 B 线性无关；

(2)A 中任何一个向量均可由 B 线性表示.

则称 B 是 A 的极大线性无关组，简称极大无关组.

显然，只有零向量的向量组不存在极大无关组．换句话说，含有非零向量的向量组均存

在极大无关组.

定理 3.4.6.1　设向量组 $\boldsymbol{\alpha}_1,\boldsymbol{\alpha}_2,\cdots,\boldsymbol{\alpha}_n$ 线性无关,向量组 $\boldsymbol{\alpha}_1,\boldsymbol{\alpha}_2,\cdots,\boldsymbol{\alpha}_n,\boldsymbol{\beta}$ 线性相关,则 $\boldsymbol{\beta}$ 可由向量组 $\boldsymbol{\alpha}_1,\boldsymbol{\alpha}_2,\cdots,\boldsymbol{\alpha}_n$ 线性表示且表示形式是唯一的.

【证明】由于向量组 $\boldsymbol{\alpha}_1,\boldsymbol{\alpha}_2,\cdots,\boldsymbol{\alpha}_n,\boldsymbol{\beta}$ 线性相关,则存在一组不全为 0 的数 $k_1,k_2,\cdots,k_n,k$,使得 $k_1\boldsymbol{\alpha}_1+k_2\boldsymbol{\alpha}_2+\cdots+k_n\boldsymbol{\alpha}_n+k\boldsymbol{\beta}=\mathbf{0}$ 成立. 若 $k=0$,则 $k_1\boldsymbol{\alpha}_1+k_2\boldsymbol{\alpha}_2+\cdots+k_n\boldsymbol{\alpha}_n=\mathbf{0}$. 因为向量组 $\boldsymbol{\alpha}_1,\boldsymbol{\alpha}_2,\cdots,\boldsymbol{\alpha}_n$ 线性无关,所以只有 $k_1=k_2=\cdots=k_n=0$,这与 $k_1,k_2,\cdots,k_n,k$ 不全为 0 矛盾. 因此有 $k\neq 0$,进而

$$\boldsymbol{\beta}=-\frac{k_1}{k}\boldsymbol{\alpha}_1-\frac{k_2}{k}\boldsymbol{\alpha}_2-\cdots-\frac{k_n}{k}\boldsymbol{\alpha}_n,$$

即 $\boldsymbol{\beta}$ 可由向量组 $\boldsymbol{\alpha}_1,\boldsymbol{\alpha}_2,\cdots,\boldsymbol{\alpha}_n$ 线性表示.

假设 $\boldsymbol{\beta}=\lambda_1\boldsymbol{\alpha}_1+\lambda_2\boldsymbol{\alpha}_2+\cdots+\lambda_n\boldsymbol{\alpha}_n$ 且 $\boldsymbol{\beta}=\mu_1\boldsymbol{\alpha}_1+\mu_2\boldsymbol{\alpha}_2+\cdots+\mu_n\boldsymbol{\alpha}_n$,则

$$\lambda_1\boldsymbol{\alpha}_1+\lambda_2\boldsymbol{\alpha}_2+\cdots+\lambda_n\boldsymbol{\alpha}_n=\mu_1\boldsymbol{\alpha}_1+\mu_2\boldsymbol{\alpha}_2+\cdots+\mu_n\boldsymbol{\alpha}_n,$$

进而 $(\lambda_1-\mu_1)\boldsymbol{\alpha}_1+(\lambda_2-\mu_2)\boldsymbol{\alpha}_2+\cdots+(\lambda_n-\mu_n)\boldsymbol{\alpha}_n=\mathbf{0}$. 因 $\boldsymbol{\alpha}_1,\boldsymbol{\alpha}_2,\cdots,\boldsymbol{\alpha}_n$ 线性无关,所以 $\lambda_1-\mu_1=\lambda_2-\mu_2=\cdots=\lambda_n-\mu_n=0$,即 $\lambda_i=\mu_i\,(i=1,2,\cdots,n)$,因此表示形式是唯一的.

【例 3.10】设向量组 $\boldsymbol{\alpha}_1,\boldsymbol{\alpha}_2,\boldsymbol{\alpha}_3$ 线性相关,向量组 $\boldsymbol{\alpha}_2,\boldsymbol{\alpha}_3,\boldsymbol{\alpha}_4$ 线性无关,证明:

(1)$\boldsymbol{\alpha}_1$ 可由 $\boldsymbol{\alpha}_2,\boldsymbol{\alpha}_3$ 线性表示;

(2)$\boldsymbol{\alpha}_4$ 不能由 $\boldsymbol{\alpha}_1,\boldsymbol{\alpha}_2,\boldsymbol{\alpha}_3$ 线性表示.

【证明】(1) 由于向量组 $\boldsymbol{\alpha}_2,\boldsymbol{\alpha}_3,\boldsymbol{\alpha}_4$ 线性无关,于是向量组 $\boldsymbol{\alpha}_2,\boldsymbol{\alpha}_3$ 线性无关. 又因为向量组 $\boldsymbol{\alpha}_1,\boldsymbol{\alpha}_2,\boldsymbol{\alpha}_3$ 线性相关,故 $\boldsymbol{\alpha}_1$ 可由 $\boldsymbol{\alpha}_2,\boldsymbol{\alpha}_3$ 线性表示.

(2)(反证法) 如果 $\boldsymbol{\alpha}_4$ 能由 $\boldsymbol{\alpha}_1,\boldsymbol{\alpha}_2,\boldsymbol{\alpha}_3$ 线性表示,再根据(1) 的结论 $\boldsymbol{\alpha}_4$ 能由 $\boldsymbol{\alpha}_2,\boldsymbol{\alpha}_3$ 线性表示,故向量组 $\boldsymbol{\alpha}_2,\boldsymbol{\alpha}_3,\boldsymbol{\alpha}_4$ 线性相关,与题设矛盾.

3.4.7　向量组的秩

下面将证明等价向量组的极大无关组所含的向量个数相同,先证明下面的定理.

定理 3.4.7.1　设向量组 $\boldsymbol{\alpha}_1,\boldsymbol{\alpha}_2,\cdots,\boldsymbol{\alpha}_r$ 线性无关且可由向量组 $\boldsymbol{\beta}_1,\boldsymbol{\beta}_2,\cdots,\boldsymbol{\beta}_s$ 线性表示,则 $r\leqslant s$.

【证明】假设 $r>s$. 根据已知条件有

$$\begin{cases}\boldsymbol{\alpha}_1=l_{11}\boldsymbol{\beta}_1+l_{21}\boldsymbol{\beta}_2+\cdots+l_{s1}\boldsymbol{\beta}_s,\\ \boldsymbol{\alpha}_2=l_{12}\boldsymbol{\beta}_1+l_{22}\boldsymbol{\beta}_2+\cdots+l_{s2}\boldsymbol{\beta}_s,\\ \quad\vdots\\ \boldsymbol{\alpha}_r=l_{1r}\boldsymbol{\beta}_1+l_{2r}\boldsymbol{\beta}_2+\cdots+l_{sr}\boldsymbol{\beta}_s.\end{cases}$$

若 $k_1\boldsymbol{\alpha}_1+k_2\boldsymbol{\alpha}_2+\cdots+k_r\boldsymbol{\alpha}_r=\mathbf{0}$,则

$$\begin{aligned}&(l_{11}k_1+l_{12}k_2+\cdots+l_{1r}k_r)\boldsymbol{\beta}_1+(l_{21}k_1+l_{22}k_2+\cdots+l_{2r}k_r)\boldsymbol{\beta}_2\\&\quad+\cdots+(l_{s1}k_1+l_{s2}k_2+\cdots+l_{sr}k_r)\boldsymbol{\beta}_s=\mathbf{0}\end{aligned}$$

令

$$\begin{cases} l_{11}k_1 + l_{12}k_2 + \cdots + l_{1r}k_r = 0, \\ l_{21}k_1 + l_{22}k_2 + \cdots + l_{2r}k_r = 0, \\ \vdots \\ l_{s1}k_1 + l_{s2}k_2 + \cdots + l_{sr}k_r = 0. \end{cases} \tag{1}$$

由假设 $r > s$,关于未知量 $k_1,k_2,\cdots,k_r$ 的齐次线性方程组(1) 的系数矩阵的秩小于未知量个数 r,于是线性方程组(1) 有非零解,即存在一组非零的常数 $k_1,k_2,\cdots,k_r$ 使得 $k_1\boldsymbol{\alpha}_1 + k_2\boldsymbol{\alpha}_2 + \cdots + k_r\boldsymbol{\alpha}_r = \mathbf{0}$,进而向量组 $\boldsymbol{\alpha}_1,\boldsymbol{\alpha}_2,\cdots,\boldsymbol{\alpha}_r$ 线性相关,与已知条件矛盾. 故 $r \leqslant s$.

从证明过程易知下面的推论:

推论 1 若向量组 $\boldsymbol{\alpha}_1,\boldsymbol{\alpha}_2,\cdots,\boldsymbol{\alpha}_r$ 可由向量组 $\boldsymbol{\beta}_1,\boldsymbol{\beta}_2,\cdots,\boldsymbol{\beta}_s$ 线性表示,且 $r > s$,则向量组 $\boldsymbol{\alpha}_1,\boldsymbol{\alpha}_2,\cdots,\boldsymbol{\alpha}_r$ 必线性相关.

推论 2 等价向量组的极大无关组所含的向量个数相同.

【证明】 设向量组 A 和 B 等价,$\boldsymbol{\alpha}_1,\boldsymbol{\alpha}_2,\cdots,\boldsymbol{\alpha}_r$ 和 $\boldsymbol{\beta}_1,\boldsymbol{\beta}_2,\cdots,\boldsymbol{\beta}_s$ 分别是 A 和 B 的极大无关组,则 $\boldsymbol{\alpha}_1,\boldsymbol{\alpha}_2,\cdots,\boldsymbol{\alpha}_r$ 和 $\boldsymbol{\beta}_1,\boldsymbol{\beta}_2,\cdots,\boldsymbol{\beta}_s$ 等价. 因为 $\boldsymbol{\alpha}_1,\boldsymbol{\alpha}_2,\cdots,\boldsymbol{\alpha}_r$ 线性无关且可由 $\boldsymbol{\beta}_1,\boldsymbol{\beta}_2,\cdots,\boldsymbol{\beta}_s$ 线性表示,所以 $r \leqslant s$. 同理,因为 $\boldsymbol{\beta}_1,\boldsymbol{\beta}_2,\cdots,\boldsymbol{\beta}_s$ 线性无关且可由 $\boldsymbol{\alpha}_1,\boldsymbol{\alpha}_2,\cdots,\boldsymbol{\alpha}_r$ 线性表示,所以 $s \leqslant r$,因此 $r = s$.

因此,向量组的极大无关组是含个数最多的线性无关的向量组.

【例 3.11】 证明:任意 $m+1$ 个 m 维向量必线性相关.

【证明】 由于 m 个 m 维标准单位向量

$$\boldsymbol{\varepsilon}_1 = \begin{pmatrix} 1 \\ 0 \\ \vdots \\ 0 \end{pmatrix}, \boldsymbol{\varepsilon}_2 = \begin{pmatrix} 0 \\ 1 \\ \vdots \\ 0 \end{pmatrix}, \cdots, \boldsymbol{\varepsilon}_m = \begin{pmatrix} 0 \\ 0 \\ \vdots \\ 1 \end{pmatrix}$$

线性无关,且任意 $m+1$ 个 m 维向量构成的向量组 $\boldsymbol{\alpha}_1,\boldsymbol{\alpha}_2,\cdots,\boldsymbol{\alpha}_m,\boldsymbol{\alpha}_{m+1}$ 可由 $\boldsymbol{\varepsilon}_1,\boldsymbol{\varepsilon}_2,\cdots,\boldsymbol{\varepsilon}_m$ 线性表示,$r(\boldsymbol{\alpha}_1,\boldsymbol{\alpha}_2,\cdots,\boldsymbol{\alpha}_{m+1}) \leqslant r(\boldsymbol{\varepsilon}_1,\boldsymbol{\varepsilon}_2,\cdots,\boldsymbol{\varepsilon}_m) = m < m+1$,故向量组 $\boldsymbol{\alpha}_1,\boldsymbol{\alpha}_2,\cdots,\boldsymbol{\alpha}_m,\boldsymbol{\alpha}_{m+1}$ 必线性相关.

根据推论 2 知,向量组 A 的极大无关组所含的向量个数是相同的. 正因为这样,将向量组 A 的极大无关组所含的向量个数称为向量组 A 的秩. 显然,任意两个等价的向量组有相同的秩.

因为零向量的向量组不存在极大无关组,这时它的秩为 0.

定理 3.4.7.2 向量组 A 的秩等于由它们作为列向量所构成的矩阵 $\mathbf{A}$ 的秩.

【证明】 设矩阵 $\mathbf{A}$ 的秩为 r,则矩阵 $\mathbf{A}$ 存在一个不为 0 的 r 阶子式. 因为其所在的 r 个列构成的矩阵$(\boldsymbol{\alpha}_1,\boldsymbol{\alpha}_2,\cdots,\boldsymbol{\alpha}_r)$的秩亦为 r,知 $\boldsymbol{\alpha}_1,\boldsymbol{\alpha}_2,\cdots,\boldsymbol{\alpha}_r$ 线性无关. 任取包含 $\boldsymbol{\alpha}_1,\boldsymbol{\alpha}_2,\cdots,\boldsymbol{\alpha}_r$ 的 $r+1$ 个向量 $\boldsymbol{\alpha}_1,\boldsymbol{\alpha}_2,\cdots,\boldsymbol{\alpha}_r,\boldsymbol{\beta}$,由于矩阵$(\boldsymbol{\alpha}_1 \quad \boldsymbol{\alpha}_2 \quad \cdots \quad \boldsymbol{\alpha}_r \quad \boldsymbol{\beta})$的秩为 r,故 $\boldsymbol{\alpha}_1,\boldsymbol{\alpha}_2,\cdots,\boldsymbol{\alpha}_r,\boldsymbol{\beta}$ 线性相关,因此 $\boldsymbol{\alpha}_1,\boldsymbol{\alpha}_2,\cdots,\boldsymbol{\alpha}_r$ 是向量组 A 的极大无关组,故向量组 A 的秩为 r.

推论 3 设向量组 A 的秩为 r,若 A 存在 r 个线性无关的向量 $\boldsymbol{\alpha}_1,\boldsymbol{\alpha}_2,\cdots,\boldsymbol{\alpha}_r$,则 $\boldsymbol{\alpha}_1,\boldsymbol{\alpha}_2,\cdots,\boldsymbol{\alpha}_r$

是 A 的极大无关组.

【证明】任取 $\boldsymbol{\beta} \in A$. 因为 $\boldsymbol{\alpha}_1, \boldsymbol{\alpha}_2, \cdots, \boldsymbol{\alpha}_r, \boldsymbol{\beta}$ 的秩为 r，所以 $\boldsymbol{\alpha}_1, \boldsymbol{\alpha}_2, \cdots, \boldsymbol{\alpha}_r, \boldsymbol{\beta}$ 线性相关，进而 $\boldsymbol{\alpha}_1, \boldsymbol{\alpha}_2, \cdots, \boldsymbol{\alpha}_r$ 是 A 的极大无关组.

【例 3.12】求下列向量组的极大无关组，并将其余向量用极大无关组线性表示出来.

$$\boldsymbol{\alpha}_1 = \begin{pmatrix} -2 \\ 1 \\ 3 \\ 0 \end{pmatrix}, \boldsymbol{\alpha}_2 = \begin{pmatrix} -5 \\ 2 \\ 6 \\ -3 \end{pmatrix}, \boldsymbol{\alpha}_3 = \begin{pmatrix} 1 \\ 0 \\ 0 \\ 3 \end{pmatrix}, \boldsymbol{\alpha}_4 = \begin{pmatrix} -1 \\ 2 \\ -7 \\ 4 \end{pmatrix}, \boldsymbol{\alpha}_5 = \begin{pmatrix} -8 \\ 5 \\ 2 \\ 1 \end{pmatrix}.$$

【分析】将所给向量组中的向量作为列向量构成矩阵

$$\boldsymbol{A} = \begin{pmatrix} -2 & -5 & 1 & -1 & -8 \\ 1 & 2 & 0 & 2 & 5 \\ 3 & 6 & 0 & -7 & 2 \\ 0 & -3 & 3 & 4 & 1 \end{pmatrix}.$$

假定存在一组常数 k_1, k_2, k_3, k_4, k_5 使得

$$k_1\boldsymbol{\alpha}_1 + k_2\boldsymbol{\alpha}_2 + k_3\boldsymbol{\alpha}_3 + k_4\boldsymbol{\alpha}_4 + k_5\boldsymbol{\alpha}_5 = \boldsymbol{0}.$$

即

$$k_1\begin{pmatrix} -2 \\ 1 \\ 3 \\ 0 \end{pmatrix} + k_2\begin{pmatrix} -5 \\ 2 \\ 6 \\ -3 \end{pmatrix} + k_3\begin{pmatrix} 1 \\ 0 \\ 0 \\ 3 \end{pmatrix} + k_4\begin{pmatrix} -1 \\ 2 \\ -7 \\ 4 \end{pmatrix} + k_5\begin{pmatrix} -8 \\ 5 \\ 2 \\ 1 \end{pmatrix} = \boldsymbol{0}.$$

对 $\boldsymbol{A}$ 实施矩阵的初等行变换相当于对向量组 $\boldsymbol{\alpha}_1, \boldsymbol{\alpha}_2, \boldsymbol{\alpha}_3, \boldsymbol{\alpha}_4, \boldsymbol{\alpha}_5$ 相应的分量作变换，于是得到的列向量组 $\boldsymbol{\beta}_1, \boldsymbol{\beta}_2, \boldsymbol{\beta}_3, \boldsymbol{\beta}_4, \boldsymbol{\beta}_5$，仍然满足

$$k_1\boldsymbol{\beta}_1 + k_2\boldsymbol{\beta}_2 + k_3\boldsymbol{\beta}_3 + k_4\boldsymbol{\beta}_4 + k_5\boldsymbol{\beta}_5 = \boldsymbol{0}.$$

关键是其中的 k_1, k_2, k_3, k_4, k_5 是保持不变的. 例如，交换矩阵 $\boldsymbol{A}$ 的第 1 行和第 2 行，等式仍成立，即

$$k_1\begin{pmatrix} 1 \\ -2 \\ 3 \\ 0 \end{pmatrix} + k_2\begin{pmatrix} 2 \\ -5 \\ 6 \\ -3 \end{pmatrix} + k_3\begin{pmatrix} 0 \\ 1 \\ 0 \\ 3 \end{pmatrix} + k_4\begin{pmatrix} 2 \\ -1 \\ -7 \\ 4 \end{pmatrix} + k_5\begin{pmatrix} 5 \\ -8 \\ 2 \\ 1 \end{pmatrix} = \boldsymbol{0}.$$

实施矩阵的另外两种初等行变换仍然如此. 于是，若 $\boldsymbol{\alpha}_1, \boldsymbol{\alpha}_2, \boldsymbol{\alpha}_3, \boldsymbol{\alpha}_4, \boldsymbol{\alpha}_5$ 线性相关，则 $\boldsymbol{\beta}_1, \boldsymbol{\beta}_2, \boldsymbol{\beta}_3, \boldsymbol{\beta}_4, \boldsymbol{\beta}_5$ 也是线性相关的. 反之亦然.

上面的结论对于向量组 A 的部分组也是成立的. 假定对于向量组 A 的部分组 $\boldsymbol{\alpha}_1, \boldsymbol{\alpha}_2, \boldsymbol{\alpha}_3$ 有

$$k_1\boldsymbol{\alpha}_1 + k_2\boldsymbol{\alpha}_2 + k_3\boldsymbol{\alpha}_3 = \boldsymbol{0}.$$

对 A 实施矩阵的初等行变换相当于对矩阵 $(\boldsymbol{\alpha}_1, \boldsymbol{\alpha}_2, \boldsymbol{\alpha}_3)$ 实施初等行变换，也相当于对向

量组 $\boldsymbol{\alpha}_1,\boldsymbol{\alpha}_2,\boldsymbol{\alpha}_3$ 相应的分量作变换，于是得到的列向量组 $\boldsymbol{\beta}_1,\boldsymbol{\beta}_2,\boldsymbol{\beta}_3$ 仍然满足

$$k_1\boldsymbol{\beta}_1+k_2\boldsymbol{\beta}_2+k_3\boldsymbol{\beta}_3=\mathbf{0}.$$

通过以上的分析知，矩阵的初等行变换不改变列、向量组及其部分组的线性相关性.

【解】先将所给向量组中的向量作为列向量构成矩阵 $\boldsymbol{A}$，再将 $\boldsymbol{A}$ 化行最简形.

$$\boldsymbol{A}=\begin{pmatrix}-2&-5&1&-1&-8\\1&2&0&2&5\\3&6&0&-7&2\\0&-3&3&4&1\end{pmatrix}\xrightarrow{r_1\leftrightarrow r_2}\begin{pmatrix}1&2&0&2&5\\-2&-5&1&-1&-8\\3&6&0&-7&2\\0&-3&3&4&1\end{pmatrix}\xrightarrow[-3r_1+r_3]{2r_1+r_2}$$

$$\begin{pmatrix}1&2&0&2&5\\0&-1&1&3&2\\0&0&0&-13&-13\\0&-3&3&4&1\end{pmatrix}\xrightarrow{-3r_2+r_4}\begin{pmatrix}1&2&0&2&5\\0&-1&1&3&2\\0&0&0&-13&-13\\0&0&0&-5&-5\end{pmatrix}\xrightarrow[-\frac{1}{5}r_4]{-\frac{1}{13}r_3}$$

$$\begin{pmatrix}1&2&0&2&5\\0&-1&1&3&2\\0&0&0&1&1\\0&0&0&1&1\end{pmatrix}\xrightarrow{-r_3+r_4}\begin{pmatrix}1&2&0&2&5\\0&-1&1&3&2\\0&0&0&1&1\\0&0&0&0&0\end{pmatrix}\xrightarrow[-2r_3+r_1]{-3r_3+r_2}$$

$$\begin{pmatrix}1&2&0&0&3\\0&-1&1&0&-1\\0&0&0&1&1\\0&0&0&0&0\end{pmatrix}\xrightarrow[-r_2]{2r_2+r_1}\begin{pmatrix}1&0&2&0&1\\0&1&-1&0&1\\0&0&0&1&1\\0&0&0&0&0\end{pmatrix}.$$

这时，令

$$\boldsymbol{\beta}_1=\begin{pmatrix}1\\0\\0\\0\end{pmatrix},\boldsymbol{\beta}_2=\begin{pmatrix}0\\1\\0\\0\end{pmatrix},\boldsymbol{\beta}_3=\begin{pmatrix}2\\-1\\0\\0\end{pmatrix},\boldsymbol{\beta}_4=\begin{pmatrix}0\\0\\1\\0\end{pmatrix},\boldsymbol{\beta}_5=\begin{pmatrix}1\\1\\1\\0\end{pmatrix},$$

因为行最简形矩阵中首非零元素对应的向量 $\boldsymbol{\beta}_1,\boldsymbol{\beta}_2,\boldsymbol{\beta}_4$ 所构成的矩阵的秩为 3，所以 $\boldsymbol{\beta}_1,\boldsymbol{\beta}_2,\boldsymbol{\beta}_4$ 线性无关. 又因为 $\boldsymbol{\beta}_3=2\boldsymbol{\beta}_1-\boldsymbol{\beta}_2,\boldsymbol{\beta}_5=\boldsymbol{\beta}_1+\boldsymbol{\beta}_2+\boldsymbol{\beta}_3$，于是 $\boldsymbol{\alpha}_1,\boldsymbol{\alpha}_2,\boldsymbol{\alpha}_4$ 是所给向量组 A 的极大无关组，且 $\boldsymbol{\alpha}_3=2\boldsymbol{\alpha}_1-\boldsymbol{\alpha}_2,\boldsymbol{\alpha}_5=\boldsymbol{\alpha}_1+\boldsymbol{\alpha}_2+\boldsymbol{\alpha}_3$.

3.4.8 向量组间线性表示的矩阵表述

设列向量组 $\boldsymbol{\alpha}_1,\boldsymbol{\alpha}_2,\cdots,\boldsymbol{\alpha}_m$ 可以由向量组 $\boldsymbol{\beta}_1,\boldsymbol{\beta}_2,\cdots,\boldsymbol{\beta}_n$ 线性表示，则有

$$\begin{cases}\boldsymbol{\alpha}_1=k_{11}\boldsymbol{\beta}_1+k_{21}\boldsymbol{\beta}_2+\cdots+k_{n1}\boldsymbol{\beta}_n\\\boldsymbol{\alpha}_2=k_{12}\boldsymbol{\beta}_1+k_{22}\boldsymbol{\beta}_2+\cdots+k_{n2}\boldsymbol{\beta}_n\\\cdots\cdots\\\boldsymbol{\alpha}_m=k_{1m}\boldsymbol{\beta}_1+k_{2m}\boldsymbol{\beta}_2+\cdots+k_{nm}\boldsymbol{\beta}_n\end{cases}$$

用具体矩阵形式表示为

$$(\boldsymbol{\alpha}_1,\boldsymbol{\alpha}_2,\cdots,\boldsymbol{\alpha}_m)=(\boldsymbol{\beta}_1,\boldsymbol{\beta}_2,\cdots,\boldsymbol{\beta}_n)\begin{bmatrix}k_{11}&k_{12}&\cdots&k_{1m}\\k_{21}&k_{22}&\cdots&k_{2m}\\\vdots&\vdots&&\vdots\\k_{n1}&k_{n2}&\cdots&k_{nm}\end{bmatrix}$$

写为抽象矩阵形式为 $\boldsymbol{A}=\boldsymbol{BK}$.

3.4.9　线性方程组的各种表示方法

(1) 代数形式：$\begin{cases}a_{11}x_1+a_{12}x_2+\cdots+a_{1n}x_n=b_1\\a_{21}x_1+a_{22}x_2+\cdots+a_{2n}x_n=b_2\\\cdots\cdots\\a_{m1}x_1+a_{m2}x_2+\cdots+a_{mn}x_n=b_m\end{cases}$

(2) 具体矩阵形式：$\begin{bmatrix}a_{11}&a_{12}&\cdots&a_{1n}\\a_{21}&a_{22}&\cdots&a_{2n}\\\vdots&\vdots&&\vdots\\a_{m1}&a_{m2}&\cdots&a_{mn}\end{bmatrix}\begin{bmatrix}x_1\\x_2\\\vdots\\x_n\end{bmatrix}=\begin{bmatrix}b_1\\b_2\\\vdots\\b_m\end{bmatrix}$

(3) 抽象矩阵形式：$\boldsymbol{Ax}=\boldsymbol{\beta}$，其中

$$\boldsymbol{A}=\begin{bmatrix}a_{11}&a_{12}&\cdots&a_{1n}\\a_{21}&a_{22}&\cdots&a_{2n}\\\vdots&\vdots&&\vdots\\a_{m1}&a_{m2}&\cdots&a_{mn}\end{bmatrix},x=\begin{bmatrix}x_1\\x_2\\\vdots\\x_n\end{bmatrix},\boldsymbol{\beta}=\begin{bmatrix}b_1\\b_2\\\vdots\\b_m\end{bmatrix}$$

(4) 分块矩阵形式：$(\boldsymbol{\alpha}_1,\boldsymbol{\alpha}_2,\cdots,\boldsymbol{\alpha}_n)\begin{bmatrix}x_1\\x_2\\\vdots\\x_n\end{bmatrix}=\boldsymbol{\beta}$，其中 $\boldsymbol{\alpha}_j=\begin{bmatrix}a_{1j}\\a_{2j}\\\vdots\\a_{mj}\end{bmatrix}$ 为矩阵 $\boldsymbol{A}$ 的第 j 列，$\boldsymbol{\beta}=\begin{bmatrix}b_1\\b_2\\\vdots\\b_m\end{bmatrix}$.

(5) 向量形式：$x_1\boldsymbol{\alpha}_1+x_2\boldsymbol{\alpha}_2+\cdots+x_n\boldsymbol{\alpha}_n=\boldsymbol{\beta}$. 向量形式是由分块矩阵形式展开而得到的.

注 考生一定要熟练掌握线性方程组的五种表示方法，尤其是第(5)种 $x_1\boldsymbol{\alpha}_1+x_2\boldsymbol{\alpha}_2+\cdots+x_n\boldsymbol{\alpha}_n=\boldsymbol{\beta}$，它既可以理解为方程组，也可以理解为向量组 $\boldsymbol{\alpha}_1,\boldsymbol{\alpha}_2,\cdots,\boldsymbol{\alpha}_n$ 与向量 $\boldsymbol{\beta}$ 的线性表示关系.

3.4.10　特殊向量组的线性相关性

(1) 只含有一个向量的向量组，若这个向量是非零向量，则向量组线性无关；若这个向量是零向量，则向量组线性相关.

(2) 含有零向量的向量组线性相关.

(3) 含有两个向量的向量组，若这两个向量的对应分量成比例，则向量组线性相关；否则线性无关. 如向量组 $\begin{bmatrix}2\\6\\8\end{bmatrix}$，$\begin{bmatrix}3\\9\\12\end{bmatrix}$ 线性相关；向量组 $\begin{bmatrix}1\\2\\3\end{bmatrix}$，$\begin{bmatrix}2\\4\\5\end{bmatrix}$ 线性无关.

(4) n 维基本单位向量组 $\boldsymbol{\varepsilon}_1,\boldsymbol{\varepsilon}_2,\cdots,\boldsymbol{\varepsilon}_n$ 线性无关.

3.5 向量空间(仅数一)

给定向量组 A 及其极大无关组 B，A 中的每个向量都是 B 的线性组合，现在的问题是，是否 B 的任意线性组合都属于 A？若答案是肯定的，则 A 是向量空间.

向量空间的几何背景是解析几何中的平面 R^2 和空间 R^3，直到 19 世纪上半叶才推广到一般的向量空间.

3.5.1 向量空间的概念

定义 3.5.1.1 设 V 是向量组，若 V 满足以下两个条件，则称 V 为向量空间.

(1) 任意 $\boldsymbol{\alpha},\boldsymbol{\beta}\in V$，有 $\boldsymbol{\alpha}+\boldsymbol{\beta}\in V$，($V$ 关于向量的加法运算封闭)

(2) 任意 $\boldsymbol{\alpha}\in V$ 以及任意 $\lambda\in R$，有 $\lambda\boldsymbol{\alpha}\in V$.（$V$ 关于向量的数乘运算封闭）

所谓向量空间，简单讲就是在向量之间定义了向量的线性运算所构成的一种代数，又称为向量代数．为了简单，我们忽略向量空间所在的数域，通常在实数范围内讨论．例如，R^3 是向量空间，因为 R^3 是所有三维向量构成的向量组，它关于向量的加法运算和数乘封闭.

定义 3.5.1.2 设 V 是向量空间，$\boldsymbol{\alpha}_1,\boldsymbol{\alpha}_2,\cdots,\boldsymbol{\alpha}_m\in V$ 且满足：

(1) $\boldsymbol{\alpha}_1,\boldsymbol{\alpha}_2,\cdots,\boldsymbol{\alpha}_m$ 线性无关.

(2) V 中任一向量都可以由 $\boldsymbol{\alpha}_1,\boldsymbol{\alpha}_2,\cdots,\boldsymbol{\alpha}_m$ 线性表示，则称 $\boldsymbol{\alpha}_1,\boldsymbol{\alpha}_2,\cdots,\boldsymbol{\alpha}_m$ 为向量空间 V 的一组基；m 称为 V 的维数，记为 $\dim(V)=m$.

注 (1) 向量空间的基相当于一个向量组的极大无关组；向量空间的维数相当于向量组的秩.

显然，若 $V=\{\phi\}$，V 不存在的基，这时 $\dim(V)=0$.

由于
$$\boldsymbol{i}=\begin{pmatrix}1\\0\\0\end{pmatrix},\boldsymbol{j}=\begin{pmatrix}0\\1\\0\end{pmatrix},\boldsymbol{k}=\begin{pmatrix}0\\0\\1\end{pmatrix}$$
是 R^3 的极大无关组，所以它是 R^3 的一个基．实际上，i,j,k 是空间直角坐标系的三个坐标向量．于是 $\dim(R^3)=3$，即 R^3 是三维空间.

(2) 所有 n 维实向量构成的集合显然是一个向量空间，称为 n 维实向量空间 R^n. n 维基本单位向量组 $\boldsymbol{\varepsilon}_1,\boldsymbol{\varepsilon}_2,\cdots,\boldsymbol{\varepsilon}_n$ 是 R^n 的一组基，称为自然基，且 $\dim(R^n)=n$.

(3) 任意 n 个线性无关的 n 维实向量一定构成 R^n 的一组基．如设 $\boldsymbol{A}$ 为 n 阶实方阵，若 $|\boldsymbol{A}|\neq 0$，则 $\boldsymbol{A}$ 的列(行)向量组构成了 R^n 的一组基．容易验证，
$$\boldsymbol{e}_1=\begin{pmatrix}1\\0\\0\end{pmatrix},\boldsymbol{e}_2=\begin{pmatrix}1\\1\\0\end{pmatrix},\boldsymbol{e}_3=\begin{pmatrix}1\\1\\1\end{pmatrix}$$

是 R^3 的一个基.

【例 3.13】 分析 3 维向量空间 R^3 的子集 V_1,V_2,V_3,V_4,V_5 是向量空间吗?如果是,请分析它的维数并找出一组基.

$V_1=\{(1,y,z)^T\,|\,y,z\in R\}$,

$V_2=\{(x,0,z)^T\,|\,x,z\in R\}$,

$V_3=\{(x,y,z)^T\,|\,x,y,z\in R$,且满足 $x+y+z=1\}$,

$V_4=\{(x,y,z)^T\,|\,x,y,z\in R$,且满足 $x+y+z=0\}$,

$V_5=\{\gamma=\lambda\boldsymbol{\alpha}+\mu\boldsymbol{\beta}\,|\,\lambda,\mu\in R\}$,($\boldsymbol{\alpha}$ 和 $\boldsymbol{\beta}$ 为已知 3 维向量).

【分析】 根据集合是否对加法运算和数乘运算封闭来确定集合是否为空间.

【解】 在 V_1 中任意取两个向量 $\boldsymbol{\alpha}=(1,y_1,z_1)^T$,$\boldsymbol{\beta}=(1,y_2,z_2)^T$,则

$$\boldsymbol{\alpha}+\boldsymbol{\beta}=(2,y_1+y_2,z_1+z_2)^T,$$

显然向量 $\boldsymbol{\alpha}+\boldsymbol{\beta}$ 不在集合 V_1 中,即集合 V_1 对向量加法不封闭,故 V_1 不是向量空间.

在 V_2 中任意取两个向量 $\boldsymbol{\alpha}=(x_1,0,z_1)^T$,$\boldsymbol{\beta}=(x_2,0,z_2)^T$,则

$$\boldsymbol{\alpha}+\boldsymbol{\beta}=(x_1+x_2,0,z_1+z_2)^T,$$

$$k\boldsymbol{\alpha}=k(x_1,0,z_1)^T=(kx_1,0,kz_1)^T,$$

显然向量 $\boldsymbol{\alpha}+\boldsymbol{\beta}$ 及向量 $k\boldsymbol{\alpha}$ 仍然在集合 V_2 中,其对向量加法及向量数乘封闭,故 V_2 是向量空间. 向量 $(1,0,0)^T$ 和 $(0,0,1)^T$ 为向量空间 V_2 的一组基,故向量空间 V_2 的维数为 2. 其实就是 xoz 平面.

在 V_3 中取两个向量 $\boldsymbol{\alpha}=(1,0,0)^T$,$\boldsymbol{\beta}=(0,1,0)^T$,则 $\boldsymbol{\alpha}+\boldsymbol{\beta}=(1,1,0)^T$,显然向量 $\boldsymbol{\alpha}+\boldsymbol{\beta}$ 不在集合 V_3 中,即集合 V_3 对向量加法不封闭,故 V_3 不是向量空间.

在 V_4 中任意取两个向量 $\boldsymbol{\alpha}=(x_1,y_1,z_1)^T$ 和 $\boldsymbol{\beta}=(x_2,y_2,z_2)^T$,其中

$$x_1+y_1+z_1=0,x_2+y_2+z_2=0,$$

则

$$\boldsymbol{\alpha}+\boldsymbol{\beta}=(x_1+x_2,y_1+y_2,z_1+z_2)^T,$$

$$k\boldsymbol{\alpha}=k(x_1,y_1,z_1)^T=(kx_1,ky_1,kz_1)^T,$$

显然向量 $\boldsymbol{\alpha}+\boldsymbol{\beta}$ 及向量 $k\boldsymbol{\alpha}$ 仍然在集合 V_4 中,对向量加法及向量数乘封闭,故 V_4 是向量空间. 向量 $(-1,1,0)^T$ 和 $(-1,0,1)^T$ 为向量空间 V_4 的一组基,故向量空间 V_4 的维数为 2.

在 V_5 中任意取两个向量 $\boldsymbol{\gamma}_1=\lambda_1\boldsymbol{\alpha}+\mu_1\boldsymbol{\beta}$ 和 $\boldsymbol{\gamma}_2=\lambda_2\boldsymbol{\alpha}+\mu_2\boldsymbol{\beta}$,其中 λ_1、μ_1、λ_2、μ_2 都是实数,则 $\boldsymbol{\gamma}_1+\boldsymbol{\gamma}_2=(\lambda_1+\lambda_2)\boldsymbol{\alpha}+(\mu_1+\mu_2)\boldsymbol{\beta}$,而 $k\boldsymbol{\gamma}_1=k\lambda_1\boldsymbol{\alpha}+k\mu_1\boldsymbol{\beta}$,显然向量 $\boldsymbol{\gamma}_1+\boldsymbol{\gamma}_2$ 及向量 $k\boldsymbol{\gamma}_1$ 仍然在集合 V_5 中,即集合 V_5 对向量加法和向量数乘封闭,故 V_5 是向量空间. 若向量 $\boldsymbol{\alpha}$ 和 $\boldsymbol{\beta}$ 线性无关,则向量 $\boldsymbol{\alpha}$ 和 $\boldsymbol{\beta}$ 即为向量空间 V_5 的一组基,向量空间 V_5 的维数为 2;若向量 $\boldsymbol{\alpha}$ 和 $\boldsymbol{\beta}$ 线性相关,且 $\boldsymbol{\alpha}\neq 0$,则向量 $\boldsymbol{\alpha}$ 为向量空间 V_5 的一组基,向量空间 V_5 的维数为 1;若向量 $\boldsymbol{\alpha}$ 和 $\boldsymbol{\beta}$ 线性相关,且 $\boldsymbol{\alpha}=\boldsymbol{\beta}=0$,则向量空间 V_5 为零向量空间,向量空间 V_5 的维数为 0.

注 (1) 分析一个向量集合是否为向量空间的基本方法是判断向量集合是否对向量加法和向

量数乘封闭.

(2) 前四个集合 V_1、V_2、V_3、V_4 都可以理解为含有一个方程的线性方程组:

$$\begin{cases} V_1: x = 1 \\ V_2: y = 0 \\ V_3: x + y + z = 1 \\ V_4: x + y + z = 0 \end{cases}$$

其中,V_2 和 V_4 是齐次线性方程组,它的解向量的集合构成了一个向量空间;而 V_1 和 V_3 是非齐次线性方程组,它的解向量的集合不是向量空间.

(3) 向量空间 V_5 的维数是考生非常容易答错的问题. 从 V_5 的表达式可以容易看出,向量 $\boldsymbol{\alpha}$ 和 $\boldsymbol{\beta}$ 构成了整个向量空间 V_5,但空间的维数并不一定是2,它要根据向量 $\boldsymbol{\alpha}$ 和 $\boldsymbol{\beta}$ 的线性相关来决定.

(4) 考生要区分向量维数与向量空间维数的区别:向量的维数即向量所含分量的个数;而向量空间的维数是指向量空间这个向量组的秩.

【例 3.14】分析下列命题:

(1) 向量组 A:$(1,2,3)^{\mathrm{T}},(2,3,4)^{\mathrm{T}},(3,5,8)^{\mathrm{T}}$ 是 R^3 的一组基.

(2) 向量组 A:$(1,0,0)^{\mathrm{T}},(1,1,1)^{\mathrm{T}},(0,1,0)^{\mathrm{T}}$ 与向量组 B:$(0,0,1)^{\mathrm{T}}$,$(0,3,0)^{\mathrm{T}},(3,6,9)^{\mathrm{T}}$ 等价.

(3) 向量 $(1,2,3)^{\mathrm{T}}$ 可以由向量组 A:$(\sqrt{2},0,11)^{\mathrm{T}},(0,\sqrt{5},-6)^{\mathrm{T}},(\sqrt{2},\sqrt{5},-5)^{\mathrm{T}}$ 线性表示.

(4) 已知 3×5 的矩阵 $\boldsymbol{A}$ 的秩为 3,那么在矩阵 $\boldsymbol{A}$ 中一定存在 3 个列向量是 R^3 的一组基.

(5) 已知 V_1 为 R^3 的一个子空间,该空间维数为 1,V_2 也为 R^3 的一个子空间,该空间维数为 2,则 V_1 是 V_2 的子空间.

(A) 只有(1) 和(2) 正确　　(B) 只有(1)(2) 和(3) 正确

(C) 只有(1)(2)(3) 和(4) 正确　　(D) 都正确

【分析】通过向量组的线性相关性来判断向量组是否为空间的基.

【解】(1) 中的向量组 A 线性无关,故它必然是 3 维向量空间 R^3 的一组基.

(2) 中的向量组 A 和向量组 B 都是线性无关的向量组,故它们都是 3 维向量空间 R^3 的基,则 A 与 B 等价.

(3) 中的向量组 A 也是线性无关向量组,故 A 是 3 维向量空间 R^3 的一组基,则它可以线性表示向量空间 R^3 中的任意向量.

(4) 中的矩阵 $\boldsymbol{A}$ 的秩为 3,故矩阵 $\boldsymbol{A}$ 的列向量组的秩也等于 3,则矩阵 $\boldsymbol{A}$ 的列向量组中总存在 3 个线性无关的列向量,这 3 个线性无关的列向量即是 3 维向量空间 R^3 的一组基.

(5) 中的 V_1 是 1 维空间,V_2 是 2 维空间,但 V_2 并不一定包含 V_1,即直线 V_1 不一定在平面 V_2 上. 只有当 $V_1 \subset V_2$ 时,即直线 V_1 恰好在平面 V_2 上时,V_1 是 V_2 的子空间.

故答案选(C).

注 本题考查以下知识点：

(1) 任意 3 个线性无关的 3 维向量必然是 3 维向量空间 R^3 的一组基.

(2) 同一个向量空间的两组基必然等价.

(3) 向量空间的一组基可以线性表示向量空间的任意向量，空间的基对应于向量组的极大无关组.

(4) 三秩相等：$r(\boldsymbol{A}) = r$(矩阵 $\boldsymbol{A}$ 的行向量组) $=$ (矩阵 $\boldsymbol{A}$ 的列向量组)

(5) r(向量组 A) $>$ r(向量组 B) $\neq$ 向量组 A 可以线性表示向量组 B.

【例 3.15】(2010.1) 设 $\boldsymbol{\alpha}_1 = (1,2,-1,0)^{\mathrm{T}}, \boldsymbol{\alpha}_2 = (1,1,0,2)^{\mathrm{T}}, \boldsymbol{\alpha}_3 = (2,1,1,a)^{\mathrm{T}}$.

若 $\boldsymbol{\alpha}_1, \boldsymbol{\alpha}_2, \boldsymbol{\alpha}_3$ 生成的向量空间的维数为 2，则 $a =$ ________.

【分析】 $\boldsymbol{\alpha}_1, \boldsymbol{\alpha}_2, \boldsymbol{\alpha}_3$ 生成的向量空间的维数为 2，即向量组 $\boldsymbol{\alpha}_1, \boldsymbol{\alpha}_2, \boldsymbol{\alpha}_3$ 的秩为 2.

【解】 对矩阵 $(\boldsymbol{\alpha}_1, \boldsymbol{\alpha}_2, \boldsymbol{\alpha}_3)$ 作初等行变换：

$$(\boldsymbol{\alpha}_1, \boldsymbol{\alpha}_2, \boldsymbol{\alpha}_3) = \begin{bmatrix} 1 & 1 & 2 \\ 2 & 1 & 1 \\ -1 & 0 & 1 \\ 0 & 2 & a \end{bmatrix} \xrightarrow[r_2 - 2r_1]{r_3 + r_1} \begin{bmatrix} 1 & 1 & 2 \\ 0 & -1 & -3 \\ 0 & 1 & 3 \\ 0 & 2 & a \end{bmatrix} \xrightarrow[r_3 + r_2]{r_4 + 2r_2} \begin{bmatrix} 1 & 1 & 2 \\ 0 & -1 & -3 \\ 0 & 0 & 0 \\ 0 & 0 & a-6 \end{bmatrix}$$

显然，当 $a = 6$ 时，矩阵的秩为 2，此时 $\boldsymbol{\alpha}_1, \boldsymbol{\alpha}_2, \boldsymbol{\alpha}_3$ 生成的向量空间的维数为 2.

注 该题考查知识点为：一个向量组 $\boldsymbol{\alpha}_1, \boldsymbol{\alpha}_2, \cdots, \boldsymbol{\alpha}_m$ 所生成空间的维数等于该向量组的秩.

3.5.2 向量在基下的坐标

定义 3.5.2.1 设 V 是向量空间，$\boldsymbol{\alpha}_1, \boldsymbol{\alpha}_2, \cdots, \boldsymbol{\alpha}_n$ 是 V 的一个基，对于任意 $\boldsymbol{\alpha} \in V$，如果

$$\boldsymbol{\alpha} = x_1\boldsymbol{\alpha}_1 + x_2\boldsymbol{\alpha}_2 + \cdots + x_n\boldsymbol{\alpha}_n,$$

则称 $(x_1, x_2, \cdots, x_n)$ 为向量 $\boldsymbol{\alpha}$ 在基 $\boldsymbol{\alpha}_1, \boldsymbol{\alpha}_2, \cdots, \boldsymbol{\alpha}_n$ 下的坐标(coordinate).

注 一个向量在同一个基下的坐标是唯一的，但在不同基下的坐标是不同的.

【例 3.16】 计算向量 $\begin{pmatrix} x \\ y \\ z \end{pmatrix} \in R^3$ 在基 $\boldsymbol{e}_1 = \begin{pmatrix} 1 \\ 0 \\ 0 \end{pmatrix}, \boldsymbol{e}_2 = \begin{pmatrix} 1 \\ 1 \\ 0 \end{pmatrix}, \boldsymbol{e}_3 = \begin{pmatrix} 1 \\ 1 \\ 1 \end{pmatrix}$ 下的坐标.

【解】 令

$$\begin{pmatrix} x \\ y \\ z \end{pmatrix} = x_1\boldsymbol{e}_1 + x_2\boldsymbol{e}_2 + x_3\boldsymbol{e}_3 = x_1\begin{pmatrix} 1 \\ 0 \\ 0 \end{pmatrix} + x_2\begin{pmatrix} 1 \\ 1 \\ 0 \end{pmatrix} + x_3\begin{pmatrix} 1 \\ 1 \\ 1 \end{pmatrix},$$

则

$$\begin{cases} x = x_1 + x_2 + x_3, \\ y = x_2 + x_3, \\ z = x_3. \end{cases}$$

转化为以 x_1, x_2, x_3 为未知量，以 x, y, z 为常数的非齐次方程求通解的问题，根据第四章非齐次方程求通解的方法求出 $x_1 = x - y, x_2 = y - z, x_3 = z$，即所求坐标为

$(x-y,y-z,z)$.

3.5.3 过渡矩阵及坐标变换公式

由于向量空间 V 的基是不唯一的,下面考虑给定 V 的两个不同基的有关问题.

定义 3.5.3.1 设 V 是 n 维向量空间,$\boldsymbol{\alpha}_1,\boldsymbol{\alpha}_2,\cdots,\boldsymbol{\alpha}_n$ 和 $\boldsymbol{\beta}_1,\boldsymbol{\beta}_2,\cdots,\boldsymbol{\beta}_n$ 是 V 的两个基,若

$$(\boldsymbol{\beta}_1,\boldsymbol{\beta}_2,\cdots,\boldsymbol{\beta}_n)=(\boldsymbol{\alpha}_1,\boldsymbol{\alpha}_2,\cdots,\boldsymbol{\alpha}_n)\begin{pmatrix} p_{11} & p_{12} & \cdots & p_{1n} \\ p_{21} & p_{22} & \cdots & p_{2n} \\ \vdots & \vdots & & \vdots \\ p_{n1} & p_{n2} & \cdots & p_{nn} \end{pmatrix},$$

则称 $\boldsymbol{P}=(p_{ij})_{n\times n}$ 为从基 $\boldsymbol{\alpha}_1,\boldsymbol{\alpha}_2,\cdots,\boldsymbol{\alpha}_n$ 到基 $\boldsymbol{\beta}_1,\boldsymbol{\beta}_2,\cdots,\boldsymbol{\beta}_n$ 的过渡矩阵.

定义 3.5.3.2 对于任意 $\boldsymbol{\alpha}\in V$,令

$$\boldsymbol{\alpha}=x_1\boldsymbol{\alpha}_1+x_2\boldsymbol{\alpha}_2+\cdots+x_n\boldsymbol{\alpha}_n,$$

以及

$$\boldsymbol{\alpha}=y_1\boldsymbol{\beta}_1+y_2\boldsymbol{\beta}_2+\cdots+y_n\boldsymbol{\beta}_n,$$

称

$$\begin{pmatrix} x_1 \\ x_2 \\ \vdots \\ x_n \end{pmatrix}=\boldsymbol{P}\begin{pmatrix} y_1 \\ y_2 \\ \vdots \\ y_n \end{pmatrix}$$

为 $\begin{pmatrix} x_1 \\ x_2 \\ \vdots \\ x_n \end{pmatrix}$ 到 $\begin{pmatrix} y_1 \\ y_2 \\ \vdots \\ y_n \end{pmatrix}$ 的坐标变换公式.

注 过渡矩阵实质上就是向量组 $\boldsymbol{\beta}_1,\boldsymbol{\beta}_2,\cdots,\boldsymbol{\beta}_m$ 在 $\boldsymbol{\alpha}_1,\boldsymbol{\alpha}_2,\cdots,\boldsymbol{\alpha}_m$ 下的坐标所构成的矩阵.

【例 3.17】(2009.1)设 $\boldsymbol{\alpha}_1,\boldsymbol{\alpha}_2,\boldsymbol{\alpha}_3$ 是3维向量空间 R^3 的一组基,则由基 $\boldsymbol{\alpha}_1,\frac{1}{2}\boldsymbol{\alpha}_2,\frac{1}{3}\boldsymbol{\alpha}_3$ 到基 $\boldsymbol{\alpha}_1+\boldsymbol{\alpha}_2,\boldsymbol{\alpha}_2+\boldsymbol{\alpha}_3,\boldsymbol{\alpha}_3+\boldsymbol{\alpha}_1$ 的过渡矩阵为[　　].

(A) $\begin{bmatrix} 1 & 0 & 1 \\ 2 & 2 & 0 \\ 0 & 3 & 3 \end{bmatrix}$　　(B) $\begin{bmatrix} 1 & 2 & 0 \\ 0 & 2 & 3 \\ 1 & 0 & 3 \end{bmatrix}$

(C) $\begin{bmatrix} \frac{1}{2} & \frac{1}{4} & -\frac{1}{6} \\ -\frac{1}{2} & \frac{1}{4} & \frac{1}{6} \\ \frac{1}{2} & -\frac{1}{4} & \frac{1}{6} \end{bmatrix}$　　(D) $\begin{bmatrix} \frac{1}{2} & -\frac{1}{2} & \frac{1}{2} \\ \frac{1}{4} & \frac{1}{4} & -\frac{1}{4} \\ -\frac{1}{6} & \frac{1}{6} & \frac{1}{6} \end{bmatrix}$

【解】$(\boldsymbol{\alpha}_1+\boldsymbol{\alpha}_2,\boldsymbol{\alpha}_2+\boldsymbol{\alpha}_3,\boldsymbol{\alpha}_3+\boldsymbol{\alpha}_1)=\left(\boldsymbol{\alpha}_1,\frac{\boldsymbol{\alpha}_2}{2},\frac{\boldsymbol{\alpha}_3}{3}\right)\boldsymbol{P}$

设 $\boldsymbol{P}=\begin{pmatrix}x_1&x_4&x_7\\x_2&x_5&x_8\\x_3&x_6&x_9\end{pmatrix}$，故

$$\begin{cases}x_1\boldsymbol{\alpha}_1+\frac{x_2}{2}\boldsymbol{\alpha}_2+\frac{x_3}{3}\boldsymbol{\alpha}_3=\boldsymbol{\alpha}_1+\boldsymbol{\alpha}_2\\x_4\boldsymbol{\alpha}_1+\frac{x_5}{2}\boldsymbol{\alpha}_2+\frac{x_6}{3}\boldsymbol{\alpha}_3=\boldsymbol{\alpha}_2+\boldsymbol{\alpha}_3\\x_7\boldsymbol{\alpha}_1+\frac{x_8}{2}\boldsymbol{\alpha}_2+\frac{x_9}{3}\boldsymbol{\alpha}_3=\boldsymbol{\alpha}_3+\boldsymbol{\alpha}_1\end{cases}\text{所以}\begin{cases}x_1=1,\\x_2=2,\\x_3=0,\\x_4=0,\\x_5=2,\\x_6=3,\\x_7=1,\\x_8=0,\\\boldsymbol{\alpha}_9=3.\end{cases}$$

于是，由基 $\boldsymbol{\alpha}_1,\frac{1}{2}\boldsymbol{\alpha}_2,\frac{1}{3}\boldsymbol{\alpha}_3$ 到 $\boldsymbol{\alpha}_1+\boldsymbol{\alpha}_2,\boldsymbol{\alpha}_2+\boldsymbol{\alpha}_3,\boldsymbol{\alpha}_3+\boldsymbol{\alpha}_1$ 的过渡矩阵为 $\begin{bmatrix}1&0&1\\2&2&0\\0&3&3\end{bmatrix}$，故选择答案(A).

注 该题考查过渡矩阵的概念，考试中很多考生把两个基的次序写反了，故将答案选成了(C)，考生一定要区分由基 Ⅰ 到基 Ⅱ 的过渡矩阵 $\boldsymbol{P}$ 及由基 Ⅱ 到基 Ⅰ 的过渡矩阵 $\boldsymbol{Q}$，$\boldsymbol{P}$ 和 $\boldsymbol{Q}$ 是一对互逆矩阵.

【例 3.18】 设 R^3 的两组基分别为 $\boldsymbol{\alpha}_1=(1,0,1)^{\mathrm{T}},\boldsymbol{\alpha}_2=(0,-1,1)^{\mathrm{T}},\boldsymbol{\alpha}_3=(-2,1,0)^{\mathrm{T}}$ 和 $\boldsymbol{\beta}_1=(3,-2,-1)^{\mathrm{T}},\boldsymbol{\beta}_2=(-2,1,3)^{\mathrm{T}},\boldsymbol{\beta}_3=(-2,1,0)^{\mathrm{T}}$.

(1) 求从基 $\boldsymbol{\alpha}_1,\boldsymbol{\alpha}_2,\boldsymbol{\alpha}_3$ 到基 $\boldsymbol{\beta}_1,\boldsymbol{\beta}_2,\boldsymbol{\beta}_3$ 的过渡矩阵 $\boldsymbol{P}$.

(2) 求向量 $\boldsymbol{\gamma}=(-5,1,3)^{\mathrm{T}}$ 在基 $\boldsymbol{\alpha}_1,\boldsymbol{\alpha}_2,\boldsymbol{\alpha}_3$ 下的坐标.

(3) 分析 $\boldsymbol{\gamma}$ 在基 $\boldsymbol{\alpha}_1,\boldsymbol{\alpha}_2,\boldsymbol{\alpha}_3$ 和基 $\boldsymbol{\beta}_1,\boldsymbol{\beta}_2,\boldsymbol{\beta}_3$ 下坐标的关系.

【解】(1) 设 $\boldsymbol{A}=(\boldsymbol{\alpha}_1,\boldsymbol{\alpha}_2,\boldsymbol{\alpha}_3)$，$\boldsymbol{B}=(\boldsymbol{\beta}_1,\boldsymbol{\beta}_2,\boldsymbol{\beta}_3)$，两组基之间的线性表示关系式为 $\boldsymbol{B}=\boldsymbol{AP}$，其中，矩阵 $\boldsymbol{P}$ 即为基 $\boldsymbol{\alpha}_1,\boldsymbol{\alpha}_2,\boldsymbol{\alpha}_3$ 到基 $\boldsymbol{\beta}_1,\boldsymbol{\beta}_2,\boldsymbol{\beta}_3$ 的过渡矩阵，有 $\boldsymbol{P}=\boldsymbol{A}^{-1}\boldsymbol{B}$. 利用初等行变换计算矩阵 $\boldsymbol{P}$.

$$\left[\begin{array}{ccc:ccc}1&0&-2&3&-2&-2\\0&-1&1&-2&1&1\\1&1&0&-1&3&0\end{array}\right]\xrightarrow{r_3-r_1}\left[\begin{array}{ccc:ccc}1&0&-2&3&-2&-2\\0&-1&1&-2&1&1\\0&1&2&-4&5&2\end{array}\right]$$

$$\xrightarrow[r_3+r_2]{r_2\times(-1)}\left[\begin{array}{ccc:ccc}1&0&-2&3&-2&-2\\0&1&-1&2&-1&-1\\0&0&3&-6&6&3\end{array}\right]\xrightarrow{r_3/3}\left[\begin{array}{ccc:ccc}1&0&-2&3&-2&-2\\0&1&-1&2&-1&-1\\0&0&1&-2&2&1\end{array}\right]$$

$$\xrightarrow[r_1+2r_3]{r_2+r_3}\left[\begin{array}{ccc:ccc}1&0&0&-1&2&0\\0&1&0&0&1&0\\0&0&1&-2&2&1\end{array}\right],$$

则 $\boldsymbol{P}=\begin{bmatrix}-1&2&0\\0&1&0\\-2&2&1\end{bmatrix}$

(2) 向量 $\boldsymbol{\gamma}$ 由基 $\boldsymbol{\alpha}_1,\boldsymbol{\alpha}_2,\boldsymbol{\alpha}_3$ 线性表示的关系式为 $\boldsymbol{\gamma}=(\boldsymbol{\alpha}_1,\boldsymbol{\alpha}_2,\boldsymbol{\alpha}_3)\begin{bmatrix}x_1\\x_2\\x_3\end{bmatrix}$，其中，列向量 $\boldsymbol{x}=\begin{bmatrix}x_1\\x_2\\x_3\end{bmatrix}$ 即为向量 γ 在基 $\boldsymbol{\alpha}_1,\boldsymbol{\alpha}_2,\boldsymbol{\alpha}_3$ 下的坐标．即非齐次方程 $\boldsymbol{Ax}=\boldsymbol{\gamma}$ 的解.

$$\left[\begin{array}{ccc:c}1&0&-2&-5\\0&-1&1&1\\1&1&0&3\end{array}\right]\xrightarrow{r_3-r_1}\left[\begin{array}{ccc:c}1&0&-2&-5\\0&-1&1&1\\0&1&2&8\end{array}\right]\xrightarrow[r_3+r_2]{r_2\times(-1)}$$

$$\left[\begin{array}{ccc:c}1&0&-2&-5\\0&1&-1&-1\\0&0&3&9\end{array}\right]\xrightarrow{r_3/3}\left[\begin{array}{ccc:c}1&0&-2&-5\\0&1&-1&-1\\0&0&1&3\end{array}\right]\xrightarrow[r_1+2r_3]{r_2+r_3}\left[\begin{array}{ccc:c}1&0&0&1\\0&1&0&2\\0&0&1&3\end{array}\right]$$

则 $\boldsymbol{x}=\begin{bmatrix}x_1\\x_2\\x_3\end{bmatrix}=\begin{bmatrix}1\\2\\3\end{bmatrix}$

向量 $\boldsymbol{\gamma}$ 在基 $\boldsymbol{\alpha}_1,\boldsymbol{\alpha}_2,\boldsymbol{\alpha}_3$ 下的坐标为 $\begin{bmatrix}1\\2\\3\end{bmatrix}$.

(3) 向量 $\boldsymbol{\gamma}$ 由基 $\boldsymbol{\beta}_1,\boldsymbol{\beta}_2,\boldsymbol{\beta}_3$ 线性表示的关系式为：$\boldsymbol{\gamma}=(\boldsymbol{\beta}_1,\boldsymbol{\beta}_2,\boldsymbol{\beta}_3)\begin{bmatrix}y_1\\y_2\\y_3\end{bmatrix}$，其中，列向量 $\boldsymbol{y}=\begin{bmatrix}y_1\\y_2\\y_3\end{bmatrix}$ 即为向量 $\boldsymbol{\gamma}$ 在基 $\boldsymbol{\beta}_1,\boldsymbol{\beta}_2,\boldsymbol{\beta}_3$ 下的坐标，进一步有 $\boldsymbol{y}=\boldsymbol{B}^{-1}\boldsymbol{\gamma}$ 把 $\boldsymbol{B}=\boldsymbol{AP}$ 代入上式，有 $\boldsymbol{y}=\boldsymbol{B}^{-1}\boldsymbol{\gamma}=(\boldsymbol{AP})^{-1}\boldsymbol{\gamma}=\boldsymbol{P}^{-1}(\boldsymbol{A}^{-1}\boldsymbol{\gamma})=\boldsymbol{P}^{-1}\boldsymbol{x}$.

故 $\boldsymbol{y}=\boldsymbol{P}^{-1}\boldsymbol{x}$ 为 $\boldsymbol{\gamma}$ 在基 $\boldsymbol{\alpha}_1,\boldsymbol{\alpha}_2,\boldsymbol{\alpha}_3$ 和基 $\boldsymbol{\beta}_1,\boldsymbol{\beta}_2,\boldsymbol{\beta}_3$ 下坐标的关系式.

注 同一个空间不同基之间的关系由过渡矩阵决定，即 $\boldsymbol{B}=\boldsymbol{AP}$. 同一个向量在不同基下的坐标的关系也是由过渡矩阵决定的，即 $\boldsymbol{x}=\boldsymbol{Py}$；其中，$\boldsymbol{x}$ 是基 $\boldsymbol{A}$ 下的坐标；$\boldsymbol{y}$ 是基 $\boldsymbol{B}$ 下在坐

标. 考生需要特别注意过渡矩阵在以上两个等式中的位置,要掌握一个向量空间的基有无穷多组,同一个向量在不同基下的坐标也是不同的.

3.6　线性空间(拓展阅读)

3.6.1　线性空间的概念

定义 3.6.1.1　设 V 是非空集合,在 V 上定义了两个元素 $\boldsymbol{\alpha}$ 和 $\boldsymbol{\beta}$ 的封闭的加法 $\boldsymbol{\alpha}+\boldsymbol{\beta}$ 运算和一个元素 $\boldsymbol{\alpha}$ 与数 λ 之间的数乘 $\lambda\boldsymbol{\alpha}$ 运算,且满足(其中 $\boldsymbol{\alpha},\boldsymbol{\beta},\boldsymbol{\gamma}\in V,\lambda,\mu$ 是数)

(1) $\boldsymbol{\alpha}+\boldsymbol{\beta}=\boldsymbol{\beta}+\boldsymbol{\alpha}$.

(2) $(\boldsymbol{\alpha}+\boldsymbol{\beta})+\boldsymbol{\gamma}=\boldsymbol{\alpha}+(\boldsymbol{\beta}+\boldsymbol{\gamma})$.

(3) 存在 $\phi\in V$,对任意 $\boldsymbol{\alpha}\in V$,有 $\boldsymbol{\alpha}+\phi=\boldsymbol{\alpha}$.

(4) 对任意 $\boldsymbol{\alpha}\in V$,存在 $\boldsymbol{\beta}\in V$,使得 $\boldsymbol{\alpha}+\boldsymbol{\beta}=\phi$.

(5) $\boldsymbol{\alpha}=\boldsymbol{\alpha}$.

(6) $\lambda(\mu\boldsymbol{\alpha})=(\lambda\mu)\boldsymbol{\alpha}$.

(7) $(\lambda+\mu)\boldsymbol{\alpha}=\lambda\boldsymbol{\alpha}+\mu\boldsymbol{\alpha}$.

(8) $\lambda(\boldsymbol{\alpha}+\boldsymbol{\beta})=\lambda\boldsymbol{\alpha}+\lambda\boldsymbol{\beta}$.

则称 V 为线性空间.

满足(1) ~ (8) 性质的运算称为线性运算.

向量空间是线性空间. 因为只要非空向量组 V 对于向量的加法运算和数乘运算封闭,而向量的加法和数乘运算显然满足条件(1) ~ (8),因此向量空间是线性空间.

所有 $m\times n$ 矩阵组成的集合,关于矩阵的加法运算和矩阵的数乘运算构成一个线性空间;所有关于 x 的一元函数全体组成的集合,关于函数的加法运算和函数的数乘运算构成一个线性空间.

类似于向量空间的讨论,可以考虑线性空间中元素之间的线性相关性. 例如,对于定义在区间 I 上的 n 个函数 $y_1(x),y_2(x),\cdots,y_n(x)$,如果存在 n 个不全为 0 的数 $k_1,k_2,\cdots,k_n$,使得当 $x\in I$ 时均有

$$k_1y_1(x)+k_2y_2(x)+\cdots+k_ny_n(x)=0,$$

则称这 n 个函数在区间 I 上线性相关,否则称为线性无关.

例如,函数 $1,\sin^2x,\cos^2x$ 在 $(-\infty,+\infty)$ 上线性相关,因为在 $(-\infty,+\infty)$ 上

$$1+(-1)\sin^2x+(-1)\cos^2x=0.$$

又如,函数 $1,x,x^2$ 在任意 (a,b) 上线性无关,因为在 (a,b) 上,使 $k_11+k_2x+k_3x^2=0$ 成立的 k_1,k_2,k_3 必全为 0.

类似于两个向量线性相关的讨论,对于任意两个函数 $y_1(x),y_2(x)$,它们在区间 I 上线性相关的充要条件是它们的比是一个常数. 如 $\dfrac{\sin x}{\cos x}=\tan x\neq$ 常数,于是 $\sin x$ 和 $\cos x$ 在任意区间上是线性无关的;同样,由于 $\dfrac{\mathrm{e}^x}{x}\neq$ 常数,于是 e^x 和 x 在任意区间上是线性无关的.

可以类似地定义线性空间 V 的极大无关组，并将 V 的极大线性无关组称为线性空间 V 的基，极大线性无关组中所含的元素的个数称为线性空间的维数，记为 $\dim(V)$.

3.6.2　线性变换(选读)

对于任意集合 V，将 V 到 V 的映射称为 V 上的变换．如果 V 是线性空间，将保持其线性运算的变换称为线性变换，其具体定义如下：

定义 3.6.2.1　设 V 是线性空间，f 是 V 到 V 的映射，且满足

(1) 对于任意 $\boldsymbol{\alpha},\boldsymbol{\beta}\in V$，有 $f(\boldsymbol{\alpha}+\boldsymbol{\beta})=f(\boldsymbol{\alpha})+f(\boldsymbol{\beta})$.

(2) 对于任意 $\boldsymbol{\alpha}\in V$ 和数 λ，有 $f(\lambda\boldsymbol{\alpha})=\lambda f(\boldsymbol{\alpha})$.

则称 f 是线性空间 V 上的线性变换.

定义 3.6.2.2　设 f 是向量空间 R^n 上的线性变换，在 R^n 中选取一组基 $\boldsymbol{\alpha}_1,\boldsymbol{\alpha}_2,\cdots,\boldsymbol{\alpha}_n$，由于 $f(\boldsymbol{\alpha}_i)\in R^n(i=1,2,\cdots,n)$，故 $f(\boldsymbol{\alpha}_i)=a_{i1}\boldsymbol{\alpha}_1+a_{i2}\boldsymbol{\alpha}_2+\cdots+a_{in}\boldsymbol{\alpha}_n$. 记 $f(\boldsymbol{\alpha}_1,\boldsymbol{\alpha}_2,\cdots,\boldsymbol{\alpha}_n)=(f(\boldsymbol{\alpha}_1),f(\boldsymbol{\alpha}_2),\cdots,f(\boldsymbol{\alpha}_n))$，于是

$$f(\boldsymbol{\alpha}_1,\boldsymbol{\alpha}_2,\cdots,\boldsymbol{\alpha}_n)=(\boldsymbol{\alpha}_1,\boldsymbol{\alpha}_2,\cdots,\boldsymbol{\alpha}_n)\boldsymbol{A},$$

其中

$$\boldsymbol{A}=(a_{ij})_{n\times n}=\begin{pmatrix} a_{11} & a_{21} & \cdots & a_{n1} \\ a_{12} & a_{22} & \cdots & a_{n2} \\ \vdots & \vdots & & \vdots \\ a_{1n} & a_{2n} & \cdots & a_{nn} \end{pmatrix}.$$

矩阵 $\boldsymbol{A}$ 称为线性变换 f 在基 $\boldsymbol{\alpha}_1,\boldsymbol{\alpha}_2,\cdots,\boldsymbol{\alpha}_n$ 下的矩阵.

对于任意 $\boldsymbol{\alpha}\in R^n$，令 $\boldsymbol{\alpha}$ 在基 $\boldsymbol{\alpha}_1,\boldsymbol{\alpha}_2,\cdots,\boldsymbol{\alpha}_n$ 下的坐标为 $(x_1,x_2,\cdots,x_n)$，即

$$\boldsymbol{\alpha}=(\boldsymbol{\alpha}_1,\boldsymbol{\alpha}_2,\cdots,\boldsymbol{\alpha}_n)\begin{pmatrix} x_1 \\ x_2 \\ \vdots \\ x_n \end{pmatrix},$$

这时

$$f(\boldsymbol{\alpha})=f(\boldsymbol{\alpha}_1,\boldsymbol{\alpha}_2,\cdots,\boldsymbol{\alpha}_n)\begin{pmatrix} x_1 \\ x_2 \\ \vdots \\ x_n \end{pmatrix}=(\boldsymbol{\alpha}_1,\boldsymbol{\alpha}_2,\cdots,\boldsymbol{\alpha}_n)\boldsymbol{A}\begin{pmatrix} x_1 \\ x_2 \\ \vdots \\ x_n \end{pmatrix}.$$

另一方面，由于 $f(\boldsymbol{\alpha})\in R^n$，令 $f(\boldsymbol{\alpha})$ 在基 $\boldsymbol{\alpha}_1,\boldsymbol{\alpha}_2,\cdots,\boldsymbol{\alpha}_n$ 下的坐标为 $(y_1,y_2,\cdots,y_n)$，即

$$f(\boldsymbol{\alpha})=(\boldsymbol{\alpha}_1,\boldsymbol{\alpha}_2,\cdots,\boldsymbol{\alpha}_n)\begin{pmatrix} y_1 \\ y_2 \\ \vdots \\ y_n \end{pmatrix},$$

因而有

$$(\boldsymbol{\alpha}_1,\boldsymbol{\alpha}_2,\cdots,\boldsymbol{\alpha}_n)\begin{pmatrix}y_1\\y_2\\\vdots\\y_n\end{pmatrix}=(\boldsymbol{\alpha}_1,\boldsymbol{\alpha}_2,\cdots,\boldsymbol{\alpha}_n)\boldsymbol{A}\begin{pmatrix}x_1\\x_2\\\vdots\\x_n\end{pmatrix}$$

由于 $\boldsymbol{\alpha}_1,\boldsymbol{\alpha}_2,\cdots,\boldsymbol{\alpha}_n$ 线性无关，所以

$$\begin{pmatrix}y_1\\y_2\\\vdots\\y_n\end{pmatrix}=\boldsymbol{A}\begin{pmatrix}x_1\\x_2\\\vdots\\x_n\end{pmatrix},\text{或 } \boldsymbol{y}=\boldsymbol{A}\boldsymbol{x}. \tag{1}$$

(1) 式是线性变换 f 的坐标形式，它表示 $f:\boldsymbol{\alpha}\to f(\boldsymbol{\alpha})$ 相当于

$$\begin{pmatrix}x_1\\x_2\\\vdots\\x_n\end{pmatrix}=A\begin{pmatrix}x_1\\x_2\\\vdots\\x_n\end{pmatrix}.$$

正因为这样，通常将(1) 式称为线性变换．更具体地说，线性变换是指

$$\begin{cases}y_1=a_{11}x_1+a_{12}x_2+\cdots+a_{1n}x_n,\\y_2=a_{21}x_1+a_{22}x_2+\cdots+a_{2n}x_n,\\\cdots\cdots\\y_n=a_{n1}x_1+a_{n2}x_2+\cdots+a_{nn}x_n.\end{cases}$$

写成矩阵形式 $\boldsymbol{y}=\boldsymbol{A}\boldsymbol{x}$，其中

$$\boldsymbol{y}=\begin{pmatrix}y_1\\y_2\\\vdots\\y_n\end{pmatrix},\boldsymbol{A}=(a_{ij})_{n\times n},\boldsymbol{x}=\begin{pmatrix}x_1\\x_2\\\vdots\\x_n\end{pmatrix}.$$

考虑在希拉克 R^n 中连续进行两次线性变换，即先进行线性变换 $\boldsymbol{y}=\boldsymbol{B}\boldsymbol{x}$，再进行线性变换 $\boldsymbol{z}=\boldsymbol{A}\boldsymbol{y}$，则 $\boldsymbol{z}=\boldsymbol{A}\boldsymbol{y}=\boldsymbol{A}(\boldsymbol{B}\boldsymbol{x})=(\boldsymbol{A}\boldsymbol{B})\boldsymbol{x}$，就要用到两个矩阵乘积.

在线性变换 $\boldsymbol{y}=\boldsymbol{A}\boldsymbol{x}$ 中，若 $\boldsymbol{A}$ 可逆，则称该线性变换是可逆的线性变换．在解析几何中，可逆线性变换不改变图形的特性，如椭圆经可逆线性变换后仍是椭圆，四边形经可逆线性变换后仍是四边形，椭球面经可逆线性变换后仍是椭球面等，不过轴的长度可能发生变化.

对于可逆线性变换 $\boldsymbol{y}=\boldsymbol{A}\boldsymbol{x}$，由 $\boldsymbol{y}$ 求 $\boldsymbol{x}$ 就要用到逆矩阵，这时 $\boldsymbol{x}=\boldsymbol{A}^{-1}\boldsymbol{y}$，它也是可逆的线性变换．这意味着，若已经将 x 经线性变换得到 y，而由 y 反过去求 x，实际上是恢复以前的信息.

3.7　题型分析

题型 1　线性组合与线性表示

【例 3.19】已知 $\boldsymbol{\alpha}_1$、$\boldsymbol{\alpha}_2$、$\boldsymbol{\alpha}_3$、$\boldsymbol{\beta}_1$、$\boldsymbol{\beta}_2$、$\boldsymbol{\beta}_3$ 均为 3 维列向量，其中 $\boldsymbol{\beta}_1=\boldsymbol{\alpha}_1+\boldsymbol{\alpha}_2+\boldsymbol{\alpha}_3$，$\boldsymbol{\beta}_2=\boldsymbol{\alpha}_1-2\boldsymbol{\alpha}_2+\boldsymbol{\alpha}_3$，

$\boldsymbol{\beta}_3=-\boldsymbol{\alpha}_1+\boldsymbol{\alpha}_2+3\boldsymbol{\alpha}_3$. 设 $\boldsymbol{A}=(\boldsymbol{\alpha}_1,\boldsymbol{\alpha}_2,\boldsymbol{\alpha}_3)$，$\boldsymbol{B}=(\boldsymbol{\beta}_1,\boldsymbol{\beta}_2,\boldsymbol{\beta}_3)$，且 $|\boldsymbol{A}|=-3$，求 $|\boldsymbol{B}|$.

【分析】写出矩阵 $\boldsymbol{A}$ 和矩阵 $\boldsymbol{B}$ 之间的关系等式，两边取行列式进一步计算 $|\boldsymbol{B}|$.

【解】根据已知条件知 $(\boldsymbol{\beta}_1,\boldsymbol{\beta}_2,\boldsymbol{\beta}_3)=(\boldsymbol{\alpha}_1,\boldsymbol{\alpha}_2,\boldsymbol{\alpha}_3)\begin{bmatrix}1&1&-1\\1&-2&1\\1&1&3\end{bmatrix}$，等式两边取行列式，有

$$|\boldsymbol{B}|=|\boldsymbol{A}|\begin{vmatrix}1&1&-1\\1&-2&1\\1&1&3\end{vmatrix}=36$$

注 考生要灵活掌握用矩阵乘法等式来表述向量组之间的线性表示关系.

【例 3.20】判断向量 $\boldsymbol{\beta}_1$、$\boldsymbol{\beta}_2$ 能否由向量组 $\boldsymbol{\alpha}_1,\boldsymbol{\alpha}_2,\boldsymbol{\alpha}_3$ 线性表示？若能表示，请写出具体的表达式. 其中 $\boldsymbol{\alpha}_1=(1,2,3)^{\mathrm{T}}$，$\boldsymbol{\alpha}_2=(1,-1,2)^{\mathrm{T}}$，$\boldsymbol{\alpha}_3=(3,0,7)^{\mathrm{T}}$，$\boldsymbol{\beta}_1=(3,2,1)^{\mathrm{T}}$，$\boldsymbol{\beta}_2=(1,8,5)^{\mathrm{T}}$.

【分析】通过对列向量组构成的矩阵进行初等行变换，可以得到向量间的线性表示关系.

【解】把已知的五个向量以列的形式构成一个矩阵 $\boldsymbol{A}$，对矩阵 $\boldsymbol{A}$ 进行初等行变换. 当把 $\boldsymbol{A}$ 化为行最简形矩阵 $\boldsymbol{B}$ 时，就可以获得向量间的线性表示关系.

$$\boldsymbol{A}=(\boldsymbol{\alpha}_1,\boldsymbol{\alpha}_2,\boldsymbol{\alpha}_3\ \vdots\ \boldsymbol{\beta}_1,\boldsymbol{\beta}_2)=\begin{bmatrix}1&1&3&3&1\\2&-1&0&2&8\\3&2&7&1&5\end{bmatrix}\xrightarrow[r_2-2r_1]{r_3-3r_1}$$

$$\left[\begin{array}{ccc|cc}1&1&3&3&1\\0&-3&-6&-4&6\\0&-1&-2&-8&2\end{array}\right]\xrightarrow[r_2\leftrightarrow r_3]{r_3-3r_2}\left[\begin{array}{ccc|cc}1&1&3&3&1\\0&-1&-2&-8&2\\0&0&0&20&0\end{array}\right]$$

$$\xrightarrow[r_1+r_2]{r_2*(-1)}\left[\begin{array}{ccc|cc}1&0&1&-5&3\\0&1&2&8&-2\\0&0&0&20&0\end{array}\right]\xrightarrow[r_3\times(1/20)]{r_1+\frac{5}{20}r_3,\ r_2-\frac{8}{20}r_3}$$

$$\left[\begin{array}{ccc|cc}1&0&1&0&3\\0&1&2&0&-2\\0&0&0&1&0\end{array}\right]=(\boldsymbol{b}_1,\boldsymbol{b}_2,\boldsymbol{b}_3,\boldsymbol{b}_4,\boldsymbol{b}_5)=\boldsymbol{B}$$

从矩阵 $\boldsymbol{B}$ 中可以明显地看出，$\boldsymbol{b}_5=3\boldsymbol{b}_1-2\boldsymbol{b}_2+0\cdot\boldsymbol{b}_3$，而 $\boldsymbol{b}_4$ 不能由 $\boldsymbol{b}_1,\boldsymbol{b}_2,\boldsymbol{b}_3$ 线性表示.

由于矩阵 $\boldsymbol{A}$ 与矩阵 $\boldsymbol{B}$ 的对应列向量之间有相同的线性相关性，所以可以得到 $\boldsymbol{\beta}_1$ 不能由向量组 $\boldsymbol{\alpha}_1,\boldsymbol{\alpha}_2,\boldsymbol{\alpha}_3$ 线性表示，而 $\boldsymbol{\beta}_2$ 可以由向量组 $\boldsymbol{\alpha}_1,\boldsymbol{\alpha}_2,\boldsymbol{\alpha}_3$ 线性表示，其表达式为 $\boldsymbol{\beta}_2=3\boldsymbol{\alpha}_1-2\boldsymbol{\alpha}_2$.

注 该题目是一道非常典型的题目，求解方法很多，但初等变换法是最基本的方法，也是考生必须熟练掌握的重要方法.

【例 3.21】设 $\boldsymbol{\beta}$ 能由 $\boldsymbol{\alpha}_1,\boldsymbol{\alpha}_2,\boldsymbol{\gamma}$ 线性表示，但不能由 $\boldsymbol{\alpha}_1,\boldsymbol{\alpha}_2$ 线性表示，证明：

(1)$\boldsymbol{\gamma}$ 可以由 $\boldsymbol{\beta},\boldsymbol{\alpha}_1,\boldsymbol{\alpha}_2$ 线性表示;

(2)$\boldsymbol{\gamma}$ 不能由 $\boldsymbol{\alpha}_1,\boldsymbol{\alpha}_2$ 线性表示.

【分析】充分利用已知条件,根据线性表示的定义写出线性表示关系式,最后用反证法证明.

【证明】(1) 由于 $\boldsymbol{\beta}$ 能由 $\boldsymbol{\alpha}_1,\boldsymbol{\alpha}_2,\boldsymbol{\gamma}$ 线性表示,则存在 k_1,k_2,k_3 使得下式成立 $\boldsymbol{\beta}=k_1\boldsymbol{\alpha}_1+k_2\boldsymbol{\alpha}_2+k_3\boldsymbol{\gamma}$.

若 $k_3\neq 0$,显然 $\boldsymbol{\gamma}$ 可以由 $\boldsymbol{\beta},\boldsymbol{\alpha}_1,\boldsymbol{\alpha}_2$ 线性表示.

用反证法证明 $k_3\neq 0$. 设 $k_3=0$,上式变为 $\boldsymbol{\beta}=k_1\boldsymbol{\alpha}_1+k_2\boldsymbol{\alpha}_2$,则 $\boldsymbol{\beta}$ 能由 $\boldsymbol{\alpha}_1,\boldsymbol{\alpha}_2$ 线性表示,与已知条件矛盾,故得 $k_3\neq 0$,因此有 $\boldsymbol{\gamma}=\dfrac{1}{k_3}\boldsymbol{\beta}-\dfrac{k_1}{k_3}\boldsymbol{\alpha}_1-\dfrac{k_2}{k_3}\boldsymbol{\alpha}_2$,所以 $\boldsymbol{\gamma}$ 可以由 $\boldsymbol{\beta},\boldsymbol{\alpha}_1,\boldsymbol{\alpha}_2$ 线性表示.

(2) 反证法:设 $\boldsymbol{\gamma}$ 可以由 $\boldsymbol{\alpha}_1,\boldsymbol{\alpha}_2$ 线性表示,则有 $\boldsymbol{\gamma}=l_1\boldsymbol{\alpha}_1+l_2\boldsymbol{\alpha}_2$,代入式 $\boldsymbol{\beta}=k_1\boldsymbol{\alpha}_1+k_2\boldsymbol{\alpha}_2+k_3\boldsymbol{\gamma}$,有 $\boldsymbol{\beta}=(k_1+k_3l_1)\boldsymbol{\alpha}_1+(k_2+k_3l_2)\boldsymbol{\alpha}_2$,上式表明 $\boldsymbol{\beta}$ 能由 $\boldsymbol{\alpha}_1,\boldsymbol{\alpha}_2$ 线性表示,与已知条件矛盾,故得出 $\boldsymbol{\gamma}$ 不能由 $\boldsymbol{\alpha}_1,\boldsymbol{\alpha}_2$ 线性表示,证毕.

注 反证法是线性代数证明题中常常用到的方法,利用反证法往往可以使证明变得简单、明了. 当命题的结论以否定的形式出现时,如"不能……""不存在……""不等于……"等,往往可以考虑使用反正法.

【例 3.22】设向量组 $\boldsymbol{\beta}_1,\boldsymbol{\beta}_2,\boldsymbol{\beta}_3$ 和向量组 $\boldsymbol{\gamma}_1,\boldsymbol{\gamma}_2,\boldsymbol{\gamma}_3$ 都可以由向量组 $\boldsymbol{\alpha}_1,\boldsymbol{\alpha}_2,\boldsymbol{\alpha}_3$ 线性表示,表示式如下:

$$\begin{cases}\boldsymbol{\beta}_1=\boldsymbol{\alpha}_1+2\boldsymbol{\alpha}_2+3\boldsymbol{\alpha}_3\\ \boldsymbol{\beta}_2=-2\boldsymbol{\alpha}_1-\boldsymbol{\alpha}_2-\boldsymbol{\alpha}_3\\ \boldsymbol{\beta}_3=6\boldsymbol{\alpha}_1+2\boldsymbol{\alpha}_2+\boldsymbol{\alpha}_3\end{cases},\begin{cases}\boldsymbol{\gamma}_1=2\boldsymbol{\alpha}_1+\boldsymbol{\alpha}_2-\boldsymbol{\alpha}_3\\ \boldsymbol{\gamma}_2=\boldsymbol{\alpha}_1+3\boldsymbol{\alpha}_2-4\boldsymbol{\alpha}_3\\ \boldsymbol{\gamma}_3=-5\boldsymbol{\alpha}_1+5\boldsymbol{\alpha}_2-8\boldsymbol{\alpha}_3\end{cases}$$

那么,向量组 $\boldsymbol{\alpha}_1,\boldsymbol{\alpha}_2,\boldsymbol{\alpha}_3$ 能否由向量组 $\boldsymbol{\beta}_1,\boldsymbol{\beta}_2,\boldsymbol{\beta}_3$ 线性表示?向量组 $\boldsymbol{\alpha}_1,\boldsymbol{\alpha}_2,\boldsymbol{\alpha}_3$ 能否由向量组 $\boldsymbol{\gamma}_1,\boldsymbol{\gamma}_2,\boldsymbol{\gamma}_3$ 线性表示?若可以,请写出表示式.

【分析】首先用矩阵等式来描述向量组之间的线性表示式,然后分析系数矩阵的可逆性.

【解】根据已知条件及矩阵乘法运算规则,可以得到矩阵等式:

$$(\boldsymbol{\beta}_1,\boldsymbol{\beta}_2,\boldsymbol{\beta}_3)=(\boldsymbol{\alpha}_1,\boldsymbol{\alpha}_2,\boldsymbol{\alpha}_3)\begin{bmatrix}1&-2&6\\2&-1&2\\3&-1&1\end{bmatrix}$$

则

$$(\boldsymbol{\beta}_1,\boldsymbol{\beta}_2,\boldsymbol{\beta}_3)\begin{bmatrix}1&-2&6\\2&-1&2\\3&-1&1\end{bmatrix}^{-1}=(\boldsymbol{\alpha}_1,\boldsymbol{\alpha}_2,\boldsymbol{\alpha}_3)$$

而

$$\begin{bmatrix}1&-2&6\\2&-1&2\\3&-1&1\end{bmatrix}^{-1}=\begin{bmatrix}-1&4&-2\\-4&17&-10\\-1&5&-3\end{bmatrix}$$

故 $(\boldsymbol{\alpha}_1,\boldsymbol{\alpha}_2,\boldsymbol{\alpha}_3)=(\boldsymbol{\beta}_1,\boldsymbol{\beta}_2,\boldsymbol{\beta}_3)\begin{bmatrix}-1&4&-2\\-4&17&-10\\-1&5&-3\end{bmatrix}$

即向量组 $\boldsymbol{\alpha}_1,\boldsymbol{\alpha}_2,\boldsymbol{\alpha}_3$ 能由向量组 $\boldsymbol{\beta}_1,\boldsymbol{\beta}_2,\boldsymbol{\beta}_3$ 线性表示，表示式如下：$\begin{cases}\boldsymbol{\alpha}_1=-\boldsymbol{\beta}_1-4\boldsymbol{\beta}_2-\boldsymbol{\beta}_3\\ \boldsymbol{\alpha}_2=4\boldsymbol{\beta}_1+17\boldsymbol{\beta}_2+5\boldsymbol{\beta}_3\\ \boldsymbol{\alpha}_3=-2\boldsymbol{\beta}_1-10\boldsymbol{\beta}_2-3\boldsymbol{\beta}_3\end{cases}$，

同理有 $(\boldsymbol{\gamma}_1,\boldsymbol{\gamma}_2,\boldsymbol{\gamma}_3)=(\boldsymbol{\alpha}_1,\boldsymbol{\alpha}_2,\boldsymbol{\alpha}_3)\begin{bmatrix}2&1&-5\\1&3&5\\-1&-4&-8\end{bmatrix}$ 而矩阵 $\begin{bmatrix}2&1&-5\\1&3&5\\-1&-4&-8\end{bmatrix}$ 不可逆，即向量组 $\boldsymbol{\alpha}_1,\boldsymbol{\alpha}_2,\boldsymbol{\alpha}_3$ 不能由向量组 $\boldsymbol{\gamma}_1,\boldsymbol{\gamma}_2,\boldsymbol{\gamma}_3$ 线性表示.

注 在第二章的评注中就强调了要善于用矩阵等式来表述线性代数问题，若存在矩阵等式 $\boldsymbol{A}=\boldsymbol{BC}$，它既可以理解为矩阵 $\boldsymbol{A}$ 的列向量组能由矩阵 $\boldsymbol{B}$ 的列向量组线性表示，也可以理解为矩阵 $\boldsymbol{A}$ 的行向量组能由矩阵 $\boldsymbol{C}$ 的行向量组线性表示.

例如，设 $\boldsymbol{A}=\begin{bmatrix}7&-5&0\\1&8&-7\\4&9&-9\end{bmatrix}$，$\boldsymbol{B}=\begin{bmatrix}1&2&3\\2&-2&1\\3&-2&2\end{bmatrix}$，$\boldsymbol{C}=\begin{bmatrix}4&1&-1\\3&-3&2\\-1&0&-1\end{bmatrix}$ 存在矩阵等式 $\boldsymbol{A}=\boldsymbol{BC}$，将 $\boldsymbol{A}$ 列分块 $\boldsymbol{A}=(\boldsymbol{\alpha}_1,\boldsymbol{\alpha}_2,\boldsymbol{\alpha}_3)$，$\boldsymbol{B}$ 列分块 $\boldsymbol{B}=(\boldsymbol{\beta}_1,\boldsymbol{\beta}_2,\boldsymbol{\beta}_3)$，则它可以理解为列向量组间的线性表示关系：

$$(\boldsymbol{\alpha}_1,\boldsymbol{\alpha}_2,\boldsymbol{\alpha}_3)=(\boldsymbol{\beta}_1,\boldsymbol{\beta}_2,\boldsymbol{\beta}_3)\begin{bmatrix}4&1&-1\\3&-3&2\\-1&0&-1\end{bmatrix}$$

将 $\boldsymbol{A}$ 行分块 $\boldsymbol{A}=\begin{pmatrix}\boldsymbol{\alpha}_1,\\\boldsymbol{\alpha}_2,\\\boldsymbol{\alpha}_3\end{pmatrix}$，将 $\boldsymbol{C}$ 行分块 $\boldsymbol{C}=\begin{pmatrix}\boldsymbol{\gamma}_1\\\boldsymbol{\gamma}_2\\\boldsymbol{\gamma}_3\end{pmatrix}$，也可以理解为行向量组间的线性表示关系：

$$\begin{bmatrix}\boldsymbol{\alpha}_1\\\boldsymbol{\alpha}_2\\\boldsymbol{\alpha}_3\end{bmatrix}=\begin{bmatrix}1&2&3\\2&-2&1\\3&-2&2\end{bmatrix}\begin{bmatrix}\boldsymbol{\gamma}_1\\\boldsymbol{\gamma}_2\\\boldsymbol{\gamma}_3\end{bmatrix}$$

【例 3.23】(2011.1,2,3) 设向量组 $\boldsymbol{\alpha}_1=(1,0,1)^{\mathrm{T}}$，$\boldsymbol{\alpha}_2=(0,1,1)^{\mathrm{T}}$，$\boldsymbol{\alpha}_3=(1,3,5)^{\mathrm{T}}$，不能由向量组 $\boldsymbol{\beta}_1=(1,1,1)^{\mathrm{T}}$，$\boldsymbol{\beta}_2=(1,2,3)^{\mathrm{T}}$，$\boldsymbol{\beta}_3=(3,4,a)^{\mathrm{T}}$ 线性表示.

(1) 求 a 的值；

(2) 将 $\boldsymbol{\beta}_1,\boldsymbol{\beta}_2,\boldsymbol{\beta}_3$ 用 $\boldsymbol{\alpha}_1,\boldsymbol{\alpha}_2,\boldsymbol{\alpha}_3$ 线性表示.

【分析】用矩阵的初等行变换解题.

【解】(1) 对矩阵 $(\boldsymbol{\beta}_1,\boldsymbol{\beta}_2,\boldsymbol{\beta}_3,\boldsymbol{\alpha}_1,\boldsymbol{\alpha}_2,\boldsymbol{\alpha}_3)$ 进行初等行变换：

$$(\boldsymbol{\beta}_1,\boldsymbol{\beta}_2,\boldsymbol{\beta}_3,\boldsymbol{\alpha}_1,\boldsymbol{\alpha}_2,\boldsymbol{\alpha}_3)=\left[\begin{array}{ccc:ccc}1&1&3&1&0&1\\1&2&4&0&1&3\\1&3&a&1&1&5\end{array}\right]\xrightarrow[r_2-r_1]{r_3-r_1}\left[\begin{array}{ccc:ccc}1&1&3&1&0&1\\0&1&1&-1&1&2\\0&2&a-3&0&1&4\end{array}\right]$$

$$\xrightarrow{r_3-2r_2}\left[\begin{array}{ccc:ccc}1&1&3&1&0&1\\0&1&1&-1&1&2\\0&0&a-5&2&-1&0\end{array}\right]$$

若 $a=5$，则 $\boldsymbol{\alpha}_1,\boldsymbol{\alpha}_2,\boldsymbol{\alpha}_3$ 不能由 $\boldsymbol{\beta}_1,\boldsymbol{\beta}_2,\boldsymbol{\beta}_3$ 线性表示，故 $a=5$

(2) 对矩阵 $(\boldsymbol{\alpha}_1,\boldsymbol{\alpha}_2,\boldsymbol{\alpha}_3,\boldsymbol{\beta}_1,\boldsymbol{\beta}_2,\boldsymbol{\beta}_3)$ 进行初等行变换：

$$(\boldsymbol{\alpha}_1,\boldsymbol{\alpha}_2,\boldsymbol{\alpha}_3,\boldsymbol{\beta}_1,\boldsymbol{\beta}_2,\boldsymbol{\beta}_3)=\left[\begin{array}{ccc:ccc}1&0&1&1&1&3\\0&1&3&1&2&4\\1&1&5&1&3&5\end{array}\right]\xrightarrow{r_3-r_1}\left[\begin{array}{ccc:ccc}1&0&1&1&1&3\\0&1&3&1&2&4\\0&1&4&0&2&2\end{array}\right]$$

$$\xrightarrow{r_3-r_2}\left[\begin{array}{ccc:ccc}1&0&1&1&1&3\\0&1&3&1&2&4\\0&0&1&-1&0&-2\end{array}\right]\xrightarrow[r_1-r_3]{r_2-3r_3}$$

$$\left[\begin{array}{ccc:ccc}1&0&0&2&1&5\\0&1&0&4&2&10\\0&0&1&-1&0&-2\end{array}\right]$$

故
$$\boldsymbol{\beta}_1=2\boldsymbol{\alpha}_1+4\boldsymbol{\alpha}_2-\boldsymbol{\alpha}_3,\boldsymbol{\beta}_2=\boldsymbol{\alpha}_1+2\boldsymbol{\alpha}_2,\boldsymbol{\beta}_3=5\boldsymbol{\alpha}_1+10\boldsymbol{\alpha}_2-2\boldsymbol{\alpha}_3$$

注 (1) 矩阵的初等变化是矩阵最重要的基本运算，考生在做题时一定要达到“一准二快”.

(2) 第(1)问也可以根据矩阵 $[\boldsymbol{\beta}_1,\boldsymbol{\beta}_2,\boldsymbol{\beta}_3]$ 的行列式为零，求得 a 值.

题型 2　线性相关与线性无关

【例 3.24】 分析下列向量组的线性相关性.

(A) $(1,-2,3)^{\mathrm{T}},(-2,4,-6)^{\mathrm{T}}$

(B) $(1,2,3)^{\mathrm{T}},(3,6,a)^{\mathrm{T}},(0,0,0)^{\mathrm{T}}$

(C) $(1,-2,1)^{\mathrm{T}},(3,0,5)^{\mathrm{T}},(4,5,-3)^{\mathrm{T}},(a,b,c)^{\mathrm{T}}$

(D) $(1,a,0,0)^{\mathrm{T}},(0,b,3,0)^{\mathrm{T}},(2,c,2,2)^{\mathrm{T}}$

(E) $(1,1,1,1)^{\mathrm{T}},(1,-1,2,-2)^{\mathrm{T}},(1,1,4,4)^{\mathrm{T}},(1,-1,8,-8)^{\mathrm{T}}$

(F) $(a,b,c,d)^{\mathrm{T}}$

【分析】 向量组的线性相关性是学习线性代数的难点，判断向量组线性相关性的方法很多，考生首先要掌握一些特殊向量组线性相关性的判别方法.

【解】 (A) 分析两个向量是否线性相关，即分析其分量是否对应成比例，显然该向量组线性相关.

(B) 包含零向量的向量组一定线性相关，则该向量组线性相关.

(C) 4 个 3 维向量必线性相关，则该向量组线性相关.

(D) 由于向量组 $(1,0,0)^{\mathrm{T}}$，$(0,3,0)^{\mathrm{T}}$，$(2,2,2)^{\mathrm{T}}$ 线性无关，那么它的延伸组 $(1,a,0,0)^{\mathrm{T}},(0,b,3,0)^{\mathrm{T}},(2,c,2,2)^{\mathrm{T}}$ 也一定线性无关.

(E) 分析 n 个 n 维向量的线性相关性，可以计算由这些向量构成矩阵的行列式. 而行列式 $\begin{vmatrix}\begin{pmatrix}1&1&1&1\\1&-1&1&-1\\1&2&4&8\\1&-2&4&-8\end{pmatrix}^{\mathrm{T}}\end{vmatrix}$ 为范德蒙行列式，$\begin{vmatrix}1&1&1&1\\1&-1&1&-1\\1&2&4&8\\1&-2&4&-8\end{vmatrix}\neq 0$，则该向量组线性无关.

(F) 由 1 个向量构成的向量组，只有当这个向量是零向量时，向量组才线性相关；否则线性无关. 当 $a=b=c=d=0$ 时，向量组线性相关；否则该向量组线性无关.

注 本题考查的知识点如下：

（1）由 1 个向量构成的向量组线性相关性的判别法则.

（2）由 2 个向量构成的向量组线性相关性的判别法则.

（3）由 n 个 n 维具体向量构成的向量组线性相关性的判别法则.

（4）包含零向量的向量组线性相关性的判别法则.

（5）向量组与其延伸组线性相关性的判别法则.

（6）向量个数与向量维数的线性相关性判别法则.

【例 3.25】 分析下列命题：

（1）若向量组 $\boldsymbol{\alpha}_1,\boldsymbol{\alpha}_2,\cdots,\boldsymbol{\alpha}_m$ 线性相关，则 $\boldsymbol{\alpha}_1$ 一定可以由其余向量线性表示.

（2）对于向量组 $\boldsymbol{\alpha}_1,\boldsymbol{\alpha}_2,\cdots,\boldsymbol{\alpha}_m$，当 $k_1=k_2=\cdots=k_m=0$ 时，$k_1\boldsymbol{\alpha}_1+k_2\boldsymbol{\alpha}_2+\cdots+k_m\boldsymbol{\alpha}_m=\boldsymbol{0}$ 成立，则向量组 $\boldsymbol{\alpha}_1,\boldsymbol{\alpha}_2,\cdots,\boldsymbol{\alpha}_m$ 线性无关.

（3）若向量组 $\boldsymbol{\alpha}_1,\boldsymbol{\alpha}_2,\cdots,\boldsymbol{\alpha}_m$ 线性无关，仅当 $k_1=k_2=\cdots=k_m=0$ 时，才有 $k_1\boldsymbol{\alpha}_1+k_2\boldsymbol{\alpha}_2+\cdots+k_m\boldsymbol{\alpha}_m=\boldsymbol{\beta}$ 成立，则向量组 $\boldsymbol{\alpha}_1,\boldsymbol{\alpha}_2,\cdots,\boldsymbol{\alpha}_m,\boldsymbol{\beta}$ 线性无关.

（4）若 $\boldsymbol{\alpha}_1,\boldsymbol{\alpha}_2,\boldsymbol{\alpha}_3$ 都为 3 维向量，且它们任意两个向量之间的夹角都为 $\theta(0°<\theta<120°)$，那么向量 $\boldsymbol{\alpha}_1,\boldsymbol{\alpha}_2,\boldsymbol{\alpha}_3$ 线性无关. 则[　　].

（A）只有(1) 正确　　（B）只有(4) 正确

（C）只有(1)、(3) 和(4) 正确　　（D）都正确

【分析】 命题(1) 考查向量组线性相关性的形象含义；命题(2) 和(3) 考查向量组线性相关性的定义；命题(4) 考查向量组线性相关性的几何意义.

【解】 (1) 向量组 $\boldsymbol{\alpha}_1,\boldsymbol{\alpha}_2,\cdots,\boldsymbol{\alpha}_m$ 线性相关，那么该向量组中至少有一个向量可以由其余向量线性表示，但不一定是所有向量都能被其余向量线性表示. 例如：向量组 $\begin{bmatrix}1\\0\\0\end{bmatrix},\begin{bmatrix}0\\1\\0\end{bmatrix},\begin{bmatrix}0\\3\\0\end{bmatrix}$ 线性相关，但向量 $\begin{bmatrix}1\\0\\0\end{bmatrix}$ 不能被另外两个向量线性表示.

(2) 无论向量组 $\boldsymbol{\alpha}_1,\boldsymbol{\alpha}_2,\cdots,\boldsymbol{\alpha}_m$ 是线性相关还是线性无关，必然有：当 $k_1=k_2=\cdots=k_m=0$ 时，$k_1\boldsymbol{\alpha}_1+k_2\boldsymbol{\alpha}_2+\cdots+k_m\boldsymbol{\alpha}_m=\boldsymbol{0}$ 成立. 而向量组线性无关的定义为：

对于向量组 $\boldsymbol{\alpha}_1,\boldsymbol{\alpha}_2,\cdots,\boldsymbol{\alpha}_m$，仅当 $k_1=k_2=\cdots=k_m=0$ 时，才有 $k_1\boldsymbol{\alpha}_1+k_2\boldsymbol{\alpha}_2+\cdots+k_m\boldsymbol{\alpha}_m=\boldsymbol{0}$ 成立，则向量组 $\boldsymbol{\alpha}_1,\boldsymbol{\alpha}_2,\cdots,\boldsymbol{\alpha}_m$ 线性无关.

(3) 无论 $k_i(i=1,\cdots,m)$ 取何值，若向量等式 $k_1\boldsymbol{\alpha}_1+k_2\boldsymbol{\alpha}_2+\cdots+k_m\boldsymbol{\alpha}_m=\boldsymbol{\beta}$ 成立，则说明 $\boldsymbol{\beta}$ 可以由向量组 $\boldsymbol{\alpha}_1,\boldsymbol{\alpha}_2,\cdots,\boldsymbol{\alpha}_m$ 线性表示，则向量组 $\boldsymbol{\alpha}_1,\boldsymbol{\alpha}_2,\cdots,\boldsymbol{\alpha}_m,\boldsymbol{\beta}$ 线性相关.

从另一个角度分析，当 $k_1=k_2=\cdots=k_m=0$ 时，$k_1\boldsymbol{\alpha}_1+k_2\boldsymbol{\alpha}_2+\cdots+k_m\boldsymbol{\alpha}_m=\boldsymbol{\beta}$ 成立，即 $\boldsymbol{\beta}=\boldsymbol{0}$，而含有零向量的向量组 $\boldsymbol{\alpha}_1,\boldsymbol{\alpha}_2,\cdots,\boldsymbol{\alpha}_m,\boldsymbol{\beta}$ 必线性相关.

(4) 从 3 维向量的几何意义出发，若 $\boldsymbol{\alpha}_1,\boldsymbol{\alpha}_2,\boldsymbol{\alpha}_3$ 线性相关，则它们共面. 而在同一个平面上的三个向量，其两两夹角相同的情况只有两种：一是两两夹角都为 0°；二是两两夹角都为

$120°$. 命题中的夹角范围为 $0° < \theta < 120°$，故 $\boldsymbol{\alpha}_1, \boldsymbol{\alpha}_2, \boldsymbol{\alpha}_3$ 一定不共面，即向量组 $\boldsymbol{\alpha}_1, \boldsymbol{\alpha}_2, \boldsymbol{\alpha}_3$ 线性无关. 正交向量组即为本命题的一个特例.

所以，本题的正确命题只有(4)，故选(B).

注 (1) 向量组的线性相关性是一个比较抽象的概念，初学者往往会混淆一些概念. 考生不要死记硬背定义和定理，应该把向量组的线性相关性定义、线性相关性形象含义、线性相关性几何意义，线性相关性与线性方程组的关系及线性相关性与秩的关系等概念联系起来理解.

(2) 向量组的线性相关性应该从多角度去理解：三义＋方程组＋秩. 其中“三义”是指数学定义、形象含义、几何意义.

【例 3.26】 分析下列命题：

(1) 若向量组 $\boldsymbol{\alpha}_1, \boldsymbol{\alpha}_2, \boldsymbol{\alpha}_3$ 可以由向量组 $\boldsymbol{\beta}_1, \boldsymbol{\beta}_2$ 线性表示，则向量组 $\boldsymbol{\alpha}_1, \boldsymbol{\alpha}_2, \boldsymbol{\alpha}_3$ 线性相关.

(2) 若 n 维基本单位向量组 $\boldsymbol{\varepsilon}_1, \boldsymbol{\varepsilon}_2, \cdots, \boldsymbol{\varepsilon}_n$ 可以由向量组 $\boldsymbol{\alpha}_1, \boldsymbol{\alpha}_2, \cdots, \boldsymbol{\alpha}_m$ 线性表示，那么 $m \geqslant n$.

(3) 若 n 维向量组 $\boldsymbol{\alpha}_1, \boldsymbol{\alpha}_2, \cdots, \boldsymbol{\alpha}_m$ 的秩为 3，而 n 维向量组 $\boldsymbol{\beta}_1, \boldsymbol{\beta}_2, \cdots, \boldsymbol{\beta}_s$ 的秩为 2，则向量组 $\boldsymbol{\beta}_1, \boldsymbol{\beta}_2, \cdots, \boldsymbol{\beta}_s$ 可以由向量组 $\boldsymbol{\alpha}_1, \boldsymbol{\alpha}_2, \cdots, \boldsymbol{\alpha}_m$ 线性表示.

(4) 若向量组 $\boldsymbol{\alpha}_1, \boldsymbol{\alpha}_2, \boldsymbol{\alpha}_3$ 线性无关，向量组 $\boldsymbol{\beta}_1, \boldsymbol{\beta}_2$ 线性无关，则向量组 $\boldsymbol{\alpha}_1, \boldsymbol{\alpha}_2, \boldsymbol{\alpha}_3, \boldsymbol{\beta}_1, \boldsymbol{\beta}_2$ 也线性无关. 则[　　].

(A) 只有命题(1) 正确　　(B) 只有命题(1) 和(2) 正确

(C) 只有命题(1)、(2) 和(3) 正确　　(D) 都正确

【分析】 命题(1) 和(2) 考查向量组的臃肿性和紧凑性；命题(3) 考查向量组的秩与向量组之间的线性表示；命题(4) 考查向量组的个数与维数的关系.

【解】 (1) 向量组 $\boldsymbol{\alpha}_1, \boldsymbol{\alpha}_2, \boldsymbol{\alpha}_3$ 可以由向量组 $\boldsymbol{\beta}_1, \boldsymbol{\beta}_2$ 线性表示 $\Rightarrow r(\boldsymbol{\beta}_1, \boldsymbol{\beta}_2) \geqslant r(\boldsymbol{\alpha}_1, \boldsymbol{\alpha}_2, \boldsymbol{\alpha}_3)$

$\Rightarrow 2 \geqslant r(\boldsymbol{\beta}_1, \boldsymbol{\beta}_2) \geqslant r(\boldsymbol{\alpha}_1, \boldsymbol{\alpha}_2, \boldsymbol{\alpha}_3) \Rightarrow 3 > r(\boldsymbol{\alpha}_1, \boldsymbol{\alpha}_2, \boldsymbol{\alpha}_3) \Rightarrow$ 向量组 $\boldsymbol{\alpha}_1, \boldsymbol{\alpha}_2, \boldsymbol{\alpha}_3$ 线性相关.

注意事项：针对命题(1)，考生可以形象地将其理解为：三个人 $\boldsymbol{\alpha}_1, \boldsymbol{\alpha}_2, \boldsymbol{\alpha}_3$ 被两个人 $\boldsymbol{\beta}_1, \boldsymbol{\beta}_2$ 打败，显然这三个人 $\boldsymbol{\alpha}_1, \boldsymbol{\alpha}_2, \boldsymbol{\alpha}_3$ 是虚弱的，即是相关的.

(2) 向量组 $\boldsymbol{\varepsilon}_1, \boldsymbol{\varepsilon}_2, \cdots, \boldsymbol{\varepsilon}_n$ 可以由 $\boldsymbol{\alpha}_1, \boldsymbol{\alpha}_2, \cdots, \boldsymbol{\alpha}_m$ 线性表示 $\Rightarrow r(\boldsymbol{\alpha}_1, \boldsymbol{\alpha}_2, \cdots, \boldsymbol{\alpha}_m) \geqslant$

$r(\boldsymbol{\varepsilon}_1, \boldsymbol{\varepsilon}_2, \cdots, \boldsymbol{\varepsilon}_n) \Rightarrow m \geqslant r(\boldsymbol{\alpha}_1, \boldsymbol{\alpha}_2, \cdots, \boldsymbol{\alpha}_m) \geqslant r(\boldsymbol{\varepsilon}_1, \boldsymbol{\varepsilon}_2, \cdots, \boldsymbol{\varepsilon}_n) = n \Rightarrow m \geqslant n$.

(3) 向量组 $(1,0,0,0)^{\mathrm{T}}, (0,1,0,0)^{\mathrm{T}}, (0,0,1,0)^{\mathrm{T}}$ 的秩为 3，而向量组 $(0,0,1,2)^{\mathrm{T}}$，$(0,0,2,3)^{\mathrm{T}}$ 的秩为 2，显然两个线性无关的向量组，谁也不能表示谁.

若把该命题中的所有 n 维向量都改成 3 维向量，那么命题是正确的. 这是因为 3 维向量组的秩为 3，即该向量组的一个极大无关组，即为 3 维向量空间 R^3 的一组基，它当然可以线性表示任意一个 3 维向量.

(4) 例如，向量组 $(1,0,0)^{\mathrm{T}}, (0,1,0)^{\mathrm{T}}, (0,0,1)^{\mathrm{T}}$ 线性无关，向量组 $(1,2,3)^{\mathrm{T}}, (2,1,6)^{\mathrm{T}}$ 线性无关，而向量组 $(1,0,0)^{\mathrm{T}}, (0,1,0)^{\mathrm{T}}, (0,0,1)^{\mathrm{T}}, (1,2,3)^{\mathrm{T}}, (2,1,6)^{\mathrm{T}}$ 线性相关.

所以，本题的正确命题只有(1) 和(2)，故选(B).

注 本题涉及以下知识点：

(1) 向量组 T_1 可以由向量组 T_2 线性表示 $\Rightarrow r(T_2) \geqslant r(T_1)$.

注意该命题的单向性，所以命题(3) 是错误的.

(2) 向量组含向量的个数 $\geqslant$ 向量组的秩.

(3) 向量组含向量个数 $>$ 向量组的秩 $\Leftrightarrow$ 向量组线性相关.

(4) 向量组含向量个数 $=$ 向量组的秩 $\Leftrightarrow$ 向量组线性无关.

命题(4) 利用了知识点：若 $m > n$，则 m 个 n 维向量必线性相关.

【例 3.27】 已知向量组 $\boldsymbol{\alpha}_1,\boldsymbol{\alpha}_2,\cdots,\boldsymbol{\alpha}_n$ 线性无关，非零向量 $\boldsymbol{\beta}_1$ 与 $\boldsymbol{\alpha}_i(i=1,2,\cdots,n)$ 正交，证明 $\boldsymbol{\beta},\boldsymbol{\alpha}_1,\boldsymbol{\alpha}_2,\cdots,\boldsymbol{\alpha}_n$ 线性无关.

【分析】 用向量组线性无关的定义证明.

【证明】 令 $k_0\boldsymbol{\beta}+k_1\boldsymbol{\alpha}_1+k_2\boldsymbol{\alpha}_2+\cdots+k_n\boldsymbol{\alpha}_n=\mathbf{0}$ 由于 $\boldsymbol{\beta}$ 与 $\boldsymbol{\alpha}_i$ 正交，即有 $\boldsymbol{\beta}^{\mathrm{T}}\boldsymbol{\alpha}_i=0(i=1,2,\cdots,n)$，用 $\boldsymbol{\beta}^{\mathrm{T}}$ 左乘以上等式的两边，得 $k_0\|\boldsymbol{\beta}\|^2=0$ 而 $\boldsymbol{\beta}$ 为非零向量，故有 $k_0=0$，则 $k_1\boldsymbol{\alpha}_1+k_2\boldsymbol{\alpha}_2+\cdots+k_n\boldsymbol{\alpha}_n=\mathbf{0}$ 而向量组 $\boldsymbol{\alpha}_1,\boldsymbol{\alpha}_2,\cdots,\boldsymbol{\alpha}_n$ 线性无关，于是有 $k_1=k_2=\cdots=k_n=0$，即 $k_0=k_1=k_2=\cdots=k_n=0$，所以向量组 $\boldsymbol{\beta},\boldsymbol{\alpha}_1,\boldsymbol{\alpha}_2,\cdots,\boldsymbol{\alpha}_n$ 线性无关. 证毕.

注 考生要善于把代数语言翻译成矩阵等式，即 $\boldsymbol{\beta}$ 与 $\boldsymbol{\alpha}_i$ 正交 $\Leftrightarrow \boldsymbol{\beta}^{\mathrm{T}}\boldsymbol{\alpha}_i=0$. 用向量组线性无关的定义来证明向量组的线性无关性，是考生必须掌握的一个基本方法.

【例 3.28】 分析下列命题：

(1) 四个 3 维向量一定是线性相关的.

(2) 若 $\boldsymbol{\alpha}_1+\boldsymbol{\alpha}_2+\boldsymbol{\alpha}_3=\mathbf{0}$，则向量组 $\boldsymbol{\alpha}_1,\boldsymbol{\alpha}_2,\boldsymbol{\alpha}_3,\boldsymbol{\alpha}_4$ 线性相关.

(3) 向量组 $T_1:\boldsymbol{\alpha}_1,\boldsymbol{\alpha}_2,\cdots,\boldsymbol{\alpha}_m$ 可以由向量组 $T_2:\boldsymbol{\beta}_1,\boldsymbol{\beta}_2,\cdots,\boldsymbol{\beta}_n$ 线性表示，则 $n \geqslant m$.

(4) 向量组 $\boldsymbol{\alpha}_1,\boldsymbol{\alpha}_2,\cdots,\boldsymbol{\alpha}_m$ 两两线性无关 $\Leftrightarrow$ 向量组 $\boldsymbol{\alpha}_1,\boldsymbol{\alpha}_2,\cdots,\boldsymbol{\alpha}_m$ 线性无关.

则[　　].

(A) 只有(1) 正确　　(B) 只有(1) 和(2) 正确

(C) 只有(1)(2) 和(3) 正确　　(D) 都正确

【分析】 命题(1) 考查了向量组个数与向量维数；命题(2) 与命题(4) 考查了向量组的部分与整体；命题(3) 考查了向量组的秩与向量组间的线性表示. 考生要善于利用简单的向量组来说明高维向量组线性表示的某些关系，而低维基本单位向量组是最常用的例子.

【解】 (1) 根据向量组所含向量个数与向量维数知识点可知，四个 3 维向量必线性相关.

(2) 若 $\boldsymbol{\alpha}_1+\boldsymbol{\alpha}_2+\boldsymbol{\alpha}_3=0$，则说明向量组 $\boldsymbol{\alpha}_1,\boldsymbol{\alpha}_2,\boldsymbol{\alpha}_3$ 线性相关，又根据向量组的部分与整体知识点可知，向量组 $\boldsymbol{\alpha}_1,\boldsymbol{\alpha}_2,\boldsymbol{\alpha}_3,\boldsymbol{\alpha}_4$ 也是线性相关的.

(3) 向量组 $T_1:\boldsymbol{\alpha}_1,\boldsymbol{\alpha}_2,\cdots,\boldsymbol{\alpha}_m$ 可以由向量组 $T_2:\boldsymbol{\beta}_1,\boldsymbol{\beta}_2,\cdots,\boldsymbol{\beta}_n$ 线性表示，根据向量组的秩与向量组之间的线性表示知识点可知，$r(T_2) \geqslant r(T_1)$，但对两个向量组所含向量个数的关系不能做出判断. 例如，向量组 $T_1:\boldsymbol{\alpha}_1=\begin{bmatrix}1\\2\end{bmatrix},\boldsymbol{\alpha}_2=\begin{bmatrix}3\\4\end{bmatrix},\boldsymbol{\alpha}_3=\begin{bmatrix}5\\6\end{bmatrix}$，而向量组 $T_2:\boldsymbol{\beta}_1=\begin{bmatrix}1\\0\end{bmatrix}$，

$\boldsymbol{\beta}_2=\begin{bmatrix}0\\1\end{bmatrix}$，显然 T_1 可以由 T_2 线性表示，但 T_1 所含向量个数大于 T_2 所含向量个数. 如果命题(3) 再添加已知条件：向量组 T_1 线性无关，即 T_1 是紧凑的，那么可以得出结论：$n\geqslant m$. 这是因为 $n\geqslant r(T_2)\geqslant r(T_1)=m$.

(4) 若向量组 $\boldsymbol{\alpha}_1,\boldsymbol{\alpha}_2,\cdots,\boldsymbol{\alpha}_m$ 线性无关，根据向量组的部分与整体知识点可知，向量组 $\boldsymbol{\alpha}_1,\boldsymbol{\alpha}_2,\cdots,\boldsymbol{\alpha}_m$ 两两线性无关. 但反过来说，若向量组 $\boldsymbol{\alpha}_1,\boldsymbol{\alpha}_2,\cdots,\boldsymbol{\alpha}_m$ 两两线性无关，而向量组 $\boldsymbol{\alpha}_1,\boldsymbol{\alpha}_2,\cdots,\boldsymbol{\alpha}_m$ 不一定线性无关. 例如，两两线性无关的向量组 $\begin{bmatrix}1\\0\end{bmatrix},\begin{bmatrix}0\\1\end{bmatrix},\begin{bmatrix}2\\3\end{bmatrix}$ 却是线性相关的.

所以，本题的正确命题是(1) 和(2)，故选(B).

注 在分析命题的正确性时，应该对正确的命题进行证明，对不正确的命题只需要找出反例即可. 本题考查以下知识点：

(1) 若 $m>n$，则 m 个 n 维向量必线性相关.

(2) 向量组的部分组线性相关 $\Rightarrow$ 向量组的整体组线性相关.

(3) 向量组的整体组线性无关 $\Rightarrow$ 向量组的部分组线性无关.

(4) 向量组 T_1 可以由向量组 T_2 线性表示 $\Rightarrow r(T_2)\geqslant r(T_1)$.

【例 3.29】 分析下列命题：

(1) 当 $x=-11$ 时，向量组 $\boldsymbol{\alpha}_1=(3,6,9)^{\mathrm{T}},\boldsymbol{\alpha}_2=(-1,1,3)^{\mathrm{T}},\boldsymbol{\alpha}_3=(x,-5,1)^{\mathrm{T}}$ 线性相关.

(2) 设 $\boldsymbol{A}$ 为 $m\times n$ 矩阵，如果对任意 n 维列向量 $\boldsymbol{x}$，都有 $\boldsymbol{Ax}=\boldsymbol{0}$ 成立，则 $\boldsymbol{A}=\boldsymbol{0}$.

(3) 设 $\boldsymbol{A}=(\boldsymbol{\alpha}_1,\boldsymbol{\alpha}_2,\boldsymbol{\alpha}_3)$ 为 3 阶方阵，已知齐次线性方程组 $\boldsymbol{Ax}=\boldsymbol{0}$ 有非零解，则向量组 $\boldsymbol{\alpha}_1,\boldsymbol{\alpha}_2,\boldsymbol{\alpha}_3$ 线性相关.

(4) 向量组 $\boldsymbol{\alpha}_1=(1,2,3)^{\mathrm{T}},\boldsymbol{\alpha}_2=(2,3,4)^{\mathrm{T}},\boldsymbol{\alpha}_3=(3,5,6)^{\mathrm{T}}$ 是 3 维空间 R^3 的一组基.

则[　　].

(A) 只有(1) 正确　　　　(B) 只有(1) 和(2) 正确

(C) 只有(1)(2) 和(3) 正确　　　　(D) 都正确

【分析】 命题(1) 考查了 n 个 n 维向量的向量组；命题(2) 和(3) 考查了齐次线性方程组与命题组；命题(4) 考查了向量空间.

【解】 (1) 分析 n 个 n 维向量构成向量组的线性相关性时，可以用它们构成方阵的行列式来分析，行列式为零则向量组线性相关；行列式不为零则向量组线性无关. 当 $x=-11$ 时，向量组 $\boldsymbol{\alpha}_1,\boldsymbol{\alpha}_2,\boldsymbol{\alpha}_3$ 构成的矩阵为 $\boldsymbol{A}=(\boldsymbol{\alpha}_1,\boldsymbol{\alpha}_2,\boldsymbol{\alpha}_3)=\begin{bmatrix}3&-1&-11\\6&1&-5\\9&3&1\end{bmatrix}$，而 $|\boldsymbol{A}|=0$，所以当 $x=-11$ 时，向量组 $\boldsymbol{\alpha}_1,\boldsymbol{\alpha}_2,\boldsymbol{\alpha}_3$ 线性相关.

(2) 由于任意 n 维列向量 $\boldsymbol{x}$，都有 $\boldsymbol{Ax}=\boldsymbol{0}$ 成立，设 n 维列向量 $\boldsymbol{\varepsilon}_1=(1,0,\cdots,0)^{\mathrm{T}}$ 是 $\boldsymbol{Ax}=$

$\mathbf{0}$ 的解，根据矩阵的乘法运算规则有 $\begin{bmatrix} a_{11} & a_{12} & \cdots & a_{1n} \\ a_{21} & a_{22} & \cdots & a_{2n} \\ \vdots & \vdots & & \vdots \\ a_{m1} & a_{m2} & \cdots & a_{mn} \end{bmatrix}\begin{bmatrix} 1 \\ 0 \\ \vdots \\ 0 \end{bmatrix} = \begin{bmatrix} a_{11} \\ a_{21} \\ \vdots \\ a_{m1} \end{bmatrix} = \begin{bmatrix} 0 \\ 0 \\ \vdots \\ 0 \end{bmatrix}$ 故矩阵 $\boldsymbol{A}$ 的第一列的所有元素全为零. 同理，设 n 维列向量 $\varepsilon_2 = (0,1,\cdots,0)^{\mathrm{T}},\cdots,\varepsilon_n = (0,0,\cdots,1)^{\mathrm{T}}$ 都是 $\boldsymbol{Ax} = \mathbf{0}$ 的解，可以得到矩阵 $\boldsymbol{A}$ 为零矩阵.

(3) 根据齐次线性方程组解的情况与向量组的线性相关性知识点可知，若齐次线性方程组 $\boldsymbol{Ax} = \mathbf{0}$ 有非零解，则构成矩阵 $\boldsymbol{A}$ 的列向量组 $\boldsymbol{\alpha}_1,\boldsymbol{\alpha}_2,\cdots,\boldsymbol{\alpha}_n$ 线性相关.

(4) 根据 n 维实向量空间 R^n 知识点可知，任意 n 个线性无关的 n 维实向量一定构成 R^n 的一组基. 所以只需判断向量组 $\boldsymbol{\alpha}_1,\boldsymbol{\alpha}_2,\boldsymbol{\alpha}_3$ 的线性相关性. 由于有 $|\boldsymbol{A}| = |(\boldsymbol{\alpha}_1,\boldsymbol{\alpha}_2,\boldsymbol{\alpha}_3)| = \begin{vmatrix} 1 & 2 & 3 \\ 2 & 3 & 5 \\ 3 & 4 & 6 \end{vmatrix} = 1 \neq 0$，则向量组 $\boldsymbol{\alpha}_1,\boldsymbol{\alpha}_2,\boldsymbol{\alpha}_3$ 线性无关，所以它是 3 维空间 R^3 的一组基.

故答案选择(D).

注 本题考查以下知识点：

(1) 方阵 $\boldsymbol{A}$ 的行列式 $|\boldsymbol{A}| \neq 0 \Leftrightarrow$ 构成方阵 $\boldsymbol{A}$ 的列(或行)向量组线性无关.

(2) 方阵 $\boldsymbol{A}$ 的行列式 $|\boldsymbol{A}| = 0 \Leftrightarrow$ 构成方阵 $\boldsymbol{A}$ 的列(或行)向量组线性相关.

(3) 齐次线性方程组 $\boldsymbol{Ax} = \mathbf{0}$ 有非零解 $\Leftrightarrow$ 构成矩阵 $\boldsymbol{A}$ 的列向量组 $\boldsymbol{\alpha}_1,\boldsymbol{\alpha}_2,\cdots,\boldsymbol{\alpha}_n$ 线性相关.

(4) 齐次线性方程组 $\boldsymbol{Ax} = \mathbf{0}$ 只有零解 $\Leftrightarrow$ 构成矩阵 $\boldsymbol{A}$ 的列向量组 $\boldsymbol{\alpha}_1,\boldsymbol{\alpha}_2,\cdots,\boldsymbol{\alpha}_n$ 线性无关.

(5) 任意 n 个线性无关的 n 维实向量一定构成 R^n 的一组基.

本题考查了行列式、矩阵、向量组、方程组各个知识点之间的关联，考生再次领会到线性代数各章知识点相互融合的特点.

【例 3.30】 设向量组 $T_1:\boldsymbol{\alpha}_1,\boldsymbol{\alpha}_2,\boldsymbol{\alpha}_3$ 线性无关，判断向量组 $T_2:\boldsymbol{\alpha}_1+\boldsymbol{\alpha}_2,\boldsymbol{\alpha}_3-\boldsymbol{\alpha}_2,\boldsymbol{\alpha}_1+\boldsymbol{\alpha}_2-\boldsymbol{\alpha}_3$ 的线性相关性.

【分析】 可以用线性相关和线性无关定义来判断，也可以用矩阵乘法等式来表述向量组之间的线性表示关系.

【解】方法一： 用线性相关和线性无关定义来判断. 设有数 x_1,x_2,x_3，使下式成立

$$x_1(\boldsymbol{\alpha}_1+\boldsymbol{\alpha}_2)+x_2(\boldsymbol{\alpha}_3-\boldsymbol{\alpha}_2)+x_3(\boldsymbol{\alpha}_1+\boldsymbol{\alpha}_2-\boldsymbol{\alpha}_3)=\mathbf{0}$$

则有

$$(x_1+x_3)\boldsymbol{\alpha}_1+(x_1-x_2+x_3)\boldsymbol{\alpha}_2+(x_2-x_3)\boldsymbol{\alpha}_3=\mathbf{0}$$

由于向量组 $T_1:\boldsymbol{\alpha}_1,\boldsymbol{\alpha}_2,\boldsymbol{\alpha}_3$ 线性无关，所以 $\begin{cases} x_1+x_3=0 \\ x_1-x_2+x_3=0 \\ x_2-x_3=0 \end{cases}$，该方程组的系数行列式 $\begin{vmatrix} 1 & 0 & 1 \\ 1 & -1 & 1 \\ 0 & 1 & -1 \end{vmatrix} = 1 \neq 0$ 故上述方程组只有零解，所以向量组 $T_2:\boldsymbol{\alpha}_1+\boldsymbol{\alpha}_2,\boldsymbol{\alpha}_3-$

$\boldsymbol{\alpha}_2,\boldsymbol{\alpha}_1+\boldsymbol{\alpha}_2-\boldsymbol{\alpha}_3$ 线性无关.

方法二:显然,向量组 T_2 可以由向量组 T_1 线性表示,线性表示的矩阵等式如下:

$$(\boldsymbol{\alpha}_1+\boldsymbol{\alpha}_2,\boldsymbol{\alpha}_3-\boldsymbol{\alpha}_2,\boldsymbol{\alpha}_1+\boldsymbol{\alpha}_2-\boldsymbol{\alpha}_3)=(\boldsymbol{\alpha}_1,\boldsymbol{\alpha}_2,\boldsymbol{\alpha}_3)\begin{bmatrix}1&0&1\\1&-1&1\\0&1&-1\end{bmatrix}$$

由于 $\begin{vmatrix}1&0&1\\1&-1&1\\0&1&-1\end{vmatrix}=1\neq 0$,即系数矩阵 $\begin{bmatrix}1&0&1\\1&-1&1\\0&1&-1\end{bmatrix}$ 可逆,则向量组 T_1 也可以由向量组 T_2 线性表示,故两个向量组等价,则 $r(T_2)=r(T_1)=3$,向量组 T_2 所含向量个数与其秩相等,则 T_2 线性无关.

注 方法一是根据线性相关和线性无关的定义直接求解;方法二用到的知识点如下:

(1) 用以下矩阵等式来描述两个向量组之间的线性表示关系:

$$(\boldsymbol{\alpha}_1,\boldsymbol{\alpha}_2,\cdots,\boldsymbol{\alpha}_n)=(\boldsymbol{\beta}_1,\boldsymbol{\beta}_2,\cdots,\boldsymbol{\beta}_n)\begin{bmatrix}a_{11}&a_{12}&\cdots&a_{1n}\\a_{21}&a_{22}&\cdots&a_{2n}\\\vdots&\vdots&&\vdots\\a_{n1}&a_{n2}&\cdots&a_{nn}\end{bmatrix}$$

(2) 当上式中的系数方阵为可逆矩阵时,两个向量组等价.

(3) 向量组 T_1 与向量组 T_2 等价 $\Rightarrow r(T_2)=r(T_1)$

注意这个命题的单向性.

(4) $r(T)=T$ 所含向量个数 $\Rightarrow T$ 为线性无关向量组.

【例 3.31】 设齐次线性方程组 $\boldsymbol{Ax}=\boldsymbol{0}$ 的 s 个解向量 $\boldsymbol{\alpha}_1,\boldsymbol{\alpha}_2,\cdots,\boldsymbol{\alpha}_s$ 构成了一个线性无关的向量组,而 $\boldsymbol{\beta}$ 是对应的非齐次线性方程组 $\boldsymbol{Ax}=\boldsymbol{b}$ 的解 $(\boldsymbol{b}\neq\boldsymbol{0})$,证明向量组 $\boldsymbol{\alpha}_1,\boldsymbol{\alpha}_2,\cdots,\boldsymbol{\alpha}_s,\boldsymbol{\beta}$ 线性无关.

【解】 设有数 $k_1,k_2,\cdots,k_s,l$ 使下式成立:$k_1\boldsymbol{\alpha}_1+k_2\boldsymbol{\alpha}_2+\cdots+k_s\boldsymbol{\alpha}_s+l\boldsymbol{\beta}=\boldsymbol{0}$

对上式两边左乘矩阵 $\boldsymbol{A}$,有 $k_1\boldsymbol{A\alpha}_1+k_2\boldsymbol{A\alpha}_2+\cdots+k_s\boldsymbol{A\alpha}_s+l\boldsymbol{A\beta}=\boldsymbol{A0}$

根据已知条件有:$\boldsymbol{A\alpha}_i=\boldsymbol{0}(i=1,2,\cdots,s)$,$\boldsymbol{A\beta}=\boldsymbol{b}$,则 $l\boldsymbol{b}=\boldsymbol{0}$,而 $\boldsymbol{b}\neq 0$,于是 $l=0$,故有 $k_1\boldsymbol{\alpha}_1+k_2\boldsymbol{\alpha}_2+\cdots+k_s\boldsymbol{\alpha}_s=\boldsymbol{0}$.

又因为向量组 $\boldsymbol{\alpha}_1,\boldsymbol{\alpha}_2,\cdots,\boldsymbol{\alpha}_s$ 线性无关,则 $k_1=k_2=\cdots=k_s=0$,结合 $l=0$,可以得到向量组 $\boldsymbol{\alpha}_1,\boldsymbol{\alpha}_2,\cdots,\boldsymbol{\alpha}_s,\boldsymbol{\beta}$ 线性无关. 证毕.

注 根据已知条件"$\boldsymbol{\alpha}_i$ 是 $\boldsymbol{Ax}=\boldsymbol{0}$ 的解向量""$\boldsymbol{\beta}$ 是 $\boldsymbol{Ax}=\boldsymbol{b}$ 的解向量",即有 $\boldsymbol{A\alpha}_i=\boldsymbol{0}$ 和 $\boldsymbol{A\beta}=\boldsymbol{b}$,所以联想到用矩阵 $\boldsymbol{A}$ 左乘等式 $k_1\boldsymbol{\alpha}_1+k_2\boldsymbol{\alpha}_2+\cdots+k_s\boldsymbol{\alpha}_s+l\boldsymbol{\beta}=\boldsymbol{0}$.

考生应该记忆本题的结论,利用该结论还可以得出以下结论:若 $\boldsymbol{Ax}=\boldsymbol{0}$ 的基础解系为 $\boldsymbol{\alpha}_1,\boldsymbol{\alpha}_2,\cdots,\boldsymbol{\alpha}_s$,则其对应非齐次线性方程组 $\boldsymbol{Ax}=\boldsymbol{b}$ 有 $s+1$ 个线性无关的解向量 $\boldsymbol{\alpha}_1+\boldsymbol{\beta},\boldsymbol{\alpha}_2+\boldsymbol{\beta},\cdots,\boldsymbol{\alpha}_s+\boldsymbol{\beta},\boldsymbol{\beta}$.

题型 3　向量组的秩与矩阵的秩

【例 3.32】(2008.1) 设 $\boldsymbol{\alpha}$、$\boldsymbol{\beta}$ 均为 3 维列向量,矩阵 $\boldsymbol{A}=\boldsymbol{\alpha\alpha}^{\mathrm{T}}+\boldsymbol{\beta\beta}^{\mathrm{T}}$,其中 $\boldsymbol{\alpha}^{\mathrm{T}}$、$\boldsymbol{\beta}^{\mathrm{T}}$ 分别为 $\boldsymbol{\alpha}$、$\boldsymbol{\beta}$ 的转置.证明:

(1) 秩 $r(\boldsymbol{A})\leqslant 2$.

(2) 若 $\boldsymbol{\alpha}$、$\boldsymbol{\beta}$ 线性相关,则秩 $r(\boldsymbol{A})<2$.

【分析】(1) 利用公式 $r(\boldsymbol{A}+\boldsymbol{B})\leqslant r(\boldsymbol{A})+r(\boldsymbol{B})$;

(2) 两个向量线性相关,必有 $\boldsymbol{\beta}=k\boldsymbol{\alpha}$ 或 $\boldsymbol{\alpha}=k\boldsymbol{\beta}$.

【证明】(1)$r(\boldsymbol{A})=r(\boldsymbol{\alpha\alpha}^{\mathrm{T}}+\boldsymbol{\beta\beta}^{\mathrm{T}})\leqslant r(\boldsymbol{\alpha\alpha}^{\mathrm{T}})+r(\boldsymbol{\beta\beta}^{\mathrm{T}})$,因为 $r(\boldsymbol{\alpha\alpha}^{\mathrm{T}})\leqslant r(\boldsymbol{\alpha})\leqslant 1$,$r(\boldsymbol{\beta\beta}^{\mathrm{T}})\leqslant r(\boldsymbol{\beta})\leqslant 1$,故有 $r(\boldsymbol{A})\leqslant 2$.

(2) 若 $\boldsymbol{\alpha}=\boldsymbol{0}$,显然有 $r(\boldsymbol{A})=r(\boldsymbol{\beta\beta}^{\mathrm{T}})\leqslant r(\boldsymbol{\beta})\leqslant 1<2$;若 $\boldsymbol{\alpha}\neq\boldsymbol{0}$,$\boldsymbol{\alpha}$,$\boldsymbol{\beta}$ 线性相关,则有 $\boldsymbol{\beta}=k\boldsymbol{\alpha}$,故有

$$r(\boldsymbol{A})=r(\boldsymbol{\alpha\alpha}^{\mathrm{T}}+k^2\boldsymbol{\alpha\alpha}^{\mathrm{T}})=r[(1+k^2)\boldsymbol{\alpha\alpha}^{\mathrm{T}}]\leqslant r(\boldsymbol{\alpha})\leqslant 1<2.\text{证毕.}$$

注 本题运用以下矩阵秩的公式:

(1)$r(\boldsymbol{A}+\boldsymbol{B})\leqslant r(\boldsymbol{A})+r(\boldsymbol{B})$.

(2)$r(\boldsymbol{AB})\leqslant r(\boldsymbol{A})$,$r(\boldsymbol{AB})\leqslant r(\boldsymbol{B})$.

(3)$\boldsymbol{\alpha}$,$\boldsymbol{\beta}$ 线性相关 $\Rightarrow\boldsymbol{\beta}=k\boldsymbol{\alpha}$ 或 $\boldsymbol{\alpha}=k\boldsymbol{\beta}$.但是,考生要注意,$\boldsymbol{\alpha}$,$\boldsymbol{\beta}$ 线性相关 $\neq\boldsymbol{\beta}=k\boldsymbol{\alpha}$(比如,当 $\boldsymbol{\alpha}=\boldsymbol{0}$ 而 $\boldsymbol{\beta}\neq\boldsymbol{0}$ 时).

【例 3.33】设 n 维列向量组 T_1:$\boldsymbol{\alpha}_1,\boldsymbol{\alpha}_2,\cdots,\boldsymbol{\alpha}_m(m<n)$线性无关,则 n 维列向量组 T_2:$\boldsymbol{\beta}_1,\boldsymbol{\beta}_2,\cdots,\boldsymbol{\beta}_m$ 线性无关的充分必要条件是[　　].

(A) 向量组 T_1:$\boldsymbol{\alpha}_1,\boldsymbol{\alpha}_2,\cdots,\boldsymbol{\alpha}_m$ 可由向量组 T_2:$\boldsymbol{\beta}_1,\boldsymbol{\beta}_2,\cdots,\boldsymbol{\beta}_m$ 线性表示

(B) 向量组 T_2:$\boldsymbol{\beta}_1,\boldsymbol{\beta}_2,\cdots,\boldsymbol{\beta}_m$ 可由向量组 T_1:$\boldsymbol{\alpha}_1,\boldsymbol{\alpha}_2,\cdots,\boldsymbol{\alpha}_m$ 线性表示

(C) 向量组 T_1:$\boldsymbol{\alpha}_1,\boldsymbol{\alpha}_2,\cdots,\boldsymbol{\alpha}_m$ 与向量组 T_2:$\boldsymbol{\beta}_1,\boldsymbol{\beta}_2,\cdots,\boldsymbol{\beta}_m$ 等价

(D) 矩阵 $\boldsymbol{A}=(\boldsymbol{\alpha}_1,\boldsymbol{\alpha}_2,\cdots,\boldsymbol{\alpha}_m)$与矩阵 $\boldsymbol{B}=(\boldsymbol{\beta}_1,\boldsymbol{\beta}_2,\cdots,\boldsymbol{\beta}_m)$等价

【分析】本题考查了向量组的秩与向量组间的线性表示、向量组的秩与矩阵的秩等内容.

【解】分析(A).若向量组 T_1:$\boldsymbol{\alpha}_1,\boldsymbol{\alpha}_2,\cdots,\boldsymbol{\alpha}_m$ 可由向量组 T_2:$\boldsymbol{\beta}_1,\boldsymbol{\beta}_2,\cdots,\boldsymbol{\beta}_m$ 线性表示,且 T_1:$\boldsymbol{\alpha}_1,\boldsymbol{\alpha}_2,\cdots,\boldsymbol{\alpha}_m$ 线性无关,则根据向量组的秩与向量组之间的线性表示的知识点,有 $m\geqslant r(T_2)\geqslant r(T_1)=m$,所以 $r(T_2)=m$,故向量组 T_2:$\boldsymbol{\beta}_1,\boldsymbol{\beta}_2,\cdots,\boldsymbol{\beta}_m$ 线性无关.但当 T_2:$\boldsymbol{\beta}_1,\boldsymbol{\beta}_2,\cdots,\boldsymbol{\beta}_m$ 线性无关时,并不能得出向量组 T_1:$\boldsymbol{\alpha}_1,\boldsymbol{\alpha}_2,\cdots,\boldsymbol{\alpha}_m$ 可由向量组 T_2:$\boldsymbol{\beta}_1,\boldsymbol{\beta}_2,\cdots,\boldsymbol{\beta}_m$ 线性表示.例如,若向量组 T_1:$\boldsymbol{\alpha}_1=(1,0,0)^{\mathrm{T}}$,$\boldsymbol{\alpha}_2=(0,1,0)^{\mathrm{T}}$,向量组 T_2:$\boldsymbol{\beta}_1=(0,1,0)^{\mathrm{T}}$,$\boldsymbol{\beta}_2=(0,0,1)^{\mathrm{T}}$,虽然两个向量组都线性无关,但它们并不能相互线性表示.所以选项(A) 只是充分条件.

分析(C).若向量组 T_1:$\boldsymbol{\alpha}_1,\boldsymbol{\alpha}_2,\cdots,\boldsymbol{\alpha}_m$ 与向量组 T_2:$\boldsymbol{\beta}_1,\boldsymbol{\beta}_2,\cdots,\boldsymbol{\beta}_m$ 等价,且 T_1:$\boldsymbol{\alpha}_1,\boldsymbol{\alpha}_2,\cdots,\boldsymbol{\alpha}_m$ 线性无关,则有 $r(T_2)=r(T_1)=m$,所以 $r(T_2)=m$,故向量组 T_2:$\boldsymbol{\beta}_1,\boldsymbol{\beta}_2,\cdots,\boldsymbol{\beta}_m$ 线性无关.同理,可以用上面的反例说明选项(C) 也只是充分条件.

选项(B)既不是充分条件也不是必要条件.

分析(D). 若矩阵 $\boldsymbol{A}=(\boldsymbol{\alpha}_1,\boldsymbol{\alpha}_2,\cdots,\boldsymbol{\alpha}_m)$ 与矩阵 $\boldsymbol{B}=(\boldsymbol{\beta}_1,\boldsymbol{\beta}_2,\cdots,\boldsymbol{\beta}_m)$ 等价,且 $T_1:\boldsymbol{\alpha}_1,\boldsymbol{\alpha}_2,\cdots,\boldsymbol{\alpha}_m$ 线性无关,则根据矩阵等价则秩相等及三秩相等的知识点,有 $r(T_2)=r(\boldsymbol{B})=r(\boldsymbol{A})=r(T_1)=m$,所以 $r(T_2)=m$,故向量组 $T_2:\boldsymbol{\beta}_1,\boldsymbol{\beta}_2,\cdots,\boldsymbol{\beta}_m$ 线性无关. 若向量组 $T_1:\boldsymbol{\alpha}_1,\boldsymbol{\alpha}_2,\cdots,\boldsymbol{\alpha}_m$ 和向量组 $T_2:\boldsymbol{\beta}_1,\boldsymbol{\beta}_2,\cdots,\boldsymbol{\beta}_m$ 都线性无关,则 $r(T_1)=r(T_2)=m$,所以 $r(\boldsymbol{A})=r(\boldsymbol{B})=m$,故矩阵 $\boldsymbol{A}$ 和 $\boldsymbol{B}$ 总可以通过有限次初等变换化为标准形 $(\boldsymbol{E}_m)$,即矩阵 $\boldsymbol{A}$ 与矩阵 $\boldsymbol{B}$ 等价.

故答案选(D).

注 本题是考生很容易出错的一道题目,矩阵等价和向量组等价是两个不同的概念,所以也有不同的结论. 本题考查了以下知识点:

(1) 向量组 T_1 可以由向量组 T_2 线性表示 $\Rightarrow r(T_2)\geqslant r(T_1)$.

(2) 向量组 T_1 与向量组 T_2 等价 $\Rightarrow r(T_2)=r(T_1)$.

(注意以上两个命题的单向性)

(3) 向量组 $T:\boldsymbol{\alpha}_1,\boldsymbol{\alpha}_2,\cdots,\boldsymbol{\alpha}_m$ 线性无关 $\Leftrightarrow r(T)=m$.

(4) 三秩相等:$r(\boldsymbol{A})=r$(矩阵 $\boldsymbol{A}$ 的行向量组)$=r$(矩阵 $\boldsymbol{A}$ 的列向量组).

(5) 若矩阵 $\boldsymbol{A}$ 与矩阵 $\boldsymbol{B}$ 同型,那么有矩阵 $\boldsymbol{A}$ 与矩阵 $\boldsymbol{B}$ 等价 $\Leftrightarrow r(\boldsymbol{A})=r(\boldsymbol{B})$.

(6) 若 $r(\boldsymbol{A})=m\Leftrightarrow$ 矩阵 $\boldsymbol{A}$ 与标准形 $\begin{pmatrix}\boldsymbol{E}_m & 0\\ 0 & 0\end{pmatrix}$ 等价.

矩阵等价比向量组等价更容易,这是因为矩阵等价既可进行初等行变换,也可进行初等列变换.

【例 3.34】(2012.1,2,3)设 $\boldsymbol{\alpha}_1=\begin{bmatrix}0\\0\\c_1\end{bmatrix},\boldsymbol{\alpha}_2=\begin{bmatrix}0\\1\\c_2\end{bmatrix},\boldsymbol{\alpha}_3=\begin{bmatrix}1\\-1\\c_3\end{bmatrix},\boldsymbol{\alpha}_4=\begin{bmatrix}-1\\1\\c_4\end{bmatrix}$,其中 c_1、c_2、c_3、c_4 为任意常数,则下列向量组线性相关的为[　　].

(A) $\boldsymbol{\alpha}_1,\boldsymbol{\alpha}_2,\boldsymbol{\alpha}_3$　　(B) $\boldsymbol{\alpha}_1,\boldsymbol{\alpha}_2,\boldsymbol{\alpha}_4$

(C) $\boldsymbol{\alpha}_1,\boldsymbol{\alpha}_3,\boldsymbol{\alpha}_4$　　(D) $\boldsymbol{\alpha}_2,\boldsymbol{\alpha}_3,\boldsymbol{\alpha}_4$

【分析】 由于向量 $\boldsymbol{\alpha}_1,\boldsymbol{\alpha}_2,\boldsymbol{\alpha}_3,\boldsymbol{\alpha}_4$ 中的第三个分量都是任意常数,故可从行的角度出发分析此题.

【解】 分别分析题目给出的四个选项,设

$$\boldsymbol{A}=[\boldsymbol{\alpha}_1,\boldsymbol{\alpha}_2,\boldsymbol{\alpha}_3]=\begin{bmatrix}0 & 0 & 1\\ 0 & 1 & -1\\ c_1 & c_2 & c_3\end{bmatrix}$$

$$\boldsymbol{B}=[\boldsymbol{\alpha}_1,\boldsymbol{\alpha}_2,\boldsymbol{\alpha}_4]=\begin{bmatrix}0 & 0 & -1\\ 0 & 1 & 1\\ c_1 & c_2 & c_4\end{bmatrix}$$

$$C=[\boldsymbol{\alpha}_1,\boldsymbol{\alpha}_3,\boldsymbol{\alpha}_4]=\begin{bmatrix}0&1&-1\\0&-1&1\\c_1&c_3&c_4\end{bmatrix}$$

$$D=[\boldsymbol{\alpha}_2,\boldsymbol{\alpha}_3,\boldsymbol{\alpha}_4]=\begin{bmatrix}0&1&-1\\1&-1&1\\c_2&c_3&c_4\end{bmatrix}$$

显然矩阵$\boldsymbol{C}$的第1行与第2行成比例，即构成矩阵$\boldsymbol{C}$的3个行向量线性相关，行向量组的秩小于3，于是矩阵$\boldsymbol{C}$的秩小于3；矩阵$\boldsymbol{C}$的列向量组的秩也小于3，故$\boldsymbol{\alpha}_1,\boldsymbol{\alpha}_3,\boldsymbol{\alpha}_4$也线性相关. 所以选择(C).

注 此题给出的4个向量中的第三个分量都是未知常数，故可以分析矩阵行向量组的线性相关性来得到答案. 本题考查了三秩相等的知识点.

另外，本题也可以分析四个矩阵行列式的值，显然有$|C|=0$，于是$\boldsymbol{\alpha}_1,\boldsymbol{\alpha}_3,\boldsymbol{\alpha}_4$线性相关.

【例 3.35】 分析以下命题：

(1) 秩相等的两个同维向量组一定等价.

(2) 等价的向量组一定有相同的秩.

(3) 设n阶方阵$\boldsymbol{A}$的秩为$s<n$，则$\boldsymbol{A}$的n个行向量中任意s个行向量必线性无关.

(4) 设n阶方阵$\boldsymbol{A}$的秩为$s<n$，则$\boldsymbol{A}$的n个行向量中任意$s+1$个行向量必线性相关. 则[　　].

(A) 只有(1)和(4)正确　　(B) 只有(2)和(4)正确

(C) 只有(2)(3)和(4)正确　　(D) 都正确

【分析】 本题考查了向量组的秩与线性表示及向量组秩与向量组个数的知识点.

【解】 分析命题(1)和(2)，等价的向量组秩一定相等，但秩相等的向量组不一定等价. 例如：若向量组$T_1:\boldsymbol{\alpha}_1=(1,0,0)^{\mathrm{T}}$，$\boldsymbol{\alpha}_2=(0,1,0)^{\mathrm{T}}$，向量组$T_2:\boldsymbol{\beta}_1=(0,1,0)^{\mathrm{T}},\boldsymbol{\beta}_2=(0,0,1)^{\mathrm{T}}$，虽然$r(T_1)=r(T_2)=2$，但它们并不等价.

分析命题(3)和(4)，若$r(\boldsymbol{A})=s$，根据三秩相等知识点可知，构成矩阵$\boldsymbol{A}$的行向量组的秩也为s，那么$\boldsymbol{A}$的行向量中一定存在s个行向量线性无关，但不是任意s个行向量都线性无关. 例如，$\boldsymbol{A}=\begin{bmatrix}\boldsymbol{\alpha}_1\\\boldsymbol{\alpha}_2\\\boldsymbol{\alpha}_3\end{bmatrix}=\begin{bmatrix}1&0&0\\2&0&0\\1&2&3\end{bmatrix}$，显然$r(\boldsymbol{A})=2$，存在线性无关向量组$\boldsymbol{\alpha}_1,\boldsymbol{\alpha}_3$或$\boldsymbol{\alpha}_2,\boldsymbol{\alpha}_3$，但向量组$\boldsymbol{\alpha}_1,\boldsymbol{\alpha}_2$线性相关.

矩阵$\boldsymbol{A}$的行向量组的秩为s，根据向量组的秩的概念可以得到：$\boldsymbol{A}$的行向量组中任意大于s个行向量必然线性相关.

所以答案选(B).

注 秩是线性代数中的一个重要概念，对于矩阵的秩和向量组的秩虽然概念不同，但又有联系. 以下是本题所考查的知识点：

(1) 等价的向量组秩相等，秩相等的向量组不一定等价.

(2) 三秩相等：$r(\boldsymbol{A}) = r$(矩阵 $\boldsymbol{A}$ 的行向量组) $= r$(矩阵 $\boldsymbol{A}$ 的列向量组).

(3) 若向量组的秩为 s，则向量组中存在 s 个向量线性无关，但不一定任意个向量线性无关.

(4) 若向量组的秩为 s，则向量组任意 $s+1$ 个向量线性相关.

第4章 线性方程组

【导言】

在古代计算鸡兔同笼时,我们的祖先就已经开始研究线性方程组的问题了,这是线性代数的起源性研究对象,后来逐步丰富拓展形成了线性代数课程.正因为此,线性方程组每年必考,11分,只不过我们在考研的时候会增加一些难度,比如和别的知识点结合进行考查.学习本章时,重点掌握线性方程组通解的求法及其相应性质及结论.

【考试要求】

考试要求	科目	考试内容
了解	数学一	
	数学二	
	数学三	
理解	数学一	齐次线性方程组有非零解的充分必要条件及非齐次线性方程组有解的充分必要条件,齐次线性方程组的基础解系、通解及解空间的概念,非齐次线性方程组解的结构及通解的概念
	数学二	齐次线性方程组有非零解的充分必要条件及非齐次线性方程组有解的充分必要条件,齐次线性方程组的基础解系及通解的概念,非齐次线性方程组的解的结构及通解的概念
	数学三	齐次线性方程组的基础解系的概念,非齐次线性方程组解的结构及通解的概念
会	数学一	克拉默法则
	数学二	克拉默法则,初等行变换求解线性方程组
	数学三	克拉默法则解线性方程组
掌握	数学一	齐次线性方程组的基础解系和通解的求法,用初等行变换求解线性方程组的方法
	数学二	齐次线性方程组的基础解系和通解的求法
	数学三	非齐次线性方程组有解和无解的判定方法,齐次线性方程组的基础解系和通解的求法,用初等行变换求解线性方程组的方法

【知识网络图】

线性方程组
- 高斯－约当消元法
- 线性方程组的解
  - 非齐次方程组的解
  - 齐次方程组的解
- 线性方程组的结构解
  - 非齐次方程组的解
  - 齐次方程组的解

【内容精讲】

4.1　高斯-约当消元法

笼子里有一群鸡及兔，14 个脑袋，40 只脚数，问鸡、兔各有几只？在小学时，我们用 x，y 来表示未知量的数量. 例如，用 x 表示鸡的数量，y 表示兔子的数量，故鸡、兔的数量关系则表示为

$$\begin{cases} x+y=14; \\ 2x+4y=40. \end{cases}$$

对于这个二元一次方程组，我们可用消元法得到其解：$x=8$，$y=6$.

下面首先介绍解线性方程组的一套系统方法 —— 高斯－约当消元法.

一般用字母如 $x,y,\cdots$ 表示未知量，根据问题的等量关系列出含未知量的方程组. 若每个方程中未知量都是一次，则称为线性方程组.

线性方程组是一个或者多个一次方程的集合，一般形式为

$$\begin{cases} a_{11}x_1+a_{12}x_2+\cdots+a_{1n}x_n=b_1 \\ a_{21}x_1+a_{22}x_2+\cdots+a_{2n}x_n=b_2 \\ \quad\cdots\cdots \\ a_{m1}x_1+a_{m2}x_2+\cdots+a_{mn}x_n=b_m \end{cases} \tag{1}$$

其中每个方程都含有相同的未知变量 $x_1,x_2,\cdots,x_n$，a_{ij} 称为第 i 个方程中未知量 x_j 的系数($i=1,2,\cdots,m$；$j=1,2,\cdots,n$)，$b_1,b_2,\cdots,b_m$ 称为右端常量，线性方程组又称为线性系统. 如果右端常量 $b_1=b_2=\cdots=b_m=0$，则称方程组(1) 为齐次的，否则称方程组(1) 为非齐次的.

在方程组(1) 中，方程的个数 m 与未知量的个数 n 可以相等，也可以不相等.

根据实际问题的需要，对于线性方程组(1)，必须研究以下几个基本问题：

① 解的判定，即线性方程组有没有解的问题.

② 解的结构，即解由哪些元素构成？

③ 如何求通解，即怎么快速把解写出来？

如何求线性方程组的解，这是一个古老的数学问题，早在《九章算术》中就已详细记述了如何运用"消去"方法求带有三个未知量的三方程系统，但没有发展成系统的求解线性方程组理论. 高斯(Gauss) 大约在 1800 年提出了高斯消元法，并用它解决了天体计算和后来的地球表面测量计算中的最小二乘法问题. 下面通过一个具体的例子来了解高斯－约当消元法是如何工作的.

【例 4.1】求解线性方程组：$\begin{cases} x_1 - 3x_2 + 2x_3 = -4, \\ -4x_1 + 6x_2 - 2x_3 = 7, \\ 2x_2 - 6x_3 = 4. \end{cases}$

【分析】如果我们能够设法消去未知量 x_1，x_2，最后剩下一个含 x_3 的一次方程，那么就能求出 x_3 的值，从而得到只含有 x_1，x_2 的线性方程组．类似地，可以求出未知量 x_1，x_2 的值．所谓消去未知量 x_1，就是使 x_1 的系数变成 0．为了使求解方法适用于一般的线性方程组，应当使解法有规律可循．

【解】我们采用方程组的一般式和增广矩阵两种记号分别描述高斯－约当消元过程，以便对照并寻找解法的特点．方程组右边的数字 ①②③ 表示方程的序号，而增广矩阵右边的数字 ①②③ 表示增广矩阵的行号．

$$\begin{cases} x_1 - 3x_2 + 2x_3 = -4 & ① \\ -4x_1 + 6x_2 - 2x_3 = 7 & ② \\ 2x_2 - 6x_3 = 4 & ③ \end{cases} \qquad \left[\begin{array}{ccc:c} 1 & -3 & 2 & -4 \\ -4 & 6 & -2 & 7 \\ 0 & 2 & -6 & 4 \end{array}\right]\begin{matrix} ① \\ ② \\ ③ \end{matrix}$$

第一步：将 ① 的 4 倍加到 ② 上，此时 ②、③ 中 x_1 前的系数为 0

$$\begin{cases} x_1 - 3x_2 + 2x_3 = -4 & ① \\ -6x_2 + 6x_3 = -9 & ② \\ 2x_2 - 6x_3 = 4 & ③ \end{cases} \qquad \left[\begin{array}{ccc:c} 1 & -3 & 2 & -4 \\ 0 & -6 & 6 & -9 \\ 0 & 2 & -6 & 4 \end{array}\right]\begin{matrix} ① \\ ② \\ ③ \end{matrix}$$

第二步：交换 ②、③

$$\begin{cases} x_1 - 3x_2 + 2x_3 = -4 & ① \\ 2x_2 - 6x_3 = 4 & ② \\ -6x_2 + 6x_3 = -9 & ③ \end{cases} \qquad \left[\begin{array}{ccc:c} 1 & -3 & 2 & -4 \\ 0 & 2 & -6 & 4 \\ 0 & -6 & 6 & -9 \end{array}\right]\begin{matrix} ① \\ ② \\ ③ \end{matrix}$$

第三步：② × 3 + ③

$$\begin{cases} x_1 - 3x_2 + 2x_3 = -4 & ① \\ 2x_2 - 6x_3 = 4 & ② \\ -12x_3 = 3 & ③ \end{cases} \qquad \left[\begin{array}{ccc:c} 1 & -3 & 2 & -4 \\ 0 & 2 & -6 & 4 \\ 0 & 0 & -12 & 3 \end{array}\right]\begin{matrix} ① \\ ② \\ ③ \end{matrix}$$

第四步：③ × $\left(-\dfrac{1}{12}\right)$

$$\begin{cases} x_1 - 3x_2 + 2x_3 = -4 & ① \\ 2x_2 - 6x_3 = 4 & ② \\ x_3 = -\dfrac{1}{4} & ③ \end{cases} \qquad \left[\begin{array}{ccc:c} 1 & -3 & 2 & -4 \\ 0 & 2 & -6 & 4 \\ 0 & 0 & 1 & -\dfrac{1}{4} \end{array}\right]\begin{matrix} ① \\ ② \\ ③ \end{matrix}$$

第五步：③ × 6 + ② 及 ③ × (－2) + ①

$$\begin{cases} x_1 - 3x_2 = -\dfrac{7}{2} & ① \\ 2x_2 = \dfrac{5}{2} & ② \\ x_3 = -\dfrac{1}{4} & ③ \end{cases} \qquad \left[\begin{array}{ccc:c} 1 & -3 & 0 & -\dfrac{7}{2} \\ 0 & 2 & 0 & \dfrac{5}{2} \\ 0 & 0 & 1 & -\dfrac{1}{4} \end{array}\right]\begin{matrix} ① \\ ② \\ ③ \end{matrix}$$

第六步：② $\times \frac{1}{2}$

$$\begin{cases} x_1 - 3x_2 = -\frac{1}{2} & ① \\ x_2 = -\frac{5}{4} & ② \\ x_3 = -\frac{1}{4} & ③ \end{cases} \quad \left[\begin{array}{ccc:c} 1 & -3 & 0 & -\frac{7}{2} \\ 0 & 1 & 0 & \frac{5}{4} \\ 0 & 0 & 1 & -\frac{1}{4} \end{array}\right]\begin{array}{c} ① \\ ② \\ ③ \end{array}$$

第七步：② $\times 3 +$ ①

$$\begin{cases} x_1 = \frac{1}{4}, \\ x_2 = \frac{5}{4}, \\ x_3 = -\frac{1}{4}, \end{cases} \quad \left[\begin{array}{ccc:c} 1 & 0 & 0 & \frac{1}{4} \\ 0 & 1 & 0 & \frac{5}{4} \\ 0 & 0 & 1 & -\frac{1}{4} \end{array}\right].$$

因此，方程组的解为：$x_1 = \frac{1}{4}, x_2 = \frac{5}{4}, x_3 = -\frac{1}{4}$.

注 第三步到以后形式的方程组称为阶梯形方程组.

在例 4.1 中，我们对线性方程组作了三种基本变换：

(*i*) 交换两个方程的先后次序；

(*ii*) 将一个方程的每一项乘以一个非零常数；

(*iii*) 把一个方程替换成它本身与另一个方程的倍数之和.

这三种变换称为线性方程组的初等变换. 不难验证，线性方程组经过三种初等变换后得到的方程组的解集与原方程组的解集相同. 因此求解方程组就是利用线性方程组的三种初等变换，把原方程组变成阶梯形方程组，然后从最后一个开始，逐次往回代，求得原方程组的解. 同时我们发现，从第一步到最后一步若对其对应的矩阵进行行分块，从向量组的角度去看，发现向量组等价的实质是对应方程组同解关系，故以后研究向量组等价可以从同解的角度进行切入.

【例 4.2】 将 $\boldsymbol{A} = \begin{bmatrix} 0 & 2 & 3 & 4 \\ 1 & 2 & 4 & 5 \\ 3 & 4 & 6 & 8 \end{bmatrix}$ 化成行最简形矩阵，并指出其主元位置和主元列.

【解】 第一步：因为矩阵 $\boldsymbol{A}$ 的第 1 列不全为零，所以第 1 个主元列为第 1 列，主元位置为 (1,1)；又因为 $a_{11} = 0$，不能作为主元，因此选择第 1 列第 2 行的元素“1”作为主元. 由于主元“1”不在主元位置，需要用“交换行”的初等行变换将主元“1”交换到主元位置 (1,1).

$$\boldsymbol{A} \xrightarrow{r_1 \leftrightarrow r_2} \begin{bmatrix} \boxed{1} & 2 & 4 & 5 \\ 0 & 2 & 3 & 4 \\ 3 & 4 & 6 & 8 \end{bmatrix} = \boldsymbol{B}.$$

主元位置以矩形方框标定，下同.

第二步：在矩阵 $\boldsymbol{B}$ 中，以(1,1)位置的元素“1”为主元，利用初等行变换中的“替换行”变换将主元列(第 1 列)中主元位置以下的元素“3”变为“0”，即

$$\boldsymbol{B}\xrightarrow{r_3+(-3)r_0}\begin{pmatrix}\boxed{1} & 2 & 4 & 5\\ 0 & 2 & 3 & 4\\ 0 & -2 & -6 & -7\end{pmatrix}=\boldsymbol{B}_1.$$

第三步：在矩阵 $\boldsymbol{B}_1$ 中略去第 1 行，余下的子矩阵为

$$\begin{pmatrix}0 & \boxed{2} & 3 & 4\\ 0 & -2 & -6 & -7\end{pmatrix}.$$

其最左边的非零列是第 2 列，主元位置为(1,2)，在 $\boldsymbol{A}$ 中的位置为(2,2)，因为主元位置的元素不等于 0，可以选做主元，故选择“2”作为主元. 作初等行变换，将主元列中主元位置(2,2)以下的元素“-2”变为“0”.

$$\boldsymbol{B}_1\xrightarrow{r_3+r_2}\begin{pmatrix}\boxed{1} & 2 & 4 & 5\\ 0 & \boxed{2} & 3 & 4\\ 0 & 0 & \boxed{-3} & -3\end{pmatrix}=\boldsymbol{B}_2.$$

至此，矩阵 $\boldsymbol{A}$ 已经变换成行阶梯形矩阵 $\boldsymbol{B}_2$. 正向阶段结束，下面进入后向阶段.

第四步：矩阵 $\boldsymbol{B}_2$ 中最右边的一个主元列为第 3 列，主元位置为(3,3)，以该位置元素“-3”为主元，利用初等行变换将主元列(第 3 列)中第 1 行、第 2 行的元素“4”和“3”变为“0”.

$$\boldsymbol{B}_2\xrightarrow[r_1+\left(\frac{4}{3}\right)r_3]{r_2+r_3}\begin{pmatrix}\boxed{1} & 2 & 0 & 1\\ 0 & \boxed{2} & 0 & 1\\ 0 & 0 & \boxed{-3} & -3\end{pmatrix}=\boldsymbol{B}_3.$$

第五步：以 $\boldsymbol{B}_3$ 中主元位置(2,2)处的元素“2”为主元，利用初等行变换将主元列(第 2 列)中第 1 行的元素“2”变为“0”.

$$\boldsymbol{B}_3\xrightarrow{-r_1+r_2}\begin{pmatrix}\boxed{1} & 0 & 0 & 0\\ 0 & \boxed{2} & 0 & 1\\ 0 & 0 & \boxed{-3} & -3\end{pmatrix}=\boldsymbol{B}_4.$$

第六步：利用“数乘行”变化将主元位置(2,2)，(3,3)的元素“2”“-3”变为“1”. 计算过程如下：

$$\boldsymbol{B}_4\xrightarrow[-\frac{1}{3}r_3]{\frac{1}{2}r_2}\begin{pmatrix}\boxed{1} & 0 & 0 & 0\\ 0 & \boxed{1} & 0 & \frac{1}{2}\\ 0 & 0 & \boxed{1} & 1\end{pmatrix}=\boldsymbol{B}_5.$$

矩阵 $\boldsymbol{B}_5$ 即为与矩阵 $\mathbf{A}$ 行等价的行最简形矩阵，矩阵 $\mathbf{A}$ 的主元位置分别为(1,1)，(2,2)，(3,3)，主元列为第 1,2,3 列.

【例 4.3】利用高斯－约当消元法求解下列方程组.

$$(1)\begin{cases}x_1+3x_2-3x_3=2\\3x_1-x_2+2x_3=3\\4x_1+2x_2-x_3=2\end{cases}$$

$$(2)\begin{cases}2x_1+x_2+x_3=2\\x_1+3x_2+x_3=5\\x_1+x_2+5x_3=-7\end{cases}$$

$$(3)\begin{cases}x_1-x_2-3x_3=-2\\x_1+x_2+5x_3=4\\-2x_1+x_2+2x_3=1\end{cases}$$

【解】(1) 利用初等行变换化增广矩阵为行阶梯形矩阵(方框所在位置为主元位置，下同)：

$$[\boldsymbol{A}\vdots\boldsymbol{b}]=\left[\begin{array}{ccc:c}1&3&-3&2\\3&-1&2&3\\4&2&-1&2\end{array}\right]\xrightarrow[r_2+(-3)r_1]{r_3+(-4)r_1}\left[\begin{array}{ccc:c}\boxed{1}&3&-3&2\\0&-10&11&-3\\0&-10&11&-6\end{array}\right]$$

$$\xrightarrow{r_3+(-1)r_2}\left[\begin{array}{ccc:c}\boxed{1}&3&-3&2\\0&\boxed{-10}&11&-3\\0&0&0&\boxed{-3}\end{array}\right].$$

由于最后一个与非零行对应的方程为矛盾方程，出现 $0=-3$，故原方程组无解.

(2) 利用初等行变换化增广矩阵为行阶梯形矩阵：

$$[\boldsymbol{A}\vdots\boldsymbol{b}]=\left[\begin{array}{ccc:c}2&1&1&2\\1&3&1&5\\1&1&5&-7\end{array}\right]\xrightarrow{r_1\leftrightarrow r_2}\left[\begin{array}{ccc:c}\boxed{1}&3&1&5\\2&1&1&2\\1&1&5&-7\end{array}\right]\xrightarrow[r_2+(-2)r_1]{r_3+(-1)r_1}\left[\begin{array}{ccc:c}\boxed{1}&3&1&5\\0&\boxed{-5}&-1&-8\\0&-2&4&-12\end{array}\right]$$

$$\xrightarrow{r_2\leftrightarrow r_3}\left[\begin{array}{ccc:c}\boxed{1}&3&1&5\\0&\boxed{-2}&4&-12\\0&-5&-1&-8\end{array}\right]\xrightarrow{r_3+\left(-\frac{5}{2}\right)r_2}\left[\begin{array}{ccc:c}\boxed{1}&3&1&5\\0&\boxed{-2}&4&-12\\0&0&\boxed{-11}&22\end{array}\right]=\widetilde{\boldsymbol{B}}.$$

以 $\widetilde{\boldsymbol{B}}$ 为增广矩阵的阶梯形线性方程组中不含矛盾方程，故方程组有解. 继续对 $\widetilde{\boldsymbol{B}}$ 作初等行变换，化为行最简形矩阵.

$$\widetilde{\boldsymbol{B}}\xrightarrow{\left(-\frac{1}{11}\right)r_3}\left[\begin{array}{ccc:c}\boxed{1}&3&1&5\\0&\boxed{-2}&4&-12\\0&0&\boxed{1}&-2\end{array}\right]\xrightarrow[r_2+(-4)r_3]{r_1+(-1)r_3}\left[\begin{array}{ccc:c}\boxed{1}&3&0&7\\0&\boxed{-2}&0&-4\\0&0&\boxed{1}&-2\end{array}\right]$$

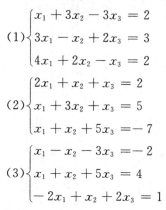

$$\xrightarrow{\left(-\frac{1}{2}\right)r_2}\left[\begin{array}{ccc:c}\boxed{1}&3&0&7\\0&\boxed{1}&0&2\\0&0&\boxed{1}&-2\end{array}\right]\xrightarrow{r_1+(-3)r_2}\left[\begin{array}{ccc:c}\boxed{1}&0&0&1\\0&\boxed{1}&0&2\\0&0&\boxed{1}&-2\end{array}\right]$$

则原方程组有唯一解：$x_1=1,x_2=2,x_3=-2$ 即 $x=\begin{bmatrix}x_1\\x_2\\x_3\end{bmatrix}=\begin{bmatrix}1\\2\\-2\end{bmatrix}$.

（3）将其增广矩阵化成行阶梯形矩阵.

$$[\boldsymbol{A}\,\vdots\,\boldsymbol{b}]=\left[\begin{array}{ccc:c}1&-1&-3&-2\\1&1&5&4\\-2&1&2&1\end{array}\right]\xrightarrow[r_2+(-1)r_1]{r_3+2r_1}\left[\begin{array}{ccc:c}\boxed{1}&-1&-3&-2\\0&\boxed{2}&8&6\\0&-1&-4&-3\end{array}\right]\xrightarrow{r_3+\left(\frac{1}{2}\right)r_2}$$

$$\left[\begin{array}{ccc:c}\boxed{1}&-1&-3&-2\\0&\boxed{2}&8&6\\0&0&0&0\end{array}\right]=\widetilde{\boldsymbol{B}}.$$

阶梯形矩阵$\widetilde{\boldsymbol{B}}$中虽然含有一个全零行，但没有矛盾方程，故方程组有解. 继续对它作初等行变换，将其化成行最简形矩阵：

$$\widetilde{\boldsymbol{B}}\xrightarrow{\left(\frac{1}{2}\right)r_2}\left[\begin{array}{ccc:c}\boxed{1}&-1&-3&-2\\0&\boxed{1}&4&3\\0&0&0&0\end{array}\right]\xrightarrow{r_1+r_2}\left[\begin{array}{ccc:c}\boxed{1}&0&1&1\\0&\boxed{1}&4&3\\0&0&0&0\end{array}\right].$$

与行最简形矩阵对应的等价方程组为：

$$\begin{cases}x_1+x_3=1,\\x_2+4x_3=3.\end{cases}$$

因此，原方程组的解为：

$$\begin{cases}x_1=-x_3+1\\x_2=-4x_3+3\end{cases}(x_3\text{ 取任意实数}).$$

该方程组有无穷多个解. 该表达式称为线性方程组的一般解，即 $x=\begin{pmatrix}x_1\\x_2\\x_3\end{pmatrix}=\begin{bmatrix}-x_3+1\\-4x_3+3\\x_3\end{bmatrix}=\begin{pmatrix}1\\3\\0\end{pmatrix}+x_3\begin{bmatrix}-1\\-4\\1\end{bmatrix}$. 令 $x_3=k$，则 $x=\begin{pmatrix}1\\3\\0\end{pmatrix}+k\begin{bmatrix}-1\\-4\\1\end{bmatrix}$，其中变量 x_1,x_2 对应于增广矩阵的主元列，称为基本变量，变量 x_3 称为自由变量.

综上，线性方程组的求解方程可用图 4－1 表示.

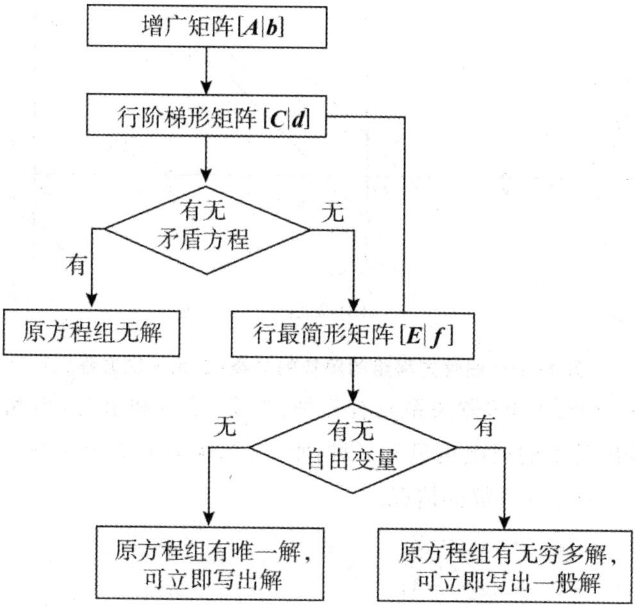

图 4－1　线性方程组的求解过程

强烈建议：请使用高斯－约当消元法（初等行交换）求解线性方程组.

4.2　线性方程组的解

4.2.1　非齐次线性方程组的解

我们求解之后，肯定还要归纳出一个结论，也就是说线性方程组是否一定有解，如果有解，有多少个解？

我们先从几个简单的例子说起，然后猜想性地归纳一下，最后证明这个猜想的正确性.

【例 4.4】 考查下列线性方程组解的情况.

$$(1)\begin{cases} x_1 - x_2 = 1 \\ x_1 + 2x_2 = 4, \end{cases}$$

$$(2)\begin{cases} x_1 - x_2 = 1 \\ -x_1 + x_2 = 1, \end{cases}$$

$$(3)\begin{cases} x_1 - x_2 = 1 \\ -2x_1 + 2x_2 = -2. \end{cases}$$

【解】 由于每个二元一次方程都可以表示平面直角坐标系中的一条直线，因此可以通过考查直线间的位置关系来考查方程组解的情况. 图 4－2 画出了这三个方程组所代表的直线：图 14－2(1) 对应方程组(1)，两条直线相交，有唯一交点，因此方程组(1) 有唯一解；图 14－2(2) 所表示的两条直线平行，没有公共点. 因此方程组(2) 无解；图 14－2(3) 所表示的两条直线重合，有无穷多个公共点，因此方程组(3) 有无穷多个解.

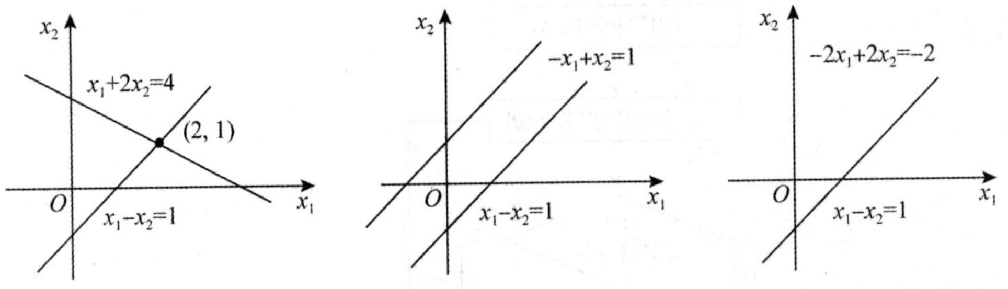

(1) 唯一解　　　　(2) 无解　　　　(3) 无穷多解

图 4-2　线性方程组的解集的分类(二元一次方程组)

平面内两条直线的位置关系只有三种:相交、平行和重合,因此由两个二元一次方程组成的方程组的解的情况也只有三种:唯一解、无解和无穷多解.

【例 4.5】 考查下列三个方程组解的情况.

$$(1)\begin{cases} x_1+3x_2-3x_3=2, \\ 3x_1-x_2+2x_3=3, \\ 4x_1+2x_2-x_3=2; \end{cases}$$

$$(2)\begin{cases} 2x_1+x_2+x_3=2, \\ x_1+3x_2+x_3=5, \\ x_1+x_2+5x_3=-7; \end{cases}$$

$$(3)\begin{cases} x_1-x_2-3x_3=-2, \\ x_1+x_2+5x_3=4, \\ -2x_1+x_2+2x_3=1. \end{cases}$$

【解】 在几何上,由于每个三元一次方程在直角坐标系中表示一个平面,因此每个方程组所表示的三个平面的位置关系如图 4-3 所示.

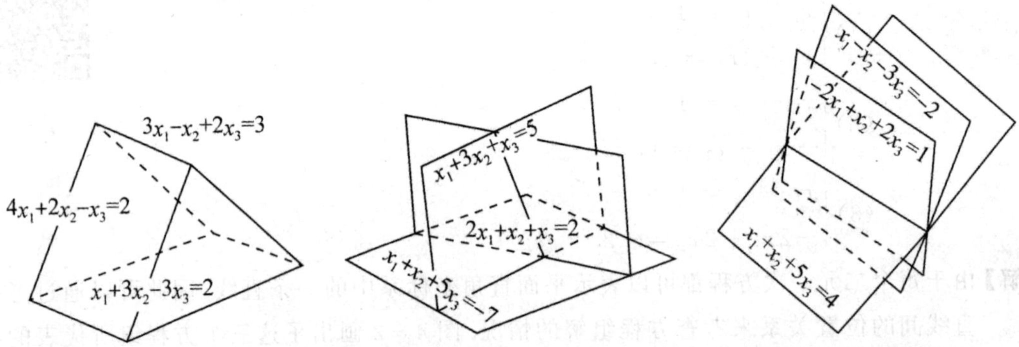

(1) 方程组(1) 无解　　　　(2) 方程组(2) 唯一解　　　　(3) 方程组(3) 无穷多解

图 4-3　线性方程组的解集的分类(三元一次方程组)

空间中不重合的多个平面之间只存在:没有公共点、有唯一交点、无穷多个公共点(相交于一条直线)这三种情况,它正好与方程组的无解、唯一解、无穷多解相对应.

该题中的三个方程组分别有行阶梯形矩阵:

(1) $\left[\begin{array}{ccc:c} 1 & 3 & -3 & 2 \\ 0 & -10 & 11 & -3 \\ 0 & 0 & 0 & -3 \end{array}\right]$.

(2) $\left[\begin{array}{ccc:c} 1 & 3 & 1 & 5 \\ 0 & -2 & 4 & -12 \\ 0 & 0 & -11 & 22 \end{array}\right]$

(3) $\left[\begin{array}{cc:cc} 1 & -1 & -3 & -2 \\ 0 & 2 & 8 & 6 \\ 0 & 0 & 0 & 0 \end{array}\right]$

与第一个增广矩阵对应的方程组中出现了矛盾方程：$0=-3$，因此方程组无解；与第二个增广矩阵对应的方程组中没有出现矛盾方程，并且未知量的个数与非零行的个数相同，因此该方程组有唯一解；与第三个增广矩阵对应的方程组中没有出现矛盾方程，但此时非零行的个数小于未知量的个数，因此该方程组有无穷多解.

受这些启发，我们猜想：

(1) 线性方程组的解只有三种可能：无解，有唯一解，有无穷多个解；

(2) 与行阶梯形矩阵对应的线性方程组中是否出现“$0=d(d\neq 0)$”这种方程，这是线性方程组无解还是有解的判别准则；

(3) 若有解且行阶梯形矩阵中非零行的个数等于未知量的个数时，方程组有唯一解；若有解，且行阶梯形矩阵中非零行的个数小于未知量的个数时，方程组有无穷多解.

这些猜想正确吗?下面我们把这个猜想通过证明的形式呈现一下

对线性方程组(1)的增广矩阵利用矩阵的初等行变换，将其化成行阶梯形矩阵. 不妨设为

$$\left[\begin{array}{ccccccc:c} c_{11} & c_{12} & \cdots & c_{1r} & c_{1,r+1} & \cdots & c_{1n} & d_1 \\ 0 & c_{22} & \cdots & c_{2r} & c_{2,r+1} & \cdots & c_{2n} & d_2 \\ \vdots & \vdots & & \vdots & \vdots & & \vdots & \vdots \\ 0 & 0 & \cdots & c_{rr} & c_{r,r+1} & \cdots & c_{rn} & d_r \\ 0 & 0 & \cdots & 0 & 0 & \cdots & 0 & d_{r+1} \\ \vdots & \vdots & & \vdots & \vdots & & \vdots & \vdots \\ 0 & 0 & \cdots & 0 & 0 & \cdots & 0 & 0 \end{array}\right], \tag{2}$$

其中 $c_{11},c_{22},\cdots,c_{rr}$ 为主元，r 为方程组(1)的系数矩阵的行阶梯形矩阵的非零行个数，且 $r\leqslant m$.

以(2)为增广矩阵的方程组与方程组(1)等价.

若 $r=m$，(2)中矩阵只有 m 行，此时 d_{r+1} 不存在，原方程组中不会出现矛盾方程，则原方程组始终有解.

若 $r<m$，考察(2)中与第 $r+1$ 行所对应的方程：

$$0\cdot x_1+\cdots+0\cdot x_n=d_{r+1}. \tag{3}$$

(1) 若 $d_{r+1} \neq 0$,则方程(3) 为矛盾方程,因此以(2) 为增广矩阵的线性方程组无解,从而方程组(1) 无解;

(2) 若 $d_{r+1} = 0$,则方程(3) 变为恒等式:$0 \cdot x_1 + \cdots + 0 \cdot x_n = 0$,因此以(2) 为增广矩阵的线性方程组有解,从而方程组(1) 有解.

进一步,在方程组有解的情况下:

① 若 $r = n$,矩阵(2) 变成

$$\left[\begin{array}{cccc:c} c_{11} & c_{12} & \cdots & c_{1n} & d_1 \\ 0 & c_{22} & \cdots & c_{2n} & d_2 \\ \vdots & \vdots & & \vdots & \vdots \\ 0 & 0 & \cdots & c_{nn} & d_n \\ 0 & 0 & \cdots & 0 & 0 \\ \vdots & \vdots & & \vdots & \vdots \\ 0 & 0 & \cdots & 0 & 0 \end{array}\right]. \tag{4}$$

以(4) 为增广矩阵的线性方程组有唯一解,从而方程组(1) 有唯一解;

② 若 $r < n$,矩阵(4) 变成

$$\left[\begin{array}{ccccccc:c} c_{11} & c_{12} & \cdots & c_{1r} & c_{1,r+1} & \cdots & c_{1n} & d_1 \\ 0 & c_{22} & \cdots & c_{2r} & c_{2,r+1} & \cdots & c_{2n} & d_2 \\ \vdots & \vdots & & \vdots & \vdots & & \vdots & \vdots \\ 0 & 0 & \cdots & c_{rr} & c_{r,r+1} & \cdots & c_{rn} & d_r \\ 0 & 0 & \cdots & 0 & 0 & \cdots & 0 & d_{r+1} \\ \vdots & \vdots & & \vdots & \vdots & & \vdots & \vdots \\ 0 & 0 & \cdots & 0 & 0 & \cdots & 0 & 0 \end{array}\right]. \tag{5}$$

以(5) 为增广矩阵的线性方程组有 $n-r$ 个自由变量 $x_{r+1},\cdots,x_n$,从而有无穷多解,因此方程组(1) 也有无穷多解,并有 $n-r$ 个自由变量 $x_{r+1},\cdots,x_n$.

上面的讨论证明了我们的猜想,于是有:

当且仅当线性方程组(1) 的增广矩阵(4) 的行阶梯形矩阵(5) 满足 $d_{r+1} = 0$ 或 d_{r+1} 不存在时,线性方程组(1) 有解;如果方程组(1) 有解,则当 $r = n$ 时,线性方程组(1) 有唯一解,$r < n$ 时有无穷多解可归纳为:

(1) 线性方程组(1) 有解的充分必要条件是 $R(\boldsymbol{A}) = R([\boldsymbol{A} \vdots \boldsymbol{b}])$;

(2) 线性方程组(1) 有唯一解的充分必要条件是 $R(\boldsymbol{A}) = R([\boldsymbol{A} \vdots \boldsymbol{b}]) = n$;

(3) 线性方程组(1) 有无穷多解的充分必要条件是 $R(\boldsymbol{A}) = R([\boldsymbol{A} \vdots \boldsymbol{b}]) < n$.

【例 4.6】 判断下述方程组是否有解.若有解,说明有多少个解?

$$\begin{cases} x_1 + x_2 + x_3 + x_4 + x_5 = 1, \\ 3x_1 + 2x_2 + x_3 + x_4 - 3x_5 = 0, \\ 5x_1 + 4x_2 + 3x_3 + 3x_4 - x_5 = 2. \end{cases}$$

【解】对增广矩阵$[\boldsymbol{A} \mid \boldsymbol{b}]$作初等行变换：

$$\left[\begin{array}{ccccc|c}1&1&1&1&1&1\\3&2&1&1&-3&0\\5&4&3&3&-1&2\end{array}\right]\xrightarrow[r_2+(-3)r_1]{r_3+(-5)r_1}\left[\begin{array}{ccccc|c}1&1&1&1&1&1\\0&-1&-2&-2&-6&-3\\0&-1&-2&-2&-6&-3\end{array}\right]$$

$$\xrightarrow{r_3+(-1)r_2}\left[\begin{array}{ccccc|c}1&1&1&1&1&1\\0&-1&-2&-2&-6&-3\\0&0&0&0&0&0\end{array}\right]$$

由于行阶梯形矩阵中 $d_3=0$，故 $R(\boldsymbol{A})=R([\boldsymbol{A} \mid \boldsymbol{b}])=2<n=5$，因此该方程组有无穷多解.

【例 4.7】问 λ 取何值时，线性方程组$\begin{cases}-2x_1+x_2+x_3=-2\\x_1-2x_2+x_3=\lambda\\x_1+x_2-2x_3=\lambda^2\end{cases}$有解？并求其解.

【解】用初等行变换把增广矩阵化为行阶梯形矩阵：

$$[\boldsymbol{A} \mid \boldsymbol{b}]=\left[\begin{array}{ccc|c}-2&1&1&-2\\1&-2&1&\lambda\\1&1&-2&\lambda^2\end{array}\right]\xrightarrow{r_1\leftrightarrow r_3}\left[\begin{array}{ccc|c}1&1&-2&\lambda^2\\1&-2&1&\lambda\\-2&1&1&-2\end{array}\right]$$

$$\xrightarrow[r_2+(-1)r_1]{r_3+2r_1}\left[\begin{array}{ccc|c}1&1&-2&\lambda^2\\0&-3&3&\lambda-\lambda^2\\0&3&-3&-2+2\lambda^2\end{array}\right]\xrightarrow{r_3+r_2}$$

$$\left[\begin{array}{ccc|c}1&1&-2&\lambda^2\\0&-3&3&\lambda-\lambda^2\\0&0&0&-2+\lambda+\lambda^2\end{array}\right]=\widetilde{\boldsymbol{B}}$$

所以，当 $\lambda^2+\lambda-2=0$，即 $\lambda=1$ 或 $\lambda=-2$ 时，$R(\boldsymbol{A})=R([\boldsymbol{A} \mid \boldsymbol{b}])$，故方程组有解.

(1) 将 $\lambda=1$ 代入矩阵$\widetilde{\boldsymbol{B}}$后，并利用初等行变换将其化成行最简形矩阵：

$$\widetilde{\boldsymbol{B}}=\left[\begin{array}{ccc|c}1&1&-2&1\\0&-3&3&0\\0&0&0&0\end{array}\right]\xrightarrow{\left(-\frac{1}{3}\right)r_2}\left[\begin{array}{ccc|c}1&1&-2&1\\0&1&-1&0\\0&0&0&0\end{array}\right]\xrightarrow{r_1+(-1)r_2}\left[\begin{array}{ccc|c}1&0&-1&1\\0&1&-1&0\\0&0&0&0\end{array}\right]$$

于是 $R(\boldsymbol{A})=R([\boldsymbol{A} \mid \boldsymbol{b}])=2<n=3$，原方程组有无穷多解，基本变量为 x_1,x_2，自由变量为 x_3，故原方程组的解为

$$\begin{cases}x_1=x_3+1,\\x_2=x_3,\end{cases}(x_3\text{ 为自由变量})$$

此时，如果令 $x_3=c$，c 为任意常数，则方程组的解可表示为如下形式：

$$\begin{cases}x_1=c+1,\\x_2=c,\\x_3=c,\end{cases}\quad(c\text{ 为任意常数})，$$

即解向量 $x=\begin{pmatrix}x_1\\x_2\\x_3\end{pmatrix}=c\begin{pmatrix}1\\1\\1\end{pmatrix}+\begin{pmatrix}1\\0\\0\end{pmatrix}$（$c$ 为任意常数）.

(2) 将 $\lambda=-2$ 代入矩阵 $\widetilde{\boldsymbol{B}}$ 后，并利用初等行变换化成行最简形矩阵

$$\widetilde{\boldsymbol{B}}=\left[\begin{array}{ccc|c}1&1&-2&4\\0&-3&3&-6\\0&0&0&0\end{array}\right]\xrightarrow{\left(-\frac{1}{3}\right)r_2}\left[\begin{array}{ccc|c}1&1&-2&4\\0&1&-1&2\\0&0&0&0\end{array}\right]\xrightarrow{r_1+(-1)r_2}\left[\begin{array}{ccc|c}1&0&-1&2\\0&1&-1&2\\0&0&0&0\end{array}\right],$$

于是 $R(\boldsymbol{A})=R([\boldsymbol{A}\mid\boldsymbol{b}])=2<n=3$，原方程组有无穷多解，基本变量为 x_1,x_2，自由变量为 x_3，故原方程组的解为

$$\begin{cases}x_1=x_3+2\\x_2=x_3+2\end{cases}（x_3\text{ 为自由变量}），$$

此时，如果令 $x_3=c$，c 为任意常数，则方程组的解可表示为如下形式：

$$\begin{cases}x_1=c+2\\x_2=c+2\\x_3=c\end{cases}（c\text{ 为任意常数}）.$$

故 $x=\begin{pmatrix}x_1\\x_2\\x_3\end{pmatrix}=c\begin{pmatrix}1\\1\\1\end{pmatrix}+\begin{pmatrix}2\\2\\0\end{pmatrix}$，$c$ 为任意常数.

【例 4.8】 试讨论三个平面：$x-y+2z+a=0$，$2x+3y-z-1=0$，$x-6y+bz+10=0$ 的相互位置关系.

【解】 首先，考查三个平面方程所构成的线性方程组解的情况，作初等行变换.

$$\left[\begin{array}{ccc|c}1&-1&2&-a\\2&3&-1&1\\1&-6&b&-10\end{array}\right]\xrightarrow[r_2+(-2)r_1]{r_3+(-1)r_1}\left[\begin{array}{ccc|c}1&-1&2&-a\\0&5&-5&1+2a\\0&-5&b-2&a-10\end{array}\right]$$

$$\xrightarrow{r_3+r_2}\left[\begin{array}{ccc|c}1&-1&2&-a\\0&5&-5&1+2a\\0&0&b-7&3a-9\end{array}\right].$$

因此，当 $b\neq7$ 时，方程组有唯一解，三个平面相交于一点.

当 $b=7$，$a\neq3$ 时，方程组无解，三个平面没有公共交点.

当 $b=7$，$a=3$ 时，方程组有无穷多解，即三个平面有无穷多个公共点；又三个平面的方程并不相同，故三个平面不重合，所以这三个平面相交于一条直线.

【例 4.9】 求解下列方程组

$$(1)\begin{cases}x_1+2x_2+x_3=2,\\-x_1-x_2+2x_3=3,\\2x_1+3x_2=0;\end{cases}\qquad(1)$$

$$(2)\begin{cases}x_1+2x_2+x_3=-1,\\-x_1-x_2+2x_3=2,\\2x_1+3x_2=-2.\end{cases}\qquad(2)$$

【解】由于这两个方程组有相同的系数矩阵，而系数矩阵又具有相同的行最简形矩阵，因此可以采用如下的方法同时求解：

$$\left[\begin{array}{ccc:cc}1&2&1&2&-1\\-1&-1&2&3&2\\2&3&0&0&-2\end{array}\right]\xrightarrow[r_2+r_1]{r_3+(-2)r_1}\left[\begin{array}{ccc:cc}1&2&1&2&-1\\0&1&3&5&1\\0&-1&-2&-4&0\end{array}\right]\xrightarrow{r_3+r_2}$$

$$\left[\begin{array}{ccc:cc}1&2&1&2&-1\\0&1&3&5&1\\0&0&1&1&1\end{array}\right]\xrightarrow[r_2+(-3)r_3]{r_1+(-1)r_3}\left[\begin{array}{ccc:cc}1&2&0&1&-2\\0&1&0&2&-2\\0&0&1&1&1\end{array}\right]\xrightarrow{r_1+(-2)r_2}\left[\begin{array}{ccc:cc}1&0&0&-3&2\\0&1&0&2&-2\\0&0&1&1&1\end{array}\right].$$

与方程组(1)的增广矩阵$\left[\begin{array}{ccc:c}1&2&1&2\\-1&-1&2&3\\2&3&0&0\end{array}\right]$对应的行最简形矩阵为$\left[\begin{array}{ccc:c}1&0&0&-3\\0&1&0&2\\0&0&1&1\end{array}\right]$，

所以，方程组(1)的解为$x_1=-3,x_2=2,x_3=1$. 即$x=\begin{pmatrix}x_1\\x_2\\x_3\end{pmatrix}=\begin{pmatrix}-3\\2\\1\end{pmatrix}$，同理，方程组(2)的

解为$x_1=2,x_2=-2,x_3=1$. 即$x=\begin{pmatrix}x_1\\x_2\\x_3\end{pmatrix}=\begin{pmatrix}2\\-2\\1\end{pmatrix}$.

4.2.2　齐次线性方程组的解

下面讨论齐次线性方程组：$\begin{cases}a_{11}x_1+a_{12}x_2+\cdots+a_{1n}x_n=0,\\a_{21}x_1+a_{22}x_2+\cdots+a_{2n}x_n=0,\\\cdots\cdots\\a_{m1}x_1+a_{m2}x_2+\cdots+a_{mn}x_n=0\end{cases}$　　(6)

解的情况.

方程组(6)的增广矩阵的行阶梯形矩阵可设为

$$\left[\begin{array}{cccccc:c}a_{11}&a_{12}&\cdots&a_{1r}&a_{1,r+1}&\cdots&a_{1n}&0\\0&a_{22}&\cdots&a_{2r}&a_{2,r+1}&\cdots&a_{2n}&0\\\vdots&\vdots&&\vdots&\vdots&&\vdots&\vdots\\0&0&\cdots&a_{rr}&a_{r,r+1}&\cdots&a_{rn}&0\\0&0&\cdots&0&0&\cdots&0&0\\\vdots&\vdots&&\vdots&\vdots&&\vdots&\vdots\\0&0&\cdots&0&0&\cdots&0&0\end{array}\right],\qquad(7)$$

因此，无论r取何值，齐次线性方程组(6)至少有一个解：

$$x_1=x_2=\cdots=x_n=0.$$

该解通常称为方程组(6)的零解.

对于给定的方程组(6),最重要的问题是其是否存在非零解.由行阶梯矩阵(7)可知,当 $r < n$ 时,方程组(7)的解中至少有一个自由变量,只要改自由变量不等于零,方程组(6)就有非零解.

反之,当方程组(6)有非零解时,必有 $r < n$.若不然,设 $r = n$,则由矩阵(7)的最后一个非零行 $[0,\cdots,0,a_{nn},0]$ 确定的线性方程为

$$\boldsymbol{a}_{nn}x_n = 0 \quad (a_{nn} \neq 0)$$

从而 $x_n = 0$,如此反推回去,可得到 $x_n = x_{n-1} = \cdots = x_1 = 0$,即方程组(6)只有零解,矛盾.

因此,我们有如下结论:

结论 ① 齐次线性方程组(6)必有解(至少有零解);

② 齐次线性方程组(6)只有零解的充分必要条件为 $r = n$;

③ 齐次线性方程组(6)有非零解的充分必要条件为 $r < n$.

注 齐次线性方程组的求解方法和非齐次线性方程组的求解方法相同.

【例 4.10】 判别齐次线性方程组 $\begin{cases} x_1 + 3x_2 - 4x_3 + 2x_4 = 0 \\ 3x_1 - x_2 + 2x_3 - x_4 = 0 \\ -2x_1 + 4x_2 - x_3 + 3x_4 = 0 \\ 3x_1 + 9x_2 - 7x_3 + 6x_4 = 0 \end{cases}$ 是否非零解.如果有非零解,求其解.

【解】 该方程组的增广矩阵 $[\boldsymbol{A} \vdots \boldsymbol{0}]$ 经过初等行变换变为

$$[\boldsymbol{A} \vdots \boldsymbol{0}] = \left[\begin{array}{cccc:c} 1 & 3 & -4 & 2 & 0 \\ 3 & -1 & 2 & -1 & 0 \\ -2 & 4 & -1 & 3 & 0 \\ 3 & 9 & -7 & 6 & 0 \end{array}\right] \xrightarrow{r} \left[\begin{array}{cccc:c} 1 & 3 & -4 & 2 & 0 \\ 0 & -10 & 14 & -7 & 0 \\ 0 & 0 & 5 & 0 & 0 \\ 0 & 0 & 0 & 0 & 0 \end{array}\right].$$

于是 $R(\boldsymbol{A}) = 3 < n = 4$,原齐次线性方程组有非零解.继续作初等行变换,有

$$\left[\begin{array}{cccc:c} 1 & 3 & -4 & 2 & 0 \\ 0 & -10 & 14 & -7 & 0 \\ 0 & 0 & 5 & 0 & 0 \\ 0 & 0 & 0 & 0 & 0 \end{array}\right] \xrightarrow{r} \left[\begin{array}{cccc:c} 1 & 0 & 0 & -\frac{1}{10} & 0 \\ 0 & 1 & 0 & \frac{7}{10} & 0 \\ 0 & 0 & 1 & 0 & 0 \\ 0 & 0 & 0 & 0 & 0 \end{array}\right].$$

因此,原线性方程组的解是

$$\begin{cases} x_1 = \dfrac{1}{10}c, \\ x_2 = -\dfrac{7}{10}c, \\ x_3 = 0, \\ x_4 = c, \end{cases} \text{(}c\text{ 为任意常数) 即 } \boldsymbol{x} = \begin{pmatrix} x_1 \\ x_2 \\ x_3 \\ x_4 \end{pmatrix} = c\begin{pmatrix} 1 \\ 7 \\ 0 \\ 10 \end{pmatrix}, c\text{ 为任意常数.}$$

4.3　线性方程组的结构解

4.3.1　齐次线性方程组的结构解

除了上述利用高斯消元法解线性方程组以及利用解的存在性判断线性方程组解的情况之外，我们还关心线性方程组的结构解，它是建立在向量空间的基础上讨论线性方程组解与解之间的关系，可以看成是线性空间理论在线性方程组解上的一个应用.

定理 4.3.1.1　设 S 是 n 元齐次线性方程组 $\boldsymbol{A}_{m\times n}\boldsymbol{x}=\boldsymbol{0}$ 的所有解向量组成的集合，即

$$S=\{x\,|\,\boldsymbol{A}_{m\times n}\boldsymbol{x}=\boldsymbol{0}\},$$

则 S 是向量空间，称为 $\boldsymbol{Ax}=\boldsymbol{0}$ 的解空间(solution space).

【证明】 显然 $\boldsymbol{0}\in S\neq\varnothing$. 对于任意 $\zeta_1,\zeta_2\in S$，这时 $\boldsymbol{A}\zeta_1=\boldsymbol{0}$ 且 $\boldsymbol{A}\zeta_2=\boldsymbol{0}$，于是 $\boldsymbol{A}(\zeta_1+\zeta_2)=\boldsymbol{A}\zeta_1+\boldsymbol{A}\zeta_2=\boldsymbol{0}+\boldsymbol{0}=\boldsymbol{0}$，因此 $\zeta_1+\zeta_2\in S$，即 S 关于向量的加法运算封闭.

对于任意 $\zeta\in S$ 和数 $\lambda\in R$，由于 $\boldsymbol{A}\zeta=\boldsymbol{0}$，于是 $\boldsymbol{A}(\lambda\zeta)=\lambda(\boldsymbol{A}\zeta)=\lambda\boldsymbol{0}=\boldsymbol{0}$，因此 $\lambda\zeta\in S$，即 S 关于向量的数乘运算封闭.

综上所述，S 是向量空间.

从定理 4.3.1.1 的证明过程知，齐次线性方程组 $\boldsymbol{A}_{m\times n}\boldsymbol{x}=\boldsymbol{0}$ 具有下列性质：

性质 1　若 $\boldsymbol{A}\zeta_1=\boldsymbol{0}$ 且 $\boldsymbol{A}\zeta_2=\boldsymbol{0}$，则 $\boldsymbol{A}(\zeta_1+\zeta_2)=\boldsymbol{0}$.

性质 2　若 $\boldsymbol{A}\zeta=\boldsymbol{0}$，则对于任意数 $\lambda\in R$，有 $\boldsymbol{A}(\lambda\zeta)=\boldsymbol{0}$.

推而广之，齐次线性方程组 $\boldsymbol{A}_{m\times n}\boldsymbol{x}=\boldsymbol{0}$ 若干个解的线性组合仍是它的解.

为了方便，将解空间 S 的基称为齐次线性方程组 $\boldsymbol{Ax}=\boldsymbol{0}$ 的基础解系. 基是对向量空间而言，基础解系是对齐次线性方程组 $\boldsymbol{Ax}=\boldsymbol{0}$ 而言.

根据定理 4.3.1.1 知，只要得出 $\boldsymbol{Ax}=\boldsymbol{0}$ 的一个基础解系，则 S 是由这个基础解系生成的向量空间，就可得出 $\boldsymbol{Ax}=\boldsymbol{0}$ 的所有解，即通解.

求出基础解系，实际上是得出齐次线性方程组解的一个框架结构，这样得出所有的通解称为 $\boldsymbol{Ax}=\boldsymbol{0}$ 的结构解，它也是通解的一种形式.

下面介绍求齐次线性方程组 $\boldsymbol{Ax}=\boldsymbol{0}$ 基础解系的方法.

首先证明下面的定理：

定理 4.3.1.2　设 S 是 n 元齐次线性方程组 $\boldsymbol{A}_{m\times n}\boldsymbol{x}=\boldsymbol{0}$ 的解空间，若 $R(\boldsymbol{A})=r$，则 $\dim(S)=n-r$. 换句话说，n 元齐次线性方程组 $\boldsymbol{A}_{m\times n}\boldsymbol{x}=\boldsymbol{0}$ 的基础解系中含解向量的个数为 $n-r$.

【证明】 若 $R(\boldsymbol{A})=n$，由定理 4.3.1.2 知，齐次线性方程组 $\boldsymbol{A}_{m\times n}\boldsymbol{x}=\boldsymbol{0}$ 只有零解，这时 $\dim(S)=0$，结论成立.

假设若 $R(\boldsymbol{A})=r<n$，则 $\boldsymbol{A}_{m\times n}\boldsymbol{x}=\boldsymbol{0}$ 有 $n-r$ 个自由未知量，不妨设为 $x_{r+1},x_{r+2},\cdots,x_n$，令 $x_{r+1}=k_1,x_{r+2}=k_2,\cdots,x_n=k_{n-r}$，则 $\boldsymbol{A}_{m\times n}\boldsymbol{x}=\boldsymbol{0}$ 的所有解为

$$x=\begin{pmatrix}x_1\\ \vdots\\ x_r\\ x_{r+1}\\ x_{r+2}\\ \vdots\\ x_n\end{pmatrix}=\begin{pmatrix}*\\ \vdots\\ *\\ k_1\\ k_2\\ \vdots\\ k_{n-r}\end{pmatrix}$$

其中 $k_1,k_2,\cdots,k_{n-r}$ 为任意常数.

令

$$\zeta_1=\begin{pmatrix}*\\ \vdots\\ *\\ 1\\ 0\\ \vdots\\ 0\end{pmatrix}\leftarrow r+1,\ \zeta_2=\begin{pmatrix}*\\ \vdots\\ *\\ 0\\ 1\\ \vdots\\ 0\end{pmatrix}\leftarrow r+2,\cdots,\zeta_{n-r}=\begin{pmatrix}*\\ \vdots\\ *\\ 0\\ 0\\ \vdots\\ 1\end{pmatrix}\leftarrow n,\tag{8}$$

则

$$x=\begin{pmatrix}x_1\\ \vdots\\ x_r\\ x_{r+1}\\ x_{r+2}\\ \vdots\\ x_n\end{pmatrix}=\begin{pmatrix}*\\ \vdots\\ *\\ k_1\\ k_2\\ \vdots\\ k_{n-r}\end{pmatrix}=k_1\begin{pmatrix}*\\ \vdots\\ *\\ 1\\ 0\\ \vdots\\ 0\end{pmatrix}+k_2\begin{pmatrix}*\\ \vdots\\ *\\ 0\\ 1\\ \vdots\\ 0\end{pmatrix}+\cdots+k_{n-r}\begin{pmatrix}*\\ \vdots\\ *\\ 0\\ 0\\ \vdots\\ 1\end{pmatrix},\tag{9}$$

一方面,由于 $\begin{pmatrix}x_{r+1}\\ x_{r+2}\\ \vdots\\ x_n\end{pmatrix}$ 分别取 $\begin{pmatrix}1\\ 0\\ \vdots\\ 0\end{pmatrix},\begin{pmatrix}0\\ 1\\ \vdots\\ 0\end{pmatrix},\cdots,\begin{pmatrix}0\\ 0\\ \vdots\\ 1\end{pmatrix}$ 时,向量组

$$\begin{pmatrix}1\\ 0\\ \vdots\\ 0\end{pmatrix},\begin{pmatrix}0\\ 1\\ \vdots\\ 0\end{pmatrix},\cdots,\begin{pmatrix}0\\ 0\\ \vdots\\ 1\end{pmatrix}\tag{10}$$

线性无关,知 $\zeta_1,\zeta_2,\cdots,\zeta_{n-r}$ 线性无关.另一方面,S 中任意向量可写成(9)式,即 S 中任意向量

都是 $\boldsymbol{\zeta}_1,\boldsymbol{\zeta}_2,\cdots,\boldsymbol{\zeta}_{n-r}$ 的线性组合. 因此,$\boldsymbol{\zeta}_1,\boldsymbol{\zeta}_2,\cdots,\boldsymbol{\zeta}_{n-r}$ 是齐次线性方程组 $\boldsymbol{A}_{m\times n}\boldsymbol{x}=\boldsymbol{0}$ 基础解系,其中含 $n-r$ 个解向量.

设 $R(\boldsymbol{A})=r$,根据定理 4.3.2 知,只要得出任意的 $n-r$ 个线性无关的齐次线性方程组 $\boldsymbol{A}_{m\times n}\boldsymbol{x}=\boldsymbol{0}$ 的解向量,它就是 $\boldsymbol{A}_{m\times n}\boldsymbol{x}=\boldsymbol{0}$ 的基础解系,进而得出解空间 S,因为 S 是由其基生成的向量空间.

【例 4.11】求下列齐次线性方程组的结构解:

$$\begin{cases}x_1-2x_2+3x_4=0,\\x_3+4x_4=0,\\x_5=0.\end{cases}\tag{1}$$

【解】系数矩阵 $\begin{pmatrix}1&-2&0&3&0\\0&0&1&4&0\\0&0&0&0&1\end{pmatrix}$ 已经是行最简形,其对应的线性方程组可确定 x_2 和 x_4 为自由未知量.

令 $\begin{pmatrix}x_2\\x_4\end{pmatrix}=\begin{pmatrix}1\\0\end{pmatrix},\begin{pmatrix}0\\1\end{pmatrix}$,代入线性方程组(1)得基础解系 $\boldsymbol{\zeta}_1=\begin{pmatrix}2\\1\\0\\0\\0\end{pmatrix}$,$\boldsymbol{\zeta}_2=\begin{pmatrix}-3\\0\\-4\\1\\0\end{pmatrix}$,于是齐次线性方程组(1)的结构解为

$$\boldsymbol{x}=k_1\boldsymbol{\zeta}_1+k_2\boldsymbol{\zeta}_2=k_1\begin{pmatrix}2\\1\\0\\0\\0\end{pmatrix}+k_2\begin{pmatrix}-3\\0\\-4\\1\\0\end{pmatrix},\text{其中 }k_1\text{ 和 }k_2\text{ 为任意常数.}\tag{2}$$

注 最后得到的结构解(2)与用高斯消元得到的通解

$$\boldsymbol{x}=\begin{pmatrix}2k_1-3k_2\\k_1\\-4k_2\\k_2\\0\end{pmatrix},\text{其中 }k_1\text{ 和 }k_2\text{ 为任意常数}$$

是完全一致的.

由向量空间理论知,任意两个基础解系都是解空间 S 的基,它们是等价的.

结构解是通解的一种形式,它与用高斯消元法得出的通解本质相同. 对于非齐次线性方程组有同样的结论. 实际上,若不要求给出结构解,按高斯消元法得出其通解更方便. 容易知道,求结构解比用高斯消元法得出通解更灵活,只需要得出一个基础解系即

可.在第五章计算方阵的特征向量时就需要这种基础解系,换句话说,基础解系本身也是非常重要的.

【例 4.12】(1) 求齐次线性方程组$\begin{cases} x_1 + x_2 = 0 \\ x_2 - x_4 = 0 \end{cases}$的基础解系. (1)

(2) 通解为 $k_1\begin{pmatrix}1\\1\\1\\0\end{pmatrix}+k_2\begin{pmatrix}0\\2\\2\\1\end{pmatrix}$($k_1$ 和 k_2 为任意常数)的齐次线性方程组是否与(1)中的线性方程组有非零公共解;若有,则求出所有非零公共解,若无,则说明理由.

【解】(1) 齐次线性方程组的系数矩阵的行最简形矩阵为:

$$\begin{pmatrix}1 & 1 & 0 & 0\\0 & 1 & 0 & -1\end{pmatrix}\xrightarrow{-1r_2+r_1}\begin{pmatrix}1 & 0 & 0 & 1\\0 & 1 & 0 & -1\end{pmatrix},$$

其对应的齐次线性方程组为:

$$\begin{cases} x_1 + x_4 = 0, \\ x_2 - x_4 = 0. \end{cases}$$

取 x_3 和 x_4 为自由未知量,令$\begin{pmatrix}x_3\\x_4\end{pmatrix}=\begin{pmatrix}1\\0\end{pmatrix},\begin{pmatrix}0\\1\end{pmatrix}$,得基础解系为:

$$\begin{pmatrix}0\\0\\1\\0\end{pmatrix},\begin{pmatrix}-1\\1\\0\\1\end{pmatrix}.$$

(2) 将所给通解的齐次线性方程组的解:

$$x_1 = k_1, x_2 = k_1 + 2k_2, x_3 = k_1 + 2k_2, x_4 = k_2$$

代入线性方程组(1),得$\begin{cases} k_1 + (k_1 + 2k_2) = 0, \\ (k_1 + 2k_2) - k_2 = 0, \end{cases}$于是 $k_1 = -k_2$.因此,当 $k_1 = -k_2 \neq 0$ 时它们有非零公共解,其非零公共解为:

$$k_1\begin{pmatrix}1\\1\\1\\0\end{pmatrix}-k_1\begin{pmatrix}0\\2\\2\\1\end{pmatrix}=k_1\begin{pmatrix}1\\-1\\-1\\-1\end{pmatrix},$$其中 k_1 为不等于 0 的任意常数.

4.3.2 非齐次线性方程组的结构解

借助于齐次线性方程组 $\boldsymbol{Ax} = \boldsymbol{0}$ 的基础解系可以得出非齐次线性方程组的结构解.

非齐次线性方程组 $\boldsymbol{A}_{m\times n}\boldsymbol{x} = \boldsymbol{b}$ 对应的齐次线性方程组为 $\boldsymbol{A}_{m\times n}\boldsymbol{x} = \boldsymbol{0}$,它可称为 $\boldsymbol{A}_{m\times n}\boldsymbol{x} = \boldsymbol{b}$ 的导出组.容易验证,下列两条性质成立.

性质 1 若 $\boldsymbol{A\eta}_1 = \boldsymbol{b}$ 且 $\boldsymbol{A\eta}_2 = \boldsymbol{b}$,则 $\boldsymbol{A}(\boldsymbol{\eta}_1 - \boldsymbol{\eta}_2) = \boldsymbol{0}$.

性质 2 若 $\boldsymbol{A\zeta} = \boldsymbol{0}$ 且 $\boldsymbol{A\eta} = \boldsymbol{b}$,则 $\boldsymbol{A}(\boldsymbol{\zeta} + \boldsymbol{\eta}) = \boldsymbol{b}$.

若得到非齐次线性方程组 $\boldsymbol{Ax}=\boldsymbol{b}$ 的一个特解 $\boldsymbol{\eta}^*$，$\boldsymbol{Ax}=\boldsymbol{b}$ 的任意解 $\boldsymbol{x}$ 总可以写成 $\boldsymbol{x}=\boldsymbol{\zeta}+\boldsymbol{\eta}^*$，其中 $\boldsymbol{A\zeta}=\boldsymbol{0}$. 设 $\boldsymbol{Ax}=\boldsymbol{0}$ 的基础解系为 $\boldsymbol{\zeta}_1,\boldsymbol{\zeta}_2,\cdots,\boldsymbol{\zeta}_{n-R(\boldsymbol{A})}$，则 $\boldsymbol{Ax}=\boldsymbol{b}$ 的结构解为

$$k_1\boldsymbol{\zeta}_1+k_2\boldsymbol{\zeta}_2+\cdots+k_{n-R(\boldsymbol{A})}\boldsymbol{\zeta}_{n-R(\boldsymbol{A})}+\boldsymbol{\eta}^*.$$

综上所述，有下面的定理：

定理 4.3.2.1　设非齐次线性方程组 $\boldsymbol{A}_{m\times n}\boldsymbol{x}=\boldsymbol{b}$ 对应的齐次线性方程组 $\boldsymbol{Ax}=\boldsymbol{0}$ 的基础解系为：

$$\boldsymbol{\zeta}_1,\boldsymbol{\zeta}_2,\cdots,\boldsymbol{\zeta}_{n-r},$$

其中 $R(\boldsymbol{A})=r$，$\boldsymbol{\eta}^*$ 是非齐次线性方程组 $\boldsymbol{Ax}=\boldsymbol{b}$ 的一个特解，则非齐次线性方程组 $\boldsymbol{Ax}=\boldsymbol{b}$ 的结构解为：

$$k_1\boldsymbol{\zeta}_1+k_2\boldsymbol{\zeta}_2+\cdots+k_{n-r}\boldsymbol{\zeta}_{n-r}+\boldsymbol{\eta}^*\text{，其中 }k_1,k_2,\cdots,k_r\text{ 为任意常数.}$$

特别地，若 $R(\boldsymbol{A})=r=n$，则 $\boldsymbol{Ax}=\boldsymbol{b}$ 只有唯一解.

对于非齐次线性方程组 $\boldsymbol{A}_{m\times n}\boldsymbol{x}=\boldsymbol{b}$ 的任意两个特解 $\boldsymbol{\eta}_1^*$ 和 $\boldsymbol{\eta}_2^*$，由性质 1 知，$\boldsymbol{\eta}_1^*-\boldsymbol{\eta}_2^*$ 是 $\boldsymbol{A}_{m\times n}\boldsymbol{x}=\boldsymbol{0}$ 的解. 由于 $\boldsymbol{A}_{m\times n}\boldsymbol{x}=\boldsymbol{0}$ 的任意两个基础解系都是解空间 S 的基，因而它们是等价的，由此可知非齐次线性方程组 $\boldsymbol{A}_{m\times n}\boldsymbol{x}=\boldsymbol{b}$ 的任意两个解是可以相互线性表示的.

【例 4.13】问 λ,μ 取何值时，下列非齐次线性方程组

$$\begin{cases} x_1+x_2+x_3+x_4=0, \\ x_2+2x_3+2x_4=1, \\ -x_2+(\lambda-3)x_3-2x_4=\mu, \\ 3x_1+2x_2+x_3+\lambda x_4=-1. \end{cases}$$

(1) 无解. (2) 有唯一解. (3) 有无穷多个解，求出其结构解.

【解】对其增广矩阵 $\boldsymbol{B}$ 化行阶梯形

$$\boldsymbol{B}=\left(\begin{array}{cccc:c} 1 & 1 & 1 & 1 & 0 \\ 0 & 1 & 2 & 2 & 1 \\ 0 & -1 & \lambda-3 & -2 & \mu \\ 3 & 2 & 1 & \lambda & -1 \end{array}\right) \xrightarrow{-3r_1+r_4} \left(\begin{array}{cccc:c} 1 & 1 & 1 & 1 & 0 \\ 0 & 1 & 2 & 2 & 1 \\ 0 & -1 & \lambda-3 & -2 & \mu \\ 0 & -1 & -2 & \lambda-3 & -1 \end{array}\right) \xrightarrow[1r_2+r_4]{1r_2+r_3} \left(\begin{array}{cccc:c} 1 & 1 & 1 & 1 & 0 \\ 0 & 1 & 2 & 2 & 1 \\ 0 & 0 & \lambda-1 & 0 & \mu+1 \\ 0 & 0 & 0 & \lambda-1 & 0 \end{array}\right)$$

(1) 当 $\lambda\neq 1$ 时，$R(\boldsymbol{A})=R(\boldsymbol{B})=4$，非齐次线性方程组有唯一解，$\boldsymbol{B}$ 可进一步简化成

$$B \to \left(\begin{array}{cccc|c} 1 & 0 & 0 & 0 & -1+\dfrac{\mu+1}{\lambda-1} \\ 0 & 1 & 0 & 0 & 1-\dfrac{2(\mu+1)}{\lambda-1} \\ 0 & 0 & 1 & 0 & \dfrac{\mu+1}{\lambda-1} \\ 0 & 0 & 0 & 1 & 0 \end{array}\right).$$

于是，$x_1=-1+\dfrac{\mu+1}{\lambda-1}$，$x_2=1-\dfrac{2(\mu+1)}{\lambda-1}$，$x_3=\dfrac{\mu+1}{\lambda-1}$，$x_4=0$.

(2) 当 $\lambda=1$ 时，$R(\boldsymbol{A})=2$.

① 若 $\mu\neq-1$，则 $R(\boldsymbol{B})=3$，方程组无解.

② 若 $\mu=-1$，则 $\boldsymbol{B}$ 可进一步简化成

$$\boldsymbol{B} \to \left(\begin{array}{cccc|c} 1 & 0 & -1 & -1 & -1 \\ 0 & 1 & 2 & 2 & 1 \\ 0 & 0 & 0 & 0 & 0 \\ 0 & 0 & 0 & 0 & 0 \end{array}\right),$$

同解的非齐次线性方程组为

$$\begin{cases} x_1-x_3-x_4=-1, \\ x_2+2x_3+2x_4=1. \end{cases}$$

令 $x_3=x_4=0$，得

$$\boldsymbol{\eta}^*=\begin{pmatrix} -1 \\ 1 \\ 0 \\ 0 \end{pmatrix}.$$

根据行最简形矩阵，得出对应的同解齐次线性方程组为

$$\begin{cases} x_1-x_3-x_4=0, \\ x_2+2x_3+2x_4=0. \end{cases}$$

取 $\begin{pmatrix} x_3 \\ x_4 \end{pmatrix}=\begin{pmatrix} 1 \\ 0 \end{pmatrix},\begin{pmatrix} 0 \\ 1 \end{pmatrix}$，得基础解系

$$\boldsymbol{\zeta}_1=\begin{pmatrix} 1 \\ -2 \\ 1 \\ 0 \end{pmatrix},\boldsymbol{\zeta}_2=\begin{pmatrix} 1 \\ -2 \\ 0 \\ 1 \end{pmatrix}.$$

因此，非齐次线性方程组的结构解为

$$x = k_1\begin{pmatrix}1\\-2\\1\\0\end{pmatrix}+k_2\begin{pmatrix}1\\-2\\0\\1\end{pmatrix}+\begin{pmatrix}-1\\1\\0\\0\end{pmatrix}$$，其中 k_1,k_2 为任意常数.

综上所述，(1) 当 $\lambda = 1,\mu \neq -1$ 时无解.

(2) 当 $\lambda \neq 1$ 时，有唯一解

$$x_1 = -1+\frac{\mu+1}{\lambda-1},x_2 = 1-\frac{2(\mu+1)}{\lambda-1},x_3 = \frac{\mu+1}{\lambda-1},x_4 = 0.$$

(3) 当 $\lambda = 1,\mu = -1$ 时有无限多个解，其结构解为

$$x = k_1\begin{pmatrix}1\\-2\\1\\0\end{pmatrix}+k_2\begin{pmatrix}1\\-2\\0\\1\end{pmatrix}+\begin{pmatrix}-1\\1\\0\\0\end{pmatrix}$$，其中 k_1,k_2 为任意常数.

【例 4.14】(2010.1,2,3) 设 $\boldsymbol{A} = \begin{bmatrix}\lambda & 1 & 1\\0 & \lambda-1 & 0\\1 & 1 & \lambda\end{bmatrix}$，$\boldsymbol{b} = \begin{bmatrix}a\\1\\1\end{bmatrix}$，已知线性方程组 $\boldsymbol{Ax} = \boldsymbol{b}$ 存在 2 个不同的解.

(1) 求 λ、a.

(2) 求方程组 $\boldsymbol{Ax} = \boldsymbol{b}$ 的通解.

【分析】由于 $\boldsymbol{Ax} = \boldsymbol{b}$ 有多解，则 $r(\boldsymbol{A}) = r(\boldsymbol{A},\boldsymbol{b}) < 3$，从而求得 λ、a.

【解】已知线性方程组 $\boldsymbol{Ax} = \boldsymbol{b}$ 有多解，则有

$$|\boldsymbol{A}| = \begin{vmatrix}\lambda & 1 & 1\\0 & \lambda-1 & 0\\1 & 1 & \lambda\end{vmatrix} \xlongequal{\text{按 } r_2 \text{ 展开}} (\lambda-1)\begin{vmatrix}\lambda & 1\\1 & \lambda\end{vmatrix} = (\lambda-1)^2(\lambda+1) = 0$$

解得 $\lambda = -1,\lambda = 1$. 当 $\lambda = 1$ 时，对方程组 $\boldsymbol{Ax} = \boldsymbol{b}$ 的增广矩阵进行初等行变换：

$$(\boldsymbol{A},\boldsymbol{b}) = \left[\begin{array}{ccc:c}1 & 1 & 1 & a\\0 & 0 & 0 & 1\\1 & 1 & 1 & 1\end{array}\right] \xrightarrow{r_3-r_1} \left[\begin{array}{ccc:c}1 & 1 & 1 & a\\0 & 0 & 0 & 1\\0 & 0 & 0 & 1-a\end{array}\right],$$

显然，$r(\boldsymbol{A}) < r(\boldsymbol{A},\boldsymbol{b})$，此时方程组 $\boldsymbol{Ax} = \boldsymbol{b}$ 无解，则 $\lambda = 1$ 应舍去.

当 $\lambda = -1$ 时，对方程组 $\boldsymbol{Ax} = \boldsymbol{b}$ 的增广矩阵进行初等行变换：

$$(\boldsymbol{A},\boldsymbol{b}) = \left[\begin{array}{ccc:c}-1 & 1 & 1 & a\\0 & -2 & 0 & 1\\1 & 1 & -1 & 1\end{array}\right] \xrightarrow{r_3+r_1} \left[\begin{array}{ccc:c}-1 & 1 & 1 & a\\0 & -2 & 0 & 1\\0 & 2 & 0 & 1+a\end{array}\right]$$

$$\xrightarrow{r_3+r_2}\left[\begin{array}{ccc:c}-1 & 1 & 1 & a \\ 0 & -2 & 0 & 1 \\ 0 & 0 & 0 & 2+a\end{array}\right]$$

故当 $a=-2$ 时，$r(\boldsymbol{A})=r(\boldsymbol{A},\boldsymbol{b})=2$，方程组无解.

综上所述，可得 $\lambda=-1, a=-2$.

(2) 当 $\lambda=-1, a=-2$ 时，对方程组 $\boldsymbol{Ax}=\boldsymbol{b}$ 的增广矩阵进行初等行变换：

$$(\boldsymbol{A} \vdots \boldsymbol{b})=\left[\begin{array}{ccc:c}-1 & 1 & 1 & -2 \\ 0 & -2 & 0 & 1 \\ 1 & 1 & -1 & 1\end{array}\right] \rightarrow\left[\begin{array}{ccc:c}-1 & 1 & 1 & -2 \\ 0 & -2 & 0 & 1 \\ 0 & 0 & 0 & 0\end{array}\right] \rightarrow\left[\begin{array}{ccc:c}1 & 0 & -1 & \frac{3}{2} \\ 0 & 1 & 0 & -\frac{1}{2} \\ 0 & 0 & 0 & 0\end{array}\right]$$

则方程组 $\boldsymbol{Ax}=\boldsymbol{b}$ 的通解为 $\frac{1}{2}\begin{bmatrix}3 \\ -1 \\ 0\end{bmatrix}+k\begin{bmatrix}1 \\ 0 \\ 1\end{bmatrix}$，其中 k 为任意常数.

注 (1) 本题考查以下知识点：

①$\boldsymbol{A}_n\boldsymbol{x}=\boldsymbol{b}$ 有多解或无解 $\Leftrightarrow |\boldsymbol{A}_n|=0$.

②$\boldsymbol{Ax}=\boldsymbol{b}$ 无解 $\Leftrightarrow r(\boldsymbol{A})<r(\boldsymbol{A},\boldsymbol{b})$.

③$\boldsymbol{Ax}=\boldsymbol{b}$ 有解 $\Leftrightarrow r(\boldsymbol{A})=r(\boldsymbol{A},\boldsymbol{b})$.

(2) 讨论带参数线性方程组的解时，一般有两种解题方法：初等行变换法和求解行列式法（若 A 为方阵）. 针对不同的题目，选择比较容易上手的一种.

小结　以矩阵 $\boldsymbol{A}_{m\times n}$ 为系数矩阵的线性方程组解的情况如表 4－1、表 4－2 所示.

表 4－1

	$\boldsymbol{AX}=\boldsymbol{0}$
$r(\boldsymbol{A})=n$	方程唯一解
$r(\boldsymbol{A})<n$	方程无穷多解
$r(\boldsymbol{A})=m$	不能确定
$r(\boldsymbol{A})<m$	不能确定
$\boldsymbol{A}$ 的列向量线性无关	方程唯一解
$\boldsymbol{A}$ 的列向量线性相关	方程无穷多组解
$\boldsymbol{A}$ 的行向量线性无关	无法确定
$\boldsymbol{A}$ 的行向量线性相关	无法确定

表 4 - 2

	$AX = b$
$r(A) = n$	无法确定
$r(A) < n$	无法确定
$r(A) = m$(此时可以推出 $r(A) = r(A \vdots b) = m$)	方程有解，如果同时 $r(A) = m = n$ 则有唯一解，如果 $r(A) = m < n$ 则方程有无穷多解
$r(A) < m$	无法确定
$r(A) = r(A \vdots b) = n$	方程唯一解
$r(A) = r(A \vdots b) < n$	方程有无穷多组解
A 的列向量线性无关	无法确定
A 的列向量线性相关	无法确定
A 的行向量线性无关	方程有解
A 的行向量线性相关	无法确定

第5章　特征值及特征向量

【导言】

一个方阵乘以一个向量具有明显的几何意义.如设

$$\boldsymbol{x}=\begin{bmatrix}1\\0\end{bmatrix},\boldsymbol{A}_1=\begin{bmatrix}2&0\\0&2\end{bmatrix},\boldsymbol{A}_2=\begin{bmatrix}\frac{1}{2}&\frac{1}{4}\\1&\frac{1}{2}\end{bmatrix},$$

$$\boldsymbol{A}_3=\begin{bmatrix}0&1\\2&0\end{bmatrix},\boldsymbol{A}_4=\begin{bmatrix}-2&0\\0&3\end{bmatrix},\boldsymbol{A}_5=\begin{bmatrix}1&3\\-2&2\end{bmatrix},$$

可画出 $\boldsymbol{A}_i\boldsymbol{x}\ (i=1,2,\cdots,5)$ 的几何形象(见图 5-1).

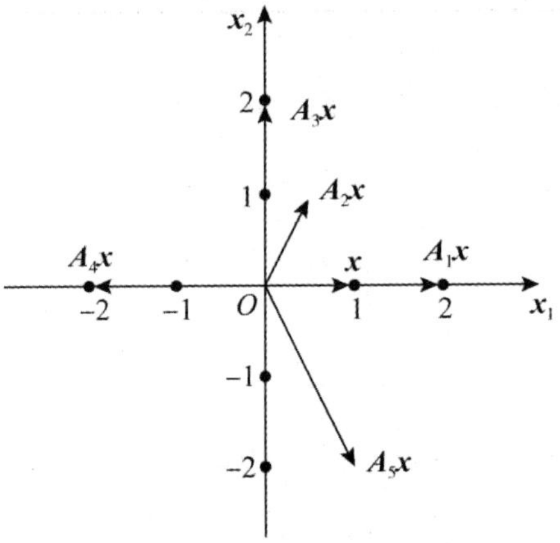

图 5-1

可见,矩阵与向量相乘既可把向量拉伸也可把它旋转,但在本章,我们重点关心的是 $\boldsymbol{A}_1\boldsymbol{x}$ 与 $\boldsymbol{A}_4\boldsymbol{x}$ 这两种情形,其特点是矩阵与向量相乘后与该向量在同一条直线上.

本章内容是建立在行列式、矩阵、向量及线性方程组的知识体系上的,而下一章将介绍的二次型又和特征值与特征向量紧密相连,在考研解答题(11 分)中往往有一道题以特征值、特征向量为纽带,将前后知识串联起来考查,是综合性很强的一道题目,也是考试大纲重点强调的考查考生灵活运用知识的能力.

通过本章的学习,考生应重点掌握特征值、特征向量的求法,快速判定矩阵能否相似对角化、如何相似对角化,以及相似矩阵的判定及实对称矩阵的性质.

【考试要求】

考试要求	科目	考试内容
了解	数学一	
	数学二	
	数学三	矩阵可相似对角化的充分必要条件
理解	数学一	矩阵的特征值和特征向量的概念及性质，相似矩阵的概念、性质及矩阵可相似对角化的充分必要条件
	数学二	矩阵的特征值和特征向量的概念及性质，相似矩阵的概念、性质及矩阵可相似对角化的充分必要条件，实对称矩阵的特征值和特征向量的性质
	数学三	矩阵的特征值、特征向量的概念，矩阵相似的概念
会	数学一	矩阵的特征值和特征向量
	数学二	矩阵的特征值和特征向量，矩阵化为相似对角矩阵
	数学三	
掌握	数学一	将矩阵化为相似对角矩阵的方法，实对称矩阵的特征值和特征向量的性质
	数学二	
	数学三	矩阵特征值的性质，求矩阵特征值和特征向量的方法，相似矩阵的性质，将矩阵化为相似对角矩阵的方法，实对称矩阵的特征值和特征向量的性质

【知识网络图】

- 特征值与特征向量
  - 定义
  - 求法
    - 数字型
    - 抽象型
  - 性质
  - 相似
    - 定义
    - 判定
    - 相似对角化
  - 实对称矩阵的性质

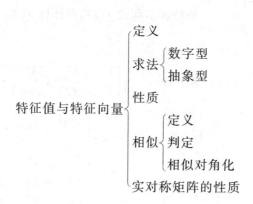

【内容精讲】

5.1　特征值及特征向量

5.1.1　定义

定义 5.1.1.1　设 $\boldsymbol{A}$ 是 n 阶方阵，若存在数 λ 和非零向量 $\boldsymbol{x}$ 使得

$$\boldsymbol{A}\boldsymbol{x}=\lambda\boldsymbol{x} \tag{1}$$

则称 λ 为方阵 $\boldsymbol{A}$ 的特征值，$\boldsymbol{x}$ 是对应于 λ 的特征向量.

根据定义，有如下的一些结论：

(1) 若 $\boldsymbol{x}$ 是 $\boldsymbol{A}$ 的对应于 λ 的特征向量，则对于任意 $k\neq 0$，$k\boldsymbol{x}$ 也是 $\boldsymbol{A}$ 的对应于 λ 的特征向量.

因为由 $\boldsymbol{A}\boldsymbol{x}=\lambda\boldsymbol{x}$，可以推出

$$\boldsymbol{A}(k\boldsymbol{x})=k(\boldsymbol{A}\boldsymbol{x})=k(\lambda\boldsymbol{x})=\lambda(k\boldsymbol{x}).$$

这说明，方阵 $\boldsymbol{A}$ 的对应于 λ 的特征向量不是唯一的，而是有无限多个.

(2) 若 $\boldsymbol{x}_1,\boldsymbol{x}_2$ 是 $\boldsymbol{A}$ 的对应于 λ 的特征向量，且 $\boldsymbol{x}_1+\boldsymbol{x}_2\neq 0$，则 $\boldsymbol{x}_1+\boldsymbol{x}_2$ 也是 $\boldsymbol{A}$ 的对应于 λ 的特征向量.

由于 $\boldsymbol{A}\boldsymbol{x}_1=\lambda\boldsymbol{x}_1,\boldsymbol{A}\boldsymbol{x}_2=\lambda\boldsymbol{x}_2$，于是

$$\boldsymbol{A}(\boldsymbol{x}_1+\boldsymbol{x}_2)=\boldsymbol{A}\boldsymbol{x}_1+\boldsymbol{A}\boldsymbol{x}_2=\lambda\boldsymbol{x}_1+\lambda\boldsymbol{x}_2=\lambda(\boldsymbol{x}_1+\boldsymbol{x}_2).$$

由(1)和(2)知，对于方阵 $\boldsymbol{A}$ 的对应于 λ 的特征向量 $\boldsymbol{x}_1,\boldsymbol{x}_2,\cdots,\boldsymbol{x}_m$，其非零的线性组合

$$k_1\boldsymbol{x}_1+k_2\boldsymbol{x}_2+\cdots+k_m\boldsymbol{x}_m,(k_1\boldsymbol{x}_1+k_2\boldsymbol{x}_2+\cdots+k_m\boldsymbol{x}_m\neq\boldsymbol{0})$$

也是 $\boldsymbol{A}$ 的对应于 λ 的特征向量.

定义 5.1.1.2　$\boldsymbol{A}\boldsymbol{x}=\lambda\boldsymbol{x}$ 两边移项，提出公因式非零向量 $\boldsymbol{x}$ 得 $(\boldsymbol{A}-\lambda\boldsymbol{E})\boldsymbol{x}=\boldsymbol{0}$，根据克拉默法则，齐次方程有非零解，系数矩阵的行列式为零，得 $|\boldsymbol{A}-\lambda\boldsymbol{E}|=0$，将 $|\boldsymbol{A}-\lambda\boldsymbol{E}|$ 称为方阵 $\boldsymbol{A}$ 的特征多项式，它是一个关于 λ 的 n 次多项式，可记为 $f(\lambda)$，把其根的重数称为特征值 λ 的代数重数，称 $|\boldsymbol{A}-\lambda\boldsymbol{E}|=0$ 为 $\boldsymbol{A}$ 的特征方程.

【例 5.1】写出方阵 $\boldsymbol{A}=\begin{bmatrix}7&-3\\5&-2\end{bmatrix}$ 的特征多项式 $f(\lambda)$，并计算 $f(\boldsymbol{A})$ 的值.

【解】方阵 $\boldsymbol{A}$ 的特征多项式 $f(\lambda)$ 为

$$f(\lambda)=|\boldsymbol{A}-\lambda\boldsymbol{E}|=\left|\begin{bmatrix}7&-3\\5&-2\end{bmatrix}-\lambda\begin{bmatrix}1&0\\0&1\end{bmatrix}\right|$$

$$=\left|\begin{bmatrix}7-\lambda&-3\\5&-2-\lambda\end{bmatrix}\right|=\lambda^2-5\lambda+1,$$

从而 $f(\boldsymbol{A})$ 的值为

$$f(\boldsymbol{A})=\boldsymbol{A}^2-5\boldsymbol{A}+\boldsymbol{E}=\begin{bmatrix}7&-3\\5&-2\end{bmatrix}^2-5\begin{bmatrix}7&-3\\5&-2\end{bmatrix}+\begin{bmatrix}1&0\\0&1\end{bmatrix}=\boldsymbol{0} \tag{1}$$

(1) 式的结果具有一般性，它是线性代数中的一个重要定理.

定理 5.1.1.1　设 $f(\lambda)$ 是方阵 $\boldsymbol{A}$ 的特征多项式，则 $f(\boldsymbol{A})=\boldsymbol{0}$.

该定理在理论和计算上都有非常重要的应用.

5.1.2　性质

性质 1　若 $\lambda_1,\lambda_2,\cdots,\lambda_s$ 为一个 n 阶方阵 $\boldsymbol{A}$ 的不同特征值,它们对应的特征向量分别为 $\boldsymbol{p}_1,\boldsymbol{p}_2,\cdots,\boldsymbol{p}_s$. 则 $\boldsymbol{p}_1,\boldsymbol{p}_2,\cdots,\boldsymbol{p}_s$ 线性无关.

【证明】 设 $\lambda_1,\lambda_2,\cdots,\lambda_m$ 是方阵 $\boldsymbol{A}$ 的 m 个不同特征值, $\boldsymbol{p}_1,\boldsymbol{p}_2,\cdots,\boldsymbol{p}_m$ 分别是与之对应的特征向量,即 $\boldsymbol{A}\boldsymbol{p}_i=\lambda_i\boldsymbol{p}_i,i=1,2,\cdots,m$. 又设存在 $k_1,k_2,\cdots,k_m$ 使得

$$k_1\boldsymbol{p}_1+k_2\boldsymbol{p}_2+\cdots+k_m\boldsymbol{p}_m=\boldsymbol{0}$$

由于 $\boldsymbol{A}(k_1\boldsymbol{p}_1+k_2\boldsymbol{p}_2+\cdots+k_m\boldsymbol{p}_m)=\boldsymbol{A0}=\boldsymbol{0}$,根据已知有

$$k_1\lambda_1\boldsymbol{p}_1+k_2\lambda_2\boldsymbol{p}_2+\cdots+k_m\lambda_m\boldsymbol{p}_m=\boldsymbol{0}, \tag{1}$$

依次类推,有

$$k_1\lambda_1^k\boldsymbol{p}_1+k_2\lambda_2^k\boldsymbol{p}_2+\cdots+k_m\lambda_m^k\boldsymbol{p}_m=0, \tag{2}$$

其中 $k=2,3,\cdots,m-1$. 根据(1) 式 ~ (2) 式,利用分块矩阵乘法,有

$$(k_1\boldsymbol{p}_1,k_2\boldsymbol{p}_2,\cdots,k_m\boldsymbol{p}_m)\begin{bmatrix}1 & \lambda_1 & \cdots & \lambda_1^{m-1}\\ 1 & \lambda_2 & \cdots & \lambda_2^{m-1}\\ \vdots & \vdots & & \vdots\\ 1 & \lambda_m & \cdots & \lambda_m^{m-1}\end{bmatrix}=(\boldsymbol{0},\boldsymbol{0},\cdots,\boldsymbol{0}).$$

根据范德蒙德行列式,知

$$\begin{vmatrix}1 & \lambda_1 & \cdots & \lambda_1^{m-1}\\ 1 & \lambda_2 & \cdots & \lambda_2^{m-1}\\ \vdots & \vdots & & \vdots\\ 1 & \lambda_m & \cdots & \lambda_m^{m-1}\end{vmatrix}=\prod_{1\leqslant j<i\leqslant m}(\lambda_i-\lambda_j)\neq 0,$$

$$m=r\left(\begin{bmatrix}1 & \lambda_1 & \cdots & \lambda_1^{m-1}\\ 1 & \lambda_2 & \cdots & \lambda_2^{m-1}\\ \vdots & \vdots & & \vdots\\ 1 & \lambda_m & \cdots & \lambda_m^{m-1}\end{bmatrix}\right)\leqslant m-r(k_1\boldsymbol{p}_1,k_2\boldsymbol{p}_2,\cdots,k_m\boldsymbol{p}_m)$$

$r(k_1\boldsymbol{p}_1,k_2\boldsymbol{p}_2,\cdots,k_m\boldsymbol{p}_m)\leqslant 0$ 所以 $(k_1\boldsymbol{p}_1,k_2\boldsymbol{p}_2,\cdots,k_m\boldsymbol{p}_m)=(\boldsymbol{0},\boldsymbol{0},\cdots,\boldsymbol{0})$,进而 $k_i\boldsymbol{p}_i=\boldsymbol{0}$. 由此得出 $k_i=0,i=1,2,\cdots,m$. 故 $\boldsymbol{p}_1,\boldsymbol{p}_2,\cdots,\boldsymbol{p}_m$ 线性无关.

性质 2　设 λ_1,λ_2 是方阵 $\boldsymbol{A}$ 的两个不同特征值, $\boldsymbol{p}_1,\boldsymbol{p}_2$ 分别是与之对应的特征向量,则 $\boldsymbol{p}_1+\boldsymbol{p}_2$ 不是 $\boldsymbol{A}$ 的特征向量.

【证明】 反证法:假设 $\boldsymbol{p}_1+\boldsymbol{p}_2$ 是 $\boldsymbol{A}$ 的对应于 λ 的特征向量,即 $\boldsymbol{A}(\boldsymbol{p}_1+\boldsymbol{p}_2)=\lambda(\boldsymbol{p}_1+\boldsymbol{p}_2)$. 由于

$$\boldsymbol{A}(\boldsymbol{p}_1+\boldsymbol{p}_2)=\boldsymbol{A}\boldsymbol{p}_1+\boldsymbol{A}\boldsymbol{p}_2=\lambda_1\boldsymbol{p}_1+\lambda_2\boldsymbol{p}_2,$$

所以 $\lambda_1\boldsymbol{p}_1+\lambda_2\boldsymbol{p}_2=\lambda(\boldsymbol{p}_1+\boldsymbol{p}_2)$,于是 $(\lambda_1-\lambda)\boldsymbol{p}_1+(\lambda_2-\lambda)\boldsymbol{p}_2=\boldsymbol{0}$. 根据性质 1,知 $\boldsymbol{p}_1,\boldsymbol{p}_2$ 线性无关,故 $\lambda_1-\lambda=\lambda_2-\lambda=0$,进而 $\lambda_1=\lambda_2$,矛盾. 假设不成立,即得证.

性质 3　设 n 阶方阵 $\boldsymbol{A}=(a_{ij})_{n\times n}$ 的 n 个特征值为 $\lambda_1,\lambda_2,\cdots,\lambda_n$(重根按重数计算),则:

①$\lambda_1+\lambda_2+\cdots+\lambda_n=a_{11}+a_{22}+\cdots+a_{nn}$,

② $\lambda_1\lambda_2\cdots\lambda_n = |\boldsymbol{A}|$.

例如二阶方阵 $\boldsymbol{A}=(a_{ij})_{2\times 2}$ 的特征方程为

$$f(\lambda)=|\boldsymbol{A}-\lambda\boldsymbol{E}|=\begin{vmatrix} a_{11}-\lambda & a_{12} \\ a_{21} & a_{22}-\lambda \end{vmatrix}=(a_{11}-\lambda)(a_{22}-\lambda)-a_{12}a_{21}$$

$$=\lambda^2-(a_{11}+a_{22})\lambda+(a_{11}a_{22}-a_{12}a_{21})=\lambda^2-(a_{11}+a_{22})\lambda+|\boldsymbol{A}|=0,$$

其特征值为 λ_1,λ_2,则由一元二次方程根与系数的关系有

$$\lambda_1+\lambda_2=a_{11}+a_{22},$$

$$\lambda_1\lambda_2=|\boldsymbol{A}|.$$

在 n 阶方阵 $\boldsymbol{A}=(a_{ij})_{n\times n}$ 中,$a_{11}+a_{22}+\cdots+a_{nn}$ 称为 $\boldsymbol{A}$ 的迹(trace),即为 $tr(\boldsymbol{A})$. 性质 3 的 ① 表明,$\boldsymbol{A}$ 的所有特征值的和等于方阵 $\boldsymbol{A}$ 的迹.

如果知道 n 阶方阵 $\boldsymbol{A}=(a_{ij})_{n\times n}$ 的 n 个特征值为 $\lambda_1,\lambda_2,\cdots,\lambda_n$,则可由 ② 得出 $|\boldsymbol{A}|$. 特别是方阵 $\boldsymbol{A}$ 有一个特征值为 $0\Leftrightarrow|\boldsymbol{A}|=0$.

【例 5.2】 已知三阶方阵 $\boldsymbol{A}$ 的特征值为 $1,-1,2$,求行列式 $|2\boldsymbol{A}^3-\boldsymbol{A}+2\boldsymbol{A}^{-1}|$ 的值.

【解】 设 λ 是 $\boldsymbol{A}$ 的特征值,则

$$f(\lambda)=2\lambda^3-\lambda+\frac{2}{\lambda}$$

为 $f(\boldsymbol{A})=2\boldsymbol{A}^3-\boldsymbol{A}+2\boldsymbol{A}^{-1}$ 的特征值,故

$$|f(\boldsymbol{A})|=|2\boldsymbol{A}^3-\boldsymbol{A}+2\boldsymbol{A}^{-1}|=f(1)\cdot f(-1)\cdot f(2)=3\times(-3)\times 15=-135.$$

5.1.3 求解方法

根据以上的分析知,方阵 $\boldsymbol{A}$ 的特征值就是其特征方程 $|\boldsymbol{A}-\lambda\boldsymbol{E}|=0$ 的根,其对应的特征向量即是齐次方程 $(\boldsymbol{A}-\lambda\boldsymbol{E})\boldsymbol{x}=\boldsymbol{0}$ 的非零通解,因为在实数范围内,n 次多项式必有 n 个实数根(重根按重数计算). 例如,关于 λ 的 6 次多项式 $(\lambda+1)^2\left(\lambda-\frac{1}{2}\right)(\lambda-5)^3$ 的根为 -1(二重根)、$\frac{1}{2}$(单根) 和 5(三重根),所以任意 n 阶方阵均存在 n 个特征值,进而方阵 $\boldsymbol{A}$ 的特征值是一些特殊的数值. 如对角方阵

$$\begin{pmatrix} \lambda_1 & & & \\ & \lambda_2 & & \\ & & \ddots & \\ & & & \lambda_n \end{pmatrix}$$

的特征方程为

$$\begin{vmatrix} \lambda_1-\lambda & & & \\ & \lambda_2-\lambda & & \\ & & \ddots & \\ & & & \lambda_n-\lambda \end{vmatrix}=(\lambda_1-\lambda)(\lambda_2-\lambda)\cdots(\lambda_n-\lambda)=0,$$

其特征值分别为 $\lambda_1,\lambda_2,\cdots,\lambda_n$,即对角方阵的特征值为其对角线上的元素.

如若 $\boldsymbol{A}\boldsymbol{x}=\boldsymbol{0}$ 有非零解，则 $|\boldsymbol{A}|=0$，所以 $|\boldsymbol{A}-0\boldsymbol{E}|=0$，于是 $\boldsymbol{A}$ 有一个特征值 0，即 $\lambda=0$ 是 $\boldsymbol{A}$ 的一个特征值.

由此可知，计算方阵 $\boldsymbol{A}$ 的特征值与特征向量的步骤如下：

第一步：计算 $\boldsymbol{A}$ 的特征多项式 $|\boldsymbol{A}-\lambda\boldsymbol{E}|$.

第二步：令 $|\boldsymbol{A}-\lambda\boldsymbol{E}|=0$ 得出 $\boldsymbol{A}$ 的所有不同的特征值 λ_i.

第三步：对于每个不同的特征值 λ_i，求出齐次线性方程组 $(\boldsymbol{A}-\lambda_i\boldsymbol{E})\boldsymbol{x}=\boldsymbol{0}$ 的非零通解即得 $\boldsymbol{A}$ 的对应于 λ_i 的全部特征向量.

这里一定要注意特征向量是非零向量，所以应将对应齐次方程通解中的零解排除掉.

【例 5.3】 设 $\boldsymbol{A}=\begin{pmatrix}3&2&2\\2&3&2\\2&2&3\end{pmatrix}$，求 $\boldsymbol{A}$ 的特征值与特征向量.

【解】 先求 $\boldsymbol{A}$ 的特征多项式 $|\boldsymbol{A}-\lambda\boldsymbol{E}|$.

$$|\boldsymbol{A}-\lambda\boldsymbol{E}|=\begin{vmatrix}3-\lambda&2&2\\2&3-\lambda&2\\2&2&3-\lambda\end{vmatrix}\xlongequal[1c_3+c_1]{1c_2+c_1}\begin{vmatrix}7-\lambda&2&2\\7-\lambda&3-\lambda&2\\7-\lambda&2&3-\lambda\end{vmatrix}\xlongequal{c_1\to 7-\lambda}$$

$$(7-\lambda)\begin{vmatrix}1&2&2\\1&3-\lambda&2\\1&2&3-\lambda\end{vmatrix}\xlongequal[-r_1+r_3]{-r_1+r_2}(7-\lambda)\begin{vmatrix}1&2&2\\0&1-\lambda&0\\0&0&1-\lambda\end{vmatrix}$$

$$=(7-\lambda)(1-\lambda)^2.$$

令 $|\boldsymbol{A}-\lambda\boldsymbol{E}|=0$ 得出 $\boldsymbol{A}$ 的所有不同的特征值为 $\lambda=1$（二重根）和 $\lambda=7$（单根）.

当 $\lambda=1$ 时，齐次线性方程组 $(\boldsymbol{A}-1\boldsymbol{E})\boldsymbol{x}=\boldsymbol{0}$ 为

$$\begin{cases}(3-1)x_1+2x_2+2x_3=0,\\2x_1+(3-1)x_2+2x_3=0,\\2x_1+2x_2+(3-1)x_3=0,\end{cases}$$

化系数矩阵为行最简形

$$\begin{pmatrix}2&2&2\\2&2&2\\2&2&2\end{pmatrix}\xrightarrow[-r_1+r_3]{-r_1+r_2}\begin{pmatrix}2&2&2\\0&0&0\\0&0&0\end{pmatrix}\xrightarrow{\frac{1}{2}r_1}\begin{pmatrix}1&1&1\\0&0&0\\0&0&0\end{pmatrix},$$

即 $x_1+x_2+x_3=0$.

令 $\begin{pmatrix}x_2\\x_3\end{pmatrix}=\begin{pmatrix}1\\0\end{pmatrix}$ 或 $\begin{pmatrix}x_2\\x_3\end{pmatrix}=\begin{pmatrix}0\\1\end{pmatrix}$，得基础解系 $\boldsymbol{\zeta}_1=\begin{pmatrix}-1\\1\\0\end{pmatrix}$，$\boldsymbol{\zeta}_2=\begin{pmatrix}-1\\0\\1\end{pmatrix}$，于是 $\boldsymbol{A}$ 的对应于 1 的全部特征向量为

$$k_1\boldsymbol{\zeta}_1+k_2\boldsymbol{\zeta}_2=k_1\begin{pmatrix}-1\\1\\0\end{pmatrix}+k_2\begin{pmatrix}-1\\0\\1\end{pmatrix}，其中 k_1,k_2 不全为 0.$$

当 $\lambda=7$ 时，齐次线性方程组 $(\boldsymbol{A}-7\boldsymbol{E})\boldsymbol{x}=\boldsymbol{0}$ 为

$$\begin{cases}(3-7)x_1+2x_2+2x_3=0,\\2x_1+(3-7)x_2+2x_3=0,\\2x_1+2x_2+(3-7)x_3=0,\end{cases}$$

化系数矩阵为行最简形

$$\begin{pmatrix}-4&2&2\\2&-4&2\\2&2&-4\end{pmatrix}\xrightarrow{r_1\leftrightarrow r_2}\begin{pmatrix}2&-4&2\\-4&2&2\\2&2&-4\end{pmatrix}\xrightarrow[-1r_1+r_3]{2r_1+r_2}\begin{pmatrix}2&-4&2\\0&-6&6\\0&6&-6\end{pmatrix}$$

$$\xrightarrow[\frac{1}{6}r_3]{\frac{1}{2}r_1,\ -\frac{1}{6}r_2}\begin{pmatrix}1&-2&1\\0&1&-1\\0&1&-1\end{pmatrix}\xrightarrow{-1r_2+r_3}\begin{pmatrix}1&-2&1\\0&1&-1\\0&0&0\end{pmatrix}\xrightarrow{2r_2+r_1}\begin{pmatrix}1&0&-1\\0&1&-1\\0&0&0\end{pmatrix},$$

同解的齐次线性方程组为

$$\begin{cases}x_1-x_3=0,\\x_2-x_3=0.\end{cases}$$

令 $x_3=1$，得基础解系为 $\boldsymbol{\zeta}_3=\begin{pmatrix}1\\1\\1\end{pmatrix}$，于是 $\boldsymbol{A}$ 的对应于 7 的全部特征向量为

$$k_3\boldsymbol{\zeta}_3=k_3\begin{pmatrix}1\\1\\1\end{pmatrix}，其中\ k_3\ 不为\ 0.$$

【例 5.4】设

$$\boldsymbol{A}=\begin{pmatrix}4&2&-5\\6&4&-9\\5&3&-7\end{pmatrix},$$

求 $\boldsymbol{A}$ 的特征值与特征向量.

【解】$\boldsymbol{A}$ 的特征多项式 $|\boldsymbol{A}-\lambda\boldsymbol{E}|$ 为

$$|\boldsymbol{A}-\lambda\boldsymbol{E}|=\begin{vmatrix}4-\lambda&2&-5\\6&4-\lambda&-9\\5&3&-7-\lambda\end{vmatrix}\overset{\substack{1c_2+c_1\\1c_3+c_1}}{=\!=\!=}\begin{vmatrix}1-\lambda&2&-5\\1-\lambda&4-\lambda&-9\\1-\lambda&3&-7-\lambda\end{vmatrix}$$

$$\overset{c_1\to 1-\lambda}{=\!=\!=}(1-\lambda)\begin{vmatrix}1&2&-5\\1&4-\lambda&-9\\1&3&-7-\lambda\end{vmatrix}$$

$$\xlongequal[-1r_1+r_3]{-1r_1+r_2}(1-\lambda)\begin{vmatrix}1 & 2 & -5\\0 & 2-\lambda & -4\\0 & 1 & -2-\lambda\end{vmatrix}$$

$$=(1-\lambda)[(2-\lambda)(-2-\lambda)-1\cdot(-4)]=(1-\lambda)\lambda^2.$$

令 $|\boldsymbol{A}-\lambda\boldsymbol{E}|=0$ 得出 $\boldsymbol{A}$ 的所有不同的特征值为 $\lambda=0$(二重根)和 $\lambda=1$(单根).

当 $\lambda=0$ 时,齐次线性方程组 $(\boldsymbol{A}-0\boldsymbol{E})\boldsymbol{x}=\boldsymbol{0}$ 为

$$\begin{cases}(4-0)x_1+2x_2-5x_3=0,\\6x_1+(4-0)x_2-9x_3=0,\\5x_1+3x_2+(-7-0)x_3=0,\end{cases}$$

其系数矩阵的行最简形为

$$\begin{pmatrix}4 & 2 & -5\\6 & 4 & -9\\5 & 3 & -7\end{pmatrix}\xrightarrow{-1r_3+r_1}\begin{pmatrix}-1 & -1 & 2\\6 & 4 & -9\\5 & 3 & -7\end{pmatrix}\xrightarrow[5r_1+r_3]{6r_1+r_2}\begin{pmatrix}-1 & -1 & 2\\0 & -2 & 3\\0 & -2 & 3\end{pmatrix}$$

$$\xrightarrow{-1r_2+r_3}\begin{pmatrix}-1 & -1 & 2\\0 & -2 & 3\\0 & 0 & 0\end{pmatrix}\xrightarrow{-\frac{1}{2}r_2}\begin{pmatrix}-1 & -1 & 2\\0 & 1 & -\frac{3}{2}\\0 & 0 & 0\end{pmatrix}$$

$$\xrightarrow{1r_2+r_1}\begin{pmatrix}-1 & 0 & \frac{1}{2}\\0 & 1 & -\frac{3}{2}\\0 & 0 & 0\end{pmatrix}\xrightarrow{-1r_1}\begin{pmatrix}1 & 0 & -\frac{1}{2}\\0 & 1 & -\frac{3}{2}\\0 & 0 & 0\end{pmatrix},$$

同解的齐次线性方程组为

$$\begin{cases}x_1-\frac{1}{2}x_3=0,\\x_2-\frac{3}{2}x_3=0.\end{cases}$$

令 $x_3=2$,得基础解系为 $\boldsymbol{\zeta}_1=\begin{pmatrix}1\\3\\2\end{pmatrix}$,于是 $\boldsymbol{A}$ 的对应于 0 的全部特征向量为

$$k_1\boldsymbol{\zeta}_1=k_1\begin{pmatrix}1\\3\\2\end{pmatrix},\text{其中 } k_1 \text{ 不为 } 0.$$

当 $\lambda=1$ 时,齐次线性方程组 $(\boldsymbol{A}-1\boldsymbol{E})\boldsymbol{x}=\boldsymbol{0}$ 为

$$\begin{cases}(4-1)x_1+2x_2-5x_3=0,\\6x_1+(4-1)x_2-9x_3=0,\\5x_1+3x_2+(-7-1)x_3=0,\end{cases}$$

其系数矩阵的行最简形为

$$\begin{pmatrix}3&2&-5\\6&3&-9\\5&3&-8\end{pmatrix}\xrightarrow{-1r_2+r_3}\begin{pmatrix}3&2&-5\\6&3&-9\\-1&0&1\end{pmatrix}\xrightarrow{r_1\leftrightarrow r_3}\begin{pmatrix}-1&0&1\\6&3&-9\\3&2&-5\end{pmatrix}$$

$$\xrightarrow[3r_1+r_3]{6r_1+r_2}\begin{pmatrix}-1&0&1\\0&3&-3\\0&2&-2\end{pmatrix}\xrightarrow[-\frac{2}{3}r_2+r_3]{\frac{1}{3}r_2}\begin{pmatrix}-1&0&1\\0&1&-1\\0&0&0\end{pmatrix}\xrightarrow{-1r_1}\begin{pmatrix}1&0&-1\\0&1&-1\\0&0&0\end{pmatrix},$$

同解的齐次线性方程组为

$$\begin{cases}x_1-x_3=0,\\x_2-x_3=0.\end{cases}$$

令 $x_3=1$,得基础解系为 $\boldsymbol{\zeta}_2=\begin{pmatrix}1\\1\\1\end{pmatrix}$,于是 $\boldsymbol{A}$ 的对应于1的全部特征向量为

$$k_2\boldsymbol{\zeta}_2=k_2\begin{pmatrix}1\\1\\1\end{pmatrix},\text{其中 } k_2 \text{ 不为 } 0.$$

比较本题和例5.3的区别,发现例5.3的二重根对应的齐次方程的基础解析包含的解向量个数为2,而本题却为1,故我们可以得出如下的结论:

一般地,若 λ 是 $\boldsymbol{A}$ 的 k 重特征值,则齐次线性方程$(\boldsymbol{A}-\lambda\boldsymbol{E})\boldsymbol{x}=\boldsymbol{0}$的基础解系中至多含 k 个解向量.

5.2 矩阵相似及对角化

5.2.1 矩阵相似

对于一个方阵 $\boldsymbol{A}$,如果有可逆阵 $\boldsymbol{P}$ 使得 $\boldsymbol{P}^{-1}\boldsymbol{A}\boldsymbol{P}=\boldsymbol{\Lambda}$(其中 $\boldsymbol{\Lambda}$ 为对角矩阵),则 $\boldsymbol{A}^k$ 的计算也简单了.例如,$\boldsymbol{\Lambda}=\begin{bmatrix}2&0\\0&3\end{bmatrix}$,$\boldsymbol{A}=\boldsymbol{P}\boldsymbol{\Lambda}\boldsymbol{P}^{-1}$,则有

$$\begin{aligned}\boldsymbol{A}^k&=(\boldsymbol{P}\boldsymbol{\Lambda}\boldsymbol{P}^{-1})^k=(\boldsymbol{P}\boldsymbol{\Lambda}\boldsymbol{P}^{-1})(\boldsymbol{P}\boldsymbol{\Lambda}\boldsymbol{P}^{-1})\cdots(\boldsymbol{P}\boldsymbol{\Lambda}\boldsymbol{P}^{-1})\\&=\boldsymbol{P}\boldsymbol{\Lambda}(\boldsymbol{P}^{-1}\boldsymbol{P})\boldsymbol{\Lambda}\boldsymbol{P}^{-1}\cdots\boldsymbol{P}\boldsymbol{\Lambda}(\boldsymbol{P}^{-1}\boldsymbol{P})\boldsymbol{\Lambda}\boldsymbol{P}^{-1}=\boldsymbol{P}\boldsymbol{\Lambda}^k\boldsymbol{P}^{-1}.\end{aligned}$$

由此,我们引入矩阵相似和矩阵对角化的概念.

定义 5.2.1.1 设 $\boldsymbol{A},\boldsymbol{B}$ 均为 n 阶方阵,若存在 n 阶可逆阵 $\boldsymbol{P}$ 满足

$$\boldsymbol{P}^{-1}\boldsymbol{A}\boldsymbol{P}=\boldsymbol{B},$$

则称 $\boldsymbol{A}$ 与 $\boldsymbol{B}$ 相似,并称 $\boldsymbol{B}$ 为 $\boldsymbol{A}$ 的相似矩阵.

一般地,我们还习惯把运算 $\boldsymbol{P}^{-1}\boldsymbol{A}\boldsymbol{P}$ 称为对矩阵 $\boldsymbol{A}$ 进行了相似变换,可逆矩阵 $\boldsymbol{P}$ 称为该相似变换的相似变换阵.

根据相似矩阵的定义,容易证明如下的结论.

(1) 任意方阵 $\boldsymbol{A}$，有 $\boldsymbol{A} \sim \boldsymbol{A}$.（自反性）

这是因为 $\boldsymbol{E}^{-1}\boldsymbol{A}\boldsymbol{E} = \boldsymbol{A}$.

(2) 对于任意方阵 $\boldsymbol{A}$ 和 $\boldsymbol{B}$，若 $\boldsymbol{A} \sim \boldsymbol{B}$，则 $\boldsymbol{B} \sim \boldsymbol{A}$.（对称性）

若 $\boldsymbol{A} \sim \boldsymbol{B}$，则存在可逆矩阵 $\boldsymbol{P}$，使得 $\boldsymbol{P}^{-1}\boldsymbol{A}\boldsymbol{P} = \boldsymbol{B}$，这时

$$\boldsymbol{P}\boldsymbol{B}\boldsymbol{P}^{-1} = (\boldsymbol{P}^{-1})^{-1}\boldsymbol{B}\boldsymbol{P}^{-1} = \boldsymbol{A}.$$

(3) 对于任意方阵 $\boldsymbol{A}, \boldsymbol{B}$ 和 $\boldsymbol{C}$，若 $\boldsymbol{A} \sim \boldsymbol{B}$，则 $\boldsymbol{B} \sim \boldsymbol{C}$，则 $\boldsymbol{A} \sim \boldsymbol{C}$.（传递性）

因为 $\boldsymbol{A} \sim \boldsymbol{B}$，存在可逆矩阵 $\boldsymbol{P}$，使得 $\boldsymbol{P}^{-1}\boldsymbol{A}\boldsymbol{P} = \boldsymbol{B}$. 又因为 $\boldsymbol{B} \sim \boldsymbol{C}$，存在可逆矩阵 $\boldsymbol{Q}$，使得 $\boldsymbol{Q}^{-1}\boldsymbol{B}\boldsymbol{Q} = \boldsymbol{C}$. 于是

$$\boldsymbol{C} = \boldsymbol{Q}^{-1}\boldsymbol{B}\boldsymbol{Q} = \boldsymbol{Q}^{-1}(\boldsymbol{P}^{-1}\boldsymbol{A}\boldsymbol{P})\boldsymbol{Q} = (\boldsymbol{Q}^{-1}\boldsymbol{P}^{-1})\boldsymbol{A}(\boldsymbol{P}\boldsymbol{Q}) = (\boldsymbol{P}\boldsymbol{Q})^{-1}\boldsymbol{A}(\boldsymbol{P}\boldsymbol{Q}).$$

下述定理是两个矩阵相似的必要条件：

定理 5.2.1.1　若 $\boldsymbol{A} \sim \boldsymbol{B}$，则 $|\boldsymbol{A} - \lambda\boldsymbol{E}| = |\boldsymbol{B} - \lambda\boldsymbol{E}|$，即相似矩阵有相同的特征多项式，进而有相同的特征值.

【证明】 由于 $\boldsymbol{A} \sim \boldsymbol{B}$，存在可逆矩阵 $\boldsymbol{P}$，使得 $\boldsymbol{P}^{-1}\boldsymbol{A}\boldsymbol{P} = \boldsymbol{B}$. 因此，

$$\begin{aligned} |\boldsymbol{B} - \lambda\boldsymbol{E}| &= |\boldsymbol{P}^{-1}\boldsymbol{A}\boldsymbol{P} - \boldsymbol{P}^{-1}(\lambda\boldsymbol{E})\boldsymbol{P}| = |\boldsymbol{P}^{-1}(\boldsymbol{A} - \lambda\boldsymbol{E})\boldsymbol{P}| \\ &= |\boldsymbol{P}^{-1}| \cdot |\boldsymbol{A} - \lambda\boldsymbol{E}| \cdot |\boldsymbol{P}| \\ &= |\boldsymbol{P}^{-1}| \cdot |\boldsymbol{P}| \cdot |\boldsymbol{A} - \lambda\boldsymbol{E}| \\ &= |\boldsymbol{A} - \lambda\boldsymbol{E}|. \end{aligned}$$

注意，有相同特征多项式的两个矩阵不一定相似，例如，取 $\boldsymbol{A} = \begin{pmatrix} 1 & 0 \\ 0 & 1 \end{pmatrix} = \boldsymbol{E}, \boldsymbol{B} = \begin{pmatrix} 1 & 0 \\ 1 & 1 \end{pmatrix}$，则

$$|\boldsymbol{A} - \lambda\boldsymbol{E}| = |\boldsymbol{B} - \lambda\boldsymbol{E}| = (1-\lambda)^2,$$

但不存在可逆矩阵 $\boldsymbol{P}$，使得 $\boldsymbol{P}^{-1}\boldsymbol{E}\boldsymbol{P} = \boldsymbol{B}$.

【例 5.5】 设 $\boldsymbol{A}$ 为二阶方阵，$\boldsymbol{\alpha}_1$ 和 $\boldsymbol{\alpha}_2$ 为线性无关的二维向量，且 $\boldsymbol{A}\boldsymbol{\alpha}_1 = 0, \boldsymbol{A}\boldsymbol{\alpha}_2 = 2\boldsymbol{\alpha}_1 + \boldsymbol{\alpha}_2$，求 $\boldsymbol{A}$ 的特征值.

【解】 取 $\boldsymbol{P} = (\boldsymbol{\alpha}_1, \boldsymbol{\alpha}_2)$，由于 $\boldsymbol{\alpha}_1$ 和 $\boldsymbol{\alpha}_2$ 线性无关，因此 $\boldsymbol{P}$ 可逆. 又因为

$$\boldsymbol{A}(\boldsymbol{\alpha}_1, \boldsymbol{\alpha}_2) = (\boldsymbol{A}\boldsymbol{\alpha}_1, \boldsymbol{A}\boldsymbol{\alpha}_2) = (0, 2\boldsymbol{\alpha}_1 + \boldsymbol{\alpha}_2) = (\boldsymbol{\alpha}_1, \boldsymbol{\alpha}_2)\begin{pmatrix} 0 & 2 \\ 0 & 1 \end{pmatrix},$$

于是 $\boldsymbol{A}\boldsymbol{P} = \boldsymbol{P}\begin{pmatrix} 0 & 2 \\ 0 & 1 \end{pmatrix}$，即 $\boldsymbol{P}^{-1}\boldsymbol{A}\boldsymbol{P} = \begin{pmatrix} 0 & 2 \\ 0 & 1 \end{pmatrix}$，由此可知 $\boldsymbol{A} \sim \boldsymbol{B} = \begin{pmatrix} 0 & 2 \\ 0 & 1 \end{pmatrix}$.

由于 $|\boldsymbol{B} - \lambda\boldsymbol{E}| = \begin{vmatrix} -\lambda & 2 \\ 0 & 1-\lambda \end{vmatrix} = -\lambda(1-\lambda)$，所以 $\boldsymbol{B}$ 的特征值为 0 和 1，$\boldsymbol{A}$ 的特征值为 0 和 1.

相似矩阵有相同的特征值. 对应于同一个特征值的特征向量又有什么关系呢？设 $\boldsymbol{A} \sim \boldsymbol{B}$ 且 $\boldsymbol{x}$ 是 $\boldsymbol{A}$ 的对应于特征值 λ 的特征向量，由于 $\boldsymbol{A} \sim \boldsymbol{B}$，根据定义存在可逆矩阵 $\boldsymbol{P}$，使得 $\boldsymbol{P}^{-1}\boldsymbol{A}\boldsymbol{P} = \boldsymbol{B}$. 于是 $\boldsymbol{B}\boldsymbol{P}^{-1} = \boldsymbol{P}^{-1}\boldsymbol{A}$，因此

$$B(P^{-1}x)=(BP^{-1})x=(P^{-1}A)x=P^{-1}(Ax)=P^{-1}(\lambda x)=\lambda(P^{-1}x),$$

这说明 $P^{-1}x$ 是 B 的对应于特征值 λ 的特征向量.

5.2.2 矩阵的相似对角化

在很多工程计算,如动力系统、信号发生器的振荡电路,甚至包括很多经济学模型中都要涉及计算一个方阵的幂,即 A^k(k 为整数). 当 A 是一个比较简单的矩阵,如对角矩阵时,因为对角阵算 n 次幂很容易得出其计算结果,在方阵 A 的相似矩阵中,是否存在对角矩阵,这是我们接下来要研究的问题.

定理 5.2.2.1 设 A 是 n 阶方阵,则 A 能对角化的充要条件是 A 有 n 个线性无关的特征向量.

【证明】充分性: 假设存在可逆矩阵 P,使得 $P^{-1}AP=\Lambda$,则 $AP=P\Lambda$. 将矩阵 P 按列分块,得 $P=(p_1,p_2,\cdots,p_n)$,因为 P 可逆,于是 $p_1,p_2,\cdots,p_n$ 线性无关. 又由于

$$A(p_1,p_2,\cdots,p_n)=(p_1,p_2,\cdots,p_n)\begin{pmatrix}\lambda_1 & & & \\ & \lambda_2 & & \\ & & \ddots & \\ & & & \lambda_n\end{pmatrix},$$

根据分块矩阵乘法有

$$Ap_i=\lambda_i p_i,i=1,2,\cdots,n,$$

于是 $p_i(i=1,2,\cdots,n)$ 是 A 的对应于特征值 λ_i 的特征向量,所以 A 有 n 个线性无关的特征向量.

必要性: 假设 A 有 n 个线性无关的特征向量 $p_i(i=1,2,\cdots,n)$,对应的特征值分别为 $\lambda_1,\lambda_2,\cdots,\lambda_n$,即 $Ap_i=\lambda_i p_i(i=1,2,\cdots,n)$ 令

$$P=(p_1,p_2,\cdots,p_n),$$

则 P 可逆且 $AP=\Lambda P$,其中

$$\Lambda=\begin{pmatrix}\lambda_1 & & & \\ & \lambda_2 & & \\ & & \ddots & \\ & & & \lambda_n\end{pmatrix},$$

故 $P^{-1}AP=\Lambda$,即 A 能对角化.

根据证明过程可知,若 A 能对角化,则取 P 为 A 的 n 个线性无关的特征向量 $p_1,p_2,\cdots,p_n$ 作为列向量构成的矩阵,即 $P=(p_1,p_2,\cdots,p_n)$,显然这样的 P 是不唯一的,但对角矩阵 $\Lambda=\begin{pmatrix}\lambda_1 & & & \\ & \lambda_2 & & \\ & & \ddots & \\ & & & \lambda_n\end{pmatrix}$ 中 λ_i 分别与 p_i 必须对应($i=1,2,\cdots,n$).

由定理知,有些方阵可对角化,而有些方阵不能对角化. 根据对应于不同特征值的特征向量线性无关的结论,可得下面的推论:

推论 1 设 A 是 n 阶方阵,若 A 有 n 个不同特征值,则 A 能对角化.

【例 5.6】找一个可逆阵 $\boldsymbol{P}$ 将矩阵 $\boldsymbol{A}=\begin{bmatrix}3 & 2 & -2\\0 & -1 & 0\\4 & 2 & -3\end{bmatrix}$ 对角化.

【分析】根据定理的证明过程,我们可以分以下四步来完成这个问题.

【解】第一步:求出 $\boldsymbol{A}$ 的特征值.

$\boldsymbol{A}$ 的特征方程为

$$|\boldsymbol{A}-\lambda\boldsymbol{E}|=\begin{vmatrix}3-\lambda & 2 & -2\\0 & -1-\lambda & 0\\4 & 2 & -3-\lambda\end{vmatrix}=(1-\lambda)(1+\lambda)^2=0,$$

从而 $\boldsymbol{A}$ 的特征值为 $\lambda_1=\lambda_2=-1,\lambda_3=1$.

第二步:求出 $\boldsymbol{A}$ 的三个线性无关的特征向量.

对于 $\lambda_1=\lambda_2=-1$,有

$$\boldsymbol{A}-\lambda_1\boldsymbol{E}=\begin{bmatrix}4 & 2 & -2\\0 & 0 & 0\\4 & 2 & -2\end{bmatrix}\xrightarrow{r}\begin{bmatrix}1 & \frac{1}{2} & -\frac{1}{2}\\0 & 0 & 0\\0 & 0 & 0\end{bmatrix},$$

因此可以取两个线性无关的特征向量:$\boldsymbol{p}_1=[-1,2,0]^{\mathrm{T}},\boldsymbol{p}_2=[1,0,2]^{\mathrm{T}}$.

对应于特征值 $\lambda_3=1$,有

$$\boldsymbol{A}-\lambda_3\boldsymbol{E}=\begin{bmatrix}2 & 2 & -2\\0 & -2 & 0\\4 & 2 & -4\end{bmatrix}\xrightarrow{r}\begin{bmatrix}1 & 0 & -1\\0 & 1 & 0\\0 & 0 & 0\end{bmatrix},$$

则特征向量可取为 $\boldsymbol{p}_3=[1,0,1]^{\mathrm{T}}$.

第三步:用第二步得到的三个线性无关的特征向量构造矩阵 $\boldsymbol{P}$. 令

$$\boldsymbol{P}=[\boldsymbol{p}_1,\boldsymbol{p}_2,\boldsymbol{p}_3]=\begin{bmatrix}-1 & 1 & 1\\2 & 0 & 0\\0 & 2 & 1\end{bmatrix}.$$

第四步:用对应的特征值构造对角阵 $\boldsymbol{\Lambda}$:

$$\boldsymbol{\Lambda}=\begin{bmatrix}-1 & & \\ & -1 & \\ & & 1\end{bmatrix},$$

可验证 $\boldsymbol{P}^{-1}\boldsymbol{A}\boldsymbol{P}=\boldsymbol{\Lambda}$.

注意,$\boldsymbol{\Lambda}$ 中特征值放的次序必须与 $\boldsymbol{P}$ 中特征向量放置的次序一致. 所以如果自己算的 $\boldsymbol{P}$ 和别人不一致是可能的,因为特征值排序不一样导致特征向量排序也不一样.

5.3　实对称矩阵的性质

前面的例题中我们认识到并不是任意给定的一个方阵都可以对角化,因此自然会产生

一个问题:有没有一类矩阵是一定可以对角化的,答案是有的,就是实对称矩阵.

我们先认识实对称矩阵的特征值和特征向量的两个“好”的性质.

性质1 若$\boldsymbol{A}$为实对称矩阵,则$\boldsymbol{A}$的特征值全部是实数.

例如,对于任意的二阶实对称阵$\boldsymbol{A}=\begin{bmatrix} a & b \\ b & c \end{bmatrix}$(其中$a,b,c \in R$),有特征方程

$$|\boldsymbol{A}-\lambda \boldsymbol{E}|=\begin{vmatrix} a-\lambda & b \\ b & c-\lambda \end{vmatrix}=\lambda^2-(a+c)\lambda+ac-b^2=0.$$

这是一个一元二次方程,其判别式$\Delta=(a-c)^2+4b^2 \geqslant 0$,因此它的根全部为实根,即$\boldsymbol{A}$的特征值全部为实数.

性质2 设λ_1,λ_2是实对称阵$\boldsymbol{A}$的特征值,$\boldsymbol{p}_1 \in V_{\lambda_1}$,$\boldsymbol{p}_2 \in V_{\lambda_2}$,若$\lambda_1 \neq \lambda_2$,则$\boldsymbol{p}_1,\boldsymbol{p}_2$相互正交.

【证明】因为$\boldsymbol{A}\boldsymbol{p}_1=\lambda_1\boldsymbol{p}_1$,$\boldsymbol{A}\boldsymbol{p}_2=\lambda_2\boldsymbol{p}_2$,$\lambda_1 \neq \lambda_2$,$\boldsymbol{A}^{\mathrm{T}}=\boldsymbol{A}$,则

$$(\boldsymbol{A}\boldsymbol{p}_1)^{\mathrm{T}}=\boldsymbol{p}_1^{\mathrm{T}}\boldsymbol{A}^{\mathrm{T}}=\boldsymbol{p}_1^{\mathrm{T}}\boldsymbol{A}$$

两边同右乘$\boldsymbol{p}_2$,则$(\boldsymbol{A}\boldsymbol{p}_1)^{\mathrm{T}}\boldsymbol{p}_2=\boldsymbol{p}_1^{\mathrm{T}}\boldsymbol{A}\boldsymbol{p}_2$

$\because \boldsymbol{A}\boldsymbol{p}_2=\lambda_2\boldsymbol{p}_2$,$\boldsymbol{A}\boldsymbol{p}_1=\lambda_1\boldsymbol{p}_1$,

故$(\lambda_1\boldsymbol{p}_1)^{\mathrm{T}}\boldsymbol{p}_2=\boldsymbol{p}_1^{\mathrm{T}}\lambda_2\boldsymbol{p}_2$

即$\lambda_1\boldsymbol{p}_1^{\mathrm{T}}\boldsymbol{p}_2=\lambda_2\boldsymbol{p}_1^{\mathrm{T}}\boldsymbol{p}_2$移项得$(\lambda_1-\lambda_2)\boldsymbol{p}_1^{\mathrm{T}}\boldsymbol{p}_2=0$,因为$\lambda_1 \neq \lambda_2$,故$\boldsymbol{p}_1^{\mathrm{T}}\boldsymbol{p}_2=0$.得证.

则$\boldsymbol{p}_1,\boldsymbol{p}_2$相互正交.

注 性质2实际上告诉我们,实对称矩阵的不同特征值对应的特征向量不仅线性无关,而且是相互正交的.

【例5.7】若存在正交阵$\boldsymbol{P}$使得$\boldsymbol{A}=\boldsymbol{P}^{-1}\boldsymbol{\Lambda}\boldsymbol{P}$(其中$\boldsymbol{\Lambda}$是一对角阵),证明$\boldsymbol{A}$一定是实对称矩阵.

【证明】因为$\boldsymbol{P}$为正交矩阵,即$\boldsymbol{P}^{-1}=\boldsymbol{P}^{\mathrm{T}}$,有

$$\boldsymbol{A}^{\mathrm{T}}=(\boldsymbol{P}^{-1}\boldsymbol{\Lambda}\boldsymbol{P})^{\mathrm{T}}=\boldsymbol{P}^{\mathrm{T}}\boldsymbol{\Lambda}^{\mathrm{T}}(\boldsymbol{P}^{-1})^{\mathrm{T}}=\boldsymbol{P}^{-1}\boldsymbol{\Lambda}\boldsymbol{P}=\boldsymbol{A},$$

即$\boldsymbol{A}$是实对称矩阵.

定理5.3.1 n阶实方阵$\boldsymbol{A}$可以正交对角化的充分必要条件是$\boldsymbol{A}$为n阶实对称矩阵.

这个定理很重要,下一章的二次型矩阵为何都要写成实对称矩阵形式呢,原因就是二次型变成标准型的时候我们用的是正交变换,需要进行正交对角化,所以自然要求把二次型写成实对称矩阵了.

【例5.8】将方阵$\boldsymbol{A}=\begin{bmatrix} 2 & -1 & 0 \\ -1 & 2 & 0 \\ 0 & 0 & -1 \end{bmatrix}$正交对角化.

【解】第一步:计算$\boldsymbol{A}$的特征值:

$$|\boldsymbol{A}-\lambda \boldsymbol{E}|=\begin{vmatrix} 2-\lambda & -1 & 0 \\ -1 & 2-\lambda & 0 \\ 0 & 0 & -1-\lambda \end{vmatrix}=-(\lambda+1)(\lambda-1)(\lambda-3)=0,$$

从而 A 的特征值为 $\lambda_1=-1,\lambda_2=1$ 和 $\lambda_3=3$.

第二步：计算各特征值对应的特征向量：

$\lambda_1=-1$ 对应的一个特征向量取为 $\zeta_1=\begin{bmatrix}0\\0\\1\end{bmatrix}$；

$\lambda_2=1$ 对应的一个特征向量取为 $\zeta_2=\begin{bmatrix}1\\1\\0\end{bmatrix}$；

$\lambda_3=3$ 对应的一个特征向量取为 $\zeta_3=\begin{bmatrix}1\\-1\\0\end{bmatrix}$.

第三步：将各特征向量规范正交化. 由于各特征向量已经相互正交，所以这里只需要规范化. 令

$$p_1=\frac{\zeta_1}{\|\zeta_1\|}=\begin{bmatrix}0\\0\\1\end{bmatrix},p_2=\frac{\zeta_2}{\|\zeta_2\|}=\begin{bmatrix}\frac{1}{\sqrt{2}}\\\frac{1}{\sqrt{2}}\\0\end{bmatrix},p_3=\frac{\zeta_3}{\|\zeta_3\|}=\begin{bmatrix}\frac{1}{\sqrt{2}}\\-\frac{1}{\sqrt{2}}\\0\end{bmatrix}.$$

第四步：构成正交矩阵. 令

$$P=[p_1,p_2,p_3]=\begin{bmatrix}0&\frac{1}{\sqrt{2}}&\frac{1}{\sqrt{2}}\\0&\frac{1}{\sqrt{2}}&-\frac{1}{\sqrt{2}}\\1&0&0\end{bmatrix},$$

显然 P 是正交矩阵.

第五步：验证. 可验证

$$P^{-1}AP=P^{\mathrm{T}}AP=\Lambda=\begin{bmatrix}-1&&\\&1&\\&&3\end{bmatrix}.$$

【例 5.9】将方阵 $A=\begin{bmatrix}1&0&0\\0&0&-1\\0&-1&0\end{bmatrix}$ 正交对角化.

【解】由 $|A-\lambda E|=\begin{vmatrix}1-\lambda&0&0\\0&-\lambda&-1\\0&-1&-\lambda\end{vmatrix}=-(\lambda+1)(\lambda-1)^2=0$，可知 A 的特征值为 $\lambda_1=-1$ 和 $\lambda_2=\lambda_3=1$.

取 $\lambda_1=-1$ 的一个特征向量为 $\boldsymbol{\zeta}_1=\begin{bmatrix}0\\1\\1\end{bmatrix}$；取 $\lambda_2=\lambda_3=1$ 的两个线性无关的特征向量为 $\boldsymbol{\zeta}_2=\begin{bmatrix}1\\-1\\1\end{bmatrix}$，$\boldsymbol{\zeta}_3=\begin{bmatrix}-1\\-1\\1\end{bmatrix}$.

将 $\boldsymbol{\zeta}_2,\boldsymbol{\zeta}_3$ 正交化：令

$$\boldsymbol{y}_2=\boldsymbol{\zeta}_2=\begin{bmatrix}1\\-1\\1\end{bmatrix},$$

$$\boldsymbol{y}_3=\boldsymbol{\zeta}_3-\frac{(\boldsymbol{\zeta}_3,\boldsymbol{\zeta}_2)}{(\boldsymbol{\zeta}_2,\boldsymbol{\zeta}_2)}\boldsymbol{\zeta}_2=\begin{bmatrix}-1\\-1\\1\end{bmatrix}-\frac{1}{3}\begin{bmatrix}1\\-1\\1\end{bmatrix}=\begin{bmatrix}-\frac{4}{3}\\-\frac{2}{3}\\\frac{2}{3}\end{bmatrix},$$

再将各特征向量规范化得

$$\boldsymbol{p}_1=\frac{\boldsymbol{\zeta}_1}{\|\boldsymbol{\zeta}_1\|}=\begin{bmatrix}0\\\frac{1}{\sqrt{2}}\\\frac{1}{\sqrt{2}}\end{bmatrix},\boldsymbol{p}_2=\frac{\boldsymbol{y}_2}{\|\boldsymbol{y}_2\|}=\begin{bmatrix}\frac{1}{\sqrt{3}}\\-\frac{1}{\sqrt{3}}\\\frac{1}{\sqrt{3}}\end{bmatrix},\boldsymbol{p}_3=\frac{\boldsymbol{y}_3}{\|\boldsymbol{y}_3\|}=\begin{bmatrix}-\frac{2}{\sqrt{6}}\\-\frac{1}{\sqrt{6}}\\\frac{1}{\sqrt{6}}\end{bmatrix}.$$

令
$$\boldsymbol{P}=[\boldsymbol{p}_1,\boldsymbol{p}_2,\boldsymbol{p}_3]=\begin{bmatrix}0&\frac{1}{\sqrt{3}}&-\frac{2}{\sqrt{6}}\\\frac{1}{\sqrt{2}}&-\frac{1}{\sqrt{3}}&-\frac{1}{\sqrt{6}}\\\frac{1}{\sqrt{2}}&\frac{1}{\sqrt{3}}&\frac{1}{\sqrt{6}}\end{bmatrix},$$

显然 $\boldsymbol{P}$ 为正交矩阵. 可验证

$$\boldsymbol{P}^{-1}\boldsymbol{AP}=\boldsymbol{P}^{\mathrm{T}}\boldsymbol{AP}=\boldsymbol{\Lambda}=\begin{bmatrix}-1&&\\&1&\\&&1\end{bmatrix}.$$

注意，读者应仔细观察例 5.8 与例 5.9 的区别.

【例 5.10】设方阵

$$\boldsymbol{A}=\begin{pmatrix}5&-3&2\\6&-4&4\\4&-4&5\end{pmatrix},$$

问 $\boldsymbol{A}$ 是否对角化，并求出 $\boldsymbol{A}^k$.

【解】先求出 $\boldsymbol{A}$ 的所有特征值和特征向量. 令

$$|\boldsymbol{A}-\lambda\boldsymbol{E}|=\begin{vmatrix}5-\lambda & -3 & 2\\ 6 & -4-\lambda & 4\\ 4 & -4 & 5-\lambda\end{vmatrix}=(1-\lambda)(2-\lambda)(3-\lambda)=0,$$

得出 $\boldsymbol{A}$ 的所有特征值为 1,2,3.

当 $\lambda=1$ 时，齐次线性方程组 $(\boldsymbol{A}-1\boldsymbol{E})\boldsymbol{x}=\boldsymbol{0}$ 的基础解系为

$$\boldsymbol{p}_1=\begin{pmatrix}1\\2\\1\end{pmatrix}.$$

当 $\lambda=2$ 时，齐次线性方程组 $(\boldsymbol{A}-2\boldsymbol{E})x=0$ 的基础解系为

$$\boldsymbol{p}_2=\begin{pmatrix}1\\1\\0\end{pmatrix}.$$

当 $\lambda=3$ 时，齐次线性方程组 $(\boldsymbol{A}-3\boldsymbol{E})x=0$ 的基础解系为

$$\boldsymbol{p}_3=\begin{pmatrix}1\\2\\2\end{pmatrix}.$$

于是，$\boldsymbol{A}$ 存在 3 个线性无关的特征向量 $\boldsymbol{p}_1,\boldsymbol{p}_2,\boldsymbol{p}_3$ 故 $\boldsymbol{A}$ 可对角化. 令

$$\boldsymbol{P}=(\boldsymbol{p}_1,\boldsymbol{p}_2,\boldsymbol{p}_3)=\begin{pmatrix}1&1&1\\2&1&2\\1&0&2\end{pmatrix},$$

则

$$\boldsymbol{P}^{-1}\boldsymbol{A}\boldsymbol{P}=\boldsymbol{\Lambda}=\begin{pmatrix}1&&\\&2&\\&&3\end{pmatrix},$$

于是 $\boldsymbol{A}=\boldsymbol{P}\begin{pmatrix}1&&\\&2&\\&&3\end{pmatrix}\boldsymbol{P}^{-1}$，所以

$$\boldsymbol{A}^k=\boldsymbol{P}\begin{pmatrix}1&&\\&2&\\&&3\end{pmatrix}^k\boldsymbol{P}^{-1}=\boldsymbol{P}\begin{pmatrix}1&&\\&2^k&\\&&3^k\end{pmatrix}\boldsymbol{P}^{-1}.$$

因此

$$\boldsymbol{A}^k=\begin{pmatrix}1&1&1\\2&1&2\\1&0&2\end{pmatrix}\begin{pmatrix}1&&\\&2^k&\\&&3^k\end{pmatrix}\begin{pmatrix}-2&2&-1\\2&-1&0\\1&-1&1\end{pmatrix}$$

$$=\begin{pmatrix} -2+2^{k+1}+3^k & 2-2^k-3^k & -1+3^k \\ -4+2^{k+1}+2\times 3^k & 4-2^k-2\times 3^k & -2+2\times 3^k \\ -2+2\times 3^k & 2-2\times 3^k & -1+2\times 3^k \end{pmatrix}.$$

这就是前面谈到的问题，若 $\boldsymbol{A}$ 能对角化，则计算 $\boldsymbol{A}^k$ 较方便.

【例 5.11】若方阵

$$\boldsymbol{A}=\begin{pmatrix} 1 & 1 & a \\ 4 & 1 & -6 \\ 0 & 0 & 3 \end{pmatrix},$$

在 a 取何值时 $\boldsymbol{A}$ 能否对角化，并给出一个可逆矩阵 $\boldsymbol{P}$，使得 $\boldsymbol{P}^{-1}\boldsymbol{A}\boldsymbol{P}$ 为对角矩阵.

【解】由于

$$|\boldsymbol{A}-\lambda\boldsymbol{E}|=\begin{vmatrix} 1-\lambda & 1 & a \\ 4 & 1-\lambda & -6 \\ 0 & 0 & 3-\lambda \end{vmatrix}=-(3-\lambda)^2(1+\lambda),$$

得出 $\boldsymbol{A}$ 的所有特征值为 -1，3(二重).

当 $\lambda=-1$ 时，齐次线性方程组 $(\boldsymbol{A}+\boldsymbol{E})\boldsymbol{x}=\boldsymbol{0}$ 化简为

$$\boldsymbol{p}_1=\begin{pmatrix} 1 \\ -2 \\ 0 \end{pmatrix}.$$

当 $\lambda=3$ 时，齐次线性方程组 $(\boldsymbol{A}-3\boldsymbol{E})\boldsymbol{x}=\boldsymbol{0}$ 化简为

$$\begin{cases} -2x_1+x_2+ax_3=0, \\ 2x_1-x_2-3x_3=0. \end{cases}$$

$\boldsymbol{A}$ 若有 3 个线性无关的特征向量，则必须 $R(\boldsymbol{A}-3\boldsymbol{E})=1$，于是 $a=3$. 这时得到 $(\boldsymbol{A}-3\boldsymbol{E})\boldsymbol{x}=\boldsymbol{0}$ 的基础解系为

$$\boldsymbol{p}_2=\begin{pmatrix} 1 \\ 2 \\ 0 \end{pmatrix},\boldsymbol{p}_3=\begin{pmatrix} 0 \\ -3 \\ 1 \end{pmatrix}.$$

由于 $\boldsymbol{A}$ 有 3 个线性无关的特征向量，故 $\boldsymbol{A}$ 可对角化. 取

$$\boldsymbol{P}=(\boldsymbol{p}_1,\boldsymbol{p}_2,\boldsymbol{p}_3)=\begin{pmatrix} 1 & 1 & 0 \\ -2 & 2 & -3 \\ 0 & 0 & 1 \end{pmatrix},$$

则

$$\boldsymbol{P}^{-1}\boldsymbol{A}\boldsymbol{P}=\boldsymbol{\Lambda}=\begin{pmatrix} -1 & & \\ & 3 & \\ & & 3 \end{pmatrix}.$$

最后，给出一个应用特征值理论的例子.

【例 5.12】设方阵 $A=\begin{pmatrix}0.9&0.4\\0.1&0.6\end{pmatrix}$ 且 $x_k=Ax_{k-1},k=1,2,\cdots$. 当 $x_0=\begin{pmatrix}0.5\\0.5\end{pmatrix}$ 时，计算 x_k，并确定当 $k\to\infty$ 时，x_k 的变化趋势.

【解】由 $|A-\lambda E|=\begin{vmatrix}0.9-\lambda&0.4\\0.1&0.6-\lambda\end{vmatrix}=(\lambda-1)(\lambda-0.5)=0$，得 A 的特质在为 1，0.5.

当 $\lambda=1$ 时，齐次线性方程组 $(A-1E)x=0$ 的基础解系为 $p_1=\begin{pmatrix}4\\1\end{pmatrix}$.

当 $\lambda=0.5$ 时，齐次线性方程组 $(A-0.5E)x=0$ 的基础解系为 $p_2=\begin{pmatrix}-1\\1\end{pmatrix}$.

取 $P=(p_1,p_2)=\begin{pmatrix}4&-1\\1&1\end{pmatrix}$，则 $P^{-1}=\frac{1}{5}\begin{pmatrix}1&1\\-1&4\end{pmatrix}$ 且

$$P^{-1}AP=\begin{pmatrix}1&\\&0.5\end{pmatrix},$$

于是 $A=P\begin{pmatrix}1&\\&0.5\end{pmatrix}P^{-1}$，进而

$$A^k=P\begin{pmatrix}1&\\&0.5\end{pmatrix}^kP^{-1}=P\begin{pmatrix}1&\\&0.5^k\end{pmatrix}P^{-1},$$

即

$$A^k=\begin{pmatrix}4&-1\\1&1\end{pmatrix}\begin{pmatrix}1&\\&0.5^k\end{pmatrix}\times\frac{1}{5}\begin{pmatrix}1&1\\-1&4\end{pmatrix}=\frac{1}{5}\begin{pmatrix}4+0.5^k&4-4\times0.5^k\\1-0.5^k&1+4\times0.5^k\end{pmatrix}.$$

因为 $x_k=Ax_{k-1}$，所以 $x_k=A^kx_0$，于是

$$x_k=A^kx_0=\frac{1}{5}\begin{pmatrix}4+0.5^k&4-4\times0.5^k\\1-0.5^k&1+4\times0.5^k\end{pmatrix}\begin{pmatrix}0.5\\0.5\end{pmatrix}=\frac{1}{10}\begin{pmatrix}8-3\times0.5^k\\2+3\times0.5^k\end{pmatrix}.$$

当 $k\to\infty$ 时，由于 $0.5^k\to0$，因此 $x_k\to\begin{pmatrix}0.8\\0.2\end{pmatrix}$.

5.4　题型分析

题型 1　求特征值与特征向量

【例 5.13】求矩阵 $A=\begin{bmatrix}1&-2&3\\3&-6&9\\-2&4&-6\end{bmatrix}$ 的特征值和特征向量.

【分析】根据特征值和特征向量的基本求解方法解题.

【解】A 的特征多项式为

$$|\lambda E-A|=\begin{vmatrix}\lambda-1&2&-3\\-3&\lambda+6&-9\\2&-4&\lambda+6\end{vmatrix}\xlongequal{r_2-3r_1}\begin{vmatrix}\lambda-1&2&-3\\-3\lambda&\lambda&0\\2&-4&\lambda+6\end{vmatrix}$$

$$\xlongequal{c_1+3c_2}\begin{vmatrix}\lambda+5 & 2 & -3\\ 0 & \lambda & 0\\ -10 & -4 & \lambda+6\end{vmatrix}\xlongequal{\text{按 } r_2 \text{ 展开}}\lambda^2(\lambda+11),$$

于是 $\boldsymbol{A}$ 的特征值 $\lambda_1=\lambda_2=0,\lambda_3=-11$.

当 $\lambda_1=\lambda_2=0$ 时,对应的方程组为 $(0\boldsymbol{E}-\boldsymbol{A})\boldsymbol{x}=\boldsymbol{0}$,对系数矩阵进行初等行变换:

$$(0\boldsymbol{E}-\boldsymbol{A})=\begin{bmatrix}-1 & 2 & -3\\ -3 & 6 & -9\\ 2 & -4 & 6\end{bmatrix}\xrightarrow[r_2-3r_1,r_3+2r_1]{(-1)r_1}\begin{bmatrix}1 & -2 & 3\\ 0 & 0 & 0\\ 0 & 0 & 0\end{bmatrix},$$

得基础解系为 $\boldsymbol{\alpha}_1=(2,1,0)^{\mathrm{T}},\boldsymbol{\alpha}_2=(-3,0,1)^{\mathrm{T}}$,故属于 $\lambda_1=\lambda_2=0$ 的特征向量为 $k_1\boldsymbol{\alpha}_1+k_2\boldsymbol{\alpha}_2$($k_1,k_2$ 不全为零).

当 $\lambda_3=-11$ 时,对应的方程组为 $(-11\boldsymbol{E}-\boldsymbol{A})\boldsymbol{x}=\boldsymbol{0}$,对系数矩阵进行初等行变换:

$$(-11\boldsymbol{E}-\boldsymbol{A})=\begin{bmatrix}-12 & 2 & -3\\ -3 & -5 & -9\\ 2 & -4 & -5\end{bmatrix}\xrightarrow[r_1+6r_3]{r_2+(3/2)r_3}\begin{bmatrix}0 & -22 & -33\\ 0 & -11 & -16.5\\ 2 & -4 & -5\end{bmatrix}$$

$$\xrightarrow[r_2-r_1/2,r_3-(2/11)r_1]{r_1/(-11)}\begin{bmatrix}0 & 2 & 3\\ 0 & 0 & 0\\ 2 & 0 & 1\end{bmatrix}$$

得基础解系为 $\boldsymbol{\alpha}_3=(-1,-3,2)^{\mathrm{T}}$,故属于 $\lambda_3=-11$ 的特征向量为 $k_3\boldsymbol{\alpha}_3$(k_3 不为零).

注 考生必须熟悉掌握 3 阶矩阵特征值和特征向量具体的计算方法.

另外,本题矩阵 $\boldsymbol{A}$ 的秩为 1,关于秩为 1 的矩阵有以下结论:

(1) 若 $r(\boldsymbol{A})=1$,则矩阵 $\boldsymbol{A}$ 的特征值有 $n-1$ 个"0"和 1 个"$tr(\boldsymbol{A})$". 当 $tr(\boldsymbol{A})\neq 0$ 时,矩阵 $\boldsymbol{A}$ 可以对角化;当 $tr(\boldsymbol{A})=0$ 则矩阵 $\boldsymbol{A}$ 的所有特征值全为零,而 $\boldsymbol{A}\neq\boldsymbol{0}$,故矩阵 $\boldsymbol{A}$ 不能对角化.

(2) 若 $r(\boldsymbol{A})=1$,则 $\boldsymbol{A}$ 一定可以写为一个列向量 $\boldsymbol{\alpha}$ 与一个行向量 $\boldsymbol{\beta}^{\mathrm{T}}$ 的乘积:$\boldsymbol{A}=\boldsymbol{\alpha\beta}^{\mathrm{T}}$. 于是矩阵 $\boldsymbol{A}$ 属于特征值零的特征向量为与 $\boldsymbol{\beta}$ 正交的所有非零向量;而矩阵 $\boldsymbol{A}$ 属于特征值 $tr(\boldsymbol{A})$ 的特征向量恰好就是向量 $\boldsymbol{\alpha}$. 例 5.13 中的矩阵 $\boldsymbol{A}$ 可以拆分为 $\boldsymbol{A}=\begin{bmatrix}1\\ 3\\ -2\end{bmatrix}[1,\ -2,\ 3]=\boldsymbol{\alpha\beta}^{\mathrm{T}}$,如何拆分来的呢?任选一列,后面的行的构成元素是这一列的倍数.

(3) 考生应该掌握 3 阶矩阵特征多项式公式. 设 3 阶矩阵 $\boldsymbol{A}=\begin{bmatrix}a_{11} & a_{12} & a_{13}\\ a_{21} & a_{22} & a_{23}\\ a_{31} & a_{32} & a_{33}\end{bmatrix}$,则 $\boldsymbol{A}$ 的特征多项式为 $|\lambda\boldsymbol{E}-\boldsymbol{A}|=\lambda^3-(a_{11}+a_{22}+a_{33})\lambda^2+(\boldsymbol{A}_{11}+\boldsymbol{A}_{22}+\boldsymbol{A}_{33})\lambda-|\boldsymbol{A}|$ 其中 $\boldsymbol{A}_{11},\boldsymbol{A}_{22},\boldsymbol{A}_{33}$ 为 $|\boldsymbol{A}|$ 的代数余子式. 显然,例 5.13 中矩阵 $\boldsymbol{A}$ 的秩为 1,则 $\boldsymbol{A}_{11},\boldsymbol{A}_{22},\boldsymbol{A}_{33}$ 及 $|\boldsymbol{A}|$ 全为零,则矩阵 $\boldsymbol{A}$ 的特征值为 $0,0,tr(\boldsymbol{A})=-11$.

(4) 由于特征向量是非零向量，于是考生在给出特征向量的答案时，一定不要忘记必须带上一个“尾巴”，如 k_1、k_2 不全为 0.

【例 5.14】 设 $\frac{1}{2}$ 是可逆矩阵 $\boldsymbol{A}$ 的一个特征值，则矩阵 $(5\boldsymbol{A}^3)^{-1}$ 必有一个特征值为________.

【分析】 根据特征值的性质进行求解.

【解】 $\frac{1}{2}$ 是 $\boldsymbol{A}$ 的特征值，则 $\left(\frac{1}{2}\right)^3$ 是 $\boldsymbol{A}^3$ 的特征值，于是 $5\left(\frac{1}{2}\right)^3$ 是 $5\boldsymbol{A}^3$ 的特征值；又由于 $\boldsymbol{A}$ 为可逆矩阵. 故 $\left(5\left(\frac{1}{2}\right)^3\right)^{-1}$ 是 $(5\boldsymbol{A}^3)^{-1}$ 的特征值，所以答案为 $\frac{8}{5}$.

注 本题考查知识点如下：

(1) 若 λ 是 $\boldsymbol{A}$ 的特征值，则 $k\lambda$ 是矩阵 $k\boldsymbol{A}$ 的特征值.

(2) 若 λ 是 $\boldsymbol{A}$ 的特征值，则 λ^m 是矩阵 $\boldsymbol{A}^m$ 的特征值，其中 m 是非负整数.

(3) 若 λ 是 $\boldsymbol{A}$ 的特征值，且 $\boldsymbol{A}$ 可逆，则 λ^{-1} 是矩阵 $\boldsymbol{A}^{-1}$ 的特征值.

【例 5.15】 设 n 阶矩阵 $\boldsymbol{A}$ 的行列式 $|\boldsymbol{A}|=-6$，且 2 是 $\boldsymbol{A}$ 的一个特征值，$\boldsymbol{A}^*$ 为矩阵 $\boldsymbol{A}$ 的伴随矩阵，则矩阵 $(\boldsymbol{A}^*)^2-2\boldsymbol{A}^*+5\boldsymbol{E}$ 必有一个特征值为________.

【分析】 从特征值定义 $\boldsymbol{A\alpha}=\lambda\boldsymbol{\alpha}$ 及公式 $\boldsymbol{A}^*\boldsymbol{A}=|\boldsymbol{A}|\boldsymbol{E}$ 出发，可以先求出 $\boldsymbol{A}^*$ 的特征值.

【解】 因为 2 是 $\boldsymbol{A}$ 的一个特征值，则有 $\boldsymbol{A\alpha}=2\boldsymbol{\alpha}$，用矩阵 $\boldsymbol{A}^*$ 左乘等式两边，得 $\boldsymbol{A}^*\boldsymbol{A\alpha}=2\boldsymbol{A}^*\boldsymbol{\alpha}$，根据伴随矩阵公式 $\boldsymbol{A}^*\boldsymbol{A}=|\boldsymbol{A}|\boldsymbol{E}$，则有 $|\boldsymbol{A}|\boldsymbol{\alpha}=2\boldsymbol{A}^*\boldsymbol{\alpha}$，$\boldsymbol{A}^*\boldsymbol{\alpha}=\frac{|\boldsymbol{A}|}{2}\boldsymbol{\alpha}$，　即 $\frac{|\boldsymbol{A}|}{2}=\frac{-6}{2}=-3$ 为矩阵 $\boldsymbol{A}^*$ 的一个特征值，那么 $(\boldsymbol{A}^*)^2-2\boldsymbol{A}^*+5\boldsymbol{E}$ 一定有特征值 $(-3)^2-2(-3)+5=20$.

注 本题考查以下知识点：

(1) 若 λ 是 $\boldsymbol{A}$ 的特征值，且 $\lambda\neq 0$，则 $\frac{|\boldsymbol{A}|}{\lambda}$ 是 $\boldsymbol{A}^*$ 的特征值.

(2) 若 λ 是 $\boldsymbol{A}$ 的特征值，则 $f(\lambda)$ 是矩阵 $f(\boldsymbol{A})$ 的特征值.

【例 5.16】 设 n 阶矩阵 $\boldsymbol{A}$ 满足 $|3\boldsymbol{E}+2\boldsymbol{A}|=0$，则矩阵 $\boldsymbol{A}$ 必有一个特征值为________.

【分析】 从已知条件 $|3\boldsymbol{E}+2\boldsymbol{A}|=0$ 联想到特征方程 $|\lambda\boldsymbol{E}-\boldsymbol{A}|=0$.

【解】 由于 n 阶矩阵 $\boldsymbol{A}$ 满足 $|3\boldsymbol{E}+2\boldsymbol{A}|=0$，因此

$$\left|(-2)\left(\frac{-3}{2}\boldsymbol{E}-\boldsymbol{A}\right)\right|=(-2)^n\left|\frac{-3}{2}\boldsymbol{E}-\boldsymbol{A}\right|=0,$$

则 $-\frac{3}{2}$ 是矩阵 $\boldsymbol{A}$ 的一个特征值.

注 本题考查知识点为：若有 $|aA+bE|=0$，则矩阵 A 必有特征值 $-\dfrac{b}{a}$.

【例 5.17】若 n 阶方阵 A 满足 $A^2+2A-3E=0$，则矩阵 A 的特征值只能为________.

【分析】从特征值定义 $A\alpha=\lambda\alpha$ 及已知条件 $A^2+2A-3E=0$ 出发，找出关于特征值 λ 的方程.

【解】设 λ 是矩阵 A 的一个特征值，则有 $A\alpha=\lambda\alpha$①，其中 α 为属于 λ 的矩阵 A 的特征向量. 用矩阵 A 左乘式①两边，得 $A^2\alpha=\lambda^2\alpha$②，用 2 乘式①两边，得 $2A\alpha=2\lambda\alpha$③，用 $-3E$ 左乘 α，有 $-3E\alpha=-3\alpha$④，把式②、式③和式④三个等式相加，得

$$(A^2+2A-3E)\alpha=(\lambda^2+2\lambda-3)\alpha\text{，已知 } A^2+2A-3E=\mathbf{0}\text{，}$$

故有

$$(A^2+2A-3E)\alpha=(\lambda^2+2\lambda-3)\alpha=\mathbf{0}\text{，}$$

而特征向量 α 为非零向量，所以 $\lambda^2+2\lambda-3=0$⑤，解得 $\lambda=-3$ 或 $\lambda=1$.

注 本题考查的知识点：设 $g(A)$ 是关于矩阵 A 的多项式，若有 $g(A)=\mathbf{0}$，则矩阵 A 的所有特征值必然在方程 $g(\lambda)=0$ 的解中. 特别要注意：方程 $g(\lambda)=0$（即本题的式⑤）并不是特征方程，它的解不一定都是矩阵 A 的特征值，但矩阵 A 的所有特征值必然都在它的解中. 例如，本题的答案为 $\lambda=-3$ 或 $\lambda=1$，说明矩阵 A 的特征值有以下三种可能的情况：

(1) A 的所有特征值都是 -3；

(2) A 的所有特征值都为 1；

(3) A 的特征值只有 -3 和 1.

【例 5.18】设矩阵 $A=\begin{bmatrix}8 & a & -7\\ 0 & -2 & 0\\ 2 & -3 & -1\end{bmatrix}$，则 A 的特征值是[　　].

(A) $1,-2,6$　　(B) $8,-2,-1$

(C) $1,-3,4$　　(D) $1,2,-6$

【分析】根据特征值的性质来排除不正确的选项.

【解】虽然矩阵 A 的元素中含有参数 a，但矩阵 A 的迹及行列式都与参数 a 无关，可以直接计算出来，即 $tr(A)=5$，$|A|=-12$，根据特征值性质，矩阵所有特征值的和等于矩阵的迹，可以判断选项(C)和(D)是错误的. 矩阵所有特征值的乘积等于矩阵的行列式，可以判断选项(B)是错误的. 其实本题可以直接计算矩阵 A 的特征值，计算结果也和参数 a 无关. 故答案选择(A).

注 本题考查以下知识点：

(1) $\sum\limits_{i=1}^{n}\lambda_i=tr(A)$，其中 $\lambda_i(i=1,2,\cdots,n)$ 是矩阵 A 的所有特征值.

(2) $\prod\limits_{i=1}^{n}\lambda_i=|A|$，其中 $\lambda_i(i=1,2,\cdots,n)$ 是矩阵 A 的所有特征值.

(3) 针对含有参数的矩阵，其行列式的值或特征值不一定与参数有关. 比如矩阵 $A=$

$\begin{bmatrix} a & 2 & 1 \\ 4 & -1 & 2 \\ -5 & 2 & -4 \end{bmatrix}$ 的行列式为 $|\boldsymbol{A}| = 15$；矩阵 $\boldsymbol{A} = \begin{bmatrix} -5 & a & 5 \\ 0 & -4 & 0 \\ 4 & 1 & 3 \end{bmatrix}$ 的特征值为 -7，-4，和 5.

矩阵 $\boldsymbol{A}$ 中的参数 a 就好像是一个“稻草人”，它是故意用来“吓唬”考生的.

【例 5.19】 设 $\boldsymbol{A} = \begin{bmatrix} 3 & -2 & 1 \\ 1 & -1 & 1 \\ 1 & 0 & 2 \end{bmatrix}$，已知 $\boldsymbol{\alpha} = (2,1,t)^{\mathrm{T}}$ 是矩阵 $\boldsymbol{A}$ 的特征向量，则

$t =$ ______.

【分析】 把矩阵 $\boldsymbol{A}$ 及 $\boldsymbol{\alpha}$ 代入特征值定义式 $\boldsymbol{A\alpha} = \lambda\boldsymbol{\alpha}$ 中，解方程组可以得到答案.

【解】 设 $\boldsymbol{\alpha}$ 是 $\boldsymbol{A}$ 的属于 λ 的特征向量，则有 $\begin{bmatrix} 3 & -2 & 1 \\ 1 & -1 & 1 \\ 1 & 0 & 2 \end{bmatrix}\begin{bmatrix} 2 \\ 1 \\ t \end{bmatrix} = \lambda\begin{bmatrix} 2 \\ 1 \\ t \end{bmatrix}$，即有方程组 $\begin{cases} t + 4 = 2\lambda \\ t + 1 = \lambda \\ 2t + 2 = \lambda t \end{cases}$，

解得 $\lambda = 3, t = 2$. **注** 要善于用特征值的定义式 $\boldsymbol{A\alpha} = \lambda\boldsymbol{\alpha}$ 来求解关于特征值的问题.

【例 5.20】 设 3 阶矩阵 $\boldsymbol{A}$ 的各行元素之和都为 -2，那么矩阵 $\boldsymbol{A}$ 一定有特征值

______，其对应的一个特征向量为______.

【分析】 根据特征值和特征向量定义解题.

【解】 矩阵 $\boldsymbol{A}$ 的各行元素之和都为 -2，即有 $\boldsymbol{A}\begin{bmatrix} 1 \\ 1 \\ 1 \end{bmatrix} = -2\begin{bmatrix} 1 \\ 1 \\ 1 \end{bmatrix}$，于是 -2 是 $\boldsymbol{A}$ 的特征值 $\begin{bmatrix} 1 \\ 1 \\ 1 \end{bmatrix}$ 是对应的一个特征向量.

注 考生要善于用矩阵等式来描述线性代数语言.

【例 5.21】 设矩阵 $\boldsymbol{A} = \begin{bmatrix} 1+a & 1 & 1 & 1 \\ 2 & 2+a & 2 & 2 \\ 3 & 3 & 3+a & 3 \\ 4 & 4 & 4 & 4+a \end{bmatrix}$，那么 $\boldsymbol{A}$ 的特征值

为______.

【分析】 把 $\boldsymbol{A}$ 拆分为 $\boldsymbol{B} + a\boldsymbol{E}$ 的和.

【解】 显然有 $\boldsymbol{A} = \begin{bmatrix} 1 & 1 & 1 & 1 \\ 2 & 2 & 2 & 2 \\ 3 & 3 & 3 & 3 \\ 4 & 4 & 4 & 4 \end{bmatrix} + \begin{bmatrix} a & 0 & 0 & 0 \\ 0 & a & 0 & 0 \\ 0 & 0 & a & 0 \\ 0 & 0 & 0 & a \end{bmatrix} = \boldsymbol{B} + a\boldsymbol{E}$，由于 $\boldsymbol{B}$ 的秩为 1，可知 $\boldsymbol{B}$ 的特征值为 $0,0,0,tr(\boldsymbol{B}) = 10$，因此 $\boldsymbol{A}$ 的特征值为 $a,a,a,10+a$.

注 分析矩阵 $\boldsymbol{A}$ 元素的特点，可以把 $\boldsymbol{A}$ 拆分为秩为 1 的矩阵 $\boldsymbol{B}$ 和数量矩阵 $a\boldsymbol{E}$ 之和. 考生要善于观察矩阵元素的分布特点，分析矩阵 $\boldsymbol{A}$，显然参数 a 只分布在 $\boldsymbol{A}$ 的主对角线上，于是考虑把 $\boldsymbol{A}$ 拆为 $\boldsymbol{B}$ 与 $a\boldsymbol{E}$ 之和.

【例 5.22】 已知 3 阶矩阵 $\boldsymbol{A}$ 的特征值为 3，2，−1，则 $\boldsymbol{A}$ 的行列式中主对角线上元素的代数余子式之和为________.

【分析】 从代数余子式可以联想到矩阵 $\boldsymbol{A}$ 的伴随矩阵 $\boldsymbol{A}^*$，$\boldsymbol{A}^*$ 的迹 $tr(\boldsymbol{A}^*)$ 即为答案.

【解】 3 阶矩阵 $\boldsymbol{A}$ 的特征值为 3，2，−1，则矩阵 $\boldsymbol{A}$ 的行列式为 $|\boldsymbol{A}| = 3\times2\times(-1) = -6$，那么伴随矩阵 $\boldsymbol{A}^*$ 的特征值分别为 $|\boldsymbol{A}|\times3^{-1} = -2$，$|\boldsymbol{A}|\times2^{-1} = -3$，$|\boldsymbol{A}|\times(-1)^{-1} = 6$，而 $\boldsymbol{A}$ 的行列式中主对角线上元素的代数余子式即为伴随矩阵 $\boldsymbol{A}^*$ 的主对角线上的元素，于是 $\boldsymbol{A}$ 的行列式中主对角线上元素的代数余子式之和即为 $\boldsymbol{A}^*$ 的迹 $tr(\boldsymbol{A}^*)$，则有

$$tr(\boldsymbol{A}^*) = \sum_{i=1}^{3}\lambda_i = (-2)+(-3)+6 = 1.$$

注 本题考查的知识点如下：

(1) 矩阵 $\boldsymbol{A}$ 所有特征值的乘积等于矩阵的行列式.

(2) 矩阵 $\boldsymbol{A}$ 所有特征值的和等于矩阵的迹.

(3) 若 λ 是矩阵 $\boldsymbol{A}$ 的特征值，且 $\lambda\neq0$，则 $|\boldsymbol{A}|\lambda^{-1}$ 是矩阵 $\boldsymbol{A}$ 的伴随矩阵 $\boldsymbol{A}^*$ 的特征值

(4) n 阶矩阵 $\boldsymbol{A}$ 的伴随矩阵 $\boldsymbol{A}^*$ 的结构为 $\boldsymbol{A}^* = \begin{bmatrix} \boldsymbol{A}_{11} & \boldsymbol{A}_{21} & \cdots & \boldsymbol{A}_{n1} \\ \boldsymbol{A}_{12} & \boldsymbol{A}_{22} & \cdots & \boldsymbol{A}_{n2} \\ \vdots & \vdots & & \vdots \\ \boldsymbol{A}_{1n} & \boldsymbol{A}_{2n} & \cdots & \boldsymbol{A}_{nn} \end{bmatrix}$，其中 $\boldsymbol{A}_{ij}$ 为矩阵 $\boldsymbol{A}$ 的第 i 行第 j 列元素的代数余子式.

【例 5.23】 设 $\boldsymbol{A}$ 为 n 阶矩阵，分析以下命题：

(1) 矩阵 $\boldsymbol{A}$ 和其转置矩阵 $\boldsymbol{A}^{\mathrm{T}}$ 有相同的特征值.

(2) 若 $\boldsymbol{a}_1$ 和 $\boldsymbol{a}_2$ 都是 $\boldsymbol{A}$ 属于特征值 λ_0 的特征向量，则非零向量 $k_1\boldsymbol{\alpha}_1 + k_2\boldsymbol{\alpha}_2$ 也是 $\boldsymbol{A}$ 属于 λ_0 的特征向量.

(3) 若 $\boldsymbol{a}_1$ 和 $\boldsymbol{a}_2$ 分别是 $\boldsymbol{A}$ 属于特征值 λ_1 和 λ_2 的特征向量 $(\lambda_1\neq\lambda_2)$，则 $\boldsymbol{\alpha}_1+\boldsymbol{\alpha}_2$ 不是 $\boldsymbol{A}$ 的特征向量.

(4) 若 $\boldsymbol{A}$ 的特征值都是零，则 $\boldsymbol{A} = \boldsymbol{O}$. 则[　　].

(A) 只有(1) 正确　　(B) 只有(1) 和(2) 正确

(C) 只有(1)(2) 和(3) 正确　　(D) 四个命题都正确

【解】 分析命题(1). 对矩阵 $\boldsymbol{A}^{\mathrm{T}}$ 的特征多项式进行变化

$$|\lambda\boldsymbol{E}-\boldsymbol{A}^{\mathrm{T}}| = |\lambda E^{\mathrm{T}}-\boldsymbol{A}^{\mathrm{T}}| = |(\lambda\boldsymbol{E}-\boldsymbol{A})^{\mathrm{T}}| = |\lambda\boldsymbol{E}-\boldsymbol{A}|$$

即矩阵 $\boldsymbol{A}$ 和 $\boldsymbol{A}^{\mathrm{T}}$ 有相同的特征多项式，故它们有相同的特征值.

分析命题(2). 由于 $\boldsymbol{a}_1$ 和 $\boldsymbol{a}_2$ 都是 $\boldsymbol{A}$ 属于特征值 λ_0 的特征向量，则有 $\boldsymbol{A\alpha}_1 = \lambda_0\boldsymbol{\alpha}_1$，$\boldsymbol{A\alpha}_2 =$

$\lambda_0\boldsymbol{\alpha}_2$，分别用$k_1$、$k_2$乘以上两个等式，然后把它们相加，有$\boldsymbol{A}(k_1\boldsymbol{\alpha}_1+k_2\boldsymbol{\alpha}_2)=\lambda_0(k_1\boldsymbol{\alpha}_1+k_2\boldsymbol{\alpha}_2)$，即非零向量$k_1\boldsymbol{\alpha}_1+k_2\boldsymbol{\alpha}_2$也是$\boldsymbol{A}$属于$\lambda_0$的特征向量.

分析命题(3). 用反证法. 设$\boldsymbol{\alpha}_1+\boldsymbol{\alpha}_2$是$\boldsymbol{A}$的属于$\lambda$的特征向量，即有$\boldsymbol{A}(\boldsymbol{\alpha}_1+\boldsymbol{\alpha}_2)=\lambda(\boldsymbol{\alpha}_1+\boldsymbol{\alpha}_2)$成立，则有$\boldsymbol{A\alpha}_1+\boldsymbol{A\alpha}_2=\lambda\boldsymbol{\alpha}_1'+\lambda\boldsymbol{\alpha}_2$，因为$\boldsymbol{a}_1$和$\boldsymbol{a}_2$分别是$\boldsymbol{A}$属于特征值$\lambda_1$和$\lambda_2$的特征向量，则有$\boldsymbol{A\alpha}_1=\lambda_1\boldsymbol{\alpha}_1$，$\boldsymbol{A\alpha}_2=\lambda_2\boldsymbol{\alpha}_2$，所以有$\lambda_1\boldsymbol{\alpha}_1+\lambda_2\boldsymbol{\alpha}_2=\lambda\boldsymbol{\alpha}_1+\lambda\boldsymbol{\alpha}_2$，$(\lambda_1-\lambda)\boldsymbol{\alpha}_1+(\lambda_2-\lambda)\boldsymbol{\alpha}_2=0$，因为$\lambda_1\neq\lambda_2$，则向量$a_1$，$a_2$线性无关，故$\lambda_1-\lambda=\lambda_2-\lambda=0$，即$\lambda_1=\lambda_2=\lambda$，与$\lambda_1\neq\lambda_2$矛盾，所以$\boldsymbol{\alpha}_1+\boldsymbol{\alpha}_2$不是$\boldsymbol{A}$的特征向量.

分析命题(4). 若$\boldsymbol{A}=\begin{bmatrix}0&0\\1&0\end{bmatrix}$，则$\boldsymbol{A}$的所有特征值都为零，但$\boldsymbol{A}\neq 0$，所以命题(4)错误.

答案选择(C).

注 (1) 命题(2)和命题(3)中的$\boldsymbol{a}_1$，$\boldsymbol{a}_2$都是矩阵$\boldsymbol{A}$的特征向量，但命题(2)是属于同一个特征值的，而命题(3)是属于不同特征值的，所以结果也刚好相反.

(2) 考生应熟悉本题的前三个命题. 若给命题(4)加一个条件就变为正确的命题了，即若实对称矩阵$\boldsymbol{A}$的特征值都是零，则$\boldsymbol{A}=\boldsymbol{0}$.

【例 5.24】设$\boldsymbol{A}$为n阶矩阵，分析以下命题：

(1)$\boldsymbol{A}$的任何一个特征值都有无穷多个特征向量.

(2)$\boldsymbol{A}$的任何一个特征向量都对应唯一一个特征值.

(3) 若$\boldsymbol{A}$为正交矩阵，则$\boldsymbol{A}$的特征值必为 1 或 -1.

(4)$\boldsymbol{A}$的秩等于$\boldsymbol{A}$的非零特征值的个数. 则[　　].

(A) 只有(1) 正确　　(B) 只有(1) 和(2) 正确

(C) 只有(1)(2) 和(3) 正确　　(D) 四个命题都正确

【分析】根据矩阵特征值的定义式来分析各个命题.

【解】分析命题(1). 由于矩阵$\boldsymbol{A}$的属于特征值λ_0的特征向量就是齐次线性方程组$(\lambda_0\boldsymbol{E}-\boldsymbol{A})\boldsymbol{x}=\boldsymbol{0}$的解向量，而$|\lambda_0\boldsymbol{E}-\boldsymbol{A}|=0$，故方程组$(\lambda_0\boldsymbol{E}-\boldsymbol{A})\boldsymbol{x}=\boldsymbol{0}$有无穷组解.

分析命题(2). 设$\boldsymbol{\alpha}$既是矩阵$\boldsymbol{A}$的属于λ_1的特征向量，也是矩阵$\boldsymbol{A}$的属于λ_2的特征向量，则有$\boldsymbol{A\alpha}=\lambda_1\boldsymbol{\alpha}$，$\boldsymbol{A\alpha}=\lambda_2\boldsymbol{\alpha}$，对以上两个等式进行减法运算，有$(\lambda_1-\lambda_2)\boldsymbol{\alpha}=\boldsymbol{0}$，由于$\boldsymbol{\alpha}\neq 0$，则有$\lambda_1=\lambda_2$，故$\boldsymbol{A}$的任何一个特征向量都对应唯一一个特征值.

分析命题(3). 设 2 阶正交矩阵$\boldsymbol{A}=\begin{bmatrix}0&-1\\1&0\end{bmatrix}$，则$\boldsymbol{A}$的特征值为$-i$和$i$，所以命题(3)错误.

分析命题(4). 设$\boldsymbol{A}=\begin{bmatrix}0&0\\1&0\end{bmatrix}$，矩阵$\boldsymbol{A}$的特征值全为零，但$\boldsymbol{A}$的秩为 1，所以命题(4)错误.

答案选择(B).

【例 5.25】已知n阶矩阵$\boldsymbol{A}$的秩$r(\boldsymbol{A})=r$，且满足$\boldsymbol{A}^2=-2\boldsymbol{A}$，求$|2\boldsymbol{E}-\boldsymbol{A}^3|$.

【分析】先求矩阵$\boldsymbol{A}$的所有特征值，再计算矩阵$2\boldsymbol{E}-\boldsymbol{A}^3$所有的特征值，从而得到行列式的值.

【解】 由于 $A^2=-2A$，则有 $A(A+2E)=0$，因此 $r(A)+r(A+2E)\leqslant n$. 另外，

$r(A)+r(A+2E)=r(A)+r(-A-2E)\geqslant r(A+(-A-2E))=r(-2E)=n.$

故有 $r(A)+r(A+2E)=n$，而 $r(A)=r$，所以 $A(A+2E)=n-r$.

下面分三种情况来讨论：

(1) 若 $r(A)=r=0$，则有 $A=0$，故 $|2E-A^3|=|2E|=2^n$.

(2) $r(A)=r=n$，则有 $r(A+2E)=n-r=0$，则 $A+2E=0$，$A=-2E$，于是 $|2E-A^3|=|2E-(-2E)^3|=|2E+8E|=10^n$.

(3) 若 $0<r<n$，则有 $r(A)=r<n$ 及 $r(A+2E)=n-r<n$，于是 $|A|=0$ 及 $|A+2E|=0$，故说明 0 和 -2 都是矩阵 A 的特征值. 当 $\lambda=0$ 时，对应的齐次线性方程组为 $(0E-A)x=\mathbf{0}$，由于系数矩阵的秩 $r(-A)=r(A)=r$，因此 A 的属于特征值 $\lambda=0$ 的线性无关的特征向量有 $n-r$ 个. 当 $\lambda=-2$ 时，对应齐次线性方程组为 $(-2E-A)x=\mathbf{0}$，由于系数矩阵的秩 $r(-2E-A)=r(A+2E)=n-r$，因此 A 的属于特征值 $\lambda=-2$ 的线性无关的特征向量有 r 个. 由于矩阵 A 的特征值的代数重数大于等于几何重数，而矩阵 A 总共有 n 个特征值，故 $\lambda=0$ 是矩阵 A 的 $n-r$ 重特征值，$\lambda=-2$ 是矩阵 A 的 r 重特征值. 因此矩阵 $2E-A^3$ 的特征值为 2 和 10，$\lambda=2$ 是矩阵 $2E-A^3$ 的 $n-r$ 重特征值，$\lambda=10$ 是矩阵 $2E-A^3$ 的 r 重特征值，于是 $|2E-A^3|=2^{n-r}10^r$. 显然第(1)种和第(2)种情况都是第(3)种情况的一个特例.

注 本题考查知识点为：

(1) $r(A)=0\Leftrightarrow A=O$.

(2) $|kA_n|=k^n|A_n|$.

(3) $r(A_n)<n\Leftrightarrow|A_n|=0$.

(4) $|A|=0\Leftrightarrow$ 零是矩阵 A 的特征值.

(5) $|aE+bA|=0\Leftrightarrow-\dfrac{a}{b}$ 是矩阵 A 的特征值.

(6) 齐次线性方程组 $(\lambda_0E-A)x=\mathbf{0}$ 的系数矩阵的秩 $r(\lambda_0E-A)=r\Rightarrow A$ 的属于特征值 λ_0 的线性无关的特征向量有 $n-r$ 个 $\Rightarrow\lambda_0$ 是矩阵 A 的至少 $n-r$ 重特征值.

(7) λ_0 是 A 的特征值 $\Rightarrow f(\lambda_0)$ 是 $f(A)$ 的特征值.

(8) $\prod\limits_{i=1}^{n}\lambda_i=|A_n|$.

根据特征值的性质，考生应该立即通过已知条件 $A^2=-2A$，得出矩阵 A 的特征值只能是 0 或 -2.

【例 5.26】 (2008.2,3) 设 A 为 3 阶矩阵，α_1、α_2 为 A 的分别属于特征值 -1、1 的特征向量，向量 α_3 满足 $A\alpha_3=\alpha_2+\alpha_3$.

(1) 证明 $\alpha_1,\alpha_2,\alpha_3$ 线性无关.

(2) 令 $P=(\alpha_1,\alpha_2,\alpha_3)$，求 $P^{-1}AP$.

【分析】 根据向量组线性无关定义证明.

【证明】(1) 设存在数 k_1,k_2,k_3 使得 $k_1\boldsymbol{\alpha}_1+k_2\boldsymbol{\alpha}_2+k_3\boldsymbol{\alpha}_3=\mathbf{0}$　　①,

用矩阵 $\boldsymbol{A}$ 左乘式 ① 两边,有 $k_1\boldsymbol{A}\boldsymbol{\alpha}_1+k_2\boldsymbol{A}\boldsymbol{\alpha}_2+k_3\boldsymbol{A}\boldsymbol{\alpha}_3=\boldsymbol{A}\mathbf{0}$,由于 $\boldsymbol{\alpha}_1$、$\boldsymbol{\alpha}_2$ 为 $\boldsymbol{A}$ 的分别属于特征值 -1、1 的特征向量,则有 $\boldsymbol{A}\boldsymbol{\alpha}_1=-\boldsymbol{\alpha}_1,\boldsymbol{A}\boldsymbol{\alpha}_2=\boldsymbol{\alpha}_2$;又根据 $\boldsymbol{A}\boldsymbol{\alpha}_3=\boldsymbol{\alpha}_2+\boldsymbol{\alpha}_3$,故有 $-k_1\boldsymbol{\alpha}_1+k_2\boldsymbol{\alpha}_2+k_3\boldsymbol{\alpha}_2+k_3\boldsymbol{\alpha}_3=\mathbf{0}$　　②

由式 ① 减去式 ② 得 $2k_1\boldsymbol{\alpha}_1-k_3\boldsymbol{\alpha}_2=\mathbf{0}$,因为 $\boldsymbol{\alpha}_1$、$\boldsymbol{\alpha}_2$ 是 $\boldsymbol{A}$ 的属于不同特征值的特征向量,所以 $\boldsymbol{\alpha}_1$、$\boldsymbol{\alpha}_2$ 线性无关,则有 $k_1=k_3=0$. 将其代入式 ① 有 $k_2\boldsymbol{\alpha}_2=\mathbf{0}$,而特征向量 $\boldsymbol{\alpha}_2\neq\mathbf{0}$,故 $k_2=0$. 由向量组线性无关定义可知,$\boldsymbol{\alpha}_1,\boldsymbol{\alpha}_2,\boldsymbol{\alpha}_3$ 线性无关,证毕.

(2) 由于 $\boldsymbol{P}=(\boldsymbol{\alpha}_1,\boldsymbol{\alpha}_2,\boldsymbol{\alpha}_3)$,则有

$$\begin{aligned}\boldsymbol{AP}&=\boldsymbol{A}(\boldsymbol{\alpha}_1,\boldsymbol{\alpha}_2,\boldsymbol{\alpha}_3)=(\boldsymbol{A}\boldsymbol{\alpha}_1,\boldsymbol{A}\boldsymbol{\alpha}_2,\boldsymbol{A}\boldsymbol{\alpha}_3)\\&=(-\boldsymbol{\alpha}_1,\boldsymbol{\alpha}_2,\boldsymbol{\alpha}_2+\boldsymbol{\alpha}_3)=(\boldsymbol{\alpha}_1,\boldsymbol{\alpha}_2,\boldsymbol{\alpha}_3)\begin{bmatrix}-1&0&0\\0&1&1\\0&0&1\end{bmatrix},\end{aligned}$$

由(1) 知 $\boldsymbol{\alpha}_1,\boldsymbol{\alpha}_2,\boldsymbol{\alpha}_3$ 线性无关,则 $\boldsymbol{p}$ 为可逆矩阵,有 $\boldsymbol{P}^{-1}\boldsymbol{AP}=\begin{bmatrix}-1&0&0\\0&1&1\\0&0&1\end{bmatrix}$.

注 在证明特征向量线性无关的题目中,往往用线性无关的定义来证明,而用矩阵 $\boldsymbol{A}$ 左乘等式两边是最常用的技巧. 很多考生不知如何下手,这是因为考生对矩阵对角化的推导过程不熟悉.

题型 2　矩阵相似与相似对角化

【例 5.27】(2009.2) 设 $\boldsymbol{\alpha}$、$\boldsymbol{\beta}$ 均为 3 维列向量,$\boldsymbol{\beta}^{\mathrm{T}}$ 为 $\boldsymbol{\beta}$ 的转置. 若矩阵 $\boldsymbol{\alpha\beta}^{\mathrm{T}}$ 相似于 $\begin{bmatrix}2&0&0\\0&0&0\\0&0&0\end{bmatrix}$,则 $\boldsymbol{\beta}^{\mathrm{T}}\boldsymbol{\alpha}=$ ________.

【分析】根据相似矩阵的性质解题.

【解】由于矩阵 $\boldsymbol{\alpha\beta}^{\mathrm{T}}$ 与对角矩阵 $\begin{bmatrix}2&0&0\\0&0&0\\0&0&0\end{bmatrix}$ 相似,根据相似矩阵性质可知,它们有相同的迹,于是 $2+0+0=tr(\boldsymbol{\alpha\beta}^{\mathrm{T}})=\boldsymbol{\beta}^{\mathrm{T}}\boldsymbol{\alpha}$,则 $\boldsymbol{\beta}^{\mathrm{T}}\boldsymbol{\alpha}=2$.

注 本题考查以下知识点:

(1) 相似矩阵有相同的迹.

(2) $tr(\boldsymbol{\alpha\beta}^{\mathrm{T}})=\boldsymbol{\beta}^{\mathrm{T}}\boldsymbol{\alpha}$.

【例 5.28】(2010.2,3) 设 $\boldsymbol{A}=\begin{bmatrix}0&-1&4\\-1&3&a\\4&a&0\end{bmatrix}$,正交矩阵 $\boldsymbol{Q}$ 使得 $\boldsymbol{Q}^{\mathrm{T}}\boldsymbol{AQ}$ 为对角矩阵. 若 $\boldsymbol{Q}$ 的第一列为 $\frac{1}{\sqrt{6}}(1,2,1)^{\mathrm{T}}$,求 a、$\boldsymbol{Q}$.

【分析】根据已知条件可知 $\boldsymbol{Q}$ 的第一列即为矩阵 $\boldsymbol{A}$ 的特征向量，从而确定 a，再进一步求 $\boldsymbol{Q}$.

【解】由于正交矩阵 $\boldsymbol{Q}$ 使得 $\boldsymbol{Q}^{\mathrm{T}}\boldsymbol{A}\boldsymbol{Q}$ 为对角矩阵，因此 $\boldsymbol{Q}$ 的第一列 $\frac{1}{\sqrt{6}}(1,2,1)^{\mathrm{T}}$ 即为矩阵 $\boldsymbol{A}$ 的特征向量. 设其对应特征值为 λ_1，则有

$$\frac{1}{\sqrt{6}}\begin{bmatrix}0&-1&4\\-1&3&a\\4&a&0\end{bmatrix}\begin{bmatrix}1\\2\\1\end{bmatrix}=\lambda_1\frac{1}{\sqrt{6}}\begin{bmatrix}1\\2\\1\end{bmatrix},$$

故有 $\begin{cases}0-2+4=\lambda_1\\-1+6+a=2\lambda_1\\4+2a+0=\lambda_1\end{cases}$，解得 $a=-1,\lambda_1=2$，于是 $\boldsymbol{A}=\begin{bmatrix}0&-1&4\\-1&3&-1\\4&-1&0\end{bmatrix}$.

根据特征值方程 $|\lambda\boldsymbol{E}-\boldsymbol{A}|=0$ 进一步求出矩阵 $\boldsymbol{A}$ 所有的特征值为 $\lambda_1=2,\lambda_2=5,\lambda_3=-4$. 当 $\lambda_2=5$ 时，解方程组 $(5\boldsymbol{E}-\boldsymbol{A})\boldsymbol{x}=\boldsymbol{0}$ 得到属于 $\lambda_2=5$ 的一个特征向量为 $\boldsymbol{\zeta}_2=(1,-1,1)^{\mathrm{T}}$；当 $\lambda_3=-4$ 时，解方程组 $(-4\boldsymbol{E}-\boldsymbol{A})\boldsymbol{x}=\boldsymbol{0}$ 得到属于 $\lambda_3=-4$ 的一个特征向量为 $\boldsymbol{\zeta}_3=(-1,0,1)^{\mathrm{T}}$. 将 $\boldsymbol{\zeta}_2$、$\boldsymbol{\zeta}_3$ 单位化后分别为

$$\boldsymbol{\eta}_2=\frac{1}{\sqrt{3}}(1,-1,1)^{\mathrm{T}},\boldsymbol{\eta}_3=\frac{1}{\sqrt{2}}(-1,0,1)^{\mathrm{T}},$$

令 $\boldsymbol{\eta}_1=\frac{1}{\sqrt{6}}(1,2,1)^{\mathrm{T}}$，于是 $\boldsymbol{Q}=(\boldsymbol{\eta}_1,\boldsymbol{\eta}_2,\boldsymbol{\eta}_3)$.

注 有部分考生在求 $\boldsymbol{\eta}_2$、$\boldsymbol{\eta}_3$ 时，会根据 $\boldsymbol{\eta}_2$、$\boldsymbol{\eta}_3$ 与已知向量 $\boldsymbol{\eta}_1=\frac{1}{\sqrt{6}}(1,2,1)^{\mathrm{T}}$ 正交，即解方程组 $x_1+2x_2+x_3=0$ 来确定 $\boldsymbol{\eta}_2$、$\boldsymbol{\eta}_3$，这种方法是错误的. 只有当矩阵 $\boldsymbol{A}$ 的特征向量 $\boldsymbol{\eta}_2$、$\boldsymbol{\eta}_3$ 属于同一个特征向量时，以上方法才正确. 本题再次说明特征向量定义的重要性. 但很多考生不知道如何利用 $\boldsymbol{Q}$ 的第一列.

本题考查以下知识点：

(1) 正交矩阵 $\boldsymbol{Q}$ 使得 $\boldsymbol{Q}^{\mathrm{T}}\boldsymbol{A}\boldsymbol{Q}$ 为对角矩阵 $\Rightarrow\boldsymbol{Q}$ 的所有列向量是矩阵 $\boldsymbol{A}$ 的特征向量.

(2) $\boldsymbol{\eta}_1$ 是矩阵 $\boldsymbol{A}$ 对应特征值 λ_1 的特征向量 $\Leftrightarrow\boldsymbol{A}\boldsymbol{\eta}_1=\lambda_1\boldsymbol{\eta}_1(\boldsymbol{\eta}_1\neq0)$.

【例 5.29】设矩阵 $\boldsymbol{A}=\begin{bmatrix}0&0&2\\0&3&0\\2&0&0\end{bmatrix}$，若矩阵 $\boldsymbol{B}$ 与矩阵 $\boldsymbol{A}$ 相似，则 $r(\boldsymbol{B}^2-3\boldsymbol{B}+2\boldsymbol{E})=$ ________.

【分析】由于矩阵 $\boldsymbol{A}$ 与 $\boldsymbol{B}$ 相似，因此它们有相同的特征值，进一步计算矩阵 $\boldsymbol{B}^2-3\boldsymbol{B}+2\boldsymbol{E}$ 的特征值.

【解】根据已知条件，矩阵 $\boldsymbol{A}$ 特征方程 $|\lambda\boldsymbol{E}-\boldsymbol{A}|=0$ 的具体形式为 $\begin{vmatrix}\lambda&0&-2\\0&\lambda-3&0\\-2&0&\lambda\end{vmatrix}=0$，解得 $\lambda_1=-2,\lambda_2=2,\lambda_3=3$. 由于 $\boldsymbol{B}$ 与 $\boldsymbol{A}$ 相似，则矩阵 $\boldsymbol{B}$ 的特征值也为 -2，2 和 3，因此矩阵 $\boldsymbol{B}^2-3\boldsymbol{B}+2\boldsymbol{E}$ 的特征值分别为 $(-2)^2-3\times(-2)+2=12$，2^2-3

$\times 2 + 2 = 0, 3^2 - 3 \times 3 + 2 = 2$. 那么矩阵 $\boldsymbol{B}^2 - 3\boldsymbol{B} + 2\boldsymbol{E}$ 必然可以与对角矩阵 $\mathrm{diag}(12,0,2)$ 相似，而对角矩阵 $\mathrm{diag}(12,0,2)$ 的秩为 2，所以有 $r(\boldsymbol{B}^2 - 3\boldsymbol{B} + 2\boldsymbol{E}) = 2$.

注 本题考查知识点为：

(1) 若矩阵 $\boldsymbol{A}$ 与 $\boldsymbol{B}$ 相似，则它们有相同的特征值.

(2) 若 λ 是矩阵 $\boldsymbol{A}$ 的特征值，则 $f(\lambda)$ 是矩阵 $f(\boldsymbol{A})$ 的特征值.

(3) 若矩阵 $\boldsymbol{A}$ 的所有特征值各不相同，那么它一定与对角矩阵 $\boldsymbol{\Lambda}$ 相似（即可对角化），而 $\boldsymbol{\Lambda}$ 主对角线上的元素即为 $\boldsymbol{A}$ 的所有特征值.

(4) 若矩阵 $\boldsymbol{A}$ 与 $\boldsymbol{B}$ 相似，则它们有相同的秩.

(5) 可对角化矩阵的秩等于其非零特征值的个数.

【例 5.30】 设矩阵 $\boldsymbol{A}$ 与 $\boldsymbol{B}$ 相似，且 $\boldsymbol{A} = \begin{bmatrix} 5 & 0 & 0 \\ 0 & 3 & -3 \\ 0 & a & 2 \end{bmatrix}$，$\boldsymbol{B} = \begin{bmatrix} 5 & 0 & 0 \\ 0 & b & 0 \\ 0 & 0 & 5 \end{bmatrix}$，则 $a =$ ______，$b =$ ______.

【分析】 根据相似矩阵的性质确定 a 和 b.

【解】 矩阵 $\boldsymbol{A}$ 与 $\boldsymbol{B}$ 相似，则有 $tr(\boldsymbol{A}) = tr(\boldsymbol{B})$，于是 $5+3+2 = 5+b+5$，故 $b = 0$. 根据矩阵 $\boldsymbol{A}$ 和 $\boldsymbol{B}$ 相似，则有 $|\boldsymbol{A}| = |\boldsymbol{B}| = 0$，于是得到 $a = -2$.

注 本题考查以下知识点：

(1) 若矩阵 $\boldsymbol{A}$ 与 $\boldsymbol{B}$ 相似，则有 $tr(\boldsymbol{A}) = tr(\boldsymbol{B})$.

(2) 若矩阵 $\boldsymbol{A}$ 与 $\boldsymbol{B}$ 相似，则有 $|\boldsymbol{A}| = |\boldsymbol{B}|$.

【例 5.31】 设 $\boldsymbol{A}$ 为 n 阶方阵，且 $\boldsymbol{A}^2 = \boldsymbol{E}$，则[　　].

(A) $\boldsymbol{A} = \boldsymbol{E}$

(B) $\boldsymbol{A}$ 可以相似对角化

(C) $\boldsymbol{A}$ 有一个特征值为 1

(D) $\boldsymbol{A}$ 有一个特征值为 1，另一个特征值为 -1

【分析】 从矩阵等式 $\boldsymbol{A}^2 = \boldsymbol{E}$ 出发，分析齐次线性方程组 $(\boldsymbol{E}+\boldsymbol{A})\boldsymbol{x} = \boldsymbol{0}$ 和 $(\boldsymbol{E}-\boldsymbol{A})\boldsymbol{x} = \boldsymbol{0}$ 基础解系所含解向量的个数.

【解】 分析选项(A). 设 $\boldsymbol{A} = \begin{bmatrix} 1 & 0 \\ 0 & -1 \end{bmatrix}$，有 $\boldsymbol{A}^2 = \boldsymbol{E}$，故选项(A)错误.

分析选项(C)和(D). 设 λ 是矩阵 $\boldsymbol{A}$ 的一个特征值，$\boldsymbol{\alpha}$ 是矩阵 $\boldsymbol{A}$ 的属于 λ 的特征向量，则有 $\boldsymbol{A\alpha} = \lambda\boldsymbol{\alpha}$，用矩阵 $\boldsymbol{A}$ 左乘等式两边，有 $\boldsymbol{A}^2\boldsymbol{\alpha} = \lambda\boldsymbol{A\alpha}$，$\boldsymbol{A}^2\boldsymbol{\alpha} = \lambda^2\boldsymbol{\alpha}$，而 $\boldsymbol{A}^2 = \boldsymbol{E}$，则 $E\boldsymbol{\alpha} = \lambda^2\boldsymbol{\alpha}$，$(\lambda^2 - 1)\boldsymbol{\alpha} = 0$，又因为 $\boldsymbol{\alpha}$ 是矩阵 $\boldsymbol{A}$ 的特征向量，则 $\boldsymbol{\alpha} \neq 0$，故 $\lambda^2 - 1 = 0$，解得 $\lambda_1 = -1$，$\lambda_2 = 1$. 注意 $\lambda_1 = -1$，$\lambda_2 = 1$ 并不是表明矩阵 $\boldsymbol{A}$ 的特征值为 -1 和 1，而是表明 $\boldsymbol{A}$ 的特征值可以是 -1 或 1.

例如，(1) 若 $\boldsymbol{A} = \begin{bmatrix} 1 & 0 \\ 0 & 1 \end{bmatrix}$，则有 $\lambda_1 = \lambda_2 = 1$.

(2) 若 $A=\begin{bmatrix}-1 & 0\\ 0 & -1\end{bmatrix}$,则有 $\lambda_1=\lambda_2=-1$.

(3) 若 $A=\begin{bmatrix}1 & 0\\ 0 & -1\end{bmatrix}$, 则有 $\lambda_1=-1,\lambda_2=1$.

故选项(C) 和(D) 都是错误的.

分析选项(B).由于 $A^2=E$,则有 $(E-A)(E+A)=0$,可以证明

$$r(E-A)+r(E+A)=n.$$

设 $r(E-A)=t,r(E+A)=n-t$,于是齐次线性方程组 $(E-A)x=0$ 基础解系所含线性无关的解向量的个数为 $n-r(E-A)=n-t$,说明矩阵 A 的属于特征值 1 的线性无关特征向量有 $n-t$ 个;而齐次线性方程组 $(E+A)x=0$ 基础解系所含线性无关的解向量的个数为 $n-r(E+A)=t$,说明矩阵 A 的属于特征值 -1 的线性无关特征向量有 t 个.所以矩阵 A 有 n 个线性无关的特征向量,故 A 可以相似对角化,正确答案选择(B).

注 本题考查以下知识点:

(1) 设 $g(A)$ 是关于矩阵 A 的多项式,若有 $g(A)=O$,则矩阵 A 的所有特征值必然是方程 $g(\lambda)=0$ 的解.但方程 $g(\lambda)=0$ 的解不一定都是矩阵 A 的特征值.选项(D) 是一个陷阱,很多考生选择了它,就是因为对特征值的这条性质没有深刻地理解.

(2) 若有 $(aE-A)(bE-A)=O$,且 $a\neq b$,则 n 阶方阵 A 有 n 个线性无关的特征向量,即 A 可以相似对角化.

【例 5.32】 设矩阵 A、B 均为 n 阶方阵,且 A 与 B 相似,E 为 n 阶单位矩阵,分析以下命题:

(1) A 与 B 有相同的特征值和特征向量.

(2) A 与 B 相似于一个对角阵.

(3) 对任意常数 t,$tE-A$ 与 $tE-B$ 相似.

(4) A^m 与 B^m 相似.则[　　].

(A)(1) 和(2) 正确　　(B)(3) 和(4) 正确

(C)(1) 和(3) 正确　　(D)(2) 和(4) 正确

【分析】 根据相似矩阵的定义逐个分析.

【解】 分析命题(1).设 λ_0 是矩阵 A 的一个特征值,α 是 A 的对应于 λ_0 的特征向量,于是有

$$A\alpha=\lambda_0\alpha. \quad ①$$

由于 A 与 B 相似,因此存在可逆矩阵 P,使得 $B=P^{-1}AP$ 成立,即有 $A=PBP^{-1}$,代入 ① 式,有 $PBP^{-1}\alpha=\lambda_0\alpha$,用矩阵 P^{-1} 左乘以上等式两边,有 $B(P^{-1}\alpha)=\lambda_0(P^{-1}\alpha)$,以上等式说明,$\lambda_0$ 也是矩阵 B 的一个特征值,非零向量 $P^{-1}\alpha$ 是矩阵 B 的属于 λ_0 的一个特征向量.综上所述,若 A 与 B 相似,则 A 与 B 有相同的特征值,但它们的特征向量并不一定相同.所以命题(1) 错误.

分析命题(2).因为有的矩阵可以对角化,有的矩阵不能对角化,所以若 A 和 B 能对角化,那么命题(2) 是正确的;若 A 和 B 不能对角化,则命题(2) 就是错误的.

分析命题(3).若 A 与 B 相似,则存在可逆矩阵 P,使得 $B=P^{-1}AP$,则有 $tE-B=P^{-1}tEP$

$-P^{-1}AP=P^{-1}(tE-A)P$，即矩阵 $tE-A$ 与矩阵 $tE-B$ 相似．故命题(3) 正确．

分析命题(4)．若 A 与 B 相似，则存在可逆矩阵 P，使得 $B=P^{-1}AP$，则有 $B^m=\underbrace{(P^{-1}AP)(P^{-1}AP)\cdots(P^{-1}AP)}_{m\text{对括号}}=P^{-1}A^mP$，即矩阵 A^m 与 B^m 相似．故命题(4) 正确．故本题答案选择(B)．

注 本题考查以下知识点：

(1) 若 A 与 B 相似，则 $f(A)$ 与 $f(B)$ 相似，其中 $f(A)$ 为矩阵 A 的多项式函数．

(2) 若 A 可以对角化，且 A 与 B 相似，则 A 与 B 可以相似于同一个对角矩阵．

(3) 设 $B=P^{-1}AP$(A 与 B 相似)，且 λ_0 是矩阵 A 的一个特征值，α 是 A 的对应于 λ_0 的特征向量，则 λ_0 也是 B 的特征值，$P^{-1}\alpha$ 是矩阵 B 的对应于 λ_0 的特征向量，考生要注意，相似矩阵的性质中没有特征向量相等这一条．

【例 5.33】 设矩阵 A、B 都为 n 阶方阵，E 为 n 阶单位矩阵，分析以下命题：则[　　]．

(1) 矩阵 A 相似于矩阵 A．

(2) 若矩阵 B 可逆，则 AB 与 BA 相似．

(3) 若 A 与 E 相似，则 $A=E$．

(4) 若矩阵 A 与 B 有相同的特征值，则矩阵 A 与 B 相似．

(A) 只有(1) 正确　　(B) 只有(1) 和(2) 正确

(C) 只有(1)(2) 和(3) 正确　　(D) 四个命题都正确

【分析】 从相似矩阵的定义出发，分析逐个命题．

【解】 分析命题(1)．由于 $A=E^{-1}AE$，故矩阵 A 相似于矩阵 A．

分析命题(2)．若矩阵 B 可逆，则有 $B^{-1}BAB=AB$，即矩阵 AB 与矩阵 BA 相似．

分析命题(3)．若 A 与 E 相似，则存在可逆矩阵 P，使得 $E=P^{-1}AP$，则有 $A=PEP^{-1}=E$．

分析命题(4)．若 $A=\begin{bmatrix}1&3\\0&1\end{bmatrix}$，$B=\begin{bmatrix}1&0\\0&1\end{bmatrix}$，矩阵 A 与 B 有相同的特征值，但它们并不相似，所以命题(4) 错误．

答案选择(C)．

注 (1) 若两个矩阵相似，那么它们必然等价，所以等价矩阵的反身性、对称性和传递性等性质对相似矩阵也适用．

(2) 若两个矩阵相似，则它们有相同的特征值，但其逆命题不成立，这是考生最易混淆的一个问题．

(3) 若矩阵 A 与 B 有相同的特征值，且矩阵 A 和矩阵 B 都能对角化，则矩阵 A 与 B 相似(原因是矩阵 A 和 B 都能相似于同一个对角矩阵)．

【例 5.34】 设矩阵 $A=\begin{bmatrix}3&a&2\\6&-7&3\\8&b&3\end{bmatrix}$，已知矩阵 A 能对角化，且 $\lambda=-1$ 是 A 的 2 重特征值，试

求可逆矩阵 $\boldsymbol{P}$，使得 $\boldsymbol{P}^{-1}\boldsymbol{AP}$ 为对角阵.

【分析】$\lambda=-1$ 是 $\boldsymbol{A}$ 的 2 重特征值，且矩阵 $\boldsymbol{A}$ 能对角化，则齐次线性方程组 $(-\boldsymbol{E}-\boldsymbol{A})\boldsymbol{x}=\boldsymbol{0}$ 基础解系所含解向量的个数是 2，由此确定参数 a 和 b.

【解】由于矩阵 $\boldsymbol{A}$ 能对角化，则 $\boldsymbol{A}$ 存在 3 个线性无关的特征向量，而 $\lambda=-1$ 是 $\boldsymbol{A}$ 的 2 重特征值，则 $\boldsymbol{A}$ 属于 $\lambda=-1$ 的线性无关的特征向量有两个，故齐次线性方程组 $(-\boldsymbol{E}-\boldsymbol{A})\boldsymbol{x}=\boldsymbol{0}$ 基础解系所含解向量的个数为 2，即该方程组的系数矩阵的秩 $r(-\boldsymbol{E}-\boldsymbol{A})=1$. 对系数矩阵 $-\boldsymbol{E}-\boldsymbol{A}$ 进行初等行变换，有

$$-\boldsymbol{E}-\boldsymbol{A}=\begin{bmatrix}-4 & -a & -2\\ -6 & 6 & -3\\ -8 & -b & -4\end{bmatrix}\xrightarrow[r_2/(-3)]{r_1\leftrightarrow r_2}\begin{bmatrix}2 & -2 & 1\\ -4 & -a & -2\\ -8 & -b & -4\end{bmatrix}\xrightarrow[r_2+2r_1]{r_3+4r_1}\begin{bmatrix}2 & -2 & 1\\ 0 & -a-4 & 0\\ 0 & -b-8 & 0\end{bmatrix},$$

故当 $a=-4,b=-8$ 时，$r(-\boldsymbol{E}-\boldsymbol{A})=1$. 于是有 $-\boldsymbol{E}-\boldsymbol{A}\to\cdots\to\begin{bmatrix}2 & -2 & 1\\ 0 & 0 & 0\\ 0 & 0 & 0\end{bmatrix}$，取 x_2,x_3 为自由变量，则 $\boldsymbol{A}$ 属于 -1 的两个线性无关的特征向量为 $\boldsymbol{\zeta}_1=\begin{bmatrix}1\\1\\0\end{bmatrix}$，$\boldsymbol{\zeta}_2=\begin{bmatrix}-1\\0\\2\end{bmatrix}$. 根据特征值性质有 $(-1)+(-1)+\lambda_3=tr(\boldsymbol{A})=3+(-7)+3$，故 $\lambda_3=1$. 当 $\lambda_3=1$ 时，求解齐次线性方程组 $(\boldsymbol{E}-\boldsymbol{A})\boldsymbol{x}=\boldsymbol{0}$. 对其系数矩阵进行初等行变换：

$$\boldsymbol{E}-\boldsymbol{A}=\begin{bmatrix}-2 & 4 & -2\\ -6 & 8 & -3\\ -8 & 8 & -2\end{bmatrix}\xrightarrow{r_1/(-2)}\begin{bmatrix}1 & -2 & 1\\ -6 & 8 & -3\\ -8 & 8 & -2\end{bmatrix}\xrightarrow[r_2+6r_1]{r_3+8r_1}$$

$$\begin{bmatrix}1 & -2 & 1\\ 0 & -4 & 3\\ 0 & -8 & 6\end{bmatrix}\xrightarrow[r_1-r_2/2]{r_3-2r_2}\begin{bmatrix}1 & 0 & -0.5\\ 0 & -4 & 3\\ 0 & 0 & 0\end{bmatrix},$$

取 x_3 为自由变量，则 $\boldsymbol{A}$ 属于 1 的一个特征向量为 $\boldsymbol{\zeta}_3=\begin{bmatrix}2\\3\\4\end{bmatrix}$. 于是可以构造可逆矩阵 $\boldsymbol{P}$，即

$$\boldsymbol{P}=(\boldsymbol{\zeta}_1,\boldsymbol{\zeta}_2,\boldsymbol{\zeta}_3)=\begin{bmatrix}1 & -1 & 2\\ 1 & 0 & 3\\ 0 & 2 & 4\end{bmatrix},$$

使得 $\boldsymbol{P}^{-1}\boldsymbol{AP}=\begin{bmatrix}-1 & & \\ & -1 & \\ & & 1\end{bmatrix}$.

注 本题考查的知识点如下：

(1) n 阶矩阵 $\boldsymbol{A}$ 能对角化 $\Leftrightarrow$ n 阶矩阵 $\boldsymbol{A}$ 有 n 个线性无关的特征向量.

(2) $\boldsymbol{A}$ 能对角化 $\Leftrightarrow$ $\boldsymbol{A}$ 特征值 λ 的重数恰好是 $(\boldsymbol{A}-\lambda\boldsymbol{E})\boldsymbol{x}=\boldsymbol{0}$ 基础解系包含的向量的个数.

(3) 若$\boldsymbol{A}$能对角化$\Rightarrow$存在可逆矩阵$\boldsymbol{P}$,使得$\boldsymbol{P}^{-1}\boldsymbol{AP}=\boldsymbol{\Lambda}$. 其中对角矩阵$\boldsymbol{\Lambda}$的对角线元素为$\boldsymbol{A}$的所有特征值,矩阵$\boldsymbol{P}$的列向量是矩阵$\boldsymbol{A}$的对应于$\boldsymbol{\Lambda}$主对角线上元素的一个特征向量.

【例 5.35】设矩阵$\boldsymbol{A}=\begin{bmatrix}2&-3&2\\0&3&a\\1&3&1\end{bmatrix}$的特征方程有一个2重根,求$a$的值,并讨论$\boldsymbol{A}$是否可以对角化.

【分析】矩阵$\boldsymbol{A}$的特征方程有一个2重根,则特征方程的形式为$(\lambda-\lambda_1)^2\cdot(\lambda-\lambda_2)=0$,从而确定$a$的值.

【解】矩阵$\boldsymbol{A}$的特征多项式为

$$|\lambda\boldsymbol{E}-\boldsymbol{A}|=\begin{vmatrix}\lambda-2&3&-2\\0&\lambda-3&-a\\-1&-3&\lambda-1\end{vmatrix}\xlongequal{r_1+r_3}\begin{vmatrix}\lambda-3&0&\lambda-3\\0&\lambda-3&-a\\-1&-3&\lambda-1\end{vmatrix}$$

$$\xlongequal{c_3-c_1}\begin{vmatrix}\lambda-3&0&0\\0&\lambda-3&-a\\-1&-3&\lambda\end{vmatrix}\xlongequal{\text{按 } r_1 \text{ 展开}}(\lambda-3)(\lambda^2-3\lambda-3a),$$

当$a=0$时,$\boldsymbol{A}$的特征方程为$\lambda(\lambda-3)^2=0$,$\lambda=3$是矩阵$\boldsymbol{A}$的2重特征根,$\lambda=0$是矩阵$\boldsymbol{A}$的1重特征根. 针对$\lambda=3$,方程组$(3\boldsymbol{E}-\boldsymbol{A})\boldsymbol{x}=\boldsymbol{0}$的系数矩阵为$(3\boldsymbol{E}-\boldsymbol{A})=\begin{bmatrix}1&3&-2\\0&0&0\\-1&-3&2\end{bmatrix}$,由于$r(3\boldsymbol{E}-\boldsymbol{A})=1$,则方程组$(3\boldsymbol{E}-\boldsymbol{A})\boldsymbol{x}=\boldsymbol{0}$基础解系所含解向量的个数是2,故矩阵$\boldsymbol{A}$的属于$\lambda=3$的线性无关的特征向量有2个,矩阵$\boldsymbol{A}$可以对角化.

当$a=-\dfrac{3}{4}$时,$\boldsymbol{A}$的特征方程为$(\lambda-3)\left(\lambda-\dfrac{3}{2}\right)^2=0$,$\lambda=\dfrac{3}{2}$是矩阵$\boldsymbol{A}$的2重特征根,$\lambda=3$是矩阵$\boldsymbol{A}$的1重特征根. 针对$\lambda=\dfrac{3}{2}$,方程组$\left(\dfrac{3}{2}\boldsymbol{E}-\boldsymbol{A}\right)\boldsymbol{x}=\boldsymbol{0}$的系数矩阵为$\left(\dfrac{3}{2}\boldsymbol{E}-\boldsymbol{A}\right)=\begin{bmatrix}-0.5&3&-2\\0&-1.5&0.75\\-1&-3&0.5\end{bmatrix}$,由于$r\left(\dfrac{3}{2}\boldsymbol{E}-\boldsymbol{A}\right)=2$,则方程组$\left(\dfrac{3}{2}\boldsymbol{E}-\boldsymbol{A}\right)\boldsymbol{x}=\boldsymbol{0}$基础解系所含解向量的个数是1,故矩阵$\boldsymbol{A}$的属于$\lambda=\dfrac{3}{2}$的线性无关的特征向量只有1个,矩阵$\boldsymbol{A}$不能对角化.

注 本题考查以下知识点:

(1) $\boldsymbol{A}$能对角化$\Leftrightarrow\boldsymbol{A}$特征值$\lambda$的重数恰好是$(\boldsymbol{A}-\lambda\boldsymbol{E})\boldsymbol{x}=\boldsymbol{0}$基础解系包含的向量的个数.

(2) λ_0是矩阵$\boldsymbol{A}$的1重特征值$\Rightarrow\boldsymbol{A}$的属于$\lambda_0$的线性无关的特征向量有1个.

(3) 在求解特征方程的根时,一般不是把行列式展成关于λ的n次多项式,再进行因式分解,而是先把行列式的某行(列)化为只有一个非零元素,然后按该行(列)展开,这样

可以避免烦琐的因式分解.例如:

①$\boldsymbol{A}=\begin{bmatrix}3&-2&2\\-2&0&4\\2&4&0\end{bmatrix}$,则

$$|\lambda\boldsymbol{E}-\boldsymbol{A}|=\begin{vmatrix}\lambda-3&2&-2\\2&\lambda&-4\\-2&-4&\lambda\end{vmatrix}\xlongequal{r_3+r_2}\begin{vmatrix}\lambda-3&2&-2\\2&\lambda&-4\\0&\lambda-4&\lambda-4\end{vmatrix}\xlongequal{c_2-c_3}$$

$$\begin{vmatrix}\lambda-3&4&-2\\2&\lambda+4&-4\\0&0&\lambda-4\end{vmatrix}\xlongequal{\text{按 }r_3\text{ 展开}}(\lambda-4)(\lambda^2+\lambda-20)$$

$$=(\lambda-4)^2(\lambda+5),$$

② $\boldsymbol{A}=\begin{bmatrix}1&-1&1\\2&4&-2\\-3&-3&5\end{bmatrix}$,则

$$|\lambda\boldsymbol{E}-\boldsymbol{A}|=\begin{vmatrix}\lambda-1&1&-1\\-2&\lambda-4&2\\3&3&\lambda-5\end{vmatrix}\xlongequal{c_2-c_1}\begin{vmatrix}\lambda-1&2-\lambda&-1\\-2&\lambda-2&2\\3&0&\lambda-5\end{vmatrix}\xlongequal{r_1+r_2}$$

$$\begin{vmatrix}\lambda-3&0&1\\-2&\lambda-2&2\\3&0&\lambda-5\end{vmatrix}\xlongequal{\text{按 }c_2\text{ 展开}}(\lambda-2)(\lambda^2-8\lambda+12)$$

$$=(\lambda-2)^2(\lambda-6)$$

很多考生在做本题时,只考虑了一种情况.考生应该掌握可对角化的3阶矩阵$\boldsymbol{A}$的三种情况:

(1)$\boldsymbol{A}$有3个不同特征值.

(2)$\boldsymbol{A}$有1个2重特征值λ_0和1个1重特征值λ_1($\lambda_0\neq\lambda_1$),且$r(\lambda_0\boldsymbol{E}-\boldsymbol{A})=1$.

(3)$\boldsymbol{A}$有1个3重特征值λ_0,且$r(\lambda_0\boldsymbol{E}-\boldsymbol{A})=0$.

3阶数字型矩阵特征值的求解方法是本章最基本的一种运算,考生必须通过大量训练才能熟练掌握.

【例5.36】已知$\boldsymbol{\alpha}$、$\boldsymbol{\beta}$是两个$n(n>1)$维非零列向量,且$\boldsymbol{\alpha}$与$\boldsymbol{\beta}$正交,证明矩阵$\boldsymbol{A}=\boldsymbol{\alpha\beta}^{\mathrm{T}}$不能对角化.

【分析】证明矩阵$\boldsymbol{A}$没有n个线性无关的特征向量.

【证明】由于$\boldsymbol{A}=\boldsymbol{\alpha\beta}^{\mathrm{T}}$,且$\boldsymbol{\alpha}$、$\boldsymbol{\beta}$均是非零向量,则有$r(\boldsymbol{A})\leqslant r(\boldsymbol{\alpha})=1$,而$\boldsymbol{A}\neq 0$,故$r(\boldsymbol{A})=1<n$,于是有$|\boldsymbol{A}|=0$,那么零是矩阵$\boldsymbol{A}$的特征值.齐次线性方程组$(0\boldsymbol{E}-\boldsymbol{A})\boldsymbol{x}=\boldsymbol{0}$系数矩阵的秩为$r(-\boldsymbol{A})=r(\boldsymbol{A})=1$,故$\boldsymbol{A}$属于特征值零的线性无关的特征向量有$n-1$个.又根据特征值$\lambda$的重数不小于$(\boldsymbol{A}-\lambda\boldsymbol{E})\boldsymbol{x}=\boldsymbol{0}$基础解系包含的向量

的个数可知，零至少是矩阵 $\boldsymbol{A}$ 的$n-1$ 重特征值，即有 $\lambda_1=\lambda_2=\cdots=\lambda_{n-1}=0$. 设 $\boldsymbol{\alpha}=(a_1,a_2,\cdots,a_n)^{\mathrm{T}}$，$\boldsymbol{\beta}=(b_1,b_2,\cdots,b_n)^{\mathrm{T}}$，则 $tr(\boldsymbol{A})=\sum_{i=1}^{n}a_ib_i$；而 $\boldsymbol{\alpha}$ 与 $\boldsymbol{\beta}$ 正交，而 $tr(\boldsymbol{A})=\sum_{i=1}^{n}a_ib_i=\boldsymbol{\alpha}^{\mathrm{T}}\boldsymbol{\beta}=0$. 又根据 $\sum_{i=1}^{n}\lambda_i=tr(\boldsymbol{A})$ 可知 $\sum_{i=1}^{n}\lambda_i=0$，即矩阵 $\boldsymbol{A}$ 的所有特征值全是零，那么矩阵 $\boldsymbol{A}$ 只有 $n-1$ 个线性无关的特征向量，故不能对角化.

注 本题是一道比较经典的题目，证明的方法也很多，以上证明过程考查的知识点如下：

(1)$r(\boldsymbol{AB})\leqslant r(\boldsymbol{A})$，$r(\boldsymbol{AB})\leqslant r(\boldsymbol{B})$.

(2)$r(\boldsymbol{A}_{m\times n})\leqslant \min(m,n)$.

(3)$\boldsymbol{A}=\boldsymbol{O}\Leftrightarrow r(\boldsymbol{A})=0$.

(4)$\boldsymbol{A}\neq\boldsymbol{O}\Leftrightarrow r(\boldsymbol{A})\geqslant 1$

(5)$r(\boldsymbol{A}_n)<n\Leftrightarrow|\boldsymbol{A}_n|=0$.

(6)$|\boldsymbol{A}_n|=0\Leftrightarrow$ 零是矩阵 $\boldsymbol{A}$ 的特征值.

(7) 特征值 λ 的重数不小于$(\boldsymbol{A}-\lambda\boldsymbol{E})\boldsymbol{x}=\boldsymbol{0}$ 基础解系包含的向量的个数.

(8)$\boldsymbol{\alpha}$、$\boldsymbol{\beta}$ 都是 n 维列向量，$\boldsymbol{A}=\boldsymbol{\alpha}\boldsymbol{\beta}^{\mathrm{T}}\Rightarrow tr(\boldsymbol{A})=\boldsymbol{\alpha}^{\mathrm{T}}\boldsymbol{\beta}$.

(9)$\sum_{i=1}^{n}\lambda_i=tr(\boldsymbol{A})$

(10)$\boldsymbol{A}_n$ 有 n 个线性无关的特征向量 $\Leftrightarrow\boldsymbol{A}_n$ 可以对角化.

本题也可以这样证明：矩阵 $\boldsymbol{A}=\boldsymbol{\alpha}\boldsymbol{\beta}^{\mathrm{T}}$ 的秩等于1，于是零是 $\boldsymbol{A}$ 的至少 $n-1$ 重特征值. 而 $\boldsymbol{A}$ 的第 n 个特征值等于 $\boldsymbol{A}$ 的迹 $\boldsymbol{\beta}^{\mathrm{T}}\boldsymbol{\alpha}=0$，故 $\boldsymbol{A}$ 有 n 个特征值都是零. 用反证法来证明 $\boldsymbol{A}$ 不能对角化. 设 $\boldsymbol{A}$ 能对角化，则 $\boldsymbol{A}$ 与零矩阵 $\boldsymbol{0}$ 相似，$\boldsymbol{A}=\boldsymbol{0}$，与 $\boldsymbol{A}$ 的秩等于1矛盾. 于是 $\boldsymbol{A}$ 不能对角化.

题型 3　利用相似对角化求 A^n

【例 5.37】 设 2 阶方阵 $\boldsymbol{A}$ 满足 $\boldsymbol{A\alpha}_1=3\boldsymbol{\alpha}_1$，$\boldsymbol{A\alpha}_2=-3\boldsymbol{\alpha}_2$，$\boldsymbol{\alpha}_1$、$\boldsymbol{\alpha}_2$ 均为非零列向量，则 $\boldsymbol{A}^{100}=$ ________.

【分析】 把等式$\boldsymbol{A\alpha}_1=3\boldsymbol{\alpha}_1$ 和 $\boldsymbol{A\alpha}_2=-3\boldsymbol{\alpha}_2$ 合为一个矩阵相乘的等式，然后计算 $\boldsymbol{A}^{100}$.

【解】 根据分块矩阵的概念，可以把等式 $\boldsymbol{A\alpha}_1=3\boldsymbol{\alpha}_1$ 和 $\boldsymbol{A\alpha}_2=-3\boldsymbol{\alpha}_2$ 合成为一个等式：$(\boldsymbol{A\alpha}_1,\boldsymbol{A\alpha}_2)=(3\boldsymbol{\alpha}_1,-3\boldsymbol{\alpha}_2)$，进一步可以把矩阵$(\boldsymbol{\alpha}_1,\boldsymbol{\alpha}_2)$分离出来：

$$\boldsymbol{A}(\boldsymbol{\alpha}_1,\boldsymbol{\alpha}_2)=(\boldsymbol{\alpha}_1,\boldsymbol{\alpha}_2)\begin{bmatrix}3&0\\0&-3\end{bmatrix},$$

由于 $\boldsymbol{\alpha}_1$、$\boldsymbol{\alpha}_2$ 分别是矩阵 $\boldsymbol{A}$ 的属于不同特征值的特征向量，故 $\boldsymbol{\alpha}_1$、$\boldsymbol{\alpha}_2$ 线性无关，则矩阵 $\boldsymbol{P}=(\boldsymbol{\alpha}_1,\boldsymbol{\alpha}_2)$可逆，于是有 $\boldsymbol{A}=\boldsymbol{P}\begin{bmatrix}3&0\\0&-3\end{bmatrix}\boldsymbol{P}^{-1}$，则

$$\boldsymbol{A}^{100}=\boldsymbol{P}\begin{bmatrix}3&0\\0&-3\end{bmatrix}^{100}\boldsymbol{P}^{-1}=\boldsymbol{P}\begin{bmatrix}3^{100}&0\\0&(-3)^{100}\end{bmatrix}\boldsymbol{P}^{-1}=3^{100}\boldsymbol{P}\begin{bmatrix}1&0\\0&1\end{bmatrix}\boldsymbol{P}^{-1}=3^{100}\boldsymbol{E}.$$

注 本题考查的知识点如下：

(1) 若 λ_i 是矩阵 $\boldsymbol{A}$ 的特征值，$\boldsymbol{\alpha}_i$ 是矩阵 $\boldsymbol{A}$ 属于特征值 λ_i 的特征向量，其中 $i=1,2,\cdots,n$，那么

$$\boldsymbol{A\alpha}_i=\lambda_i\boldsymbol{\alpha}_i(i=1,2,\cdots,n),$$

$$(\boldsymbol{A\alpha}_1,\boldsymbol{A\alpha}_2,\cdots,\boldsymbol{A\alpha}_n)=(\lambda_1\boldsymbol{\alpha}_1,\lambda_2\boldsymbol{\alpha}_2,\cdots,\lambda_n\boldsymbol{\alpha}_n),$$

$$\boldsymbol{A}(\boldsymbol{\alpha}_1,\boldsymbol{\alpha}_2,\cdots,\boldsymbol{\alpha}_n)=(\boldsymbol{\alpha}_1,\boldsymbol{\alpha}_2,\cdots,\boldsymbol{\alpha}_n)\begin{bmatrix}\lambda_1 & & & \\ & \lambda_2 & & \\ & & \vdots & \\ & & & \lambda_n\end{bmatrix}.$$

若 $\boldsymbol{\alpha}_1,\boldsymbol{\alpha}_2,\cdots,\boldsymbol{\alpha}_n$ 为线性无关的特征向量组，设 $\boldsymbol{P}=(\boldsymbol{\alpha}_1,\boldsymbol{\alpha}_2,\cdots,\boldsymbol{\alpha}_n)$，则矩阵 $\boldsymbol{P}$ 可逆，于是有 $\boldsymbol{A}=\boldsymbol{P\Lambda P}^{-1}$ 或 $\boldsymbol{P}^{-1}\boldsymbol{AP}=\boldsymbol{\Lambda}$，其中 $\boldsymbol{\Lambda}$ 是以特征值 λ_i 为主对角线上元素的对角矩阵.

(2) $(\boldsymbol{P\Lambda P}^{-1})^n=\boldsymbol{P\Lambda}^n\boldsymbol{P}^{-1}$.

(3) $$\begin{bmatrix}a_1 & & & \\ & a_2 & & \\ & & \vdots & \\ & & & a_n\end{bmatrix}^n=\begin{bmatrix}a_1^n & & & \\ & a_2^n & & \\ & & \vdots & \\ & & & a_n^n\end{bmatrix}.$$

【例 5.38】 假设一个城市的总人口数固定不变，人口的分布情况变化如下：每年都有 5% 的市区居民搬到郊区，有 15% 的郊区居民搬到市区. 若开始居住在市区的人口数为 a，居住在郊区的人口数为 b，那么 20 年后市区和郊区的人口数大约各有多少？

【分析】 首先找出第 n 年和第 $n+1$ 年市区和郊区的人口数的关系，然后根据递推关系得到第 20 年和开始时的人口数的关系，最后求矩阵的幂.

【解】 设第 n 年市区人数和郊区人数分别为 x_n 和 y_n，第 $n+1$ 年的市区和郊区人数分别为 x_{n+1} 和 y_{n+1}，那么有 $\begin{cases}x_{n+1}=0.95x_n+0.15y_n\\ y_{n+1}=0.05x_n+0.85y_n\end{cases}$，用矩阵式表示为

$$\begin{bmatrix}x_{n+1}\\ y_{n+1}\end{bmatrix}=\begin{bmatrix}0.95 & 0.15\\ 0.05 & 0.85\end{bmatrix}\begin{bmatrix}x_n\\ y_n\end{bmatrix},$$

于是有递推关系：

$$\begin{bmatrix}x_{20}\\ y_{20}\end{bmatrix}=\begin{bmatrix}0.95 & 0.15\\ 0.05 & 0.85\end{bmatrix}\begin{bmatrix}x_{19}\\ y_{19}\end{bmatrix}=\begin{bmatrix}0.95 & 0.15\\ 0.05 & 0.85\end{bmatrix}^2\begin{bmatrix}x_{18}\\ y_{18}\end{bmatrix}$$

$$=\cdots=\begin{bmatrix}0.95 & 0.15\\ 0.05 & 0.85\end{bmatrix}^{20}\begin{bmatrix}x_0\\ y_0\end{bmatrix},$$

其中 $\begin{bmatrix}x_0\\ y_0\end{bmatrix}=\begin{bmatrix}a\\ b\end{bmatrix}$.

令 $\boldsymbol{A}=\begin{bmatrix}0.95 & 0.15\\ 0.05 & 0.85\end{bmatrix}$，对矩阵 $\boldsymbol{A}$ 进行相似对角化. 计算矩阵 $\boldsymbol{A}$ 的特征值可得分别为 1 和

0.8,其中属于 1 的一个特征向量为$\begin{bmatrix}3\\1\end{bmatrix}$,属于 0.8 的一个特征向量为$\begin{bmatrix}-1\\1\end{bmatrix}$,则有

$$\boldsymbol{A}=\begin{bmatrix}3&-1\\1&1\end{bmatrix}\begin{bmatrix}1&0\\0&0.8\end{bmatrix}\begin{bmatrix}3&-1\\1&1\end{bmatrix}^{-1}$$

于是有

$$\boldsymbol{A}^{20}=\begin{bmatrix}3&-1\\1&1\end{bmatrix}\begin{bmatrix}1&0\\0&0.8\end{bmatrix}^{20}\begin{bmatrix}3&-1\\1&1\end{bmatrix}^{-1}=\frac{1}{4}\begin{bmatrix}3+0.8^{20}&3-3\times 0.8^{20}\\1-0.8^{20}&1+3\times 0.8^{20}\end{bmatrix},$$

由于 $0.8^{20}\approx 0.01$,因此有 $\boldsymbol{A}^{20}\approx\frac{1}{4}\begin{bmatrix}3&3\\1&1\end{bmatrix}$,那么 $\approx\frac{1}{4}\begin{bmatrix}3&3\\1&1\end{bmatrix}\begin{bmatrix}a\\b\end{bmatrix}=(a+b)\begin{bmatrix}3/4\\1/4\end{bmatrix}$,故时间越长,市区和郊区人口数越分别接近于$\frac{3}{4}(a+b)$、$\frac{1}{4}(a+b)$.

注 这是一道线性代数的应用题,考生首先要建立其对应的数学模型,即构造第 n 年和第 $n+1$ 年的市区和郊区人数之间的矩阵关系式:

$$\begin{bmatrix}x_{n+1}\\y_{n-1}\end{bmatrix}=\begin{bmatrix}0.95&0.15\\0.05&0.85\end{bmatrix}\begin{bmatrix}x_n\\y_n\end{bmatrix}.$$

本题实质上考查了用相似对角化的方法求方阵高次幂的知识点.

注意事项:很多考生对应用题有畏惧心理,其实应用题往往并不复杂.本题的关键是写出第 $n+1$ 年与第 n 年市区和郊区人数的关系式.

题型 4　根据特征值和特征向量反求矩阵 A

【例 5.39】 设 3 阶实对称矩阵 $\boldsymbol{A}$ 的特征值为 $\lambda_1=4,\lambda_2=\lambda_3=-1$,对应于 λ_1 的特征向量为 $\boldsymbol{\zeta}_1=(1,0,2)^{\mathrm{T}}$,求矩阵 $\boldsymbol{A}$.

【分析】 根据属于实对称矩阵不同特征值的特征向量必正交的知识点,解方程组求 $\boldsymbol{A}$ 的属于 $\lambda_2=\lambda_3=-1$ 的特征向量;然后计算矩阵 $\boldsymbol{A}$.

【解】 设属于 -1 的特征向量为$\begin{bmatrix}x_1\\x_2\\x_3\end{bmatrix}$,由于矩阵 $\boldsymbol{A}$ 为实对称矩阵,则 $\boldsymbol{A}$ 的属于 -1 的特征向量 $\begin{bmatrix}x_1\\x_2\\x_3\end{bmatrix}$ 与属于 4 的特征向量 $\boldsymbol{\zeta}_1=\begin{bmatrix}1\\0\\2\end{bmatrix}$ 正交,因此有方程组 $(1,0,2)\begin{bmatrix}x_1\\x_2\\x_3\end{bmatrix}=0$,其基础解系为 $\boldsymbol{\zeta}_2=\begin{bmatrix}0\\1\\0\end{bmatrix}$,$\boldsymbol{\zeta}_3=\begin{bmatrix}-2\\0\\1\end{bmatrix}$.令 $\boldsymbol{P}=\begin{bmatrix}1&0&-2\\0&1&0\\2&0&1\end{bmatrix}$,则有 $\boldsymbol{P}^{-1}\boldsymbol{AP}=\boldsymbol{\Lambda}=\begin{bmatrix}4&&\\&-1&\\&&1\end{bmatrix}$,故

$$\boldsymbol{A}=\boldsymbol{P\Lambda P}^{-1}=\begin{bmatrix}0&0&2\\0&-1&0\\2&0&3\end{bmatrix}.$$

注 本题考查的知识点如下:

(1) 实对称矩阵必能对角化.

(2) 属于实对称矩阵不同特征值的特征向量必正交.

(3) 计算抽象 3 阶实对称矩阵 $\boldsymbol{A}$ 的特征向量有以下四种情况：

① 已知 $\boldsymbol{A}$ 的属于 λ_1 的特征向量 $\boldsymbol{\zeta}_1$ 和属于 λ_2 的特征向量 $\boldsymbol{\zeta}_2$，求属于 λ_3 的特征向量 $\boldsymbol{\zeta}_3$.（λ_1、λ_2、λ_3 各不相同）.

② 已知 $\boldsymbol{A}$ 的属于 1 重特征值 λ_1 的特征向量 $\boldsymbol{\zeta}_1$，求属于 2 重特征值 λ_2 的线性无关特征向量 $\boldsymbol{\zeta}_2$ 和 $\boldsymbol{\zeta}_3$.

③ 已知 $\boldsymbol{A}$ 的属于 2 重特征值 λ_1 的线性无关特征向量 $\boldsymbol{\zeta}_1$ 和 $\boldsymbol{\zeta}_2$，求属于 1 重特征值 λ_2 的特征向量 $\boldsymbol{\zeta}_3$.

④ 已知 $\boldsymbol{A}$ 有 3 重特征值 λ_1，则有 $\boldsymbol{A}=\lambda_1\boldsymbol{E}$，$\boldsymbol{A}$ 的属于 λ_1 的特征向量为基本单位向量 $\boldsymbol{\varepsilon}_1$，$\boldsymbol{\varepsilon}_2$，$\boldsymbol{\varepsilon}_3$.

数一的考生需注意，求属于 2 重特征值 -1 的特征向量，可以从几何意义上理解为求法向量为 $\boldsymbol{\zeta}_1=(1,0,2)^{\mathrm{T}}$ 的一个平面.

【例 5.40】(2011.1,2,3)$\boldsymbol{A}$ 为 3 阶实对称矩阵，$\boldsymbol{A}$ 的秩为 2，即 $r(\boldsymbol{A})=2$，且

$$\boldsymbol{A}\begin{bmatrix}1 & 1\\ 0 & 0\\ -1 & 1\end{bmatrix}=\begin{bmatrix}-1 & 1\\ 0 & 0\\ 1 & 1\end{bmatrix}.$$

求：(1)$\boldsymbol{A}$ 的特征值与特征向量.

(2) 矩阵 $\boldsymbol{A}$.

【分析】根据矩阵等式 $\boldsymbol{A}\begin{bmatrix}1 & 1\\ 0 & 0\\ -1 & 1\end{bmatrix}=\begin{bmatrix}-1 & 1\\ 0 & 0\\ 1 & 1\end{bmatrix}$ 可知矩阵 $\boldsymbol{A}$ 的 2 个特征值和对应的特征向量.

【解】(1) 由于 $\boldsymbol{A}\begin{bmatrix}1 & 1\\ 0 & 0\\ -1 & 1\end{bmatrix}=\begin{bmatrix}-1 & 1\\ 0 & 0\\ 1 & 1\end{bmatrix}$，因此有

$$\boldsymbol{A}\begin{bmatrix}1\\ 0\\ -1\end{bmatrix}=-1\begin{bmatrix}1\\ 0\\ -1\end{bmatrix},\ \boldsymbol{A}\begin{bmatrix}1\\ 0\\ 1\end{bmatrix}=\begin{bmatrix}1\\ 0\\ 1\end{bmatrix},$$

于是 $\boldsymbol{A}$ 有两个特征值分别为 -1 和 1，其对应的特征向量分别为 $\begin{bmatrix}1\\ 0\\ -1\end{bmatrix}$，$\begin{bmatrix}1\\ 0\\ 1\end{bmatrix}$. 由于 $r(\boldsymbol{A})=2<3$，则 $|\boldsymbol{A}|=\lambda_1\lambda_2\lambda_3=0$，故 $\boldsymbol{A}$ 除了 -1 和 1 两个非零特征值以外还有一个特征值为零. 设矩阵 $\boldsymbol{A}$ 的属于零的特征向量为 $\begin{bmatrix}x_1\\ x_2\\ x_3\end{bmatrix}$，因为 $\boldsymbol{A}$ 为实对称矩阵，所以向量 $\begin{bmatrix}x_1\\ x_2\\ x_3\end{bmatrix}$ 一

定与向量$\begin{bmatrix}1\\0\\-1\end{bmatrix}$,$\begin{bmatrix}1\\0\\1\end{bmatrix}$正交,故有方程组$\begin{bmatrix}1&0&-1\\1&0&1\end{bmatrix}\begin{bmatrix}x_1\\x_2\\x_3\end{bmatrix}=\begin{bmatrix}0\\0\end{bmatrix}$,该方程组的基础解系为$\begin{bmatrix}0\\1\\0\end{bmatrix}$. 综上可得矩阵 $\boldsymbol{A}$ 的特征值分别为 $-1,1,0$,其对应特征向量分别为 $k_1\begin{bmatrix}1\\0\\-1\end{bmatrix}$,$k_2\begin{bmatrix}1\\0\\1\end{bmatrix}$,$k_3\begin{bmatrix}0\\1\\0\end{bmatrix}$,其中 k_1,k_2,k_3 为任意非零常数.

(2) 根据(1)的结论,矩阵 $\boldsymbol{A}$ 的属于零的特征向量为$\begin{bmatrix}0\\1\\0\end{bmatrix}$,则有 $\boldsymbol{A}\begin{bmatrix}0\\1\\0\end{bmatrix}=0\begin{bmatrix}0\\1\\0\end{bmatrix}$. 再根据已知条件 $\boldsymbol{A}\begin{bmatrix}1&1\\0&0\\-1&1\end{bmatrix}=\begin{bmatrix}-1&1\\0&0\\1&1\end{bmatrix}$,有 $\boldsymbol{A}\begin{bmatrix}1&1&0\\0&0&1\\-1&1&0\end{bmatrix}=\begin{bmatrix}-1&1&0\\0&0&0\\1&1&0\end{bmatrix}$,于是

$$\boldsymbol{A}=\begin{bmatrix}-1&1&0\\0&0&0\\1&1&0\end{bmatrix}\begin{bmatrix}1&1&0\\0&0&1\\-1&1&0\end{bmatrix}^{-1}=\begin{bmatrix}0&0&1\\0&0&0\\1&0&0\end{bmatrix}.$$

注 我们强调要善于用矩阵等式来表述线性代数问题. 同样,考生也要善于从矩阵等式中发现线性代数的本质问题.

该题考查了以下知识点:

(1) $\boldsymbol{A}\begin{bmatrix}1\\0\\-1\end{bmatrix}=\begin{bmatrix}-1\\0\\1\end{bmatrix}\Leftrightarrow -1$ 是矩阵 $\boldsymbol{A}$ 的特征值,其对应的特征向量是$\begin{bmatrix}1\\0\\-1\end{bmatrix}$.

(2) $r(\boldsymbol{A}_n)<n\Leftrightarrow$ 零一定是矩阵 $\boldsymbol{A}$ 的特征值.

(3) 实对称矩阵属于不同特征值的特征向量必正交.

特征值与特征向量的定义是本章所有相关概念的基础,考生首先要熟悉掌握. 针对本题的已知条件:$\boldsymbol{A}\begin{bmatrix}1&1\\0&0\\-1&1\end{bmatrix}=\begin{bmatrix}-1&1\\0&0\\1&1\end{bmatrix}$. 考生应该立即看出 $\boldsymbol{A}$ 的 2 个特征值和对应的特征向量.

题型 5　实对称矩阵

实对称矩阵的对角化是考研的高频考题之一,考生要特别重视!

【例 5.41】(2010.1,2,3) 设 $\boldsymbol{A}$ 为 4 阶实对称矩阵,且 $\boldsymbol{A}^2+\boldsymbol{A}=\boldsymbol{O}$. 若 $\boldsymbol{A}$ 的秩为 3,则 $\boldsymbol{A}$ 相似于[　　].

(A) $\begin{bmatrix}1&&&\\&1&&\\&&1&\\&&&0\end{bmatrix}$　　(B) $\begin{bmatrix}1&&&\\&1&&\\&&-1&\\&&&0\end{bmatrix}$

(C) $\begin{bmatrix}1&&&\\&-1&&\\&&-1&\\&&&0\end{bmatrix}$　　(D) $\begin{bmatrix}-1&&&\\&-1&&\\&&-1&\\&&&0\end{bmatrix}$

【分析】分析矩阵 $\boldsymbol{A}$ 的特征值,再根据相似矩阵的性质确定答案.

【解】设矩阵 $\boldsymbol{A}$ 的一个特征值为 λ,其对应的特征向量为 $\boldsymbol{A\alpha}=\lambda\boldsymbol{\alpha}$,那么,则有 $\boldsymbol{A}^2\boldsymbol{\alpha}=\lambda\boldsymbol{A\alpha}=\lambda^2\boldsymbol{\alpha}$. 由于 $\boldsymbol{A}^2+\boldsymbol{A}=\boldsymbol{0}$,可得 $\boldsymbol{A}^2\boldsymbol{\alpha}+\boldsymbol{A\alpha}=\boldsymbol{0}$,则有 $(\lambda^2+\lambda)\boldsymbol{\alpha}=\boldsymbol{0}$;又因为特征向量 $\boldsymbol{\alpha}\neq\boldsymbol{0}$,故 $\lambda^2+\lambda=0$,即 $\lambda=0$ 或 $\lambda=-1$. 由于 A 是秩为 3 的 4 阶实对称矩阵,又根据相似矩阵秩相等的性质,可知 $\boldsymbol{A}$ 必然能与一个秩为 3 的对角矩阵相似,故 $\boldsymbol{A}$ 的特征值为 $-1,-1,-1,0$. 故选项(D) 正确.

注 本题考查以下知识点:

(1)$\boldsymbol{A}(\boldsymbol{A}+\boldsymbol{E})=\boldsymbol{O}\Rightarrow\boldsymbol{A}$ 的特征值只能是 0 或 -1.

(2)$\boldsymbol{A}$ 与 $\boldsymbol{B}$ 相似 $\Rightarrow r(\boldsymbol{A})=r(\boldsymbol{B})$.

(3)$\boldsymbol{A}$ 是实对称矩阵 $\Rightarrow\boldsymbol{A}$ 一定能相似对角化.

(4)$\boldsymbol{A}$ 能相似对角化 $\Rightarrow$ 总能找到可逆矩阵 $\boldsymbol{P}$,使得 $\boldsymbol{P}^{-1}\boldsymbol{AP}=\boldsymbol{\Lambda}$,其中 $\boldsymbol{\Lambda}$ 对角矩阵的对角线上元素分别为 $\boldsymbol{A}$ 的所有特征值.

(5) 对角矩阵的秩等于对角线上非零元素的个数.

(6)$\boldsymbol{A}$ 能相似对角化 $\Rightarrow r(\boldsymbol{A})=\boldsymbol{A}$ 的非零特征值的个数.

考生如果能熟练掌握特征值的性质及实对称矩阵必能对角化的知识点,那么完全可以在 10 秒钟内选择出本题的答案.

【例 5.42】设 $\boldsymbol{A}$ 是 4 阶实对称矩阵,且 $\boldsymbol{A\alpha}_1=\boldsymbol{\alpha}_1,\boldsymbol{A\alpha}_2=-\boldsymbol{\alpha}_2,\boldsymbol{\alpha}_1=(1,2,t,-3)^{\mathrm{T}},\boldsymbol{\alpha}_2=(2,t-1,-3,-1)^{\mathrm{T}}$,则 $t=$ ________.

【分析】根据已知条件可以发现 1 和 -1 都是矩阵 $\boldsymbol{A}$ 的特征值,而实对称矩阵 $\boldsymbol{A}$ 的属于不同特征值的特征向量必正交.

【解】由于 $\boldsymbol{A\alpha}=\boldsymbol{\alpha}_1,\boldsymbol{A\alpha}_2=-\boldsymbol{\alpha}_2$,因此 $\boldsymbol{\alpha}_1$ 是矩阵 $\boldsymbol{A}$ 的属于特征值 1 的特征向量,$\boldsymbol{\alpha}_2$ 是矩阵的属于特征值 -1 的特征向量. 而矩阵 $\boldsymbol{A}$ 为实对称矩阵,则其属于不同特征值的特征向量 $\boldsymbol{\alpha}_1,\boldsymbol{\alpha}_2$ 必正交,即有 $(1,2,t,-3)\begin{bmatrix}2\\t-1\\-3\\-1\end{bmatrix}=0$,解得 $t=3$.

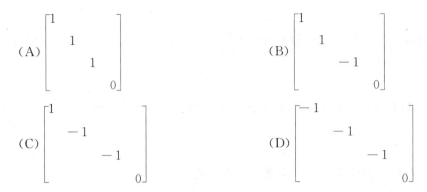

注 本题考查以下知识点：若 $\lambda_1,\lambda_2,\cdots,\lambda_i$ 是实对称矩阵 $\boldsymbol{A}$ 的互不相等的特征值，$\boldsymbol{\alpha}_1,\boldsymbol{\alpha}_2,\cdots,\boldsymbol{\alpha}_i$ 分别是与之对应的特征向量，则 $\boldsymbol{\alpha}_1,\boldsymbol{\alpha}_2,\cdots,\boldsymbol{\alpha}_i$ 两两正交.

【例 5.43】 设 n 阶矩阵 $\boldsymbol{A}=\begin{bmatrix}1 & a & \cdots & a\\ a & 1 & \cdots & a\\ \vdots & \vdots & & \vdots\\ a & a & \cdots & 1\end{bmatrix}$，其中 a 为非零实数.求：

(1) $\boldsymbol{A}$ 的特征值.

(2) 求可逆矩阵 $\boldsymbol{P}$，使得 $\boldsymbol{P}^{-1}\boldsymbol{AP}$ 为对角阵.

【分析】 根据矩阵 $\boldsymbol{A}$ 元素的特征，可以看出 $1-\boldsymbol{a}$ 为矩阵 $\boldsymbol{A}$ 的特征值.

【解】 (1) 矩阵 $\boldsymbol{A}$ 的主对角线上元素都是 1，而其余元素全是 a，则 $1-a$ 为矩阵 $\boldsymbol{A}$ 的特征值. 对应特征值 $\lambda=1-a$ 的齐次线性方程组为 $[(1-a)\boldsymbol{E}-\boldsymbol{A}]\boldsymbol{x}=\boldsymbol{0}$，其系数矩阵为

$$(1-a)\boldsymbol{E}=\boldsymbol{A}=\begin{bmatrix}-a & -a & \cdots & -a\\ -a & -a & \cdots & -a\\ \vdots & \vdots & & \vdots\\ -a & -a & \cdots & -a\end{bmatrix},$$

显然 $r[(1-a)\boldsymbol{E}-\boldsymbol{A}]=1$，则矩阵 $\boldsymbol{A}$ 属于 $1-a$ 的线性无关的特征向量有 $n-1$ 个. 而 $\boldsymbol{A}$ 为实对称阵，故 $\boldsymbol{A}$ 可以对角化，故 $\lambda=1-a$ 是 $\boldsymbol{A}$ 的 $n-1$ 重特征值，即有

$$\lambda_1=\lambda_2=\cdots=\lambda_{n-1}=1-a.$$

根据 $\sum\limits_{j=1}^{n}\lambda_i=tr(\boldsymbol{A})$，有 $(n-1)(1-a)+\lambda_n=n$，则有 $\lambda_n=(n-1)a+1$.

(2) 当 $\lambda_1=\lambda_2=\cdots=\lambda_{n-1}=1-a$ 时，对应齐次线性方程组为 $[(1-a)\boldsymbol{E}-\boldsymbol{A}]x=\boldsymbol{0}$，对其系数矩阵进行初等行变换有

$$(1-a)\boldsymbol{E}-\boldsymbol{A}=\begin{bmatrix}-a & -a & \cdots & -a\\ -a & -a & \cdots & -a\\ \vdots & \vdots & & \vdots\\ -a & -a & \cdots & -a\end{bmatrix}\rightarrow\begin{bmatrix}1 & 1 & \cdots & 1\\ 0 & 0 & \cdots & 0\\ \vdots & \vdots & & \vdots\\ 0 & 0 & \cdots & 0\end{bmatrix},$$

则 $\boldsymbol{A}$ 属于特征值 $\lambda_1=\lambda_2=\cdots=\lambda_{n-1}=1-a$ 的特征向量为

$$\boldsymbol{\zeta}_1=(-1,1,0,\cdots,0)^{\mathrm{T}},\boldsymbol{\zeta}_2=(-1,0,1,\cdots,0)^{\mathrm{T}},\cdots,\boldsymbol{\zeta}_{n-1}=(-1,0,0,\cdots,1)^{\mathrm{T}}.$$

当 $\lambda_n=(n-1)a+1$ 时，对应齐次线性方程组为 $(\lambda_n\boldsymbol{E}-\boldsymbol{A})\boldsymbol{x}=\boldsymbol{0}$，其系数矩阵为

$$(na+1-a)\boldsymbol{E}-\boldsymbol{A}=\begin{bmatrix}na-a & -a & \cdots & -a\\ -a & na-a & \cdots & -a\\ \vdots & \vdots & & \vdots\\ -a & -a & \cdots & na-a\end{bmatrix},$$

该矩阵每一行的和都为零，则 $\boldsymbol{A}$ 属于特征值 $\lambda_n=(n-1)a+1$ 的特征向量为 $\boldsymbol{\zeta}_n=(1,1,\cdots,$

$1)^{\mathrm{T}}$.

于是可以构造可逆矩阵 $\boldsymbol{P}$,即

$$\boldsymbol{P}=(\zeta_1,\zeta_2,\cdots,\zeta_{n-1},\zeta_n)=\begin{bmatrix}-1&-1&\cdots&-1&1\\1&0&\cdots&0&1\\0&1&\cdots&0&1\\\vdots&\vdots&&\vdots&\vdots\\0&0&\cdots&1&1\end{bmatrix},\text{使得.}$$

$$\boldsymbol{P}^{-1}\boldsymbol{AP}=\begin{bmatrix}1-a&&&&\\&1-a&&&\\&&\ddots&&\\&&&1-a&\\&&&&na+1-a\end{bmatrix}.$$

注 针对一些特殊结构的 n 阶矩阵,可以观察出其 $n-1$ 重特征值,然后根据公式 $\sum_{i=1}^{n}\lambda_i=tr(\boldsymbol{A})$ 算出其他特征值.例如:

(1) 设 n 阶对称矩阵 $\boldsymbol{A}=\begin{bmatrix}2&3&\cdots&3\\3&2&\cdots&3\\\vdots&\vdots&&\vdots\\3&3&\cdots&2\end{bmatrix}$,可以看出 -1 是 $\boldsymbol{A}$ 的 $n-1$ 重特征值,而最后一个特征值为 $\lambda_n=tr(\boldsymbol{A})-\lambda_1-\lambda_2-\cdots-\lambda_{n-1}=2n-(n-1)(-1)=3n-1$.

(2) 设 $\boldsymbol{\alpha}=(1,-1,-1,1)^{\mathrm{T}}$,$\boldsymbol{A}=\boldsymbol{\alpha\alpha}^{\mathrm{T}}$.显然 A 为 4 阶对称矩阵,$r(\boldsymbol{A})=1$,则零是 $\boldsymbol{A}$ 的 3 重特征值,而第 4 个特征值为

$$\lambda_4=tr(\boldsymbol{A})-\lambda_1-\lambda_2-\lambda_3=1^2+(-1)^2+(-1)^2+1^2-0-0-0=4.$$

下面给出这类题目的一般结论:设 n 阶矩阵 $\boldsymbol{A}=\begin{bmatrix}t&s&\cdots&s\\s&t&\cdots&s\\\vdots&\vdots&\ddots&\vdots\\s&s&\cdots&t\end{bmatrix}$,则 $\boldsymbol{A}$ 有 $n-1$ 个特征值为 $t-s$,第 n 个特征值为 $(n-1)s+t$.

【例 5.44】 已知 $\boldsymbol{A}$ 为 3 阶实对称矩阵,$\boldsymbol{B}$ 为 3 阶矩阵,且满足

$$\boldsymbol{AB}=3\boldsymbol{B},\boldsymbol{B}=\begin{bmatrix}1&2&0\\0&a&-1\\-2&-5&1\end{bmatrix},\text{又 }|\boldsymbol{A}|=0.$$

(1) 求 a 的值.

(2) 求可逆矩阵 $\boldsymbol{P}$,使得 $\boldsymbol{P}^{-1}\boldsymbol{AP}$ 为对角阵.

【分析】 从矩阵等式 $\boldsymbol{AB}=3\boldsymbol{B}$ 出发,求出矩阵 $\boldsymbol{B}$ 的秩,进一步求矩阵 $\boldsymbol{A}$ 的特征值和特征向量.

【解】 (1) 由于 $\boldsymbol{AB}=3\boldsymbol{B}$,因此有 $(3\boldsymbol{E}-\boldsymbol{A})\boldsymbol{B}=\boldsymbol{O}$,于是

$$r(3\boldsymbol{E}-\boldsymbol{A})+r(\boldsymbol{B})\leqslant 3.$$

又由于 $|\boldsymbol{A}|=0$，则 $\boldsymbol{A}\neq 3\boldsymbol{E}$，故 $r(3\boldsymbol{E}-\boldsymbol{A})>0$，得到 $r(\boldsymbol{B})<3$，则 $|\boldsymbol{B}|=0$，解得 $a=1$.

(2) 把 $a=1$ 代入 $\boldsymbol{B}$，可以得到 $r(\boldsymbol{B})=2$. 由于 $(3\boldsymbol{E}-\boldsymbol{A})\boldsymbol{B}=\boldsymbol{O}$，则 $\boldsymbol{B}$ 的所有列向量都是方程组 $(\boldsymbol{A}-3\boldsymbol{E})\boldsymbol{x}=\boldsymbol{0}$ 之解向量，于是 $\boldsymbol{B}$ 的所有非零列向量都是矩阵 $\boldsymbol{A}$ 的属于特征值 3 的特征向量；又由于 $r(\boldsymbol{B})=2$，则方程组 $(3\boldsymbol{E}-\boldsymbol{A})\boldsymbol{x}=\boldsymbol{0}$ 的基础解系所含解向量的个数大于等于 2，而方程组系数矩阵的秩 $r(3\boldsymbol{E}-\boldsymbol{A})\geqslant 1$，即 $2\leqslant 3-r(3\boldsymbol{E}-\boldsymbol{A})\leqslant 2$，显然 $r(3\boldsymbol{E}-\boldsymbol{A})=1$，故矩阵 $\boldsymbol{A}$ 的属于特征值 3 的线性无关特征向量有 2 个. 不妨取矩阵的第 1、3 列向量 $\boldsymbol{\zeta}_1,\boldsymbol{\zeta}_2$. 由于 $|\boldsymbol{A}|=0$，则零是矩阵 $\boldsymbol{A}$ 的特征值，设 $\boldsymbol{\zeta}_3=[x_1,x_2,x_3]$ 是矩阵 $\boldsymbol{A}$ 的属于零的特征向量；又由于矩阵 $\boldsymbol{A}$ 为实对称矩阵，则 $\boldsymbol{\zeta}_3$ 必与 $\boldsymbol{\zeta}_1$、$\boldsymbol{\zeta}_2$ 正交，因此有

$$\begin{bmatrix}1 & 0 & -2\\ 0 & -1 & 1\end{bmatrix}\begin{bmatrix}x_1\\ x_2\\ x_3\end{bmatrix}=\begin{bmatrix}0\\ 0\end{bmatrix},$$

解得 $\boldsymbol{\zeta}_3=\begin{bmatrix}2\\ 1\\ 1\end{bmatrix}$. 令 $\boldsymbol{P}=(\boldsymbol{\zeta}_1,\boldsymbol{\zeta}_2,\boldsymbol{\zeta}_3)$，则有 $\boldsymbol{P}^{-1}\boldsymbol{A}\boldsymbol{P}=\boldsymbol{\Lambda}$，其中 $\boldsymbol{\Lambda}=\begin{bmatrix}3 & & \\ & 3 & \\ & & 0\end{bmatrix}$.

注 本题考查以下知识点(设 $\boldsymbol{A}$、$\boldsymbol{B}$ 为 3 阶矩阵)：

(1) $(3\boldsymbol{E}-\boldsymbol{A})\boldsymbol{B}=\boldsymbol{O}\Rightarrow r(3\boldsymbol{E}-\boldsymbol{A})+r(\boldsymbol{B})\leqslant 3$.

(2) $(3\boldsymbol{E}-\boldsymbol{A})\boldsymbol{B}=\boldsymbol{O}\Rightarrow\boldsymbol{B}$ 的所有列向量都是方程组 $(\boldsymbol{A}-3\boldsymbol{E})\boldsymbol{x}=\boldsymbol{0}$ 的解向量.

(3) $(3\boldsymbol{E}-\boldsymbol{A})\boldsymbol{B}=\boldsymbol{O}\Rightarrow\boldsymbol{B}$ 的所有非零列向量都是矩阵 $\boldsymbol{A}$ 的属于特征值 3 的特征向量.

(4) 方程组 $(\boldsymbol{A}-3\boldsymbol{E})\boldsymbol{x}=\boldsymbol{0}$ 基础解系所含解向量个数等于 $3-r(\boldsymbol{A}-3\boldsymbol{E})$.

(5) $|\boldsymbol{A}|=0\Rightarrow$ 零是矩阵 $\boldsymbol{A}$ 的特征值.

(6) $\boldsymbol{A}$ 为实对称矩阵 $\Rightarrow\boldsymbol{A}$ 的属于不同特征值的特征向量正交.

考生要善于把矩阵等式 $\boldsymbol{AB}=3\boldsymbol{B}$ 翻译成线性代数的各种表式形式.

第6章　二次型

【导言】

在中学的平面解析几何中，我们学习了二次曲线的方程. 例如，二元二次方程 $2x^2+3y^2+12xy=1$ 表示平面上的椭圆. 继而在大学的立体几何中，我们又进一步学习了空间的二次曲面的方程，如方程 $4x^2+2y^2+4z^2+16xy+8yz=1$ 表示空间中的一椭球面. 我们来观察下，会发现这些方程的左边都是一个二次齐次函数，它决定了这个方程的几何性质. 因此我们想从线性代数的角度去研究下这类特殊的二次齐次函数，故引入了二次型的概念.

本章内容的核心就是研究在保持二次齐次函数几何性质不变的前提下，如何通过旋转、移动等恒等变换将其转化为标准图形. 故学习本章内容要掌握二次型化标准型、规范形的可逆线性变换的方法，这个地方必然会结合第五章的特征值、特征向量出一道 11 分的解答题，只要将二次型对应的二次型矩阵找到，余下的问题全部转化前面五章的知识点，故本章是对前面内容的总结，综合性强，但难度低. 学习本章建议时间为 3.5 个小时.

【考试要求】

考试要求	科目	考试内容
了解	数学一	二次型秩的概念，合同变换与合同矩阵的概念，二次型的标准形、规范形的概念以及惯性定理
	数学二	二次型的概念，合同变换与合同矩阵的概念，二次型的秩的概念，二次型的标准形、规范形等概念，惯性定理
	数学三	二次型的概念，合同变换与合同矩阵的概念，二次型的秩的概念，二次型的标准形、规范形等概念，惯性定理
理解	数学一	正定二次型、正定矩阵的概念
	数学二	正定二次型、正定矩阵的概念
	数学三	正定二次型、正定矩阵的概念
会	数学一	用配方法化二次型为标准形
	数学二	会用矩阵形式表示二次型，会用正交变换和配方法化二次型为标准形
	数学三	用矩阵形式表示二次型；用正交变换和配方法化二次型为标准形
掌握	数学一	二次型及其矩阵表示，用正交变换化二次型为标准形的方法，正定二次型、正定矩阵的判别法
	数学二	正定二次型、正定矩阵的判别法
	数学三	正定二次型、正定矩阵的判别法

【知识网络图】

- 二次型
  - 基本概念
    - 二次型矩阵
    - 二次型的秩
    - 正负惯性指数
    - 合同矩阵
  - 标准型
    - 配方法
    - 正交变换法
  - 正定
    - 定义
    - 充要条件
    - 必要条件

【内容精讲】

6.1　二次型

定义 6.1.1　我们称 n 元二次齐次函数

$$f(x_1,x_2,\cdots,x_n)=a_{11}x_1^2+a_{22}x_2^2+\cdots+a_{nn}x_n^2+2a_{12}x_1x_2+\cdots+2a_{n-1,n}x_{n-1}x_n$$

为 R^n 上的二次型(*quadratic form*),其中 $x_i\in R,a_{ij}\in R(i,j=1,2,\cdots n)$.

二次型也可以用矩阵形式表示.例如

$$\begin{aligned}f(x_1,x_2)&=2x_1^2+3x_2^2+12x_1x_2=2x_1^2+6x_1x_2+6x_2x_1+3x_2^2\\&=[x_1,x_2]\begin{bmatrix}2x_1+6x_2\\6x_1+3x_2\end{bmatrix}=[x_1,x_2]\begin{bmatrix}2&6\\6&3\end{bmatrix}\begin{bmatrix}x_1\\x_2\end{bmatrix}.\end{aligned}$$

令 $\boldsymbol{x}=\begin{bmatrix}x_1\\x_2\end{bmatrix},\boldsymbol{A}=\begin{bmatrix}2&6\\6&3\end{bmatrix}$,则该二次型可以表示为

$$f(x_1,x_2)=f(x)=\boldsymbol{x}^{\mathrm{T}}\boldsymbol{A}\boldsymbol{x}$$

注意,我们把交叉项 $12x_1x_2$ 作了"平分",即 $12x_1x_2=6x_1x_2+6x_2x_1$.这样做的好处是矩阵 $\boldsymbol{A}$ 可以成为对称矩阵.

为什么这么做,再次提示是因为我们后面要做正交对角化,需要矩阵是实对称矩阵,所以需要这样平分,否则无法正交对角化.

一般地,有

$$f(x_1,x_2,\cdots,x_n)=[x_1,x_2,\cdots,x_n]\begin{bmatrix}a_{11}&a_{12}&\cdots&a_{1n}\\a_{21}&a_{22}&\cdots&a_{2n}\\\vdots&\vdots&&\vdots\\a_{n1}&a_{n2}&\cdots&a_{nn}\end{bmatrix}\begin{bmatrix}x_1\\x_2\\\vdots\\x_n\end{bmatrix}$$

令 $\boldsymbol{x}=\begin{bmatrix}x_1\\x_2\\\vdots\\x_n\end{bmatrix},\boldsymbol{A}=\begin{bmatrix}a_{11}&a_{12}&\cdots&a_{1n}\\a_{21}&a_{22}&\cdots&a_{2n}\\\vdots&\vdots&&\vdots\\a_{n1}&a_{n2}&\cdots&a_{nn}\end{bmatrix}$,则该二次型可简单表示为

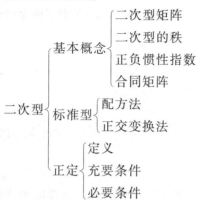

$$f(x)=\boldsymbol{x}^{\mathrm{T}}\boldsymbol{A}\boldsymbol{x}$$

这里矩阵$\boldsymbol{A}$为对称矩阵.今后,我们把对称矩阵$\boldsymbol{A}$称为二次型f的矩阵;二次型f称为对称矩阵$\boldsymbol{A}$的二次型.对称阵$\boldsymbol{A}$的秩也叫做二次型f的秩.

采用求和"Σ"符号,可将f记为

$$f=\sum_{i,j=1}^{n}a_{ij}x_ix_j \text{ 或 } f=\sum_{i=1}^{n}\sum_{j=1}^{n}a_{ij}x_ix_j$$

注意,因为$f=\boldsymbol{x}^{\mathrm{T}}\begin{pmatrix}-1&1\\0&2\end{pmatrix}\boldsymbol{x}=(x_1,x_2)\begin{pmatrix}-1&1\\0&2\end{pmatrix}\begin{pmatrix}x_1\\x_2\end{pmatrix}=-x_1^2+x_1x_2+2x_2^2$是二次型,但$\begin{pmatrix}-1&1\\0&2\end{pmatrix}$不是$f$的矩阵,$f$的矩阵应为$\begin{pmatrix}-1&\frac{1}{2}\\\frac{1}{2}&2\end{pmatrix}$,因为我们定义的实二次型的矩阵必须是实对称矩阵.这样做的目的是借助于实对称矩阵更方便地讨论二次型.

【例 6.1】设二次型$f(x_1,x_2,x_3)=(x_1,x_2,x_3)\begin{bmatrix}1&2&-3\\4&2&9\\7&-1&3\end{bmatrix}\begin{bmatrix}x_1\\x_2\\x_3\end{bmatrix}$,求二次型矩阵.

【分析】这里需要明确两个概念,一个是二次型的矩阵表示,一个是二次型矩阵,一个二次型只要能写成矩阵表示的形式就叫做二次型的矩阵表示,在这么多表示形式里,若表示的矩阵是实对称矩阵,就把这一类称为二次型矩阵,如果题目中给出的矩阵为非对称矩阵,那就需要给它展开,重新写成实对称矩阵的形式.

【解】$f(x_1,x_2,x_3)=(x_1,x_2,x_3)\begin{bmatrix}1&2&-3\\4&2&9\\7&-1&3\end{bmatrix}\begin{bmatrix}x_1\\x_2\\x_3\end{bmatrix}$

$$=x_1^2+2x_2^2+3x_3^2+6x_1x_2+4x_1x_3+8x_2x_3$$

若二次型矩阵用矩阵$\boldsymbol{A}$表示,如何写出它的每个组成元素呢?主对角线上的元素就是平方项前的系数,具体来说第1行第1列的元素就是x_1^2前的系数1,第2行第2列的元素就是x_2^2前的系数2,第3行第3列的元素就是x_3^2前的系数3,这样主对角线的元素就确定好了,接下我们再来看其余位置的元素,因为要把矩阵$\boldsymbol{A}$写成实对称矩阵,所以我们可以只写出主对角线上方的这一部分,然后再按照对称性将余下的元素补全即可,我们来看第1行第2列的元素,它等于x_1x_2系数6的一半,即3,第1行第3列的元素,它等于x_1x_3系数4的一半,即2,第2行第3列的元素,它等于x_2x_3系数8的一半,即4,其余元素根据对称性补全,二次型矩阵$\boldsymbol{A}=\begin{bmatrix}1&3&2\\3&2&4\\2&4&3\end{bmatrix}$.

注 二次型的矩阵必为对称矩阵,本题可以从另一个角度出发求解.

设 $\boldsymbol{B}=\begin{bmatrix}1 & 2 & -3\\4 & 2 & 9\\7 & -1 & 3\end{bmatrix}$，则有 $f=\boldsymbol{x}^{\mathrm{T}}\boldsymbol{Bx}$，等式两边取转置，有 $f^{\mathrm{T}}=\boldsymbol{x}^{\mathrm{T}}\boldsymbol{B}^{\mathrm{T}}\boldsymbol{x}$；而 f 是一个数，则有 $f=f^{\mathrm{T}}=\boldsymbol{x}^{\mathrm{T}}\boldsymbol{B}^{\mathrm{T}}\boldsymbol{x}$. 于是 $2f=\boldsymbol{x}^{\mathrm{T}}\boldsymbol{Bx}+\boldsymbol{x}^{\mathrm{T}}\boldsymbol{B}^{\mathrm{T}}\boldsymbol{x}=\boldsymbol{x}^{\mathrm{T}}(\boldsymbol{B}+\boldsymbol{B}^{\mathrm{T}})\boldsymbol{x}$，则 $f=\frac{1}{2}(\boldsymbol{x}^{\mathrm{T}}\boldsymbol{Bx}+\boldsymbol{x}^{\mathrm{T}}\boldsymbol{B}^{\mathrm{T}}\boldsymbol{x})=\boldsymbol{x}^{\mathrm{T}}\left(\frac{\boldsymbol{B}+\boldsymbol{B}^{\mathrm{T}}}{2}\right)\boldsymbol{x}$，其中，矩阵 $\left(\frac{\boldsymbol{B}+\boldsymbol{B}^{\mathrm{T}}}{2}\right)^{\mathrm{T}}=\frac{\boldsymbol{B}^{\mathrm{T}}+(\boldsymbol{B}^{\mathrm{T}})^{\mathrm{T}}}{2}=\frac{\boldsymbol{B}^{\mathrm{T}}+\boldsymbol{B}}{2}$ 为对称矩阵. 于是二次型的矩阵即为 $\boldsymbol{A}=\frac{\boldsymbol{B}+\boldsymbol{B}^{\mathrm{T}}}{2}=\begin{bmatrix}1 & 3 & 2\\3 & 2 & 4\\2 & 4 & 3\end{bmatrix}$.

6.2　二次型的标准形

先通过一个例子引入二次型的标准形问题. 比如说，二次曲线 $17x^2-2xy+17y^2-144=0$ 的几何图形如图 6-1 中实线所示为一非标准椭圆，为了得到它的标准椭圆，可以令

$$\begin{bmatrix}x_1\\y_1\end{bmatrix}=\begin{bmatrix}\cos\frac{\pi}{4} & -\sin\frac{\pi}{4}\\ \sin\frac{\pi}{4} & \cos\frac{\pi}{4}\end{bmatrix}\begin{bmatrix}x\\y\end{bmatrix}=\begin{bmatrix}\frac{1}{\sqrt{2}} & -\frac{1}{\sqrt{2}}\\ \frac{1}{\sqrt{2}} & \frac{1}{\sqrt{2}}\end{bmatrix}\begin{bmatrix}x\\y\end{bmatrix},$$

则该椭圆的标准方程为 $\frac{x_1^2}{9}+\frac{y_1^2}{8}=1$.

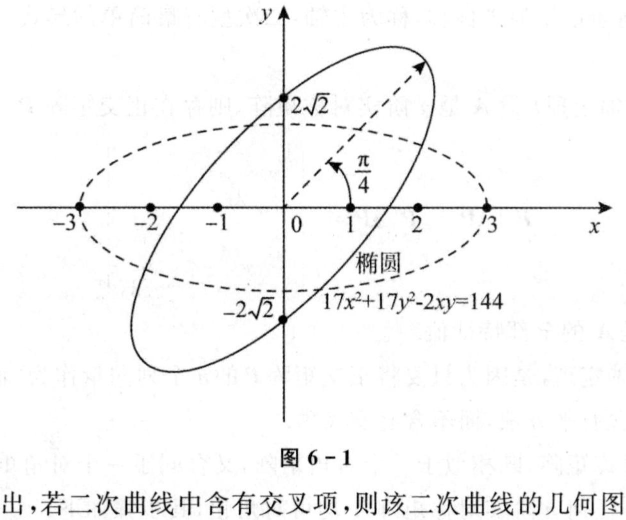

图 6-1

从例中可以看出，若二次曲线中含有交叉项，则该二次曲线的几何图形都可以看作是把某种“标准图形(图中虚线部分)”作了旋转后得到的. 在很多问题中我们都希望找到一个变换把这种“非标准”图形转化为“标准”图形，即下面要研究的二次型的标准化问题.

定义 6.2.1　我们称只含有平方项(即不含交叉项)的二次型

$$f(y)=k_1y_1^2+k_2y_2^2+\cdots+k_ny_n^2$$

为二次型的标准形，系数为 0,1 或 -1 的标准二次型称为规范二次型.

对任意给定的一个二次型，我们能否找到一个可逆的线性变换把它化成标准形是我们接下来要研究的问题．我们试着从结果来倒推，假设这样一个可逆线性变换存在，看能不能找到．

首先把二次型 $f(x)=\boldsymbol{x}^{\mathrm{T}}\boldsymbol{A}\boldsymbol{x}$ 的标准形写成矩阵形式：

$$f(y)=k_1y_1^2+k_2y_2^2+\cdots+k_ny_n^2=[y_1,y_2,\cdots,y_n]\begin{bmatrix}k_1 & & & \\ & k_2 & & \\ & & \vdots & \\ & & & k_n\end{bmatrix}\begin{bmatrix}y_1\\y_2\\\vdots\\y_n\end{bmatrix}=\boldsymbol{y}^{\mathrm{T}}\boldsymbol{\Lambda}\boldsymbol{y}.$$

显然，我们要解决的问题就是要找到一个可逆的线性变换 $\boldsymbol{x}=\boldsymbol{P}\boldsymbol{y}$ 使

$$f(x)=\boldsymbol{x}^{\mathrm{T}}\boldsymbol{A}\boldsymbol{x}=(\boldsymbol{P}\boldsymbol{y})^{\mathrm{T}}\boldsymbol{A}(\boldsymbol{P}\boldsymbol{y})=\boldsymbol{y}^{\mathrm{T}}\boldsymbol{P}^{\mathrm{T}}\boldsymbol{A}\boldsymbol{P}\boldsymbol{y}=\boldsymbol{y}^{\mathrm{T}}\boldsymbol{\Lambda}\boldsymbol{y},$$

对比变换过程可知，$\boldsymbol{P}^{\mathrm{T}}\boldsymbol{A}\boldsymbol{P}=\boldsymbol{\Lambda}$．只要我们能找到这样一个可逆矩阵 $\boldsymbol{P}$，就可以了．那接下来，我们就需要调动前面五章的知识，看看有没有这样一个可逆矩阵 $\boldsymbol{P}$ 存在．

我们发现在下列两种情况下，非常容易找到．一种情况我们称之为正交变换法，另一种情况为配方法．

6.2.1 正交变换法化二次型为标准形

对于实对称矩阵 $\boldsymbol{A}$ 的重数为 d 的特征值 λ，必存在对应于此特征值的 d 个线性无关的特征向量，它们就是齐次线性方程组 $(\boldsymbol{A}-\lambda\boldsymbol{E})\boldsymbol{x}=\boldsymbol{0}$ 的基础解系．使用施密特方法将其单位正交化，根据特征值和特征向量的性质，就得到 $\boldsymbol{A}$ 的对应于特征值 λ 的两两正交的单位特征向量．n 阶实对称矩阵 $\boldsymbol{A}$ 必存在 n 个两两正交的单位特征向量，以它们为列向量构成矩阵 $\boldsymbol{P}$，则 $\boldsymbol{P}$ 是正交矩阵．以 $\boldsymbol{P}$ 的列向量作为坐标轴，称为主轴，二次型有最简单的形式，于是有下面的主轴定理．

定理 6.2.1.1 （主轴定理）设 $\boldsymbol{A}$ 是 n 阶实对称矩阵，则存在正交矩阵 $\boldsymbol{P}$

$$\boldsymbol{P}^{-1}\boldsymbol{A}\boldsymbol{P}=\boldsymbol{P}^{\mathrm{T}}\boldsymbol{A}\boldsymbol{P}=\begin{pmatrix}\lambda_1 & & & \\ & \lambda_2 & & \\ & & \vdots & \\ & & & \lambda_n\end{pmatrix}$$

其中 $\lambda_1,\lambda_2,\cdots,\lambda_n$ 是 $\boldsymbol{A}$ 的全部特征值．

之所以称为主轴定理，是因为只要将正交矩阵 $\boldsymbol{P}$ 的 n 个列向量作为“轴”，则二次型 $\boldsymbol{x}^{\mathrm{T}}\boldsymbol{A}\boldsymbol{x}$ 在新坐标系下就只含有平方项，而不含有交叉项．

显然，任何实对称矩阵，既相似于一个对角矩阵，又合同于一个对角矩阵．

由上述定理知，任何 n 阶实对称矩阵 $\boldsymbol{A}$ 均可对角化，其步骤如下：

第一步：求出 $\boldsymbol{A}$ 所有的特征值；

第二步：对于 $\boldsymbol{A}$ 的特征值 λ，求出齐次线性方程组 $(\boldsymbol{A}-\lambda\boldsymbol{E})\boldsymbol{x}=\boldsymbol{0}$ 的基础解系，并将其单位正交化．

第三步：以这 n 个两两正交的单位特征向量为列向量构成正交矩阵 $\boldsymbol{P}$，这时 $\boldsymbol{P}^{-1}\boldsymbol{A}\boldsymbol{P}=\boldsymbol{P}^{\mathrm{T}}\boldsymbol{A}\boldsymbol{P}=\boldsymbol{\Lambda}$，其中对角方阵 $\boldsymbol{\Lambda}$ 的元素排列顺序依次与 $\boldsymbol{P}$ 的列向量的排列顺序相对应．

定义 6.2.1.1　对于线性变换

$$x = Py$$

若 $\boldsymbol{P}$ 是正交矩阵，则称其正交变换.

正交变换的一条重要性质是：正交变换保持向量的长度不变，这是因为

$$\|\boldsymbol{x}\| = \sqrt{\boldsymbol{x}^{\mathrm{T}}\boldsymbol{x}} = \sqrt{(\boldsymbol{P}\boldsymbol{y})^{\mathrm{T}}(\boldsymbol{P}\boldsymbol{y})} = \sqrt{\boldsymbol{y}^{\mathrm{T}}(\boldsymbol{P}^{\mathrm{T}}\boldsymbol{P})\boldsymbol{y}} = \sqrt{\boldsymbol{y}^{\mathrm{T}}\boldsymbol{y}} = \|\boldsymbol{y}\|.$$

由于正交变换保持向量的长度不变，进而正交变换保持图形的形状也不变，这是正交变换的优良特性，也是它与一般的可逆线性变换的不同之处.

根据定理知，对于任意二次型 f，必存在一个正交变换 $\boldsymbol{x} = \boldsymbol{P}\boldsymbol{y}$，将 f 标准化，且标准形中平方项的系数为二次型 f 的矩阵的特征值.

【例 6.2】求一个正交变换将二次曲面的方程

$$3x^2 + 5y^2 + 5z^2 + 4xy - 4xz - 10yz = 1$$

化成标准方程.

【解】方程左边是一个二次型，其对应的矩阵为

$$\boldsymbol{A} = \begin{pmatrix} 3 & 2 & -2 \\ 2 & 5 & -5 \\ -2 & -5 & 5 \end{pmatrix}.$$

由

$$|\boldsymbol{A} - \lambda\boldsymbol{E}| = \begin{vmatrix} 3-\lambda & 2 & -2 \\ 2 & 5-\lambda & -5 \\ -2 & -5 & 5-\lambda \end{vmatrix} = -\lambda(\lambda-2)(\lambda-11) = 0$$

得 $\boldsymbol{A}$ 的特征值为 2，11，0.

当 $\lambda = 2$ 时，齐次线性方程组 $(\boldsymbol{A} - 2\boldsymbol{E})\boldsymbol{x} = \boldsymbol{0}$ 的基础解系为 $\boldsymbol{\alpha}_1 = \begin{pmatrix} 4 \\ -1 \\ 1 \end{pmatrix}$.

当 $\lambda = 11$ 时，齐次线性方程组 $(\boldsymbol{A} - 11\boldsymbol{E})\boldsymbol{x} = \boldsymbol{0}$ 的基础解系为 $\boldsymbol{\alpha}_2 = \begin{pmatrix} 1 \\ 2 \\ -2 \end{pmatrix}$.

当 $\lambda = 0$ 时，齐次线性方程组 $(\boldsymbol{A} - 0\boldsymbol{E})\boldsymbol{x} = \boldsymbol{0}$ 的基础解系为 $\boldsymbol{\alpha}_3 = \begin{pmatrix} 0 \\ 1 \\ 1 \end{pmatrix}$.

再单位化，得

$$\boldsymbol{p}_1 = \begin{pmatrix} \frac{4}{3\sqrt{2}} \\ -\frac{1}{3\sqrt{2}} \\ \frac{1}{3\sqrt{2}} \end{pmatrix}, \boldsymbol{p}_2 = \begin{pmatrix} \frac{1}{3} \\ \frac{2}{3} \\ -\frac{2}{3} \end{pmatrix}, \boldsymbol{p}_3 = \begin{pmatrix} 0 \\ \frac{1}{\sqrt{2}} \\ \frac{1}{\sqrt{2}} \end{pmatrix}.$$

于是所求的正交变换为

$$\begin{pmatrix} x \\ y \\ z \end{pmatrix} = \begin{pmatrix} \frac{4}{3\sqrt{2}} & \frac{1}{3} & 0 \\ -\frac{1}{3\sqrt{2}} & \frac{2}{3} & \frac{1}{\sqrt{2}} \\ \frac{1}{3\sqrt{2}} & -\frac{2}{3} & \frac{1}{\sqrt{2}} \end{pmatrix} \begin{pmatrix} x' \\ y' \\ z' \end{pmatrix},$$

且标准方程为 $2x'^2 + 11y'^2 = 1$,它是椭圆柱面.

【例 6.3】 方程 $2x^2 + 4xy + 5y^2 - 22 = 0$ 的图形是一个经过旋转后的椭圆,现在请找到一个正交变换将椭圆化为标准方程.

【解】 设 $f(x) = 2x^2 + 4xy + 5y^2 - 22$,则 f 为含有两个自变量的二次型,其矩阵形式为

$$f(x,y) = [x,y]\begin{bmatrix} 2 & 2 \\ 2 & 5 \end{bmatrix}\begin{bmatrix} x \\ y \end{bmatrix}.$$

令 $\boldsymbol{A} = \begin{bmatrix} 2 & 2 \\ 2 & 5 \end{bmatrix}$,则 $\boldsymbol{A}$ 的特征方程为

$$|\boldsymbol{A} - \lambda\boldsymbol{E}| = \begin{vmatrix} 2-\lambda & 2 \\ 2 & 5-\lambda \end{vmatrix} = \lambda^2 - 7\lambda + 6 = 0,$$

从而特征值为 $\lambda_1 = 1, \lambda_2 = 6$.

$\lambda_1 = 1$ 的特征向量取为 $\boldsymbol{p}_1 = \begin{bmatrix} \frac{2}{\sqrt{5}} \\ -\frac{1}{\sqrt{5}} \end{bmatrix}$;$\lambda_2 = 6$ 的特征向量取为 $\boldsymbol{p}_2 = \begin{bmatrix} \frac{1}{\sqrt{5}} \\ \frac{2}{\sqrt{5}} \end{bmatrix}$.令

$$\boldsymbol{P} = [\boldsymbol{p}_1, \boldsymbol{p}_2] = \begin{bmatrix} \frac{2}{\sqrt{5}} & \frac{1}{\sqrt{5}} \\ -\frac{1}{\sqrt{5}} & \frac{2}{\sqrt{5}} \end{bmatrix},$$

即

$$\boldsymbol{P}^{-1}\boldsymbol{A}\boldsymbol{P} = \boldsymbol{P}^{\mathrm{T}}\boldsymbol{A}\boldsymbol{P} = \boldsymbol{\Lambda} = \begin{bmatrix} 1 & \\ & 6 \end{bmatrix}.$$

令 $\begin{bmatrix} x \\ y \end{bmatrix} = \boldsymbol{P}\begin{bmatrix} s \\ t \end{bmatrix}$,即 $\begin{cases} x = \frac{2}{\sqrt{5}}s + \frac{1}{\sqrt{5}}t \\ y = -\frac{1}{\sqrt{5}}s + \frac{2}{\sqrt{5}}t \end{cases}$,从而

$$f(x,y) = [x,y]\begin{bmatrix} 2 & 2 \\ 2 & 5 \end{bmatrix}\begin{bmatrix} x \\ y \end{bmatrix} = [s,t]\boldsymbol{P}^{\mathrm{T}}\begin{bmatrix} 2 & 2 \\ 2 & 5 \end{bmatrix}\boldsymbol{P}\begin{bmatrix} s \\ t \end{bmatrix} = [s,t]\begin{bmatrix} 1 & 0 \\ 0 & 6 \end{bmatrix}\begin{bmatrix} s \\ t \end{bmatrix} = s^2 + 6t^2.$$

从而原方程化为

$$s^2 + 6t^2 = 22.$$

即该椭圆的标准方程为 $$\frac{s^2}{22}+\frac{t^2}{\frac{11}{3}}=1.$$

该标准化过程的几何意义如图 6－2 所示.

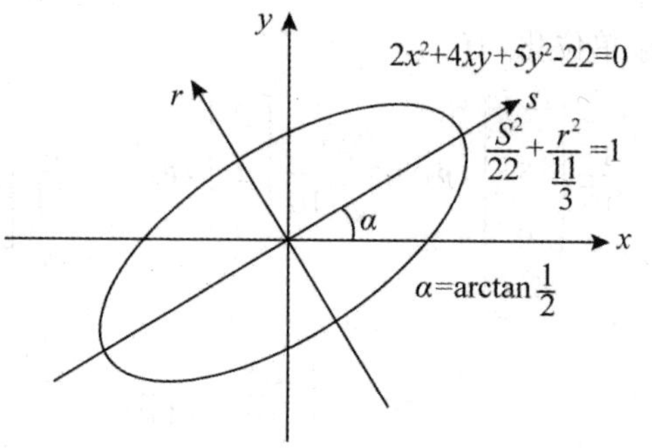

图 6－2　利用正交变换椭圆的非标准方程为标准方程

【例 6.4】 已知二次型 $f(x_1,x_2,x_3)=-4x_1^2+4x_2^2+4x_3^2-6x_1x_2+2ax_1x_3+2x_2x_3$ 经过正交变换 $\boldsymbol{x}=\boldsymbol{P}\boldsymbol{y}$ 化为标准形 $f=5y_1^2+5y_2^2+by_3^2$，求 a、b 和正交矩阵 $\boldsymbol{P}$.

【分析】 这道题考查考生的逆向思维，原来是让求二次型的标准形，现在是告诉你二次型了，反着求二次型里的参数及其所用到的正交变换中的矩阵，即根据二次型的矩阵 $\boldsymbol{A}$ 与标准形的对角矩阵 $\boldsymbol{\Lambda}$ 相似来确定参数 a 和 b；然后计算 $\boldsymbol{A}$ 的正交特征向量，即求得正交矩阵 $\boldsymbol{P}$.

【解】 二次型的矩阵 $\boldsymbol{A}$ 及标准形矩阵 $\boldsymbol{\Lambda}$ 分别为 $\boldsymbol{A}=\begin{bmatrix}-4&-3&a\\-3&4&1\\a&1&4\end{bmatrix}$，$\boldsymbol{\Lambda}=\begin{bmatrix}5&0&0\\0&5&0\\0&0&b\end{bmatrix}$.

由于该标准形是经过正交变换而得到的，故对角矩阵 $\boldsymbol{\Lambda}$ 的主对角线上元素分别为矩阵 $\boldsymbol{A}$ 特征值，则有 $tr(\boldsymbol{A})=\sum_{i=1}^{3}\lambda_i$，即 $-4+4+4=5+5+b$，故 $b=-6$. 又由于 5 是矩阵 $\boldsymbol{A}$ 的特征值，故有 $|5\boldsymbol{E}-\boldsymbol{A}|=0$，即 $\begin{vmatrix}9&3&-a\\3&1&-1\\-a&-1&1\end{vmatrix}=0$，解得 $a=3$.

当 $\lambda_1=\lambda_2=5$ 时，对齐次线性方程组 $(5\boldsymbol{E}-\boldsymbol{A})\boldsymbol{x}=\boldsymbol{0}$ 的系数矩阵进行初等行变换，有 $\begin{bmatrix}9&3&-3\\3&1&-1\\-3&-1&1\end{bmatrix}\to\begin{bmatrix}3&1&-1\\0&0&0\\0&0&0\end{bmatrix}$，则 $\boldsymbol{\alpha}_1=(-1,3,0)^{\mathrm{T}}$. 设与 $\boldsymbol{\alpha}_1$ 正交的向量为 $\boldsymbol{\alpha}_2=(3c,c,k)^{\mathrm{T}}$，把 $\boldsymbol{\alpha}_2$ 代入方程 $3x_1+x_2-x_3=0$ 中，则有关系式 $10c=k$. 若令 $c=1$，则 $k=10$，故 $\boldsymbol{\alpha}_2=(3,1,10)^{\mathrm{T}}$.

当 $\lambda_3=-6$ 时，对齐次线性方程组 $(-6\boldsymbol{E}-\boldsymbol{A})\boldsymbol{x}=\boldsymbol{0}$ 的系数矩阵进行初等行变换，有
$\begin{bmatrix}-2&3&-3\\3&-10&-1\\-3&-1&-10\end{bmatrix}\to\begin{bmatrix}1&0&3\\0&1&1\\0&0&0\end{bmatrix}$，则 $\boldsymbol{\alpha}_3=(-3,-1,1)^{\mathrm{T}}$.

对特征向量 $\boldsymbol{\alpha}_1,\boldsymbol{\alpha}_2,\boldsymbol{\alpha}_3$ 单位化，有

$$\boldsymbol{p}_1=\frac{1}{\sqrt{10}}\begin{bmatrix}-1\\3\\0\end{bmatrix},\boldsymbol{p}_2=\frac{1}{\sqrt{110}}\begin{bmatrix}3\\1\\10\end{bmatrix},\boldsymbol{p}_3=\frac{1}{\sqrt{11}}\begin{bmatrix}-3\\-1\\1\end{bmatrix},$$

则正交矩阵 $\boldsymbol{P}$ 为

$$\boldsymbol{P}=(\boldsymbol{p}_1,\boldsymbol{p}_2,\boldsymbol{p}_3)=\begin{bmatrix}\frac{-1}{\sqrt{10}}&\frac{3}{\sqrt{110}}&\frac{-3}{\sqrt{11}}\\\frac{3}{\sqrt{10}}&\frac{1}{\sqrt{110}}&\frac{-1}{\sqrt{11}}\\0&\frac{10}{\sqrt{110}}&\frac{1}{\sqrt{11}}\end{bmatrix}$$

注 针对求二次型中参数的题目，一般采取以下的方法：

(1) $tr(\boldsymbol{A})=\sum_{i=1}^{n}\lambda_i$（其 $\lambda_i(i=1,2,\cdots,n)$）.

(2) $|\boldsymbol{A}|=\prod_{i=1}^{n}\lambda_i$（其中 $\lambda_i(i=1,2,\cdots,n)$），本题也可以根据特征值性质 $|\boldsymbol{A}|=\prod_{i=1}^{n}\lambda_i$ 求得参数为 $a=3$ 或 $a=-4.5$，但后者是不合理的答案，一旦出现两个答案要代回去验证，如 $a=-4.5$ 代入特征多项式中 $|5\boldsymbol{E}-\boldsymbol{A}|\neq 0$，故舍去.

(3) 若 λ_0 是矩阵 $\boldsymbol{A}$ 的特征值，则有 $|\lambda_0\boldsymbol{E}-\boldsymbol{A}|=0$.

(4) 若 $\boldsymbol{\alpha}_0$ 是 $\boldsymbol{A}$ 的属于 λ_0 的特征值向量，则有 $\boldsymbol{A}\boldsymbol{\alpha}_0=\lambda_0\boldsymbol{\alpha}_0$.

【例 6.5】(2011) 若二次曲面的方程 $x^2+3y^2+z^2+2axy+2xz+2yz=4$，经正交变换化为 $y_1^2+4z_1^2=4$. 则 $a=$ ________.

【分析】根据二次型的标准形可知二次型矩阵的特征值，再根据特征值性质确定 a 的值.

【解】方程 $x^2+3y^2+z^2+2axy+2xz+2yz=4$ 的左端即为一个二次型，其矩阵为 $\boldsymbol{A}=\begin{bmatrix}1&a&1\\a&3&1\\1&1&1\end{bmatrix}$，从正交变换后的标准形 $y_1^2+4z_1^2=4$ 中可以看出，矩阵 $\boldsymbol{A}$ 的特征值分别为 0、1、4，于是 $|\boldsymbol{A}_3|=\lambda_1\lambda_2\lambda_3=0$，故 $\begin{vmatrix}1&a&1\\a&3&1\\1&1&1\end{vmatrix}=-(a-1)^2=0$，则 $a=1$.

【例 6.6】(2012) 已知 $\boldsymbol{A}=\begin{bmatrix}1&0&1\\0&1&1\\-1&0&a\\0&a&-1\end{bmatrix}$，二次型 $f(x_1,x_2,x_3)=\boldsymbol{x}^{\mathrm{T}}(\boldsymbol{A}^{\mathrm{T}}\boldsymbol{A})\boldsymbol{x}$ 的秩为 2.

(1) 求实数 a 的值.

(2) 求正交变换 $\boldsymbol{x}=\boldsymbol{Q}\boldsymbol{y}$ 将二次型 f 化为标准形.

【分析】先根据秩为 2 确定参数 a，再进一步解题.

【解】(1) 由公式 $r(\boldsymbol{A}^{\mathrm{T}}\boldsymbol{A})=r(\boldsymbol{A})$，可知 $r(\boldsymbol{A})=2$，分析由矩阵 $\boldsymbol{A}$ 的前三行构成的 3 阶子式

$$\begin{bmatrix}1&0&1\\0&1&1\\-1&0&a\end{bmatrix}=1+a=0\text{，得 }a=-1$$

(2) 令 $\boldsymbol{B}=\boldsymbol{A}^{\mathrm{T}}\boldsymbol{A}$，则 $\boldsymbol{B}=\begin{bmatrix}2&0&2\\0&2&2\\2&2&4\end{bmatrix}$，解特征方程 $|\lambda\boldsymbol{E}-\boldsymbol{B}|=0$：

$$|\lambda\boldsymbol{E}-\boldsymbol{B}|=\begin{vmatrix}\lambda-2&0&-2\\0&\lambda-2&-2\\-2&-2&\lambda-4\end{vmatrix}\xlongequal{r_2-r_1}\begin{vmatrix}\lambda-2&0&-2\\2-\lambda&\lambda-2&0\\-2&-2&\lambda-4\end{vmatrix}$$

$$\xlongequal{c_1+c_2}\begin{vmatrix}\lambda-2&0&-2\\0&\lambda-2&0\\-4&-2&\lambda-4\end{vmatrix}\xlongequal{\text{按 }r_2\text{ 展开}}\lambda(\lambda-2)(\lambda-6)=0,$$

解得矩阵 $\boldsymbol{B}$ 的特征值分别为 $\lambda_1=0,\lambda_2=2,\lambda_3=6$.

当 $\lambda_1=0$ 时，解方程组 $(0\boldsymbol{E}-\boldsymbol{B})\boldsymbol{x}=\boldsymbol{0}$，$0\boldsymbol{E}-\boldsymbol{B}=\begin{bmatrix}-2&0&-2\\0&-2&-2\\-2&-2&-4\end{bmatrix}\to\begin{bmatrix}1&0&1\\0&1&1\\0&0&0\end{bmatrix}$，解得属于特征值零的一个特征向量为 $\boldsymbol{\zeta}_1=\begin{bmatrix}-1\\-1\\1\end{bmatrix}$.

当 $\lambda_2=2$ 时，解方程组 $(2\boldsymbol{E}-\boldsymbol{B})\boldsymbol{x}=\boldsymbol{0}$，$2\boldsymbol{E}-\boldsymbol{B}=\begin{bmatrix}0&0&-2\\0&0&-2\\-2&-2&-2\end{bmatrix}\to\begin{bmatrix}1&1&0\\0&0&1\\0&0&0\end{bmatrix}$，解得属于特征值 2 的一个特征向量为 $\boldsymbol{\zeta}_2=\begin{bmatrix}-1\\1\\0\end{bmatrix}$.

当 $\lambda_3=6$ 时，解方程组 $(6\boldsymbol{E}-\boldsymbol{B})\boldsymbol{x}=\boldsymbol{0}$，$6\boldsymbol{E}-\boldsymbol{B}=\begin{bmatrix}4&0&-2\\0&4&-2\\-2&-2&2\end{bmatrix}\to\begin{bmatrix}2&0&-1\\0&2&-1\\0&0&0\end{bmatrix}$，解

得属于特征值 6 的一个特征向量为 $\boldsymbol{\zeta}_3 = \begin{bmatrix}1\\1\\2\end{bmatrix}$.

将 $\boldsymbol{\zeta}_1$、$\boldsymbol{\zeta}_2$、$\boldsymbol{\zeta}_3$ 单位化得 $\boldsymbol{\eta}_1 = \frac{1}{\sqrt{3}}\begin{bmatrix}-1\\-1\\1\end{bmatrix}$，$\boldsymbol{\eta}_2 = \frac{1}{\sqrt{2}}\begin{bmatrix}-1\\1\\0\end{bmatrix}$，$\boldsymbol{\eta}_3 = \frac{1}{\sqrt{6}}\begin{bmatrix}1\\1\\2\end{bmatrix}$，则正交变换为 $\boldsymbol{x} = \boldsymbol{Q}\boldsymbol{y}$，其中 $\boldsymbol{Q} = (\boldsymbol{\eta}_1, \boldsymbol{\eta}_2, \boldsymbol{\eta}_3)$，二次型的标准形为 $f = 0y_1^2 + 2y_2^2 + 6y_3^2$.

注 本题除了考查用正交变换化二次型为标准形外，还考查了以下知识点：

(1) $r(\boldsymbol{A}^{\mathrm{T}}\boldsymbol{A}) = r(\boldsymbol{A})$，很多考生对公式 $r(\boldsymbol{A}^{\mathrm{T}}\boldsymbol{A}) = r(\boldsymbol{A})$ 不熟悉，在计算第(1)问时，如果直接计算 3 阶矩阵 $\boldsymbol{A}^{\mathrm{T}}\boldsymbol{A}$，那么就增加了计算量，走了弯路.

(2) 若 $r(\boldsymbol{A}) = 2$，则 $\boldsymbol{A}$ 的任意一个 3 阶子式都为零.

【例 6.7】(2011) 设二次型 $f(x_1, x_2, x_3) = \boldsymbol{x}^{\mathrm{T}}\boldsymbol{A}\boldsymbol{x}$ 的秩为 1，$\boldsymbol{A}$ 中各行元素之和为 3，则 f 在正交变换 $\boldsymbol{x} = \boldsymbol{Q}\boldsymbol{y}$ 下的标准形为________.

【分析】根据 $r(\boldsymbol{A}) = 1$ 及 $\boldsymbol{A}$ 中各行元素之和为 3 可以得到矩阵 $\boldsymbol{A}$ 所有的特征值.

【解】二次型 $f(x_1, x_2, x_3) = \boldsymbol{x}^{\mathrm{T}}\boldsymbol{A}\boldsymbol{x}$ 的矩阵 $\boldsymbol{A}$ 为 3 阶矩阵，由于 $r(\boldsymbol{A}_3) = 1 < 3$，则 $|\boldsymbol{A}| = 0$，故零是 $\boldsymbol{A}$ 的特征值. 而方程组 $(0\boldsymbol{E} - \boldsymbol{A})\boldsymbol{x} = \boldsymbol{0}$ 含有 $3 - r(\boldsymbol{A}) = 2$ 个线性无关解向量，即矩阵 $\boldsymbol{A}$ 的属于零的线性无关的特征向量有 2 个，故零是矩阵 $\boldsymbol{A}$ 的 2 重特征根. 又由于 $\boldsymbol{A}$ 中各行元素之和为 3，则有矩阵等式 $\boldsymbol{A}\begin{bmatrix}1\\1\\1\end{bmatrix} = 3\begin{bmatrix}1\\1\\1\end{bmatrix}$，即 3 是矩阵 $\boldsymbol{A}$ 的非零特征值. 因此 f 在正交变换 $\boldsymbol{x} = \boldsymbol{Q}\boldsymbol{y}$ 下的标准形为 $0y_1^2 + 0y_2^2 + 3y_3^2$.

注 本题考查以下知识点：

(1) $r(\boldsymbol{A}_n) < n \Leftrightarrow |\boldsymbol{A}| = 0$.

(2) $|\boldsymbol{A}| = 0 \Leftrightarrow$ 零是矩阵 $\boldsymbol{A}$ 的特征值.

(3) 方程组 $\boldsymbol{A}_n\boldsymbol{x} = \boldsymbol{0}$ 有 $n - r(\boldsymbol{A})$ 个线性无关解向量.

(4) 若 $\boldsymbol{A}$ 为实对称矩阵，则矩阵 $\boldsymbol{A}$ 属于特征值 λ_0 的线性无关特征向量有 k 个 $\Leftrightarrow \lambda_0$ 是矩阵 $\boldsymbol{A}$ 的 k 重特征值.

(5) 3 阶矩阵 $\boldsymbol{A}$ 中各行元素之和为 $3 \Leftrightarrow \boldsymbol{A}\begin{bmatrix}1\\1\\1\end{bmatrix} = 3\begin{bmatrix}1\\1\\1\end{bmatrix} \Leftrightarrow 3$ 是 $\boldsymbol{A}$ 的特征值，且对应特征向量为 $\begin{bmatrix}1\\1\\1\end{bmatrix}$.

考生应该掌握以下知识点：

(1) 若 3 阶矩阵 $\boldsymbol{A}$ 的秩为 1，则有 $\boldsymbol{A}$ 的特征值为 $0, 0, tr(\boldsymbol{A})$.

(2) 若 $\boldsymbol{A}$ 中各行元素之和为 3,则 3 是 $\boldsymbol{A}$ 的特征值.

考生如果熟练掌握以上知识点,那么就可以在 10 秒钟内写出本题的答案.

6.2.2　配方法化二次型为标准形

配方法就是将二次多项式配成完全平方的方法,这种方法在中学数学大量使用过,需要记住

$$(x_1+x_2+\cdots+x_n)^2=\underline{x_1^2+x_2^2+\cdots+x_n^2}+\underline{2x_1x_2+2x_1x_3+\cdots+2x_1x_n}$$
$$+\underline{2x_2x_3+2x_2x_4+\cdots+2x_2x_n}+\cdots+\underline{2x_{n-1}x_n}.$$

下面通过例子说明,如何用配方法得出二次型的标准形.

I. f 含平方项

【例 6.8】用配方法求二次型

$$f=2x_1^2+5x_2^2+5x_3^2+4x_1x_2-4x_1x_3-8x_2x_3$$

的标准形,并写出相应的可逆线性变换.

【解】首先将含有 x_1 的项归并后配方,后边不准再出现 x_1,得

$$\begin{aligned}f&=(2x_1^2+4x_1x_2-4x_1x_3)+5x_2^2+5x_3^2-8x_2x_3\\&=2(x_1+x_2-x_3)^2-2(x_2^2+x_3^2-2x_2x_3)+5x_2^2+5x_3^2-8x_2x_3.\end{aligned}$$

再对 x_2 进行配方,后边不准再出现 x_2 得

$$\begin{aligned}f&=2(x_1+x_2-x_3)^2+3\left(x_2^2-\frac{4}{3}x_2x_3\right)+3x_3^2\\&=2(x_1+x_2-x_3)^2+3\left(x_2-\frac{2}{3}x_3\right)^2+\frac{5}{3}x_3^2.\end{aligned}$$

令

$$\begin{cases}y_1=x_1+x_2-x_3,\\y_2=x_2-\dfrac{2}{3}x_3,\\y_3=x_3,\end{cases}$$

即

$$\begin{cases}x_1=y_1-y_2+\dfrac{1}{3}y_3,\\x_2=y_2+\dfrac{2}{3}y_3,\\x_3=y_3.\end{cases}$$

所采用的可逆线性变换 $\boldsymbol{X}=\boldsymbol{PY}$ 写成矩阵形式为

$$\begin{pmatrix}x_1\\x_2\\x_3\end{pmatrix}=\begin{pmatrix}1&-1&\dfrac{1}{3}\\0&1&\dfrac{2}{3}\\0&0&1\end{pmatrix}\begin{pmatrix}y_1\\y_2\\y_3\end{pmatrix},$$

其中可逆矩阵 $\boldsymbol{P}=\begin{pmatrix}1 & -1 & \frac{1}{3}\\ 0 & 1 & \frac{2}{3}\\ 0 & 0 & 1\end{pmatrix}$，则 f 的标准形为

$$f=2y_1^2+3y_2^2+\frac{5}{3}y_3^2.$$

II. f 不含平方项

【例 6.9】用配方法求二次型

$$f=x_1x_2-x_2x_3$$

的标准形，并写出相应的可逆线性变换.

【解】由于 f 不含平方项，不能直接配方. 观察 x_1x_2 项，为了出现平方项，令

$$\begin{cases}x_1=y_1+y_2,\\ x_2=y_1-y_2,\\ x_3=y_3,\end{cases}$$

即

$$\begin{pmatrix}x_1\\ x_2\\ x_3\end{pmatrix}=\begin{pmatrix}1 & 1 & 0\\ 1 & -1 & 0\\ 0 & 0 & 1\end{pmatrix}\begin{pmatrix}y_1\\ y_2\\ y_3\end{pmatrix},$$

得 $f=(y_1+y_2)(y_1-y_2)-(y_1-y_2)y_3=y_1^2-y_2^2-y_1y_3+y_2y_3$.

再配方，得

$$\begin{aligned}f&=\left(y_1-\frac{1}{2}y_3\right)^2-y_2^2-\frac{1}{4}y_3^2+y_2y_3\\ &=\left(y_1-\frac{1}{2}y_3\right)^2-\left(y_2-\frac{1}{2}y_3\right)^2.\end{aligned}$$

令

$$\begin{cases}z_1=y_1-\frac{1}{2}y_3,\\ z_2=y_2-\frac{1}{2}y_3,\\ z_3=y_3,\end{cases}$$

即

$$\begin{cases}y_1=z_1+\frac{1}{2}z_3,\\ y_2=z_2+\frac{1}{2}z_3,\\ y_3=z_3,\end{cases}\text{或}\begin{pmatrix}y_1\\ y_2\\ y_3\end{pmatrix}=\begin{pmatrix}1 & 0 & \frac{1}{2}\\ 0 & 1 & \frac{1}{2}\\ 0 & 0 & 1\end{pmatrix}\begin{pmatrix}z_1\\ z_2\\ z_3\end{pmatrix},$$

得 f 的标准形为

$$f = z_1^2 - z_2^2.$$

所采用的可逆线性变换为

$$\begin{pmatrix} x_1 \\ x_2 \\ x_3 \end{pmatrix} = \begin{pmatrix} 1 & 1 & 0 \\ 1 & -1 & 0 \\ 0 & 0 & 1 \end{pmatrix} \begin{pmatrix} 1 & 0 & \frac{1}{2} \\ 0 & 1 & \frac{1}{2} \\ 0 & 0 & 1 \end{pmatrix} \begin{pmatrix} z_1 \\ z_2 \\ z_3 \end{pmatrix} = \begin{pmatrix} 1 & 1 & 1 \\ 1 & -1 & 0 \\ 0 & 0 & 1 \end{pmatrix} \begin{pmatrix} z_1 \\ z_2 \\ z_3 \end{pmatrix}$$

【例 6.10】 已知二次型 $f(x_1, x_2, x_3) = x_1^2 + x_2^2 + x_3^2 + 2x_1x_2 + 2x_1x_3 - 2x_2x_3$，

(1) 用正交变换 $\boldsymbol{x} = \boldsymbol{P}\boldsymbol{y}$ 把二次型 f 化为标准形，并写出正交矩阵 $\boldsymbol{P}$；

(2) 用配方法把二次型 $f(x_1, x_2, x_3)$ 化为标准形，并写出可逆变换 $\boldsymbol{x} = \boldsymbol{B}\boldsymbol{y}$.

【分析】 用正交变换法化二次型为标准形的核心工作就是实对称矩阵的相似对角化，配方法的核心就是凑完全平方式. 考生需要注意，化二次型为标准形有正交变换法和配方法，同一个二次型化为的标准形是不唯一的，但其正、负惯性指数总是相同的，必须要熟练掌握这部分内容.

【解】 (1) 正交变换法.

$$f(x_1, x_2, x_3) = x_1^2 + x_2^2 + x_3^2 + 2x_1x_2 + 2x_1x_3 - 2x_2x_3$$

$$= (x_1, x_2, x_3) \begin{bmatrix} 1 & 1 & 1 \\ 1 & 1 & -1 \\ 1 & -1 & 1 \end{bmatrix} \begin{bmatrix} x_1 \\ x_2 \\ x_3 \end{bmatrix} = \boldsymbol{x}^{\mathrm{T}}\boldsymbol{A}\boldsymbol{x}$$

矩阵 $\boldsymbol{A}$ 的特征多项式为 $|\lambda\boldsymbol{E} - \boldsymbol{A}| = \begin{vmatrix} \lambda - 1 & -1 & -1 \\ -1 & \lambda - 1 & 1 \\ -1 & 1 & \lambda - 1 \end{vmatrix} = (\lambda + 1)(\lambda - 2)^2$，则矩阵 $\boldsymbol{A}$ 的特征值为 $\lambda_1 = -1, \lambda_2 = \lambda_3 = 2$.

当 $\lambda_1 = -1$ 时，分析齐次线性方程组 $(-1\boldsymbol{E} - \boldsymbol{A})\boldsymbol{x} = \boldsymbol{0}$. 对其系数矩阵进行初等行变换，有 $\begin{bmatrix} -2 & -1 & -1 \\ -1 & -2 & 1 \\ -1 & 1 & -2 \end{bmatrix} \to \begin{bmatrix} 1 & 0 & 1 \\ 0 & 1 & -1 \\ 0 & 0 & 0 \end{bmatrix}$，则矩阵 $\boldsymbol{A}$ 的属于 $\lambda_1 = -1$ 的其中一个特征向量为 $\boldsymbol{\alpha}_1 = (-1, 1, 1)^{\mathrm{T}}$.

当 $\lambda_2 = \lambda_3 = 2$ 时，分析齐次线性方程组 $(2\boldsymbol{E} - \boldsymbol{A})\boldsymbol{x} = \boldsymbol{0}$. 对其系数矩阵进行初等行变换，有 $\begin{bmatrix} 1 & -1 & -1 \\ -1 & 1 & 1 \\ -1 & 1 & 1 \end{bmatrix} \to \begin{bmatrix} 1 & -1 & -1 \\ 0 & 0 & 0 \\ 0 & 0 & 0 \end{bmatrix}$，则矩阵 $\boldsymbol{A}$ 的属于 $\lambda_2 = \lambda_3 = 2$ 的两个线性无关特征向量为 $(1, 1, 0)^{\mathrm{T}}, (1, 0, 1)^{\mathrm{T}}$. 进一步可以用施密特法把这两个向量正交化，则 $\boldsymbol{\alpha}_2 = (1, 1, 0)^{\mathrm{T}}$，$\boldsymbol{\alpha}_3 = (1, -1, 2)^{\mathrm{T}}$.

对特征向量 $\boldsymbol{\alpha}_1$、$\boldsymbol{\alpha}_2$、$\boldsymbol{\alpha}_3$ 单位化，有 $\boldsymbol{p}_1=\dfrac{1}{\sqrt{3}}\begin{bmatrix}-1\\1\\1\end{bmatrix}$，$\boldsymbol{p}_2=\dfrac{1}{\sqrt{2}}\begin{bmatrix}1\\1\\0\end{bmatrix}$，$\boldsymbol{p}_3=\dfrac{1}{\sqrt{6}}\begin{bmatrix}1\\-1\\2\end{bmatrix}$，令

$$\boldsymbol{P}=(\boldsymbol{p}_1,\boldsymbol{p}_2,\boldsymbol{p}_3)=\begin{bmatrix}\frac{-1}{\sqrt{3}} & \frac{1}{\sqrt{2}} & \frac{1}{\sqrt{6}}\\ \frac{1}{\sqrt{3}} & \frac{1}{\sqrt{2}} & \frac{-1}{\sqrt{6}}\\ \frac{1}{\sqrt{3}} & 0 & \frac{2}{\sqrt{6}}\end{bmatrix},$$

则存在正交变换 $\boldsymbol{x}=\boldsymbol{P}\boldsymbol{y}$，使得

$$\begin{aligned}f&=\boldsymbol{x}^{\mathrm{T}}\boldsymbol{A}\boldsymbol{x}=(\boldsymbol{P}\boldsymbol{y})^{\mathrm{T}}\boldsymbol{A}(\boldsymbol{P}\boldsymbol{y})=\boldsymbol{y}^{\mathrm{T}}(\boldsymbol{P}^{\mathrm{T}}\boldsymbol{A}\boldsymbol{P})\boldsymbol{y}=\boldsymbol{y}^{\mathrm{T}}(\boldsymbol{P}^{-1}\boldsymbol{A}\boldsymbol{P})\boldsymbol{y}\\&=\boldsymbol{y}^{\mathrm{T}}\boldsymbol{\Lambda}\boldsymbol{y}=-y_1^2+2y_2^2+2y_3^2\end{aligned}$$

注 (1) 考生在用正交变换法化二次型为标准形时，要特别注意标准形系数(特征值)的先后次序，一定要与正交矩阵 $\boldsymbol{P}$ 的列向量(特征向量)的先后次序相对应，否则答案就是错误的.

(2) 用正交变换法化二次型为标准形是线性代数必考题型，考生应该非常熟练地掌握其计算方法，具体计算步骤如下：

① 写出二次型的矩阵 $\boldsymbol{A}$.

② 求出矩阵 $\boldsymbol{A}$ 的所有特征值 $\lambda_1,\lambda_2,\cdots,\lambda_n$.

③ 求出矩阵 $\boldsymbol{A}$ 的 n 个线性无关的特征向量 $\boldsymbol{\alpha}_1,\boldsymbol{\alpha}_2,\cdots,\boldsymbol{\alpha}_n$.

④ 对 $\boldsymbol{\alpha}_1,\boldsymbol{\alpha}_2,\cdots,\boldsymbol{\alpha}_n$ 正交化及单位化，化为 $\boldsymbol{p}_1,\boldsymbol{p}_2,\cdots,\boldsymbol{p}_n$.

⑤ 构造正交矩阵 $\boldsymbol{P}=(\boldsymbol{p}_1,\boldsymbol{p}_2,\cdots,\boldsymbol{p}_n)$.

⑥ 令正交变换 $\boldsymbol{x}=\boldsymbol{P}\boldsymbol{y}$，于是有

$$\begin{aligned}f&=\boldsymbol{x}^{\mathrm{T}}\boldsymbol{A}\boldsymbol{x}=(\boldsymbol{P}\boldsymbol{y})^{\mathrm{T}}\boldsymbol{A}(\boldsymbol{P}\boldsymbol{y})=\boldsymbol{y}^{\mathrm{T}}(\boldsymbol{P}^{\mathrm{T}}\boldsymbol{A}\boldsymbol{P})\boldsymbol{y}\\&=\boldsymbol{y}^{\mathrm{T}}(\boldsymbol{P}^{-1}\boldsymbol{A}\boldsymbol{P})\boldsymbol{y}=\boldsymbol{y}^{\mathrm{T}}\boldsymbol{\Lambda}\boldsymbol{y}=\lambda_1y_1^2+\lambda_2y_2^2+\cdots+\lambda_ny_n^2\end{aligned}$$

在第④步中，针对多重特征值时，一般教材都采用施密特法来对向量组正交化. 以下介绍一个构造齐次线性方程组正交解向量的待定系数法.

针对本题，当 $\lambda_2=\lambda_3=2$ 时，齐次线性方程组 $(2\boldsymbol{E}-\boldsymbol{A})\boldsymbol{x}=\boldsymbol{0}$ 的系数矩阵进行初等行变换后的结果为 $\begin{bmatrix}1&-1&-1\\-1&1&1\\-1&1&1\end{bmatrix}\to\begin{bmatrix}1&-1&-1\\0&0&0\\0&0&0\end{bmatrix}$.

取 x_2 和 x_3 为自由变量，令 $x_2=1,x_3=0$，则有解向量 $\boldsymbol{\alpha}_2=(1,1,0)^{\mathrm{T}}$，此时令方程组另一个与 $\boldsymbol{\alpha}_2$ 正交的解向量为 $\boldsymbol{\alpha}_3=(a,-a,b)^{\mathrm{T}}$，把 $\boldsymbol{\alpha}_3$ 代入方程 $x_1-x_2-x_3=0$ 中，得到关系式 $2a=b$. 若设 $a=1$，则 $b=2$，于是解得 $\boldsymbol{\alpha}_3=(1,-1,2)^{\mathrm{T}}$.

为进一步说明该方法，下面再举一例，求方程组 $\boldsymbol{A}\boldsymbol{x}=\boldsymbol{0}$ 的正交解向量，其中系数矩阵

A 的行最简形如下：$A \to \begin{bmatrix} 1 & -2 & 3 \\ 0 & 0 & 0 \\ 0 & 0 & 0 \end{bmatrix}$，则有解向量 $\boldsymbol{\alpha}_1 = (2,1,0)^{\mathrm{T}}$. 构造与 $\boldsymbol{\alpha}_1$ 正交的向量 $\boldsymbol{\alpha}_2 = (a,-2a,b)^{\mathrm{T}}$，把 $\boldsymbol{\alpha}_2$ 代入方程 $x_1 - 2x_2 + 3x_3 = 0$ 中，得到关系式 $5a = -3b$. 若设 $a = 3$，则 $b = -5$，于是解得 $\boldsymbol{\alpha}_2 = (3,-6,-5)^{\mathrm{T}}$.

(2) 配方法.

$$\begin{aligned} f(x_1,x_2,x_3) &= x_1^2 + x_2^2 + x_3^2 + 2x_1x_2 + 2x_1x_3 - 2x_2x_3 \\ &= [x_1^2 + 2x_1(x_2+x_3)] + (x_2+x_3)^2 - (x_2+x_3)^2 + x_2^2 + x_3^2 - 2x_2x_3 \\ &= (x_1+x_2+x_3)^2 - 4x_2x_3 \end{aligned}$$

这个时候我们发现凑不了平方，就算补一个 $x_2^2 + x_3^2$，恒等变形还得减一个 $x_2^2 + x_3^2$，发现 x_2^2 仍然消不掉，这时就需要做一次线性代换了，令

$$x_1 + x_2 + x_3 = y_1,\ x_2 = y_2 + y_3,\ x_3 = y_2 - y_3,$$

则有 $\begin{cases} x_1 = y_1 - 2y_2 \\ x_2 = y_2 + y_3 \\ x_3 = y_2 - y_3 \end{cases}$，即存在可逆线性变换 $\boldsymbol{x} = \boldsymbol{B}\boldsymbol{y}$，其中 $\boldsymbol{B} = \begin{bmatrix} 1 & -2 & 0 \\ 0 & 1 & 1 \\ 0 & 1 & -1 \end{bmatrix}$，使二次型化为

$$f = \boldsymbol{x}^{\mathrm{T}}\boldsymbol{A}\boldsymbol{x} = (\boldsymbol{B}\boldsymbol{y})^{\mathrm{T}}\boldsymbol{A}(\boldsymbol{B}\boldsymbol{y}) = \boldsymbol{y}^{\mathrm{T}}(\boldsymbol{B}^{\mathrm{T}}\boldsymbol{A}\boldsymbol{B})\boldsymbol{y} = y_1^2 - 4y_2^2 + 4y_3^2$$

注 配方法的基本步骤如下：

① 若 x_1 平方项的系数不为零，就把所有含 x_1 的项合并在一起进行配方，即“扫除 x_1”；同理，下一步“扫除 x_2”…… 直到“扫除干净”为止.

② 若二次型不含平方项，只含交叉项，如在本例中，当“扫除 x_1”后，没有 x_2 和 x_3 的平方项，只有交叉项 x_2x_3，则此时可以令 $x_2 = y_2 + y_3$，$x_3 = y_2 - y_3$，于是交叉项 x_2x_3 自然就配成平方项了.

6.3　正负惯性指数

我们已经知道二次型的标准形不是唯一的，但是它所含有的项数是确定的，那么二次型的标准形中正系数的个数是否唯一呢?下面的定理(惯性定理)给出了肯定的回答.

定理 6.3.1　设二次型 $f = \boldsymbol{x}^{\mathrm{T}}\boldsymbol{A}\boldsymbol{x}$，$\boldsymbol{x} \in R^n$，它的秩为 r，有两个可逆的线性变换 $\boldsymbol{x} = \boldsymbol{P}\boldsymbol{y}$ 及 $\boldsymbol{x} = \boldsymbol{Q}\boldsymbol{z}$ 使得 f 分别具有标准形

$$f = k_1y_1^2 + k_2y_2^2 + \cdots + k_ry_r^2 \qquad (k_i \neq 0)$$

及

$$f = \lambda_1z_1^2 + \lambda_2z_2^2 + \cdots + \lambda_rz_r^2 \qquad (\lambda_i \neq 0),$$

则 $k_1,\cdots,k_r$ 中正数的个数与 $\lambda_1,\cdots,\lambda_r$ 中正数的个数相等.

二次型的标准形中正系数的个数称为二次型的正惯性指数，负系数的个数称为负惯性指数. 对于一个二次型 $f(x_1,x_2,\cdots,x_n) = \boldsymbol{x}^{\mathrm{T}}\boldsymbol{A}\boldsymbol{x}$，无论用怎样的可逆线性变换使它化为标准形，其中正平方项的个数 p(正惯性指数) 和负平方项的个数 q(负惯性指数) 都是唯一确定的.

注 二次型正(负)惯性指数等于二次型矩阵正(负)特征值的个数.

【例 6.11】(2011.2) 二次型 $f(x_1,x_2,x_3)=x_1^2+3x_2^2+x_3^2+2x_1x_2+2x_1x_3+2x_2x_3$,则 f 的正惯性指数为________.

【分析】先求出二次型的特征值,即可得到答案.

【解】二次型 $f(x_1,x_2,x_3)=x_1^2+3x_2^2+x_3^2+2x_1x_2+2x_1x_3+2x_2x_3$ 的矩阵为 $\boldsymbol{A}=\begin{bmatrix}1&1&1\\1&3&1\\1&1&1\end{bmatrix}$,$\boldsymbol{A}$ 的特征多项式为

$$|\lambda\boldsymbol{E}-\boldsymbol{A}|=\begin{vmatrix}\lambda-1&-1&-1\\-1&\lambda-3&-1\\-1&-1&\lambda-1\end{vmatrix}\xlongequal{r_1-r_3}\begin{vmatrix}\lambda&0&-\lambda\\-1&\lambda-3&-1\\-1&-1&\lambda-1\end{vmatrix}$$

$$\xlongequal{c_3+c_1}\begin{vmatrix}\lambda&0&0\\-1&\lambda-3&-2\\-1&-1&\lambda-2\end{vmatrix}\xlongequal{\text{按 } r_1 \text{ 展开}}\lambda(\lambda-1)(\lambda-4)$$

故矩阵 $\boldsymbol{A}$ 的特征值为 $\lambda_1=0,\lambda_2=1,\lambda_3=4$,于是 f 的正惯性指数为 2.

注 (1) 个别考生把正惯性指数错误地理解为非标准二次型平方项系数的正数个数,于是得到错误的答案.

(2) 本题也可以用配方法来解题,但在用配方法时,考生要特别注意向量 $\boldsymbol{x}$ 与向量 $\boldsymbol{y}$ 之间线性变换的可逆性.

例如,求二次型 $f(x_1,x_2,x_3)=2x_1^2+2x_2^2+2x_3^2-2x_1x_2-2x_1x_3-2x_2x_3$ 的正惯性指数,有的考生会把二次型转换为 $f(x_1,x_2,x_3)=(x_1-x_2)^2+(x_2-x_3)^2+(x_3-x_1)^2$,显然设 $\begin{cases}y_1=x_1-x_2\\y_2=x_2-x_3\\y_3=x_3-x_1\end{cases}$,则有 $f(x_1,x_2,x_3)=y_1^2+y_2^2+y_3^2$,得出二次型的正惯性指数为 3. 但是该二次型的正惯性指数的正确答案却为 2. 出现错误的原因是向量 $\boldsymbol{x}$ 与向量 $\boldsymbol{y}$ 之间的线性变换:

$\begin{bmatrix}y_1\\y_2\\y_3\end{bmatrix}=\begin{bmatrix}1&-1&0\\0&1&-1\\-1&0&1\end{bmatrix}\begin{bmatrix}x_1\\x_2\\x_3\end{bmatrix}$ 是不可逆的.

【例 6.12】已知二次型 $f(x_1,x_2,x_3)=2x_1^2+2x_2^2+2x_3^2+6x_1x_2+6x_1x_3+6x_2x_3$,有四个同学分别把它化为标准形,结果如下:

(1) $f=y_1^2-2y_2^2-3y_3^2$;　　(2) $f=y_1^2+y_2^2-2y_3^2$;

(3) $f=2y_1^2+y_2^2+3y_3^2$;　　(4) $f=-y_1^2-y_2^2-5y_3^2$.

则[　　].

(A) (1)(2)(4) 一定错误　　(B) (2)(3)(4) 一定错误

(C) 所有结果都可能正确　　(D) 所有结果都一定错误

【分析】根据惯性定理来排除错误选项.

【解】二次型的矩阵为 $\boldsymbol{A}=\begin{bmatrix}2&3&3\\3&2&3\\3&3&2\end{bmatrix}$.

显然 -1 是 $\boldsymbol{A}$ 的 2 重特征值，而 $\boldsymbol{A}$ 的第三个特征值为 $2+2+2-(-1)-(-1)=8$，故二次型的正惯性指数为 1，负惯性指数为 2. 在四个结果中只有结果(1) 与原二次型有相同的正、负惯性指数，根据惯性定理可知，结果(2)、(3) 和(4) 都是错误的，故选项(B) 正确.

以下从正交变换法化二次型为标准形的角度出发，来进一步证明本题结果(1) 的正确性.

针对实对称矩阵 $\boldsymbol{A}$，总存在正交矩阵变换 $\boldsymbol{x}=\boldsymbol{Pz}$，使得

$$f=\boldsymbol{x}^{\mathrm{T}}\boldsymbol{Ax}=(\boldsymbol{Pz})^{\mathrm{T}}\boldsymbol{A}(\boldsymbol{Pz})=\boldsymbol{z}^{\mathrm{T}}(\boldsymbol{P}^{\mathrm{T}}\boldsymbol{AP})\boldsymbol{z}=\boldsymbol{z}^{\mathrm{T}}\boldsymbol{\Lambda z}=8z_1^2-z_2^2-z_3^2,$$

其中对角矩阵 $\boldsymbol{\Lambda}$ 可以拆分为三个对角矩阵的乘积：

$$\boldsymbol{\Lambda}=\begin{bmatrix}8&&\\&-1&\\&&-1\end{bmatrix}=\begin{bmatrix}\sqrt{8}&&\\&1/\sqrt{2}&\\&&1/\sqrt{3}\end{bmatrix}\begin{bmatrix}1&&\\&-2&\\&&-3\end{bmatrix}\begin{bmatrix}\sqrt{8}&&\\&1/\sqrt{2}&\\&&1/\sqrt{3}\end{bmatrix},$$

令 $\boldsymbol{Q}=\begin{bmatrix}\sqrt{8}&&\\&1/\sqrt{2}&\\&&1/\sqrt{3}\end{bmatrix}$，$\boldsymbol{H}=\begin{bmatrix}1&&\\&-2&\\&&-3\end{bmatrix}$，则有

$$f=\boldsymbol{x}^{\mathrm{T}}\boldsymbol{Ax}=\boldsymbol{z}^{\mathrm{T}}\boldsymbol{\Lambda z}=\boldsymbol{z}^{\mathrm{T}}\boldsymbol{Q}^{\mathrm{T}}\boldsymbol{HQz}=(\boldsymbol{Qz})^{\mathrm{T}}\boldsymbol{H}(\boldsymbol{Qz}),$$

令 $\boldsymbol{y}=\boldsymbol{Qz}$，则有

$$f=\boldsymbol{x}^{\mathrm{T}}\boldsymbol{Ax}=\boldsymbol{z}^{\mathrm{T}}\boldsymbol{\Lambda z}=\boldsymbol{y}^{\mathrm{T}}\boldsymbol{Hy}=y_1^2-2y_2^2-3y_3^2$$

注 考生要掌握以下结论：

(1) 一个二次型的标准形是不唯一的，但其正、负惯性指数是不变的.

(2) 判断一个二次型的标准形是否正确的判定法则是：只要标准形的正、负惯性指数正确，这个标准形一定正确.

【例 6.13】(2009. 1,2,3) 设二次型 $f(x_1,x_2,x_3)=ax_1^2+ax_2^2+(a-1)x_3^2+2x_1x_3-2x_2x_3$.

(1) 求二次型 f 的矩阵的所有特征值.

(2) 若二次型 f 的规范形为 $y_1^2+y_2^2$，求 a 值.

【分析】根据特征值定义求得矩阵 $\boldsymbol{A}$ 的所有特征值，并根据规范形可以得到二次型的正惯性指数，从而求得 a 值.

【解】(1) 二次型 $f(x_1,x_2,x_3)=ax_1^2+ax_2^2+(a-1)x_3^2+2x_1x_3-2x_2x_3$ 的矩阵为 $\boldsymbol{A}=\begin{bmatrix}a&0&1\\0&a&-1\\1&-1&a-1\end{bmatrix}$，其特征多项式为

$$|\lambda E-A|=\begin{vmatrix}\lambda-a & 0 & -1\\ 0 & \lambda-a & 1\\ -1 & 1 & \lambda-a+1\end{vmatrix}\xlongequal{r_2+r_1}\begin{vmatrix}\lambda-a & 0 & -1\\ \lambda-a & \lambda-a & 0\\ -1 & 1 & \lambda-a+1\end{vmatrix}\xlongequal{c_1-c_2}$$

$$\begin{vmatrix}\lambda-a & 0 & -1\\ 0 & \lambda-a & 0\\ -2 & 1 & \lambda-a+1\end{vmatrix}\xlongequal{\text{按 } r_2 \text{ 展开}}(\lambda-a)(\lambda-a+2)(\lambda-a-1)$$

于是矩阵 A 的特征值从小到大排列为 $\lambda_1=a-2,\lambda_2=a,\lambda_3=a+1$.

(2) 由二次型 f 的规范形为 $y_1^2+y_2^2$ 知，f 的正惯性指数为 2，负惯性指数为零，于是矩阵 A 的特征值有 2 个为正数、1 个为零. 而 $a-2<a<a+1$，故 $a=2$.

注 (1) 很多考生看见二次型中存在参数 a，就不知如何求解特征值，其实题(1) 中的答案就包含参数 a.

(2) 很多考生混淆了标准形和规范形的概念，误认为矩阵 A 的特征值为 1,1,0.

【例 6.14】(2008.1) 设 A 为 3 阶实对称矩阵，如果二次曲面方程 $(x,y,z)A\begin{bmatrix}x\\ y\\ z\end{bmatrix}=1$，在正交变换下的标准方程的图形如图 6－3 所示，则 A 的正特征值的个数为[　　].

(A)0　　(B)1　　(C)2　　(D)3

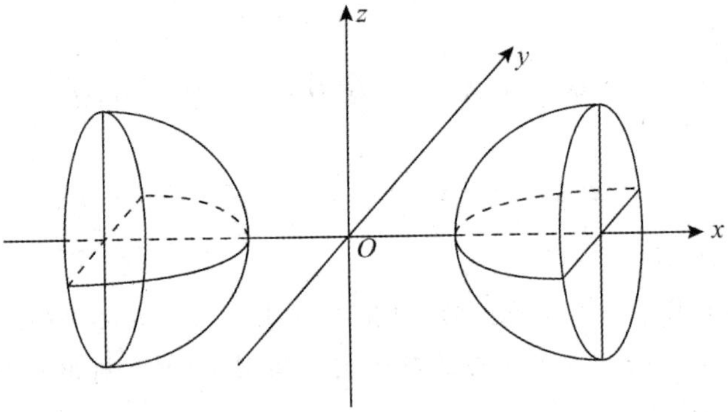

图 6－3

【分析】仅数一要求，根据图形判断二次曲面类型，再根据对应二次曲面方程确定二次型的正负惯性指数.

【解】图 6－3 中画出的是双叶双曲面，其标准方程为 $\frac{x^2}{a^2}-\frac{y^2}{b^2}-\frac{z^2}{c^2}=1$，由惯性定理知：二次型的正惯性指数为 1，负惯性指数为 2，故矩阵 A 的正特征值的个数为 1，答案选择(B).

注 正交变换保持向量的内积、长度和夹角不变，即保持几何图形的大小和形状不变，因而用正交变换化二次型为标准形的问题常常应用到二次曲面的分类问题上. 本题的二次曲面为双叶双曲面，考生应该熟记以下八种常见二次曲面的标准方程及对应的几何形状.

(1) $\frac{x^2}{a^2}+\frac{y^2}{b^2}+\frac{z^2}{c^2}=1$(正惯性指数为 3,负惯性指数为零):椭球面.

(2) $-\frac{x^2}{a^2}-\frac{y^2}{b^2}-\frac{z^2}{c^2}=1$(正惯性指数为零,负惯性指数为 3):虚椭球面.

(3) $\frac{x^2}{a^2}+\frac{y^2}{b^2}-\frac{z^2}{c^2}=1$(正惯性指数为 2,负惯性指数为 1):单叶双曲面.

(4) $-\frac{x^2}{a^2}-\frac{y^2}{b^2}+\frac{z^2}{c^2}=1$(正惯性指数为 1,负惯性指数为 2):双叶双曲面.

(5) $\frac{x^2}{a^2}+\frac{y^2}{b^2}=1$(正惯性指数为 2,负惯性指数为零):椭圆柱面.

(6) $-\frac{x^2}{a^2}-\frac{y^2}{b^2}=1$(正惯性指数为零,负惯性指数为 2):虚椭圆柱面.

(7) $\frac{x^2}{a^2}-\frac{y^2}{b^2}=1$(正惯性指数为 1,负惯性指数为 1):双曲柱面.

(8) $\frac{x^2}{a^2}=1$(正惯性指数为 1,负惯性指数为零):一对平面.

6.4　合同矩阵

在化二次型为标准形时,如果找到的可逆矩阵未能将其化成只含有平方项,不含交叉项,这种情况下我们引入合同的概念.

设 $f=\boldsymbol{x}^{\mathrm{T}}\boldsymbol{A}\boldsymbol{x}$ 是二次型,其二次型矩阵为 $\boldsymbol{A}$. 若有一个可逆的线性变换

$$\begin{cases} x_1 = p_{11}y_1 + p_{12}y_2 + \cdots + p_{1n}y_n, \\ x_2 = p_{21}y_1 + p_{22}y_2 + \cdots + p_{2n}y_n, \\ \vdots \\ x_n = p_{n1}y_1 + p_{n2}y_2 + \cdots + p_{nn}y_n, \end{cases}$$

即用矩阵表示为

$$\boldsymbol{x}=\boldsymbol{P}\boldsymbol{y},$$

其中

$$\boldsymbol{x}=\begin{pmatrix} x_1 \\ x_2 \\ \vdots \\ x_n \end{pmatrix},\boldsymbol{P}=\begin{pmatrix} p_{11} & p_{12} & \cdots & p_{1n} \\ p_{21} & p_{22} & \cdots & p_{2n} \\ \vdots & \vdots & & \vdots \\ p_{n1} & p_{n2} & \cdots & p_{nn} \end{pmatrix},\boldsymbol{y}=\begin{pmatrix} y_1 \\ y_2 \\ \vdots \\ y_n \end{pmatrix},$$

且 $\boldsymbol{P}$ 可逆. 此线性变换将关于 $\boldsymbol{x}$ 二次方 $f=\boldsymbol{x}^{\mathrm{T}}\boldsymbol{A}\boldsymbol{x}$ 化成一个关于 $\boldsymbol{y}$ 二次型 $f=\boldsymbol{y}^{\mathrm{T}}\boldsymbol{B}\boldsymbol{y}$. 下面考虑 $\boldsymbol{A}$ 与 $\boldsymbol{B}$ 之间的关系.

将可逆线性变换 $\boldsymbol{x}=\boldsymbol{P}\boldsymbol{y}$ 代入 $f=\boldsymbol{x}^{\mathrm{T}}\boldsymbol{A}\boldsymbol{x}$,得

$$f=\boldsymbol{x}^{\mathrm{T}}\boldsymbol{A}\boldsymbol{x}=(\boldsymbol{P}\boldsymbol{y})^{\mathrm{T}}\boldsymbol{A}(\boldsymbol{P}\boldsymbol{y})=\boldsymbol{y}^{\mathrm{T}}(\boldsymbol{P}^{\mathrm{T}}\boldsymbol{A}\boldsymbol{P})\boldsymbol{y}=\boldsymbol{y}^{\mathrm{T}}\boldsymbol{B}\boldsymbol{y},$$

于是 $\boldsymbol{B}=\boldsymbol{P}^{\mathrm{T}}\boldsymbol{A}\boldsymbol{P}$. 一般地,有下面的定义

定义 6.4.1　设 $\boldsymbol{A}$ 和 $\boldsymbol{B}$ 是 n 阶方阵,若存在可逆矩阵 $\boldsymbol{P}$,使得

$$B = P^{\mathrm{T}}AP,$$

则称 A 与 B 合同(contractible),可记为 $A \approx B$ 或 $A \simeq B$;而把运算 $P^{\mathrm{T}}AP$ 称为对称阵 A 作合同变换,P 称为该合同变换的变换阵.

根据定义知,一个二次型的矩阵与在可逆线性变换下得到的二次型的矩阵是合同的.

注意,A 与 B 合同和 A 与 B 相似是两个不同的概念.例如设

$$A = \begin{pmatrix} -1 & \\ & 2 \end{pmatrix}, B = \begin{pmatrix} -4 & \\ & 2 \end{pmatrix},$$

取 $P = \begin{pmatrix} 2 & \\ & 1 \end{pmatrix}$,这时 $B = P^{\mathrm{T}}AP$,但由于 A 与 B 的特征值不同,所以 A 与 B 不相似.

设 A 与 B 合同,则存在可逆矩阵 P,使得 $B = P^{\mathrm{T}}AP$,存在初等矩阵 $P_1, P_2, \cdots, P_k$ 使得 $P = P_1P_2\cdots P_k$,于是

$$(P_1P_2\cdots P_k)^{\mathrm{T}}A(P_1P_2\cdots P_k) = B,$$

即

$$(P_k^{\mathrm{T}}\cdots P_2^{\mathrm{T}}P_1^{\mathrm{T}})A(P_1P_2\cdots P_k) = B,$$

因此

$$P_k^{\mathrm{T}}\cdots(P_2^{\mathrm{T}}(P_1^{\mathrm{T}}AP_1)P_2)\cdots P_k = B.$$

由于 P_i 和 $P_i^{\mathrm{T}}(i = 1,2,\cdots,k)$ 是同种类型的初等矩阵,经过若干次对 A 实施初等行变换,然后对所得到的矩阵实施同种类型的初等列变换,A 就变成 B.例如,对于矩阵 $A = \begin{pmatrix} 1 & 2 \\ 2 & 1 \end{pmatrix}$,将 A 的第 1 行乘以 -1 得到 $\begin{pmatrix} -1 & -2 \\ 2 & 1 \end{pmatrix}$,然后将 $\begin{pmatrix} -1 & -2 \\ 2 & 1 \end{pmatrix}$ 的第 1 列乘以 -1 得到 $B = \begin{pmatrix} 1 & -2 \\ -2 & 1 \end{pmatrix}$,这时 A 与 B 合同.

【例 6.15】(2008.2,3)设 $A = \begin{bmatrix} 1 & 2 \\ 2 & 1 \end{bmatrix}$,则在实数域上与 A 合同的矩阵为[　　].

(A) $\begin{bmatrix} -2 & 1 \\ 1 & -2 \end{bmatrix}$　　(B) $\begin{bmatrix} 2 & -1 \\ -1 & 2 \end{bmatrix}$

(C) $\begin{bmatrix} 2 & 1 \\ 1 & 2 \end{bmatrix}$　　(D) $\begin{bmatrix} 1 & -2 \\ -2 & 1 \end{bmatrix}$

【分析】求出所有矩阵的特征值,根据特征值的正、负选择答案.

【解】方法一:计算矩阵 A 的特征值为 $-1,3$;计算四个选项中矩阵的特征值分别为(A):$-1,-3$;(B):$1,3$;(C):$1,3$;(D) $-1,3$.两个对称矩阵合同的充分必要条件是有相同的正、负惯性指数,故答案为选项(D).

方法二:由于 A 为 2 阶矩阵,又根据 $|A| = \lambda_1\lambda_2$,则 $\lambda_1\lambda_2 = -3$,因此可知矩阵 A 的两个特征值一个为正数,另一个为负数.分析四个选项中矩阵的行列式为(A):$-1,-3$;(B):$1,3$;(C):$1,3$;(D) $-1,3$,而只有选项(D)中矩阵的特征值也是一正一负,故答案为选项(D).

注 本题考查以下知识点：

(1) 设 $\boldsymbol{A}$、$\boldsymbol{B}$ 都为实对称矩阵，则有 $\boldsymbol{A}$ 与 $\boldsymbol{B}$ 合同 $\Leftrightarrow \boldsymbol{A}$ 与 $\boldsymbol{B}$ 的二次型有相同的正、负惯性指数 $\Leftrightarrow \boldsymbol{A}$ 与 $\boldsymbol{B}$ 的正特征值个数、负特征值的个数对应相等.

(2) 设 $\boldsymbol{A}$ 为 2 阶实对称矩阵，则有 $|\boldsymbol{A}| = 0 \Leftrightarrow \boldsymbol{A}$ 有一个特征值为 0；

$|\boldsymbol{A}| > 0 \Leftrightarrow \boldsymbol{A}$ 的 2 个特征值正负同号；

$|\boldsymbol{A}| < 0 \Leftrightarrow \boldsymbol{A}$ 的 2 个特征值正负异号.

【例 6.16】 已知 $\boldsymbol{A}$、$\boldsymbol{B}$ 均为 n 阶实矩阵，分析以下命题：

(1) 若 $\boldsymbol{A}$ 与 $\boldsymbol{B}$ 相似，则 $\boldsymbol{A}$ 与 $\boldsymbol{B}$ 等价.

(2) 若 $\boldsymbol{A}$ 与 $\boldsymbol{B}$ 合同，则 $\boldsymbol{A}$ 与 $\boldsymbol{B}$ 等价.

(3) 若 $\boldsymbol{A}$ 与 $\boldsymbol{B}$ 都为对称矩阵，且 $\boldsymbol{A}$ 与 $\boldsymbol{B}$ 相似，则 $\boldsymbol{A}$ 与 $\boldsymbol{B}$ 合同.

(4) 若 $\boldsymbol{A}$ 与 $\boldsymbol{B}$ 都为对称矩阵，且 $\boldsymbol{A}$ 与 $\boldsymbol{B}$ 合同，则 $\boldsymbol{A}$ 与 $\boldsymbol{B}$ 相似.

则[　　].

(A) 只有命题(1) 和命题(2) 正确　　(B) 只有命题(3) 和命题(4) 正确

(C) 只有命题(1)(2) 和命题(3) 正确　　(D) 四个命题都正确

【分析】 根据矩阵等价、相似和合同的定义来分析命题(1) 和命题(2)；根据用正交变换法使矩阵对角化来分析命题(3) 和命题(4).

【解】 分析命题(1). 若 $\boldsymbol{A}$ 与 $\boldsymbol{B}$ 相似，则有可逆矩阵 $\boldsymbol{P}$，使 $\boldsymbol{P}^{-1}\boldsymbol{A}\boldsymbol{P} = \boldsymbol{B}$，而 $\boldsymbol{P}^{-1}$ 和 $\boldsymbol{P}$ 都为可逆矩阵，故 $\boldsymbol{A}$ 与 $\boldsymbol{B}$ 等价.

分析命题(2). 若 $\boldsymbol{A}$ 与 $\boldsymbol{B}$ 合同，则有可逆矩阵 $\boldsymbol{C}$，使 $\boldsymbol{C}^{\mathrm{T}}\boldsymbol{A}\boldsymbol{C} = \boldsymbol{B}$，而 $\boldsymbol{C}^{\mathrm{T}}$ 和 $\boldsymbol{C}$ 都为可逆矩阵，故 $\boldsymbol{A}$ 与 $\boldsymbol{B}$ 等价.

分析命题(3). 若 $\boldsymbol{A}$ 为实对称矩阵，则存在正交矩阵 $\boldsymbol{P}$，使得 $\boldsymbol{P}^{-1}\boldsymbol{A}\boldsymbol{P} = \boldsymbol{\Lambda}$，对角矩阵 $\boldsymbol{\Lambda}$ 的主对角线上元素为矩阵 $\boldsymbol{A}$ 的特征值. 由于 $\boldsymbol{P}$ 为正交矩阵，则有 $\boldsymbol{P}^{\mathrm{T}}\boldsymbol{A}\boldsymbol{P} = \boldsymbol{\Lambda}$，即矩阵 $\boldsymbol{A}$ 与对角矩阵 $\boldsymbol{\Lambda}$ 不仅相似，而且合同. 又由于矩阵 $\boldsymbol{A}$ 与矩阵 $\boldsymbol{B}$ 相似，则 $\boldsymbol{A}$ 与 $\boldsymbol{B}$ 有相同的特征值，故矩阵 $\boldsymbol{B}$ 也与对角矩阵 $\boldsymbol{\Lambda}$ 不仅相似，而且合同，根据合同的传递性可知，$\boldsymbol{A}$ 与 $\boldsymbol{B}$ 合同.

分析命题(4). 设 $\boldsymbol{A} = \begin{bmatrix} 1 & 0 \\ 0 & 0 \end{bmatrix}$，$\boldsymbol{B} = \begin{bmatrix} 1 & 1 \\ 1 & 1 \end{bmatrix}$，存在可逆矩阵 $\boldsymbol{C} = \begin{bmatrix} 1 & 1 \\ 0 & 2 \end{bmatrix}$，使得 $\boldsymbol{C}^{\mathrm{T}}\boldsymbol{A}\boldsymbol{C} = \boldsymbol{B}$，即对称矩阵 $\boldsymbol{A}$ 与 $\boldsymbol{B}$ 合同，而 $\boldsymbol{A}$ 的特征值为 0；1，$\boldsymbol{B}$ 的特征值为 0，2，故 $\boldsymbol{A}$ 与 $\boldsymbol{B}$ 不相似.

综上分析，答案选择(C).

注 考生要牢记两个矩阵等价、相似和合同这三种关系，其中等价关系要求最低，只要求左乘 $\boldsymbol{A}$ 和右乘 $\boldsymbol{A}$ 的矩阵均可逆即可；而相似则在等价的基础上，要求左乘和右乘 $\boldsymbol{A}$ 的两个矩阵刚好是互逆关系；合同则在等价的基础上，要求左乘和右乘 $\boldsymbol{A}$ 的两个矩阵刚好是互为转置关系.

一般情况下，两个矩阵相似不一定合同，两个矩阵合同也不一定相似. 但针对两个实对称矩阵 $\boldsymbol{A}$ 与 $\boldsymbol{B}$，若 $\boldsymbol{A}$ 与 $\boldsymbol{B}$ 相似，则 $\boldsymbol{A}$ 与 $\boldsymbol{B}$ 合同. 但逆命题并不成立.

【例 6.17】 已知 $\boldsymbol{A}$、$\boldsymbol{B}$、$\boldsymbol{C}$、$\boldsymbol{X}$、$\boldsymbol{Y}$ 五个 2 阶矩阵分别为

$\boldsymbol{A}=\begin{bmatrix}-5 & 0\\ 0 & 1\end{bmatrix},\boldsymbol{B}=\begin{bmatrix}2 & 0\\ 0 & -3\end{bmatrix},\boldsymbol{C}=\begin{bmatrix}-3 & 0\\ 0 & 2\end{bmatrix},$

$\boldsymbol{X}=\begin{bmatrix}1 & 0\\ 0 & 0\end{bmatrix},\boldsymbol{Y}=\begin{bmatrix}1 & 1\\ 0 & 0\end{bmatrix}$

分析以下命题：

(1)$\boldsymbol{A}$ 与 $\boldsymbol{B}$ 等价、合同，但不相似

(2)$\boldsymbol{B}$ 与 $\boldsymbol{C}$ 等价、合同又相似

(3)$\boldsymbol{X}$ 与 $\boldsymbol{Y}$ 等价、相似，但不合同

(4)$\boldsymbol{A}$ 与 $\boldsymbol{X}$ 不等价、不合同、不相似

则[　　].

(A) 有 1 个命题正确　　　　(B) 有 2 个命题正确

(C) 有 3 个命题正确　　　　(D) 4 个命题都正确

【分析】用反证法来证明矩阵 $\boldsymbol{X}$ 和 $\boldsymbol{Y}$ 不合同.

【解】分析命题(1). 矩阵 $\boldsymbol{A}$ 与 $\boldsymbol{B}$ 同型且秩相等，故它们等价. 矩阵 $\boldsymbol{A}$ 与 $\boldsymbol{B}$ 的二次型有相同的正、负惯性指数，故它们合同. 矩阵 $\boldsymbol{A}$ 的特征值为 -5 和 1，而矩阵 $\boldsymbol{B}$ 的特征值为 2 和 -3，所以矩阵 $\boldsymbol{A}$ 和 $\boldsymbol{B}$ 不相似.

分析命题(2). 矩阵 $\boldsymbol{B}$ 与 $\boldsymbol{C}$ 同型且秩相等，故它们等价. 对称矩阵 $\boldsymbol{B}$ 和 $\boldsymbol{C}$ 有相同的特征值，故它们相似. 矩阵 $\boldsymbol{B}$ 和 $\boldsymbol{C}$ 的二次型有相同的正、负惯性指数，故它们合同.

分析命题(3). $\boldsymbol{X}$ 与 $\boldsymbol{Y}$ 同型且秩相等，故它们等价. 矩阵 $\boldsymbol{X}$ 和 $\boldsymbol{Y}$ 有相同的特征值 0 和 1，由于 $0\neq 1$，故 $\boldsymbol{Y}$ 可以相似对角化为 $\boldsymbol{X}$. 以下来证明 $\boldsymbol{X}$ 与 $\boldsymbol{Y}$ 不合同，合同的前提是实对称矩阵，很显然 $\boldsymbol{Y}$ 不是对称矩阵，也可用反证法：设 $\boldsymbol{X}$ 与 $\boldsymbol{Y}$ 合同，即存在可逆矩阵 $\boldsymbol{P}$，使得 $\boldsymbol{P}^{\mathrm{T}}\boldsymbol{X}\boldsymbol{P}=\boldsymbol{Y}$. 令 $\boldsymbol{P}=\begin{bmatrix}a & b\\ c & d\end{bmatrix}$，则有

$$\begin{bmatrix}a & c\\ b & d\end{bmatrix}\begin{bmatrix}1 & 0\\ 0 & 0\end{bmatrix}\begin{bmatrix}a & b\\ c & d\end{bmatrix}=\begin{bmatrix}1 & 1\\ 0 & 0\end{bmatrix},$$

于是

$$\begin{bmatrix}a^2 & ab\\ ab & b^2\end{bmatrix}=\begin{bmatrix}1 & 1\\ 0 & 0\end{bmatrix},$$

则有 $\begin{cases}a^2=1\\ ab=1\\ ab=0\\ b^2=0\end{cases}$

以上方程组无解，故不存在矩阵 $\boldsymbol{P}$，即假设错误，所以 $\boldsymbol{X}$ 和 $\boldsymbol{Y}$ 不合同.

分析命题(4)，$r(\boldsymbol{A})=2$，$r(\boldsymbol{X})=1$，于是 $\boldsymbol{A}$ 与 $\boldsymbol{X}$ 不等价，则 $\boldsymbol{A}$ 与 $\boldsymbol{X}$ 不相似、不合同.

故选项(D) 正确.

注 该题涉及以下知识点：

(1)$\boldsymbol{A}$ 与 $\boldsymbol{B}$ 同型，且 $r(\boldsymbol{A}) = r(\boldsymbol{B}) \Leftrightarrow \boldsymbol{A}$ 与 $\boldsymbol{B}$ 等价.

(2)$\boldsymbol{A}$ 与 $\boldsymbol{B}$ 有相同的特征值，且都能对角化 $\Rightarrow \boldsymbol{A}$ 与 $\boldsymbol{B}$ 相似.

(3) 设 $\boldsymbol{A}$、$\boldsymbol{B}$ 都为对称矩阵，则 $\boldsymbol{A}$ 与 $\boldsymbol{B}$ 的二次型有相同的正、负惯性指数 $\Leftrightarrow \boldsymbol{A}$ 与 $\boldsymbol{B}$ 合同.

(4)$\boldsymbol{A}$ 与 $\boldsymbol{B}$ 相似 $\Rightarrow \boldsymbol{A}$ 与 $\boldsymbol{B}$ 等价.

(5)$\boldsymbol{A}$ 与 $\boldsymbol{B}$ 合同 $\Rightarrow \boldsymbol{A}$ 与 $\boldsymbol{B}$ 等价.

(6)$\boldsymbol{A}$ 与 $\boldsymbol{B}$ 合同 $\nRightarrow \boldsymbol{A}$ 与 $\boldsymbol{B}$ 相似.

(7)$\boldsymbol{A}$ 与 $\boldsymbol{B}$ 相似 $\nRightarrow \boldsymbol{A}$ 与 $\boldsymbol{B}$ 合同.

(8) 若 $\boldsymbol{A}$ 和 $\boldsymbol{B}$ 为对称矩阵，且 $\boldsymbol{A}$ 与 $\boldsymbol{B}$ 相似 $\Rightarrow \boldsymbol{A}$ 与 $\boldsymbol{B}$ 合同.

考生要熟练掌握矩阵等价、相似和合同的定义、判定法则及三者间的关系.

6.5　二次型的规范形

很容易将二次型的标准形进一步化成规范形. 例如，二次型 f 的标准形为

$$f = 4y_1^2 - 3y_2^2 + 2y_3^2 - y_4^2,$$

令

$$\begin{cases} y_1 = \dfrac{1}{2}z_1, \\ y_2 = \dfrac{1}{\sqrt{3}}z_2, \\ y_3 = \dfrac{1}{\sqrt{2}}z_3, \\ y_4 = z_4, \end{cases}$$

则化为规范形 $f = z_1^2 - z_2^2 + z_3^2 - z_4^2$.

6.6　二次型的正定性

定理 6.6.1　设有二次型

$$f = \boldsymbol{x}^{\mathrm{T}}\boldsymbol{A}\boldsymbol{x}, (\boldsymbol{x} \in R^n, \boldsymbol{A} = [a_{ij}]_{n\times n}, a_{ij} \in R, i,j = 1,2,\cdots,n),$$

则 f 是正定的当且仅当 $\boldsymbol{A}$ 的特征值都是正的.

定理 6.6.2　(Hurwitz 定理) 二次型

$$f = \boldsymbol{x}^{\mathrm{T}}\boldsymbol{A}\boldsymbol{x}, (\boldsymbol{A} = [a_{ij}]_{n\times n}, a_{ij} \in R, i,j = 1,2,\cdots,n)$$

为正定的充分必要条件是：$\boldsymbol{A}$ 的各阶主子式为正，即

$$\boldsymbol{P}_1 = a_{11} > 0, \boldsymbol{P}_2 = \begin{vmatrix} a_{11} & a_{12} \\ a_{21} & a_{22} \end{vmatrix} > 0, \cdots, \boldsymbol{P}_n = \begin{vmatrix} a_{11} & \cdots & a_{1n} \\ \vdots & & \vdots \\ a_{n1} & \cdots & a_{nn} \end{vmatrix} > 0.$$

正定矩阵的性质：

(1)n 阶矩阵 $\boldsymbol{A}$ 为正定矩阵 $\Leftrightarrow n$ 阶对称矩阵 $\boldsymbol{A}$ 对任意 n 维非零列向量 $\boldsymbol{x}$ 都有 $\boldsymbol{x}^{\mathrm{T}}\boldsymbol{A}\boldsymbol{x} > 0$.

(2) n 阶矩阵 $\boldsymbol{A}$ 为正定矩阵 $\Leftrightarrow n$ 阶对称矩阵 $\boldsymbol{A}$ 的二次型的标准形的系数全为正(即二次型的正惯性指数为 n).

(3) n 阶矩阵 $\boldsymbol{A}$ 为正定矩阵 $\Leftrightarrow n$ 阶对称矩阵 $\boldsymbol{A}$ 的各阶顺序主子式全大于零.

(4) n 阶矩阵 $\boldsymbol{A}$ 为正定矩阵 $\Leftrightarrow n$ 阶对称矩阵 $\boldsymbol{A}$ 的所有特征值全大于零.

(5) n 阶矩阵 $\boldsymbol{A}$ 为正定矩阵 $\Leftrightarrow n$ 阶对称矩阵 $\boldsymbol{A}$ 与 n 阶单位矩阵 $\boldsymbol{E}$ 合同(即存在可逆矩阵 $\boldsymbol{P}$,使得 $\boldsymbol{A}=\boldsymbol{P}\boldsymbol{P}^{\mathrm{T}}$).

(6) n 阶正定矩阵 $\boldsymbol{A}$ 的秩为 n(即正定矩阵必为可逆矩阵).

(7) 正定矩阵 $\boldsymbol{A}$ 的主对角线元素全为正数,即 $a_{ii}>0(i=1,2,\cdots,n)$,且 $|\boldsymbol{A}|>0$.

(8) 若 $\boldsymbol{A}$ 是正定矩阵,则 $\boldsymbol{A}$ 的逆矩阵 $\boldsymbol{A}^{-1}$、$\boldsymbol{A}$ 的伴随矩阵 $\boldsymbol{A}^{*}$ 及 $\boldsymbol{A}^{m}$(m 为正整数)都是正定矩阵.

注 首先,正定矩阵一定是对称矩阵.正定矩阵性质的前五条,可以作为正定矩阵的判定法则.这五条判定法则可以归纳为四正一合同,其中"四正"为二次型、标准形系数、顺序主子式、特征值都为正.

【例 6.18】(2010.1)已知二次型 $f(x_1,x_2,x_3)=\boldsymbol{x}^{\mathrm{T}}\boldsymbol{A}\boldsymbol{x}$ 在正交变换 $\boldsymbol{x}=\boldsymbol{Q}\boldsymbol{y}$ 下的标准形为 $y_1^2+y_2^2$,且 $\boldsymbol{Q}$ 的第 3 列为 $\left(\frac{\sqrt{2}}{2},0,\frac{\sqrt{2}}{2}\right)^{\mathrm{T}}$.

(1) 求矩阵 $\boldsymbol{A}$.

(2) 证明 $\boldsymbol{A}+\boldsymbol{E}$ 为正定矩阵,其中 E 为 3 阶单位矩阵.

【分析】 根据已知条件可知向量 $\left(\frac{\sqrt{2}}{2},0,\frac{\sqrt{2}}{2}\right)^{\mathrm{T}}$ 是矩阵 $\boldsymbol{A}$ 的属于零的特征向量,于是可以进一步求得矩阵 $\boldsymbol{A}$.

【解】 (1) 从二次型在正交变换 $\boldsymbol{x}=\boldsymbol{Q}\boldsymbol{y}$ 下的标准形 $y_1^2+y_2^2$ 可以得到矩阵 $\boldsymbol{A}$ 的特征值为 1,1,0;从 $\boldsymbol{Q}$ 的第 3 列为 $\left(\frac{\sqrt{2}}{2},0,\frac{\sqrt{2}}{2}\right)^{\mathrm{T}}$ 可以得到矩阵 $\boldsymbol{A}$ 的属于特征值零的一个特征向量为 $\left(\frac{\sqrt{2}}{2},0,\frac{\sqrt{2}}{2}\right)^{\mathrm{T}}=\frac{\sqrt{2}}{2}(1,0,1)^{\mathrm{T}}$.设矩阵 $\boldsymbol{A}$ 的属于 1 的特征向量为 $(x_1,x_2,x_3)^{\mathrm{T}}$,由于实对称矩阵 $\boldsymbol{A}$ 的属于不同特征值的特征向量正交,因此有方程组 $(1,0,1)\begin{bmatrix}x_1\\x_2\\x_3\end{bmatrix}=0$,方程组的基础解系为 $\begin{bmatrix}0\\1\\0\end{bmatrix}$,$\begin{bmatrix}-1\\0\\1\end{bmatrix}$.于是矩阵 $\boldsymbol{A}$ 的特征值 1,1,0 所对应的一个特征向量分别为 $\begin{bmatrix}0\\1\\0\end{bmatrix}$,$\begin{bmatrix}-1\\0\\1\end{bmatrix}$,$\begin{bmatrix}1\\0\\1\end{bmatrix}$.

令 $\boldsymbol{P}=\begin{bmatrix}0 & -1 & 1\\ 1 & 0 & 0\\ 0 & 1 & 1\end{bmatrix}$，$\boldsymbol{\Lambda}=\begin{bmatrix}1 & 0 & 0\\ 0 & 1 & 0\\ 0 & 0 & 0\end{bmatrix}$，则有 $\boldsymbol{AP}=\boldsymbol{P\Lambda}$，于是

$$\boldsymbol{A}=\boldsymbol{P\Lambda P}^{-1}=\frac{1}{2}\begin{bmatrix}1 & 0 & -1\\ 0 & 2 & 0\\ -1 & 0 & 1\end{bmatrix}.$$

(2) 证明：因为矩阵 $\boldsymbol{A}$ 的特征值为 1,1,0，于是矩阵 $\boldsymbol{A}+\boldsymbol{E}$ 的特征值为 $1+1=2,1+1=2,0+1=1$，而矩阵 $\boldsymbol{A}+\boldsymbol{E}$ 为实对称矩阵，故矩阵 $\boldsymbol{A}+\boldsymbol{E}$ 正定.

注 归纳本题解题步骤如下：

(1) 根据正交变换后的标准形确定矩阵 $\boldsymbol{A}$ 的特征值.

(2) 根据正交矩阵 $\boldsymbol{Q}$ 的第 3 列确定对应 $\boldsymbol{A}$ 的第 3 个特征值的特征向量.

(3) 根据实对称矩阵 $\boldsymbol{A}$ 属于不同特征值的特征向量正交的性质解方程组，从而确定属于 2 重特征值的 2 个线性无关的特征向量.

(4) 用 3 个线性无关特征向量构造可逆矩阵 $\boldsymbol{P}$，用公式 $\boldsymbol{A}=\boldsymbol{P\Lambda P}^{-1}$ 求得矩阵 $\boldsymbol{A}$；也可以求出正交矩阵 $\boldsymbol{Q}$，用公式 $\boldsymbol{A}=\boldsymbol{Q\Lambda Q}^{\mathrm{T}}$ 求得矩阵 $\boldsymbol{A}$. 该方法的优点是不用求逆矩阵；缺点是需要对特征向量正交化和单位化，且矩阵 $\boldsymbol{Q}$ 中的元素复杂.

证明矩阵 $\boldsymbol{A}$ 的正定可以利用“四正一合同”的判定法则：

(1) 若 $\boldsymbol{A}$ 是已知的具体矩阵，即用顺序主子式全正来判定.

(2) 若 $\boldsymbol{A}$ 的特征值容易求得，即用特征值全正来判定.

(3) 若 $\boldsymbol{A}$ 是抽象矩阵，往往利用定义即二次型为正来判定.

(4) 若已知二次型的标准形，即用标准形的系数全正来判定.

【例 6.19】 证明 n 阶实对称矩阵 $\boldsymbol{A}$ 为正定矩阵的充分必要条件是：存在 n 阶可逆矩阵 $\boldsymbol{P}$，使得 $\boldsymbol{A}=\boldsymbol{PP}^{\mathrm{T}}$.

【分析】 用正定矩阵的定义来证明充分性，用特征值全正特性来证明必要性.

【证明】 充分性：设存在可逆矩阵 $\boldsymbol{P}$，使得 $\boldsymbol{A}=\boldsymbol{PP}^{\mathrm{T}}$，对等式两边取转置，有 $\boldsymbol{A}^{\mathrm{T}}=(\boldsymbol{PP}^{\mathrm{T}})^{\mathrm{T}}=\boldsymbol{PP}^{\mathrm{T}}=\boldsymbol{A}$，即矩阵 $\boldsymbol{A}$ 为对称矩阵. 设 $\boldsymbol{x}$ 为任意 n 维非零列向量，则有

$$\boldsymbol{x}^{\mathrm{T}}\boldsymbol{Ax}=\boldsymbol{x}^{\mathrm{T}}\boldsymbol{PP}^{\mathrm{T}}\boldsymbol{x}=(\boldsymbol{P}^{\mathrm{T}}\boldsymbol{x})^{\mathrm{T}}(\boldsymbol{P}^{\mathrm{T}}\boldsymbol{x})=\|\boldsymbol{P}^{\mathrm{T}}\boldsymbol{x}\|^{2}$$

由于矩阵 $\boldsymbol{P}$ 为可逆矩阵及 $\boldsymbol{x}$ 为非零向量，因此 $\boldsymbol{P}^{\mathrm{T}}\boldsymbol{x}\neq\boldsymbol{0}$（这里利用反证法结合克拉姆法则证明即可），故有 $\|\boldsymbol{P}^{\mathrm{T}}\boldsymbol{x}\|^{2}>0$，即矩阵 $\boldsymbol{A}$ 对任意 n 维非零向量 $\boldsymbol{x}$，都有 $\boldsymbol{x}^{\mathrm{T}}\boldsymbol{Ax}>0$，故 $\boldsymbol{A}$ 正定.

必要性：设 n 阶实对称矩阵 $\boldsymbol{A}$ 为正定矩阵，由于 $\boldsymbol{A}$ 为实对称矩阵，因此总可以找到正交矩阵 $\boldsymbol{Q}$，使得 $\boldsymbol{A}=\boldsymbol{Q\Lambda Q}^{\mathrm{T}}$

其中对角矩阵 $\boldsymbol{\Lambda}$ 主对角线上的元素为 $\boldsymbol{A}$ 的所有特征值 $\lambda_i(i=1,2,\cdots,n)$. 又由于 $\boldsymbol{A}$ 正定，因此 $\lambda_i>0(i=1,2,\cdots,n)$，于是矩阵 $\boldsymbol{\Lambda}$ 可以变换为

$$\boldsymbol{\Lambda}=\begin{bmatrix}\lambda_1&&&\\&\lambda_2&&\\&&\vdots&\\&&&\lambda_n\end{bmatrix}=\begin{bmatrix}\sqrt{\lambda_1}&&&\\&\sqrt{\lambda_2}&&\\&&\ddots&\\&&&\sqrt{\lambda_n}\end{bmatrix}\begin{bmatrix}\sqrt{\lambda_1}&&&\\&\sqrt{\lambda_2}&&\\&&\ddots&\\&&&\sqrt{\lambda_n}\end{bmatrix},$$

令 $\boldsymbol{B}=\begin{bmatrix}\sqrt{\lambda_1}&&&\\&\sqrt{\lambda_2}&&\\&&\ddots&\\&&&\sqrt{\lambda_n}\end{bmatrix}$，则有 $\boldsymbol{A}=\boldsymbol{Q}\boldsymbol{\Lambda}\boldsymbol{Q}^{\mathrm{T}}=\boldsymbol{Q}\boldsymbol{B}\boldsymbol{B}^{\mathrm{T}}\boldsymbol{Q}^{\mathrm{T}}=(\boldsymbol{Q}\boldsymbol{B})(\boldsymbol{Q}\boldsymbol{B})^{\mathrm{T}}$

由于 $\boldsymbol{B}$ 的主对角线元素全大于零，因此 $\boldsymbol{B}$ 可逆. 而 $\boldsymbol{Q}$ 为正交矩阵，令 $\boldsymbol{P}=\boldsymbol{Q}\boldsymbol{B}$，于是矩阵 $\boldsymbol{P}$ 也为可逆矩阵，则有 $\boldsymbol{A}=\boldsymbol{P}\boldsymbol{P}^{\mathrm{T}}$.

注 本题涉及的知识点为：

(1) n 阶矩阵 $\boldsymbol{A}$ 为正定矩阵 $\Leftrightarrow n$ 阶对称矩阵 $\boldsymbol{A}$ 对任意 n 维非零列向量 $\boldsymbol{x}$，都有 $\boldsymbol{x}^{\mathrm{T}}\boldsymbol{A}\boldsymbol{x}>0$

(2) n 阶矩阵 $\boldsymbol{A}$ 为正定矩阵 $\Leftrightarrow n$ 阶对称矩阵 $\boldsymbol{A}$ 所有的特征值全大于零.

【例 6.20】 已知二次型 $f(x_1,x_2,x_3)=2x_1^2+2x_2^2+6x_3^2+2ax_1x_2-4x_1x_3+4x_2x_3$ 正定，则 a 的取值范围为________.

【分析】 根据二次型的矩阵 $\boldsymbol{A}$ 所有的顺序主子式大于零，求得 a 的取值范围.

【解】 二次型的矩阵为 $\boldsymbol{A}=\begin{bmatrix}2&a&-2\\a&2&2\\-2&2&6\end{bmatrix}$，由于 $\boldsymbol{A}$ 正定，因此 $\boldsymbol{A}$ 的所有顺序主子式全大于零，

即 $2>0$，$\begin{vmatrix}2&a\\a&2\end{vmatrix}>0$，$|\boldsymbol{A}|>0$，于是有 $4-a^2>0$，则有 $-2<a<2$；而

$$|\boldsymbol{A}|=2(a+2)(2-3a)>0,$$

可以得到 $-2<a<\dfrac{2}{3}$，故 a 的取值范围为 $-2<a<\dfrac{2}{3}$.

注 判定 n 阶对称矩阵 $\boldsymbol{A}$ 为正定矩阵的方法如下：

(1) 对任意 n 维非零列向量 $\boldsymbol{x}$，都有 $\boldsymbol{x}^{\mathrm{T}}\boldsymbol{A}\boldsymbol{x}>0$.

(2) $\boldsymbol{A}$ 的二次型的标准形的系数全为正(即二次型的正惯性指数为 n).

(3) $\boldsymbol{A}$ 的各阶顺序主子式全大于零.

(4) $\boldsymbol{A}$ 的所有特征值全大于零.

(5) $\boldsymbol{A}$ 与 n 阶单位矩阵 $\boldsymbol{E}$ 合同(即存在可逆矩阵 $\boldsymbol{P}$，使得 $\boldsymbol{A}=\boldsymbol{P}\boldsymbol{P}^{\mathrm{T}}$).

【例 6.21】 分析下列矩阵，判断哪个是正定矩阵？

$$\boldsymbol{A}=\begin{bmatrix}1&2&a\\2&5&b\\a&b&-3\end{bmatrix},\quad \boldsymbol{B}=\begin{bmatrix}1&a&b\\a&a^2&b\\b&b&a\end{bmatrix},$$

$$C=\begin{bmatrix} a & b & 3a \\ b & 4b & 3b \\ 3a & 3b & 9a \end{bmatrix},\quad D_n=\begin{bmatrix} 3 & 2 & \cdots & 2 \\ 2 & 3 & \cdots & 2 \\ \vdots & \vdots & & \vdots \\ 2 & 2 & \cdots & 3 \end{bmatrix}$$

【分析】通过正定矩阵的性质逐一判断.

【解】矩阵 $\boldsymbol{A}$ 的 $a_{33}<0$,则 $\boldsymbol{A}$ 不是正定矩阵. 矩阵 $\boldsymbol{B}$ 的 2 阶子式 $\begin{vmatrix} 1 & a \\ a & a^2 \end{vmatrix}=0$,则 $\boldsymbol{B}$ 不是正定矩阵. 矩阵 $\boldsymbol{C}$ 的第 1 行和第 3 行成比例,则 $|\boldsymbol{C}|=0$,$\boldsymbol{C}$ 不是正定矩阵.

分析 n 阶矩阵 $\boldsymbol{D}_n$,显然 1 是矩阵 $\boldsymbol{D}_n$ 的特征值,方程组 $(\boldsymbol{E}-\boldsymbol{D}_n)\boldsymbol{x}=\boldsymbol{0}$ 基础解系所含解向量的个数为 $n-1$,即矩阵 $\boldsymbol{D}_n$ 属于 1 的线性无关的特征向量有 $n-1$ 个,则 1 是矩阵 $\boldsymbol{D}_n$ 的 $n-1$ 重特征值;$\boldsymbol{D}_n$ 的第 n 个特征值为

$$\lambda_n=tr(\boldsymbol{D}_n)-\lambda_1-\lambda_2-\cdots-\lambda_{n-1}=3n-(n-1)=2n+1>0$$

由于矩阵 $\boldsymbol{D}_n$ 的所有特征值全大于零,故矩阵 $\boldsymbol{D}_n$ 正定.

注 n 阶矩阵 $\boldsymbol{A}$ 为正定矩阵的必要条件有:

(1) $a_{ii}>0(i=1,2,\cdots,n)$

(2) $|\boldsymbol{A}|>0$

(3) $r(\boldsymbol{A})=n$

于是,若 $\boldsymbol{A}$ 不满足(1)(2) 或(3),则矩阵 $\boldsymbol{A}$ 就不是正定矩阵,故在判定若干个矩阵是否为正定矩阵时,考生应该首先利用正定矩阵的必要条件来确定非正定矩阵.

【例 6.22】分析以下命题:

(1) 若 $\boldsymbol{A}$ 是正定矩阵,则 $\boldsymbol{A}^{-1}$、$\boldsymbol{A}^*$ 及 $\boldsymbol{A}^m$(m 为正整数) 都是正定矩阵.

(2) 若 $\boldsymbol{A}$ 和 $\boldsymbol{B}$ 都为正定矩阵,则 $\boldsymbol{A}+\boldsymbol{B}$ 也为正定矩阵.

(3) 若 $\boldsymbol{A}$ 为可逆矩阵,则 $\boldsymbol{A}\boldsymbol{A}^{\mathrm{T}}$ 和 $\boldsymbol{A}^{\mathrm{T}}\boldsymbol{A}$ 都为正定矩阵.

(4) 若 $\boldsymbol{A}$ 和 $\boldsymbol{B}$ 都是 n 阶正定矩阵,则 $\boldsymbol{AB}$ 也是 n 阶正定矩阵.

则[　　].

(A) 只有命题(1) 和(2) 正确

(B) 只有命题(1) 和(3) 正确

(C) 只有命题(1)(2) 和(3) 正确

(D) 四个命题都正确

【分析】用正定矩阵的定义及正定矩阵特征值全大于零的性质来分析各命题.

【解】分析命题(1),由于 $\boldsymbol{A}$ 为对称矩阵,则有

$$(\boldsymbol{A}^{-1})^{\mathrm{T}}=(\boldsymbol{A}^{\mathrm{T}})^{-1}=\boldsymbol{A}^{-1},(\boldsymbol{A}^*)^{\mathrm{T}}=(\boldsymbol{A}^{\mathrm{T}})^*=\boldsymbol{A}^*,(\boldsymbol{A}^m)^{\mathrm{T}}=(\boldsymbol{A}^{\mathrm{T}})^m=\boldsymbol{A}^m,$$

故 $\boldsymbol{A}^{-1}$、$\boldsymbol{A}^*$ 及 $\boldsymbol{A}^m$ 都为对称矩阵.

设 λ_0 是 $\boldsymbol{A}$ 的一个特征值,则 $1/\lambda_0$ 是 $\boldsymbol{A}^{-1}$ 的一个特征值,$|\boldsymbol{A}|\lambda_0$ 是 $\boldsymbol{A}^*$ 的一个特征值. $\lambda_0{}^m$

是 A^m 的一个特征值. 由于矩阵 A 正定，则 A 的所有特征值全大于零，且 $|A|>0$，故 A^{-1}、A^* 及 A^m 的所有特征值也全大于零，故它们都是正定矩阵.

分析命题(2)，用定义证明. 由于 A 和 B 都为对称矩阵，因此 $(A+B)^T=A^T+B^T=A+B$，即 $A+B$ 也为对称矩阵. 而 A 和 B 都正定，则对任意 n 维非零列向量 x，都有 $x^TAx>0$，$x^TBx>0$，于是有 $x^T(A+B)x=x^TAx+x^TBx>0$，故矩阵 $A+B$ 也正定.

分析命题(3)，用定义证明. 由于 $(AA^T)^T=AA^T$，因此 AA^T 为对称矩阵. 设 x 为任意 n 维非零列向量，则有 $x^TAA^Tx=(A^Tx)^T(A^Tx)=\|A^Tx\|^2$

由于矩阵 A 为可逆矩阵，则 $A^Tx\neq 0$，于是有 $x^TAA^Tx>0$，故矩阵 AA^T 正定. 同理可以证明 A^TA 也是正定矩阵.

分析命题(4). 因为 A 和 B 都是对称矩阵，则有 $(AB)^T=B^TA^T=BA$，而 AB 与 BA 不一定相等，故矩阵 AB 不一定是对称矩阵，当然 AB 就不是正定矩阵，所以命题(4) 错误. 若给命题(4) 加一个条件后就变为正确的命题："若 A 和 B 都是 n 阶正定矩阵，且 $AB=BA$，则 AB 也是 n 阶正定矩阵." 下面给出证明.

因为 $(AB)^T=B^TA^T=BA=AB$，故 AB 为对称阵. 因 A、B 都为正定阵，则存在可逆矩阵 P、Q，使得 $A=PP^T$，$B=QQ^T$. 于是有 $AB=PP^TQQ^T$，而 $P^{-1}ABP=P^TQQ^TP=(P^TQ)(P^TQ)^T$，显然 P^TQ 为可逆矩阵，则矩阵 $P^{-1}ABP$ 为正定矩阵，而 AB 与之相似，故 AB 正定.

正确选项为(C).

注 证明矩阵为正定矩阵的最常用方法为定义法和特征值法，很多考生忽略了正定矩阵 A 的最基本要求：A 一定是对称矩阵. 考生要掌握以下两个命题：

(1) 若 A 为可逆矩阵，则 AA^T 和 A^TA 都为正定矩阵.

(2) 若 A 和 B 都是 n 阶正定矩阵，且 $AB=BA$，则 AB 也是 n 阶正定矩阵.

【例 6.23】 分析以下命题

(1) 若 A 与 $E-A$ 都是正定矩阵，则 $A^{-1}-E$ 也是正定矩阵.

(2) 若 A 为正定矩阵，则 A 可以拆为两个相同矩阵的乘积，即 $A=B^2$.

(3) 若对称矩阵 A 满足 $A^2-5A+6E=0$，则矩阵 A 正定.

(4) 若 A 为正定矩阵，则 $|A+E|>1$.

则[　　].

(A) 只有命题(1) 和(2) 正确　　(B) 只有命题(1) 和(3) 正确

(C) 只有命题(1)(2) 和(3) 正确　　(D) 四个命题都正确

【分析】 用正定矩阵特征值全大于零的性质来分析各命题.

【解】 分析命题(1). 设 λ_0 是 A 的任意一个特征值，则 $1-\lambda_0$ 就是 $E-A$ 的一个特征值，$\frac{1}{\lambda_0}-1$ 就是 $A^{-1}-E$ 的一个特征值. 由于 A 和 $E-A$ 都为正定矩阵，因此 $\lambda_0>0$，$1-\lambda_0>0$，于是有 $\frac{1}{\lambda_0}-1=\frac{1-\lambda_0}{\lambda_0}>0$；又由于 λ_0 的任意性，可知矩阵 $A^{-1}-E$ 的所有特征值全大于

零，故 $A^{-1}-E$ 为正定矩阵.

分析命题(2). A 为正定矩阵，则 A 为对称矩阵，所以总存在正交矩阵 P，使得 $A=P\Lambda P^{-1}$，其中对角矩阵 Λ 主对角线上的元素为矩阵 A 的所有特征值. 由于 A 正定，则所有特征值都大于零，因此对角矩阵 Λ 可以拆分为

$$\Lambda=\begin{bmatrix}\lambda_1 & & & \\ & \lambda_2 & & \\ & & \ddots & \\ & & & \lambda_n\end{bmatrix}=\begin{bmatrix}\sqrt{\lambda_1} & & & \\ & \sqrt{\lambda_2} & & \\ & & \ddots & \\ & & & \sqrt{\lambda_n}\end{bmatrix}\begin{bmatrix}\sqrt{\lambda_1} & & & \\ & \sqrt{\lambda_2} & & \\ & & \ddots & \\ & & & \sqrt{\lambda_n}\end{bmatrix},$$

令

$$H=\begin{bmatrix}\sqrt{\lambda_1} & & & \\ & \sqrt{\lambda_2} & & \\ & & \ddots & \\ & & & \sqrt{\lambda_n}\end{bmatrix},$$

则有 $A=PHHP^{-1}=(PHP^{-1})(PHP^{-1})$

令 $B=PHP^{-1}$，则有 $A=B^2$. 其中矩阵 B 也为正定矩阵.

分析命题(3). 由于 $A^2-5A+6E=0$，则有 $(A-2E)(A-3E)=0$，故矩阵 A 的特征值为 2 或 3，所以矩阵 A 正定. 进一步讨论命题(3). 若对称矩阵 A 满足 $A^2-A-6E=0$，则有 $(A-3E)(A+2E)=0$，矩阵 A 的特征值为 3 或 -2，那么矩阵 A 可能为正定矩阵(A 的所有特征值全为 3)，也可能为负定矩阵(A 的所有特征值全为 -2)，还可能为不定矩阵(A 的特征值为 3 和 -2).

分析命题(4). 设 λ_0 是 A 的一个特征值，则 λ_0+1 就是 $A+E$ 的一个特征值；而 A 为正定矩阵，则 A 的所有特征值都大于零，于是矩阵 $A+E$ 的所有特征值都大于 1. 根据公式 $|A|=\prod_{i=1}^{n}\lambda_i$ 可知 $|A+E|>1$.

正确选项为(D).

注 通过本题考生要掌握命题：若 A 正定，则有 $A=B^2$. 该命题可以形象地理解为正定矩阵可以开平方. 以上命题还可以推广为：若 A 正定，则有 $A=B^k$(k 为正整数).

【例 6.24】 设 A 为 $m\times n$ 矩阵，证明 AA^{T} 是正定矩阵的充分必要条件是 $r(A)=m$.

【分析】 从已知条件 $r(A)=m$，联想到齐次线性方程组 $A^{\mathrm{T}}x=0$ 只有零解.

【证明】 $r(A)=m$，则 $r(A^{\mathrm{T}})=r(A)=m=A^{\mathrm{T}}$ 的列数 $\Leftrightarrow$ 齐次线性方程组 $A^{\mathrm{T}}x=0$ 只有零解 $\Leftrightarrow$ 对任意非零 m 维列向量 x，总有 $A^{\mathrm{T}}x\neq 0\Leftrightarrow$ 对任意非零 m 维列向量 x，总有 $\|A^{\mathrm{T}}x\|^2>0\Leftrightarrow$ 对任意非零 m 维列向量 x，总有

$$x^{\mathrm{T}}AA^{\mathrm{T}}x=(A^{\mathrm{T}}x)^{\mathrm{T}}(A^{\mathrm{T}}x)=\|A^{\mathrm{T}}x\|^2>0\Leftrightarrow AA^{\mathrm{T}}$$

是正定矩阵.

以上证明过程的每一步都是可逆的，从上向下为充分条件的证明，而从下向上是必要条件的证明.

注 本题的证明过程用到了方程组的知识点：

(1) 齐次线性方程组只有零解的充分必要条件是方程组系数矩阵列满秩.

(2) 齐次线性方程组有非零解的充分必要条件是方程组系数矩阵列降秩.